本书获得2011年度内蒙古科技大学出版基金资助
国家特色专业（稀土工程）经费资助

稀土工程丛书
XITU GONGCHENG CONGSHU

稀土功能材料

XITU
GONGNENG
CAILIAO

张 胤　李 霞　许剑轶　张国芳　编著

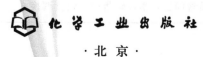

化学工业出版社

·北京·

稀土是现代工业中不可或缺的"工业维生素"。如何高效合理的利用稀土资源受到国家的高度重视。本书力求先进性和实用性并重，详细介绍了稀土永磁材料、稀土磁致伸缩材料、稀土磁光和磁泡材料、稀土发光材料、稀土储氢材料、稀土催化材料以及稀土超导材料等多种稀土材料的制备、性能和应用。

本书适宜从事稀土工业或者新材料领域的技术人员使用。

图书在版编目（CIP）数据

稀土功能材料/张胤等编著．—北京：化学工业出版社，2015.1（2024.8 重印）
（稀土工程丛书）
ISBN 978-7-122-21951-0

Ⅰ．①稀…　Ⅱ．①张…　Ⅲ．①稀土金属—功能材料
Ⅳ．①TB34

中国版本图书馆 CIP 数据核字（2014）第 228342 号

责任编辑：邢　涛　　　　　　　　　　文字编辑：徐雪华
责任校对：边　涛　　　　　　　　　　装帧设计：韩　飞

出版发行：化学工业出版社（北京市东城区青年湖南街 13 号　邮政编码 100011）
印　　装：北京盛通数码印刷有限公司
710mm×1000mm　1/16　印张 20¾　字数 410 千字　2024 年 8 月北京第 1 版第 2 次印刷

购书咨询：010-64518888　　　　　　　　售后服务：010-64518899
网　　址：http://www.cip.com.cn
凡购买本书，如有缺损质量问题，本社销售中心负责调换。

定　　价：88.00 元　　　　　　　　　　　　版权所有　违者必究

《稀土工程丛书》序

稀土被人们誉为现代及未来工业必不可少的"工业维生素"和新材料的"宝库"，是世界上公认的战略元素和高技术元素。稀土不但在传统产业的技术进步和发展中发挥着愈来愈重要的作用，而且在信息、生物、新材料、新能源、空间、海洋六大新科技产业中有着广泛的应用。稀土作为一种不可再生的稀有资源，被广泛应用于军事、电子、环保、航天和其他尖端技术中，与高新技术和国防科技的发展息息相关。

1992年，邓小平在南巡时提出"中东有石油，中国有稀土，一定要把稀土的事情办好"；1999年，江泽民视察包头时指出，要"将稀土资源优势转化为经济优势"。为适应国家在包头建设"中国稀土谷"的重要战略和地方经济建设，2004年10月，内蒙古科技大学与包头国家稀土高新技术开发区采取联合办学、共同建设的方式，联合组建了内蒙古科技大学稀土学院，这是全国第一个以稀土命名的学院。

稀土学院成立8年来，内蒙古科技大学和包头国家稀土高新技术开发区双方以内蒙古科技大学作为教学基地，以包头稀土研究院和稀土高新技术开发区为实训基地，以包头地区的稀土企业为实习基地，通过优势互补、资源优化配置、产学研结合，目前已成为内蒙古乃至全国稀土人才培养、培训基地。

为了适应稀土产业的高速发展，总结专业建设经验，提高人才培养质量，真正把稀土工程专业建成国家特色专业，内蒙古科技大学稀土工程国家高等学校特色专业建设负责人——内蒙古科技大学稀土学院院长张胤教授与化学工业出版社合作，组织一批科研、教学经验丰富的专家教授，主持出版《稀土工程丛书》。

本丛书是为稀土工程专业精心准备的系列图书，主要面向稀土冶金及稀土材料的工程技术人员和稀土工程专业及相关专业冶金工程、材料科学与工程的本科生和研究生。

本丛书的特点是针对性强，重视基础，选材恰当。丛书体系设计针对性强，顺应了当代稀土技术发展的潮流。

本套丛书的编辑出版十分及时，是稀土界的一大喜事，对于引领我国稀土工程专业建设，规范稀土专业人才的培养，提升内蒙古科技大学稀土学院的办学水平，促进我国稀土产业深入发展有重大意义。

特别当前全世界掀起“稀土热潮”，并成为“政治说事”，本丛书的出版将有助于全国人民了解稀土，值得一读，特此推荐。

师昌绪

2012.5.7

於徐水县大营村

前　言

稀土不仅是"工业味精"、"战略性元素"，其应用还体现在日常生活中的点点滴滴。随着稀土冶炼技术的提高，稀土功能材料领域的应用显得越来越重要。加之，国家对稀土的调控管理，稀土在材料领域的应用技术的提高迫在眉睫。

充分了解和学习国内外关于稀土在功能材料领域的应用及其原理是做好稀土工作的前提。稀土元素因其独特的 4f 电子层而拥有特殊的光、电、磁、热性能，因此被人们称之为新材料的"宝库"。我国的稀土资源丰富，而且具有矿床分布广、类型多、品种全和综合利用价值高等特点，为我国稀土工业发展提供了得天独厚的优势。在徐光宪先生串级萃取技术的带领下，稀土提取纯度可以超过99.99％。目前，中国已经成为稀土生产大国和出口大国。但是，我国在稀土科研，尤其是稀土功能材料应用领域的技术还有待提高，使稀土资源优势真正的转换为经济优势。特别是自主知识产权和技术创新的稀土新材料研究开发和应用方面还有较大的差距。世界各国，尤其是发达国家在研究和开发稀土功能材料方面十分重视，投入了大量的人力和物力。鉴于此，本书希望对稀土感兴趣的研究者和初学者提供一个全面了解稀土功能材料的平台。

本书在编写过程中力求体现先进性、基础性和实用性相结合的编写宗旨。全书系统介绍了目前国内外研究开发和应用的主要稀土功能材料。包括稀土永磁材料、稀土磁致伸缩材料、稀土磁光和磁泡材料、稀土发光材料、稀土储氢材料、稀土催化材料、稀土玻璃和抛光粉材料和稀土超导材料等。重点阐述了这些的定义 、分类、应用现状和基础原理介绍。

本书共分11章，参加编写工作的有张胤编写第 1 章、第 6 章、第 11 章，李霞编写第 2 章、第 3 章、第 7 章；许剑轶编写第 4 章、

第 8 章和第 10 章部分内容，张国芳编写第 5 章、第 9 章和第 10 章其余内容。全书由张胤和李霞进行定稿。

由于稀土功能材料种类繁多，且发展迅速，有关国内外参考文献更新非常快，加之编者水平有限，因此在章节安排和内容取舍方面难免有不妥之处，敬请专家和读者批评指正。同时对本书编写过程中所参考的书籍和文献资料的作者致以诚挚的谢意。

编著者
2014 年 6 月于包头

目　录

第3章　稀土磁致伸缩材料 ——————————— 76

第1章 绪 论

1.1 稀土元素及其电子层结构

1.1.1 稀土元素

稀土元素系指元素周期中第ⅢB族，包括原子序数由57~71的15个镧系元素：镧（La）、铈（Ce）、镨（Pr）、钕（Nd）、钷（Pm）、钐（Sm）、铕（Eu）、钆（Gd）、铽（Tb）、镝（Dy）、钬（Ho）、铒（Er）、铥（Tm）、镱（Yb）、镥（Lu）以及物理化学性质与镧系元素相似的21号元素钪（Sc）和39号元素钇（Y）共17个元素。

稀土元素最早由芬兰科学家 J. 加多林（J. Gadolin）于1794年发现，到1947年马林斯基（L. A. Marinsky）用人工方法从核反应堆中铀的分裂碎片里分离出最后一个稀土元素钷，前后历时150多年。

其中钪在自然界与其他稀土元素共生关系不甚密切，而且至今尚未发现含钪的单独矿物，它属典型的分散元素。同时钷是一种放射性元素，在自然界矿物中存在极少，常见的稀土矿物又不含钷，所以通常在处理稀土矿的过程中，实际上只包含15个稀土元素。

由于18世纪发现的稀土矿物较少，当时只能用化学法制得少量不溶于水的氧化物，历史上习惯地把这种氧化物称之为"土"，因而得名稀土。其实在自然界稀土矿物并不稀少，稀土也不是土，而是典型的金属元素，其活泼性仅次于碱金属和碱土金属。它们在地壳中的含量比常见的铜、锡、锌、钴、镍还要多。

稀土元素还包括钪和钇。一般以钆为界，把从镧到钆的一组元素叫做轻稀土或铈组稀土（也有人把钆划为重稀土），把从铽到镥包括钇在内的一组元素叫做重稀土或钇组元素（见表1-1）。钇的化学性质与重稀土更相似，且在矿物中与之共生共存。

表1-1 稀土元素的分组

轻稀土（铈组）								重稀土（钇组）							
57	58	59	60	61	62	63	64	65	66	67	39	68	69	70	71
镧	铈	镨	钕	钷	钐	铕	钆	铽	镝	钬	钇	铒	铥	镱	镥
La	Ce	Pr	Nd	Pm	Sm	Eu	Gd	Tb	Dy	Ho	Y	Er	Tm	Yb	Lu

稀土的符号，有些国家用"R"表示，也有用"TR"，俄文用"P3"，而我国用"RE"表示。单独表示镧系则用"Ln"表示，表示混合稀土用 Mm。

1.1.2　稀土元素的电子层结构

众所周知，元素的化学性质及一些物理性质，主要取决于其最外电子层的结构。稀土元素间化学性质十分相近，这可由它们的电子层结构的特点来解释。稀土元素原子的外部电子层结构如表 1-2 所示。

表 1-2　稀土元素的电子层结构和半径

原子序数	元素名称	元素符号	原子的电子层结构						原子半径/nm	RE³⁺离子的电子层结构	RE³⁺离子半径/nm
				4f	5s	5p	5d	6s			
57	镧	La	内部各层已填满共46个电子	0	2	6	1	2	0.1879	[Xe]4f⁰	0.1061
58	铈	Ce		1	2	6	1	2	0.1824	[Xe]4f¹	0.1034
59	镨	Pr		3	2	6		2	0.1828	[Xe]4f²	0.1013
60	钕	Nd		4	2	6		2	0.1821	[Xe]4f³	0.0995
61	钷	Pm		5	2	6		2	(0.1810)	[Xe]4f⁴	(0.098)
62	钐	Sm		6	2	6		2	0.1802	[Xe]4f⁵	0.0964
63	铕	Eu		7	2	6		2	0.2042	[Xe]4f⁶	0.0950
64	钆	Gd		7	2	6	1	2	0.1802	[Xe]4f⁷	0.0938
65	铽	Tb		9	2	6		2	0.1782	[Xe]4f⁸	0.0923
66	镝	Dy		10	2	6		2	0.1773	[Xe]4f⁹	0.0908
67	钬	Ho		11	2	6		2	0.1766	[Xe]4f¹⁰	0.0894
68	铒	Er		12	2	6		2	0.1757	[Xe]4f¹¹	0.0881
69	铥	Tm		13	2	6		2	0.1746	[Xe]4f¹²	0.0869
70	镱	Yb		14	2	6		2	0.1940	[Xe]4f¹³	0.0858
71	镥	Lu		14	2	6	1	2	0.1734	[Xe]4f¹⁴	0.0848
			内部填满18个电子	3d	4s	4p	4d	5s			
21	钪	Sc		1	2				0.1641	[Ar]	0.0680
39	钇	Y		10	2	6	1	2	0.1801	[Kr]	0.0880

从表 1-2 可以看出，在 17 个稀土元素中，钪和钇的电子层构型分别为 [Ar]$3d^1 4s^2$ 和 [Kr]$4d^1 5s^2$。镧系元素原子的电子层构型为 [Xe]$4f^{0 \sim 14} 5d^{0 \sim 1} 6s^2$。其中，[Ar]、[Kr]、[Xe] 分别为稀有气体氩、氪、氙的电子构型。钇与钪原子的外层电结构相似，虽然钪和钇没有 4f，但其外层有 $(n-1)d^1 ns^2$ 的电子层构型，因此在化学性质方面与镧系元素相似，这是将它们划为稀土元素的原因。镧系元素原子电子层结构的特点是：原子的最外层电子结构相同（都是 2 个电子）；次外电子层结构相似；倒数第 3 层 4f 轨道上的电子数从 0→14，随着原子序数的增加，新增加的电子不填充到最外层或次外层，而是填充到 4f 内层，又由于 4f 电子云的弥散，使它并非全部地分布在 5s、5p 壳层内部。因此，当原子序数增加 1 时，核电荷增加 1，4f 电子虽然也增加 1，但是由于 4f 电子只能屏蔽所增加

核电荷中的一部分（约85%），而在原子中由于4f电子云的弥散没有在离子中大，故屏蔽系数略大。所以当原子序数增加时，外层电子受到有效核电荷的引力实际上是增加了，这种由于引力的增加而引起原子半径或离子半径缩小的现象，叫做"镧系收缩"。镧系收缩导致两个重要的结果：其一是使镧系元素的同族、上一周期的元素钇的三价离子半径位于镧系元素中铒的附近，钇的化学性质与镧系元素非常相似，在天然矿物中钇和镧系元素常共生于同一矿物中，彼此分离困难；其二是使镧系后面各族过渡元素的原子半径和离子半径，分别与相应的同一族上面一个元素的原子半径和离子半径极为接近，例如，ⅣB族中的Zr^{4+}（80pm）和Hf^{4+}（81pm）；ⅤB族中的Nb^{5+}（70pm）和Ta^{5+}（73pm）；ⅥB族中的Mo^{6+}（62pm）和W^{6+}（62pm）离子半径相近，化学性质相似，结果造成锆与铪、铌与钽、钼与钨这三对元素在分离上的困难。此外，Ⅷ族中的两排铂系元素在性质上的极为相似，也是镧系收缩所带来的影响。

由于镧系收缩，镧系元素的离子半径的递减（见表1-2），从而导致镧系元素的性质随原子序数的增大而有规律地递变。例如使一些配位体与镧系元素离子的配位能力递增，金属离子的碱度随原子序数增大而减弱，氢氧化物开始沉淀的pH值渐降等。

1.2 稀土元素的物理化学性质

1.2.1 稀土元素的物理性质

稀土元素具有典型的金属性质，除了镨、钕呈淡黄色外，其余均为银灰色有光泽的金属。通常由于稀土金属易被氧化而呈暗灰色。稀土金属的一些物理性质列于表1-3。

表1-3 稀土元素的某些物理性质

稀土元素	相对原子质量	密度/(g/cm³)	熔点/℃	沸点/℃	蒸发热 ΔH /(kJ/mol)	C_p(25℃时)/[J/(mol·℃)]	电阻率(25℃)/×$10^{-4}\Omega$·cm	电负性	氧化还原电位/V(RE $\longrightarrow$ RE³⁺ +3e)	热中子俘获截面/b
Sc	44.96	2.992	1539	2730	338.0	25.5	66			13
Y	88.91	4.472	1510	2930	424	25.1	53	1.22	−2.37	1.38
La	138.91	6.174	920	3470	431.2	27.8	57	1.1	−2.52	9.3
Ce	140.12	6.771	795	3470	467.8	28.8	75	1.12	−2.48	0.73
Pr	140.91	6.782	935	3130	374.1	27.0	68	1.13	−2.47	11.6
Nd	144.24	7.004	1024	3030	328.8	30.1	64	1.14	−2.44	46
Pm	(147)	7.264	1042	(3000)	—	—	—		−2.42	—
Sm	150.35	7.537	1072	1900	220.8	27.1	92	1.17	−2.41	6500
Eu	151.96	5.253	826	1440	175.8	25.1	81		−2.41	4500
Gd	157.25	7.895	1312	3000	402.8	46.8	134	1.20	−2.40	44000
Tb	158.93	8.234	1356	2800	395	27.3	116		−2.39	44

续表

稀土元素	相对原子质量	密度/(g/cm³)	熔点/℃	沸点/℃	蒸发热 ΔH/(kJ/mol)	C_p(25℃时)/[J/(mol·℃)]	电阻率(25℃)/×10⁻⁴Ω·cm	电负性	氧化还原电位/V(RE→RE³⁺+3e)	热中子俘获截面/b
Dy	162.5	8.536	1407	2600	298.2	28.1	91	1.22	−2.35	1100
Ho	164.93	8.803	1461	2600	296.4	27.0	94	1.23	−2.32	64
Er	167.26	9.051	1497	2900	343.2	27.8	86	1.24	−2.30	116
Tm	168.93	9.332	1545	1730	248.7	27.0	90	1.25	−2.28	118
Yb	173.04	6.977	824	1430	152.6	25.1	28	—	−2.27	36
Lu	174.97	9.842	1652	3330	427.8	27.0	68	1.27	−2.25	108

注：$1b=10^{-28}m^2$。

镧系元素的物理性质的变化有一定规律，但是铕和镱明显异常，这是由于铕和镱的原子体积不仅不随原子序数的增加而减小，反而大很多（见表 1-2），密度也减小很多（见表 1-3），这是由于它们的 4f 亚层的电子处于半充满或全充满状态，电子屏蔽效应好，原子核对 6s 电子吸引力减小，因此出现原子体积增大、密度减小的现象。稀土金属的硬度不大，镧、铈与锡相似，一般为硬度随原子序数的增大而增大（但规律性不很强）。稀土金属中，铕和镱原子参与金属键的电子数与其他稀土元素不同，这是其许多性质异常的重要原因。

稀土金属的熔点和沸点都较高。其熔点大体上随原子序数的增加而增高，但铕和镱的熔点反常的低。稀土金属的沸点和蒸发热与原子序数的关系是不规则的。除镧、铈不生成汞齐，钇较为困难外，其余稀土金属均易生成汞齐。钐、铕和镱的热中子俘获截面很大，而铈和钇的热中子俘获截面却很小，见表 1-3。

1.2.2　稀土元素的电学性质

稀土金属的导电性较低。常温时，稀土金属的电阻率都较高，如表 1-3 中所示除镱外，在常温时稀土金属的电阻率为（50～135）×10⁻⁴Ω·cm，比铜、铝的电阻率高 1～2 个数量级，并有正的温度系数。镧非常特别，α-镧在 4.6K 时和 β-镧在 5.85K 时出现超导电性。

稀土元素的离子半径较其他元素的要大，因此对阴离子的吸引力也比较小，加之 4f 电子被外层的 $5s^2 5p^6$ 电子所屏蔽，难于参加化学键作用，因此稀土元素的化合物大多数是离子键型。它们的导电性能好，可以用电解法制备稀土金属。

1.2.3　稀土元素的光学性质

稀土元素具有未充满的 4f 亚层和 4f 电子被外层的 $5s^2 5p^6$ 电子屏蔽的特性。除了 $La^{3+}(4f^0)$ 及 $Lu^{3+}(4f^{14})$ 外，其余镧系元素的 4f 电子可在 7 个 4f 轨道之间任意排布，从而产生各种光谱项和能级。当 4f 电子在不同能级之间跃迁时，它们可以吸收或发射从紫外、可见到红外线区的各种波长的辐射。无论吸收或发射光谱都给稀土分析，尤其是稀土发光材料的研制和应用提供了依据。

1.2.4 稀土元素的化学性质

稀土元素是典型的金属元素。由于它们的原子半径大，又极易失掉外层的 6s 电子和 5d 或 4f 电子，所以稀土元素的化学活性很强，仅次于碱金属和碱土金属元素，比其他金属元素都活泼。在 17 种稀土元素中，按金属的活泼性次序排列，由钪→钇→镧递增，由镧→镥递减，即镧最为活泼。

稀土金属在空气中的稳定性，随着原子序数的增加而逐渐稳定。在空气中镧、铈很快被腐蚀，镧在空气中逐渐转化为白色氢氧化物，但在干燥空气中仅表面生成一层蓝色薄膜，保护内部。铈则先氧化成氧化铈（Ce_2O_3），接着又被氧化成二氧化铈（CeO_2），放出大量的热而自燃，铈的燃点 160℃，镨的燃点 190℃。钕作用比较缓慢，甚至能长时间保持金属光泽。

钇在空气中虽然热至 900℃，也只有表面生成氧化物，金属钇在空气中放置数月仅表面生成一层灰白色的氧化物薄膜。稀土（特别是轻稀土）金属必须保存在煤油中，否则与潮湿空气接触，就会被氧化变质。

稀土元素的主要化学反应见表 1-4。稀土金属和其他非金属如氯、硫、氮、磷、硅、硼等在一定温度下反应，直接形成二元化合物。这些化合物多数是熔点高、密度小和化学性质稳定的，在冶金工业中可利用这些性质在钢、铁和有色金属冶炼中添加稀土金属或其合金以起到变质的作用。

表 1-4　稀土元素的主要化学反应

反 应 物	生 成 物	反 应 条 件
$X_2(F_2,Cl_2,Br_2,I_2)$	REX_3	在室温作用缓慢，200℃以上能强烈地反应
O_2	RE_2O_3	室温下作用缓慢，200℃以上迅速被氧化，生成 RE_2O_3，特殊氧化物（Tb_4O_7,CeO_2,Pr_6O_{11}）
O_2+H_2O	$RE_2O_3 \cdot xH_2O$	室温下轻稀土作用快，重稀土生成 RE_2O_3，铕生成 $Eu(OH)_2 \cdot H_2O$
S	$RE_2S_3(RES,RES_2,RE_3S_4,RE)$	在硫的沸点反应
N_2	REN	1000℃以上
C	REC_2,RE_2C_3（也存在 REC，RE_2C,RE_3C 级 RE_4C）	高温（碳化物在潮湿空气中易水解生成碳氢化合物）
Si	$RESi_2$（也有其他硅化物和 RE）	高温
B	REB_4,REB_5	高温
H_2	REH_2,REH_3	氢在室温下能被稀土金属吸收，250～300℃作用迅速
H_2O	RE_2O_3 或 $RE_2O_3 \cdot xH_2O+H_2$	室温下作用慢，高温快

稀土金属和铝相似，能分解水，在冷水中作用缓慢，在热水中作用较快，放出氢气。轻稀土元素中，铕作用最快，首先生成可溶性黄色 $Eu(OH)_2 \cdot H_2O$，随后转变为无水 Eu_2O_3。

　　稀土金属溶于稀盐酸、硝酸、硫酸，难溶于浓硫酸，微溶于氢氟酸和磷酸，这是由于生成了难溶的氟化物和磷酸盐覆盖在稀土金属表面，阻止它们继续作用的缘故。稀土金属不与碱作用。

　　镧系元素的碱性是随着原子序数的增大而逐渐减弱的。镧的碱性最强，轻稀土金属氧化物的碱性比碱土金属氢氧化物的碱性稍弱。因此，乙酸等有机酸能溶解轻稀土氧化物，却不能溶解重稀土氧化物。铵盐能溶解稀土氧化物，反应如下：

$$RE_2O_3 + 6NH_4Cl \longrightarrow 2RECl_3 + 6NH_3 + 3H_2O$$

　　氢氧化钇的碱性介于镝、钬之间。四价氢氧化铈比三价稀土氢氧化物更容易沉淀析出。二价稀土氢氧化物，由于离子电荷较少、半径较大，它们的碱性都比三价稀土氢氧化物要强，溶解度也比较大。四价稀土氢氧化物的碱性比三价的氢氧化物强，二价稀土氢氧化物的碱性最强。

　　稀土元素的氧化还原电位由镧的$-2.52V$至镥的$-2.25V$（见表1-3）。由于离子的氧化还原电位与电子层结构有关，当稀土的4f层电子全空、半充满和全充满时较为稳定，所以其稳定性是：$Ce^{4+} > Pr^{4+}$，$Eu^{3+} > Sm^{3+}$。同时，稀土离子的氧化还原性还与溶液的酸碱性有关，而且还受介质中阴离子的影响。

　　稀土金属是强还原剂，它们的氧化物的生成热（La_2O_3的生成热为1.913MJ/mol）比氧化铝的生成热（1.583MJ/mol）还大。因此，混合稀土金属是比铝更好的金属还原剂，它们能将铁、钴、镍、钒、铌、钽、钛、锆及硅等元素的氧化物还原成金属。稀土金属在黑色冶金中作为良好的脱氧脱硫的添加剂。

　　稀土元素不仅能同氧、氮、氢等气体及许多非金属元素及其化合物作用生成相应的稳定化合物，而且还能与铍、镁、铝、镓、铟、铊、铜、银、金、锌、镉、汞、砷、锑、铋、锡、钴、镍、铁等多种金属元素作用生成组成不同的金属间化合物。例如，与铁生成$CeFe_3$、$CeFe_2$、Ce_2Fe_3、YFe_2等化合物，但镧与铁只生成低共熔体，因而镧-铁合金的延展性很好；与镁生成$REMg$、$REMg_2$、$REMg_3$、$REMg_9$等化合物，稀土金属微溶于镁中；与铝生成$LaAl_4$、$LaAl_2$、$LaAl$、La_3Al、Ce_3Al_2等化合物；与钴生成具有强磁性的化合物，如$SmCo_5$、$SmCo_3$、$SmCo_2$、Sm_2Co_7、Sm_3Co、Sm_9Co_4等，其中以$SmCo_5$的磁性最强；与镍生成$LaNi$、$LaNi_5$、La_3Ni_5等化合物；与铜生成YCu、YCu_2、YCu_4、YCu_5、$NdCu_5$、$CeCu$、$CeCu_2$、$CeCu_4$、$CeCu_6$等化合物。

　　由于稀土元素的原子体积比较大，因此与其他金属元素一般不能形成固溶体。稀土与碱金属及钙等均生成不互溶的体系。稀土在锆、铪、铌、钽中溶解度很小，一般只形成低共熔体。稀土与铬、钼、钨也不能生成化合物。

1.3　稀土材料应用现状与展望

　　稀土元素独特的电子层结构及物理化学性质，为稀土元素的广泛应用提供了基础。稀土元素具有独特的4f电子结构、大的原子磁矩、很强的自旋耦合等特性，与其他元素形成稀土配合物时，配位数可在 6~12 之间变化，并且稀土化合物的晶体结构也是多种多样的，致使稀土元素及其化合物无论是在传统材料领域还是高技术新材料领域都有着极为广泛的应用，使用了稀土的传统材料和新材料已深入到国民经济和现代科学技术的各个领域，并有力地促进了这些领域的发展。

稀土材料最早的应用是在 1886 年人们用硝酸钍加入少量稀土作白炽灯罩开始。1902~1920 年间先后发现了稀土在打火石、电弧灯上的炭精棒以及玻璃着色方面的应用，但由于稀土价格昂贵，故用量极少。直到 20 世纪 60 年代以后，稀土分离技术，尤其是溶剂萃取和离子交换分离单一稀土技术的发展以及稀土基础科学和应用科学的深入研究，大幅度降低了稀土的价格，并迅速地扩大了稀土的新应用，人们研究开发了许多新的稀土材料，并使稀土从传统的应用领域发展到高新技术领域。为适应新的经济增长的需要，人们相继研究成高纯稀土金属、合金及高纯稀土化合物材料。20 世纪 60 年代以来，稀土材料应用中起重大作用的是：1962 年发现稀土催化裂化分子筛，用于石油工业。1963~1964 年，发现稀土红色荧光粉，用于彩色电视；稀土钴合金永磁材料；钇铁石榴石铁氧体（YIG）用于雷达环行器；钇铝石榴石（YAG）激光晶体用于激光器。1971~1972 年将稀土金属及合金用于高强度低合金钢，以制造大口径天然气和石油输运管道。1986 年，J. D. Bednorz 和 K. A. Müler 在 BaLaCuO 体系中观察到起始转变温度为 35K 的超导现象，1987 年中国科学院获得了液氮温区的钡钇铜氧化物超导体，接着国内外许多科学家的出色工作使稀土超导材料研究向纵深发展。进入 20 世纪 90 年代以来，稀土在新材料领域中的应用得到迅猛发展，并有力地推动着当代国民经济和科学技术的发展。据统计目前世界稀土消费总量的 70% 左右是用于材料方面。稀土材料应用遍及了国民经济中的冶金、机械、石油、化工、玻璃、陶瓷、轻工、纺织、电子、光学、磁学、生物、医学、航空航天和原子能工业以及现代技术的各大领域的 30 多个行业，见表 1-5 所示。

表 1-5　稀土材料应用主要领域

应用领域		RE	Sc	Y	La	Ce	Pr	Nd	Sm	Eu	Gd	Tb	Dy	Ho	Er	Tm	Yb	Lu
冶金机械	钢铁添加剂	○			○	○												
	铸铁	○																
	合金钢	○																
	耐热合金	○																
	储氢合金	○			○													
	有色合金	○																
	打火石	○				○												
石油化工	石油裂化催化剂	○		△	△	△												
	汽车尾气净化催化剂	○		○	○	○												
	化工用催化剂	○			○			△	△									
	燃料电池			△		△												

续表

应用领域		RE	Sc	Y	La	Ce	Pr	Nd	Sm	Eu	Gd	Tb	Dy	Ho	Er	Tm	Yb	Lu
玻璃陶瓷	玻璃抛光					○												
	玻璃脱色剂				△	○												
	玻璃着色剂							○										
	陶瓷颜料						○	○										
	结构陶瓷	○		○														
轻工纺织	毛织物染色	△																
	皮革鞣制	△																
生物医疗	稀土生物材料	△						△	△									
	稀土医疗材料	△							△									
磁学	磁性管阀			○					△	△	○						△	△
	永磁材料	○				○	○	○	○									
	磁致伸缩材料			△	△						○	○	○	△	△			
	磁光材料								△			△	△					
	磁泡材料			△	△					△	△				△	△	△	△
电学	热电子发射材料	○		△	○			○			△							
	发热材料	○		○	○													
	电容器	△		○	○					○	△		△				△	
	电阻																	
	导电材料	○		△	○	○												
	传感器			△	△													
光学	光学玻璃			○	○	○					△							
	吸收紫外线玻璃					○	△	△										
	特种陶瓷材料			○	○	○		△			△							
	荧光材料			○	○	○				○	○	○		△	△	△	△	
	激光材料			○	△			○										
	弧光灯材料	○																
航空航天	发动机部件	○				○												
	飞机壳体及构件	○			○	△												
原子能工业	核反应堆结构材料			○							△	△						
	核反应堆控制材料									○	○	△						
	核反应堆屏蔽材料								△	△	△							

注：○—已在工业应用；△—正在研究开发。

　　稀土元素在材料中的应用可以是稀土金属、合金或化合物的形式。在不少情况下，则是通过添加稀土来改善材料的性能以扩大其应用范围。稀土材料的应用主要包括传统材料领域和高技术新材料领域两个方面。

1.3.1 稀土在传统材料领域的应用

1.3.1.1 冶金机械

　　由于稀土金属的高活泼性，能脱去金属液中的氧、硫及其他有害杂质，起净化金属液的作用；控制硫化物及其他化合物形态，起变质、细化晶粒和强化基体等作用。因此，可利用混合稀土金属、稀土硅化物及稀土有色金属中间化合物等来炼制优质钢、延性铁和有色金属及合金材料等。稀土钢和稀土铸铁已被广泛用于火车、钢轨、汽车部件、各种仪器设备、油气管道和兵器等。稀土加入各种铝合金或镁合金中，可提高其高温强度，用以制造轮船引擎上的叶轮、飞机及汽车发动机和导弹上的部件。在铝-锆合金加入适当的稀土用作电缆，可以提高电缆的抗拉强度和耐磨性，而不降低其导电性。具有我国技术特色的稀土铝电线电缆已被大量用于高压电力输送系统。利用稀土金属易氧化燃烧的特性，稀土金属还被用作制造打火石和军用发光合金材料。

1.3.1.2 石油化工

石油裂化工业中使用稀土主要是用于制造稀土分子筛裂化催化剂。稀土分子筛催化剂的活性高、选择性好、汽油的产率高，因而在国内外很受重视，目前世界上的石油裂化生产中 90％稀土裂化催化剂。稀土裂化催化剂一般是用混合氯化稀土与钠型 Y-型分子筛进行交换制得。对混合稀土的要求不高，其中各单一稀土量不一定要有严格的比例，因此可以用提取某一单一稀土的剩余物来制备稀土分子筛裂化催化剂，为稀土资源的综合利用提供了有利条件。

稀土除用来制造石油裂化催化剂外，还可在很多化工反应中用作催化剂。如稀土催化剂已成功地用于合成异戊橡胶和顺丁橡胶的生产，使用催化剂为去铈混合轻稀土的环烷酸盐，以镨钕富集物效果更好。稀土氧化物如 La_2O_3、Nd_2O_3、Sm_2O_3可用于环己烷脱氢制苯的催化剂。用 ABO_3型化合物如 $LnCoO_3$代替铂，催化氧化 NH_3以制备硝酸。此外，稀土化合物还用于塑料热稳定剂和稀土油漆催干剂等化工领域。

1.3.1.3 玻璃陶瓷

某些稀土氧化物很早就用来使玻璃脱色和着色。例如，少量的氧化铈可使玻璃无色；加氧化铈达 1％时，便使玻璃呈黄色；量再多时则呈褐色。氧化钕可以将玻璃染成鲜红色；氧化镨可使玻璃染成绿色；两者混合物使玻璃呈浅蓝色。氧化铈还大量用于制造玻璃抛光材料。在陶瓷和瓷釉中添加稀土可以减少釉的破裂性并使其具有光泽。稀土用作陶瓷颜料，研究和应用最多的是以氧化锆、氧化硅为基质的镨黄颜料以及以 Al_2O_3 和 SiO_2 为基质的铈钼黄及铈钨黄等黄色颜料，其他稀土颜料还有紫罗兰（含 Nd^{3+}）、绿色、桃红色、橙色、黑色等，它们绚丽多彩，各有特色。用稀土制成的陶瓷颜料比其他颜料的颜色更柔和、纯正、色调也新颖，光洁度亦很好。

稀土在三大传统应用领域（冶金机械、石油化工和玻璃陶瓷）虽然大体上保持稳定，但在相对数量上逐年缩小，相反稀土新材料却以 15％～30％的年增长速度迅猛发展。这是由于自 20 世纪 80 年代以来，我国开拓了许多新的应用领域，致使稀土及其新材料的生产能力和用量相应地迅速增加。

1.3.2 稀土在新材料领域的应用

在新材料领域，稀土元素丰富的光学、电学、磁学以及其他许多性能得到了充分的应用。这些稀土新材料根据稀土元素在材料中所起的作用粗略地可分为两大类：一类是利用 4f 电子特征的材料；另一类则是与 4f 电子不直接相关，主要利用稀土离子半径、电荷或化学性质上的有利特性的材料，见表 1-6。

表 1-6 稀土在新材料中的应用

与 4f 电子的关系	稀土元素的作用	功能		实例	材料与元器件
利用 4f 电子特性的材料	4f 电子自旋排布	硬磁性		Sm，Co 金属间化合物 $SmCo_5$，Sm_2Co_{17} Nd，Fe，B 合金 $Nd_2Fe_{14}B$，$Pr_2Fe_{14}B$，Sm，Fe，N 金属化合物 $Sm_2Fe_{12}N_{2,3}$	永久磁铁
		磁光特性		石榴石[$(Y，Sm，Lu，Ca)_3(Fe，Ge)_5O_{12}$] [$(GdBi)_3(FeAlGa)_5O_{12}$] 非晶合金[GdCo，GdFe，TbFe]	磁泡存储 光隔离器 磁光记录材料
		巨大自旋		Gd^{3+}-DPTA 络合物	MRI 造影材料
		熵的控制		Pr，Ni 金属间化合物[$PrNi_5$] 石榴石[$Dy_3Al_2O_{12}$，CGG 等] $Dy_{0.5}Er_{0.5}Al_2$	磁致冷冻
		巨磁阻抗		钙钛矿型稀土锰复合氧化物[$La_{2-2x}Sr_{1+2x}Mn_2O_7$]	磁传感器
		巨磁应变		$Tb_{0.3}Dy_{0.7}Fe$，$TbFe_{0.6}Co_{0.4}$	磁应变材料
		超导和磁性共存		$Dy_{1-2}Mo_6S_8$ 等 Rb，B 系化合物[$ErRb_4B_4$]	高临界磁场超导体
利用 4f 电子特性的材料	4f 轨道内的电子跃迁含有一部分 4f-5d 跃迁	激活荧光体	4f-4f	Eu^{3+}[Y_2O_2S：Eu^{3+}，Y_2O_3：Eu^{3+}] Tb^{3+}[$MgAl_{11}O_{12}$：Tb^{3+}，Ce^{3+}，LaOBr：Tb^{3+}] Er^{3+}[光纤中掺杂] Eu^{3+} 络合物	红色荧光体 绿色荧光体 光纤放大器 体外诊断剂
			4f-5d	Eu^{2+}[$Ba_2MgAl_{19}O_{27}$：Eu^{2+}，$Sr_3(PO_4)_2$：Eu^{2+}，CaS：Eu^{2+}] Ce^{3+}[Y_2SiO_5：Ce^{3+}，$YAlO_3$：Ce^{3+}，SrS：Ce^{3+}，Cl]	青色荧光体 青绿色荧光体 电致发光体
		能量传递		Er^{3+}-Yb^{3+}[LaF_3：Er^{3+}，Yb，$NaYF_4$：Er^{3+}，Yb^{3+}]	红外可见上转换荧光体
		激光发光中心	4f-4f	Nd^{3+}[YAG：Nd^{3+}，Nd 玻璃，$NdP_5O_{14}NdAl_2(BO_3)_4$]	红外激光
		太阳能电池光接收发光中心	4f-4f	Nd^{3+}[Nd 玻璃（UO_2^{2+} 共激活）] Ho^{3+}[钡系冕牌玻璃（UO_2^{2+} 共激活）]	硅太阳能电池系统效率的改善
	4f 能级向导带的电子的跃迁	半导体大的塞贝格系数、着色		RE_2S_3，RE_2Se_3，RE_2Te 等	热电元件，颜料

续表

与 4f 电子的关系	稀土元素的作用	功能	实例	材料与元器件
与 4f 电子不直接相关，主要利用稀土离子半径，电荷或理化性质上的有利特性的材料	激活剂引入后基质晶体结构不产生畸变	基质基板	$YAG[Y_3Al_5O_{12}]$，Y_2O_2S，$LaOBr$ $GGG[Gd_3Ge_5O_{12}]$	激光和发光材料的基质磁泡存储材料基板
	引入晶格缺陷，离子半径或化学性质相近，电荷不同	化合物固体的离子传导	La_2S_3-CaS $ZrO_2-Y_2O_3$	硫敏感元件 氧敏感元件
		化合物固溶体的电子传导	$La_{1-x}Ca_xCrO_3$	发热体
		催化作用	钙钛矿型结构$[La_{1-x}Sr_2CoO_3]$	CO 氧化催化剂
	提高烧结性能，提高介电性能	电光性介电性	$PLZT[(Pb,La)(Zr,Ti)O_3]$	光调制材料透明陶瓷
	形成玻璃态	低损耗光导纤维	$GdF_3-BaF_2-ZrF_4$	光导纤维
	结构特性 与氢亲和与功相关	储氢特性与功相关	$LaNi_5$ LaB_6	储氢合金电子束阴极材料
	与 Fe^{3+} 可形成特定结构的晶体	吸收电磁波顺磁共振波宽窄	$YIG(Y_3Fe_5O_{12})$	微波吸收材料
利用核特性的材料	热中子吸收截面小且与液态铀和钚不反应	不吸收中子，不与铀，钚反应	金属钇等	核反应堆结构材料
	中子吸收截面相当大	吸收中子	Eu_2O_3，EuB_6	核反应堆的屏蔽材料

在当代社会经济和高技术诸多领域中，稀土新材料发挥着重要作用，并且派生出许多新的高科技产业。这些稀土新材料主要包括稀土磁性材料、稀土发光材料和激光材料、稀土特种玻璃和高性能陶瓷、稀土发热与电子发射材料、稀土储氢材料、稀土催化材料、稀土超导材料、稀土核材料以及其他稀土新材料。

1.3.2.1 稀土磁性材料

稀土元素独特的磁性能，可以制造现代工业和科学技术发展需要的各类磁性材料。稀土磁性材料包括稀土永磁材料、磁致伸缩材料、巨磁阻材料、稀土磁光材料和磁制冷材料等。

其中稀土永磁材料是稀土磁性材料研究开发和产业化的重点。迄今，人们已经发展了三代永磁材料，即第一代 $SmCo_5$，第二代 Sm_2Co_{17}，第三代 $NdFeB$，目前正在开发第四代稀土永磁体 SmFeN。与传统磁体相比，稀土永磁材料的磁能积要高出 4～10 倍，其他磁性能也远高于传统磁体。目前磁性能最好的是钕铁硼永磁材料，它被誉为"永磁之王"，钕铁硼磁体不但磁能积高，而且具有低能耗、低密度、机械强度高等适于生产小型化的特点。它的出现正带动着机电产业发生革命性的变革。作为性能优异的稀土永磁材料，尤其是钕铁硼永磁材料，已广泛应用于全球支柱产业和其他高新科技产业中。如计算机工业、汽车工业、通信产业、交通工业、医疗工业、音像工业、办公自动化与家电工业等。将来每个家庭使用钕铁硼永磁体的多少将标志着一个国家的现代化水平。其主要应用是：汽车中的各电机和传感器、电动车辆、全自动高速公路系统（AHS）；计算机和微电脑的 VCM（音圈电机）、软盘驱动器、主轴驱动器；手机、复印机、传真机，CD、VCD、DVD 主轴驱动；电动工具、空调机、冰箱、洗衣机；机床数控系统、电梯驱动及各类新型节能电机；核磁共振仪、磁悬浮列车；选矿机、除铁设备、各类磁水器、磁化器、小型磁透镜；同步辐射光源、机器人系统、高性能微波管、鱼雷电推进、陀螺仪、激光制造系统、Alpha 磁谱仪等尖端装置中；磁传动、磁吸盘、磁起重器。此外，还用于汽车防雾尾灯、磁疗器械、玩具、礼品、磁卡门锁、开关等。2005 年 10 月 12 日 9 时，"神舟"六号载人飞船发射成功，包头稀土研究院继"神舟"五号之后又为"神舟"六号提供了重要的永磁器件。要求性能和精度更高，产品性能稳定及适合各种环境条件下的温度系数更加严格。随着科学技术的发展和磁性材料应用领域的日益扩大，人们在不断提高现有永磁材料性能的同时，正在加大新一代稀土永磁材料的研究开发。那些当代高新技术领域急需的具有某些特殊性能的稀土磁性材料，如稀土磁致伸缩材料、稀土巨磁阻材料、稀土磁光材料、稀土磁制冷材料等也越来越受到人们的高度重视。

1.3.2.2　稀土发光和激光材料

稀土的发光和激光性能都是由于稀土的 4f 电子在不同能级之间的跃迁产生的。由于稀土离子具有丰富的能级和 4f 电子跃迁的特性，使稀土成为发光宝库，为高技术领域特别是信息通讯领域提供了性能优越的发光材料和激光材料。

稀土发光材料的优点是吸收能力强，转换率高，可发射从紫外到红外的光谱，在可见光区有很强的发射能力，且物理性能稳定。稀土发光材料广泛应用于计算机显示器、彩色电视显像管（简称"彩管"）、三基色节能灯及医疗设备等方面。目前，彩管中红粉普遍使用的是铕激活的硫氧化钇 Y_2O_2S：Eu 荧光体。计算机显示器要求发光材料提供高亮度、高对比度和清晰度，其红粉也是采用 Y_2O_2S：Eu，绿粉为 Y_2O_2S：Tb 及 Gd_2O_2S：Tb，Dy 高效绿色荧光体。据报道，蓝粉也将采用稀土发光材料。稀土发光材料的另一项重要应用是稀土三基色节能灯，稀土三基色节能灯因其高效节能而备受世界各国重视，我国稀土三基色节能灯产量已雄踞世界首位。随着大屏幕高清晰投影电视和稀土节能灯应用的发展，稀土发光材料需求量越来越大。此外，还有稀土上转换发光材料，广泛用于红外探测、军用夜视仪等方面。稀土长余辉荧光粉具有白天吸收阳光、夜晚自动发光的特点，用作铁路、公路标志，街道和建筑物标牌等夜间显示，既方便节能，又有装饰美化效果。

稀土是激光工作物质中很重要的元素，激光材料中大约90％都涉及稀土，在国际上已商品化的近50种激光材料中，稀土激光材料就占40种左右。在固体、液体和气体三类激光材料中，以稀土固体（晶体、玻璃、光纤等）激光材料应用最广。稀土激光材料广泛用于通信、信息储存、医疗、机械加工以及核聚变等方面。稀土晶体激光材料主要是含氧的化合物和含氟的化合物。其中钇铝石榴石 $Y_3Al_5O_{12}$：Nd（YAG：Nd）因其性能优异得到广泛的应用，还有效率更高的掺杂 Nd 和 Cr 的钆钪镓石榴石 GSGG：Nd，Cr 及与 GSGG 类似的 $(Gd, Ca)_3$ $(Ga, Mg, Zr)O_{12}$：Nd，Cr。掺钕钒酸钇（YVO_4：Nd）及 $YLiF_4$，运用于二极管泵浦的全固态连续波绿光激光器，在激光技术、医疗、科研领域应用广泛。稀土玻璃激光材料是用 Nd^{3+}、Er^{3+}、Tm^{3+} 等三价稀土离子为激活剂，其种类比晶体少，易制造，灵活性比晶体大，可以根据需要制成不同形状和尺寸，缺点是热导率比晶体低，因此不能用于连续激光的操作和高重复率操作。稀土玻璃激光器输出脉冲能量大，输出功率高，可用于热核聚变研究，也可用于打孔、焊接等方面。稀土光纤激光材料在现代光纤通信的发展中起着重要的作用，掺铒光纤放大器已大量用于无需中间放大的光通信系统，使光纤通信更加方便快捷。

1.3.2.3 稀土特种玻璃和高性能陶瓷材料

稀土除了在传统玻璃陶瓷中作为脱色剂、着色剂、抛光剂及陶瓷颜料外，更重要的则是用来制备特种玻璃和高性能陶瓷。铈组轻稀土几乎都是制备特种玻璃的上好原料。镧玻璃具有高折射、低色散的良好光学稳定性，广泛应用于各种透镜和镜头材料。此外，镧玻璃还用作光纤材料（同时还使用稀土元素铒）。铈玻璃用作防辐射材料，具有在核辐射下保持透明、不变暗的特点，在军事上和电视工业中有着重要的应用。钕玻璃可以制成很大的尺寸，是巨大功率激光装置最理想的激光材料。稀土陶瓷材料中，稀土可以其化合物形式和掺杂形式两种不同形式应用。稀土高性能陶瓷包括稀土高温结构陶瓷和稀土功能陶瓷两大类。

稀土的氧化物、硫化物和硼化物具有很强的高温稳定性，后两者还同时是惰性物质，它们是制造高温结构陶瓷的优良原料。例如，用氧化钇和氧化镝为主的耐高温透明陶瓷在激光、红外线等技术中有特殊用途。硫化铈、六硼化铈可用以制作冶炼金属的坩埚，也应用在喷气飞机和火箭上。稀土硼化物是优良的电子仪器的阴极材料，它具有很小的电子逸出功和很高的热电子发射密度。例如，制造同步稳相加速器、回旋加速器、控制式扩大器等，用硼化镧作阴极，比用金属阴极和氧化物阴极的使用寿命要长得多，并且能在高压电场中和较低真空度下工作。稀土硼化物陶瓷还广泛用于磁控管、质谱仪、电子显微镜、电子轰击炉和电子枪、电子轰击焊接设备等方面。稀土掺杂的 ZrO_2、SiC、Si_3N_4 具有耐高温、高强度、高韧性等优良性能，是一类新型的高温结构陶瓷，它们被广泛应用于内燃机零部件、计算机驱动元件、密封件、高温轴承等高技术领域，利用这类材料制成的汽车发动机已在国内外使用。

稀土功能陶瓷的范围更广，包括（电、热）绝缘材料、电容器介质材料、铁电和压电材料、半导体材料、超导材料、电光陶瓷材料、热电陶瓷材料、化学吸附材料，还有固体电解质材料等。在传统的压电陶瓷材料，如 $PbTiO_3$、$PbZrTiO_3$（PZT）中掺入微量稀土氧化物，如 Y_2O_3、La_2O_3、Sm_2O_3、CeO_2、Nd_2O_3 等，可以大大改善这些材料的介电性和压电性，使它们更适应实际需要。这类压电陶瓷已广泛地用于电声、水声、超音器件、信号处理、红外技术、引燃引爆、微型马达等方面。由压电陶瓷制成的传感器已成功用于汽车气囊保护系统。掺 La 或 Nd 的 $BaTiO_3$ 电容器介质材料可使介电常数保持稳定，在较宽温度范围内不受影响，并提高了使用寿命。稀土元素如 La、Ce、Nd 在移动电话和计算机的多层陶瓷电容器中也发挥着重要作用。稀土掺杂在热敏半导体材料制作中起着关键作用，这类材料可用作过电过热保护元件、温度补偿器、温度传感器、延时元件及消磁元件等。

1.3.2.4 稀土储氢材料

储氢材料是 20 世纪 70 年代开发的新型功能材料，它的开发使氢作为能源实用化成为可能。在能源短缺和环境污染日益严重的今天，储氢材料的开发具有极其重要的意义。储氢合金是两种特定金属的合金，其中一种金属可以大量吸氢，形成稳定氢化物，而另一种金属与氢的亲和力小，氢很容易在其中移动。稀土与过渡族元素的金属间化合物 $MmNi_5$（Mm 为混合稀土金属）及 $LaNi_5$ 是优良的吸氢材料。因其对氢可进行选择性吸收并可在常压下释放，迄今，人们已利用这一可逆过程，将其用作氢的储存、提纯、分离和回收，用于制冷和制造热泵等。稀土储氢材料最重要的用途是可以被用作镍氢电池（Ni/MH）的阴极材料。

镍氢电池为二次电池（即充电电池），与传统的镍镉电池相比，其能量密度提高 2 倍，且无污染，因而被称为绿色能源。镍氢电池已广泛应用于移动通信、笔记本电脑、摄像机、收录机、数码相机、电动工具等各种便携式电器中。目前，世界镍氢电池年产量已达十多亿支，我国手机持有量已居世界首位，镍氢电池市场前景广阔。镍氢电池还有一个重要用途是用作未来绿色交通工具电动汽车的动力源，随着电动汽车及其他绿色能源运输工具的开发，车用镍氢动力电池的大量需求将进一步促进稀土储氢材料的发展。

1.3.2.5 稀土超导材料

由于稀土超导体是一种高温超导材料，可使所需的环境温度由低温超导材料的液氦区（$T_c = 4.2K$）提高到液氮区（$T_c = 77K$）以上，不但给实用操作带来了方便，而且也大大降低了成本费用（液氦的价格为液氮价格的 60 倍）。现已发现许多单一稀土氧化物及某些混合稀土氧化物都是制备高温超导材料的原料。美国、中国和日本几乎同时于 20 世纪 80 年代中后期发现 $LnBa_2Cu_3O_7$ 一系列稀土氧化物超导材料，我国在高温超导研究方面一直处于世界前列。超导材料应用广泛，可用以制作超导磁体而用于磁悬浮列车，可用于发电机、发动机、动力传输、微波及传感器等方面。据报道，日本制造出了世界最长的高温超导电缆（长达 500m），可在已有的地下管道间铺设，其输电能力为现有输电电缆的 6 倍，开发长的高温超导电缆已列为日本的重大攻关项目之一，计划 2020 年投入使用。今后，随着一些相关应用技术前沿问题的不断解决，稀土超导材料在工业、科技各领域中的应用将会逐步得以实现。

1.3.2.6　稀土气体净化催化材料

调查表明，现代城市空气污染的主要来源是汽车尾气，有效控制汽车尾气污染物（HC、CO、NO_x）含量是提高空气质量的重要途径。稀土气体净化催化材料具有原料易得、价格便宜、化学稳定及热稳定性好、活性较高、寿命长，且抗 Pb、S 中毒等优点，采用含有稀土的催化净化器是治理燃油机动车尾气的重要手段。稀土催化净化器可利用稀土催化剂表面发生的氧化反应和还原反应，将排放气体中的 CO 和 HC 等有害物质氧化为 CO_2 和 H_2O，将 NO_x 还原成 N_2。20 世纪 80 年代末以来，随着燃油车辆尾气净化催化剂需求量的迅速增加，世界各发达国家对稀土催化剂进行了大量研究，贵金属稀土催化剂、贱金属稀土催化剂等相继问世并大量投入使用，致使汽车尾气净化催化剂成为稀土的最大市场，早在 1995 年美国在这方面的稀土耗用量（主要是 Ce 和 La 的氧化物）已占其全国总用量的 44%，远高于稀土在石油裂化催化剂的用量。稀土催化剂中使用的是 Ce 和 La 的化合物，Ce 具有储氧功能，并能稳定催化剂表面上的铂和铑等的分散性，La 在铂基催化剂中可替代铑，降低成本。在催化剂载体中加入 La、Ce、Y 等稀土元素还能提高载体的高温稳定性、机械强度、抗高温氧化能力。目前，我国用稀土催化剂制成的净化装置对尾气的转化率较高，如 CO 的转化率为 90% 左右，HC 转化率为 85%，NO_x 转化率也达 70% 以上，接近美日等发达国家水平。2009 年至 2013 年，中国汽车产销量连续 5 年保持全球第一。数据显示，2013 年民用汽车保有量达到 1.37 亿辆，预计 2020 年将达到两亿辆。汽车尾气净化任务更加严峻，将需要更多的汽车尾气净化催化剂，我国贵金属资源较贫乏，而稀土资源丰富，因此稀土汽车尾气净化催化材料的发展前景极其广阔。

1.3.2.7　稀土核材料

稀土金属由于具有不同的热中子俘获截面和许多其他特殊性能，使其在核工业中也得到了广泛的应用。如金属钇的热中子俘获截面小，而且它的熔点高（高于 1550℃）、密度小（4.47g/cm³）、不与液体铀和钍起反应、吸氢能力又很强，是很好的反应堆热强性结构材料，可用作输运核燃料液铀的管道等设备（在 1000℃ 下不受腐蚀）。而另一些稀土元素的热中子俘获截面很大，如钆

（46000b，1b＝10^{-28} m^2）、铕（4300b）、钐（5600b），是优良的核反应堆的控制材料，这些稀土金属及其化合物（氧化物、硼化物、氮化物、碳化物等）可用作反应堆的控制棒、可燃毒物的抑制剂以及防护层的中子吸收剂。铕有最佳的核性能，它不但具有很大的热中子俘获截面，而且是个长寿命的吸收体，尤适于作为紧凑型反应堆的控制棒而被广泛应用于核潜艇上，既方便，效率又高。某些稀土氧化物、硫化物和硼化物可以用作耐高辐射坩埚用于熔炼金属铀等。铈玻璃抗辐射性能好，已被广泛应用于放射性极强的操作环境中，如用在反应堆上可以安全地观察核反应过程，也可用在防原子辐射的军事光学仪器上。

稀土材料的种类繁多，用途极广，随着研究开发的进一步深入，新的稀土材料将会不断涌现。稀土家族确实是一组神奇的元素，它们在传统材料改性和新材料研制开发中起着十分重要的作用，与国民经济及现代高新技术的发展关系极为密切，稀土新材料在信息、能源、交通、环境等领域发挥着不可替代的作用。虽然我国稀土储量、产品产量、应用和出口量均居世界第一，但与美国、日本、法国等发达国家相比，我国在稀土材料的研究、开发及应用方面还存在一定的差距，许多新材料的研制与开发仍停留在跟踪和吸收、消化国外先进技术上，自己独立研究试制的稀土新材料相对较少，仅发明专利就与日本等国有较大的差距；在稀土新材料，尤其是具有高附加值产品的开发和应用方面，我们的速度也赶不上日本。稀土元素是 21 世纪具有战略地位的元素，稀土新材料的研究开发与应用是国际竞争最激烈也是最活跃的领域之一。从某种角度讲，稀土新材料的研究开发与应用水平，标志着一个国家高科技发展水平，也是一种综合国力的象征。与某些发达国家相比，虽然我国在稀土新材料的研究开发与应用方面有一定差距，但在党和政府的关怀下，近年来我国稀土产业步入了一个快速发展的新阶段，稀土新材料的研究开发得到加强，应用水平也逐渐提高。现今，摆在我们面前的任务，就是大力提升我国稀土产业自身高科技应用水平，提高现有稀土产品的附加值，并由普通原料向高新稀土材料及其器件方向发展；在加强基础理论研究的同时，要特别重视具有我国自主知识产权的稀土新材料和创新技术的开发，及时有效地把稀土材料基础研究成果转化为现实生产力，尽快地将我国的稀土资源优势转化为技术和经济优势，使我国成为世界的稀土大国和稀土强国。随着 21 世纪全球社会经济的发展和新技术革命的来到，稀土材料科技和产业有着广阔的发展前景。

→ 第2章 稀土永磁材料

永磁材料是不需要消耗能量而能保持其磁场的磁功能材料。稀土永磁材料是永磁材料的主体产品。稀土永磁材料，即稀土永磁合金，顾名思义，应当含有作为合金元素的稀土金属，它的永磁性来源于稀土金属 RE（Sm，Nd，Pr 等）与 3d 过渡族金属 TM（Fe，Co，Ni 等）形成的某些特殊金属间化合物。

稀土永磁合金具有单相或多相结构。除了稀土元素和 3d 过渡族金属外，合金元素还可能有硼、硅，甚至氮、碳等元素。稀土永磁合金所涉及的元素种类繁多，各种元素所起的作用不同，有合金元素，也有微量添加元素，有些元素对磁性能起作用，有些元素对合金相的形成或稳定性起作用，有些元素对合金热处理等工艺起作用。通过不同元素的不同作用，最终获得所需要的永磁材料。

稀土永磁材料，由于它具有较好的永磁特性（例如最大磁能积是传统的永磁材料铝镍钴和铁氧体的 5～10 倍，甚至更高），该新材料一问世立即引起了人们的极大关注，其应用已涉及所有永磁应用领域并在迅速扩大。稀土永磁材料广泛应用于计算机、汽车、仪器、仪表、家用电器、石油化工、医疗保健、航空航天等行业中的各种微特电机、核磁共振设备、电器件、磁分离设备、磁力机械、磁疗器械等需产生强间隙磁场的元器件。

近期，在国家政策大力的支持下，稀土永磁材料更是得到了充足的发展。在我国稀土消费结构中永磁材料占比例最大，达到 56.6％，其他用途集中于储氢合金、抛光材料、荧光材料以及催化净化器等。2012 年科技部划拨总额 3.5 亿元的扶持资金，用于重点支持稀土材料在稀土永磁、催化、储氢等领域的应用研发，使得该产业市场空间更加广阔。

随着国家对稀土行业的关注和重视，近几年来中国对稀土政策也发生着巨大的变化。

1985 年，中国开始实行稀土产品出口退税政策，中国稀土对外出口逐年递增。

1998 年，中国实施稀土产品出口配额许可证制度，并把稀土原料列入加工贸易禁止类商品目录。

2000 年，中国开始对稀土实施开采配额制度。

2002 年，国家发展计划委员会发布《外商投资稀土行业管理暂行规定》，禁止外商在中国境内建立稀土矿山企业，不允许外商独资举办稀土冶炼、分离项目（限于合资、合作），对于稀土冶炼、分离类项目，不论投资额大小，一律由各省、自治区、直辖市及计划单列市计委上报国家计委审批。同时，鼓励外商投资稀土深加工、稀土新材料和稀土应用产品。

2005 年，中国政府取消了稀土出口退税，压缩了出口配额企业名额。

2006 年 4 月，中国国土资源部开始停止发放稀土矿开采许可证，开始了对"稀土矿的开采、加工和出口"的调控。

2007 年，国家发改委和商务部公布了新的《外商投资产业指导目录》，目录中"钨、钼、锡（锡化合物除外）、锑（含氧化锑和硫化锑）等稀有金属冶炼"、"稀土冶炼、分离（限于合资、合作）"被列入限制外商进入领域，而钨、锑、稀土的"勘查、开采、选矿"则完全禁止外资进入。

2009 年底，工信部审议通过《2009～2015 年稀土工业发展规划》。《规划》明确指出，未来 6 年，中国稀土出口配额的总量将控制在 3.5 万吨/年以内。初级材料仍被禁止出口。

2010 年 5 月，工信部发布了《稀土行业准入条件》（征求意见稿）。这是我国第一次从生产规模方面设置稀土准入门槛。2010 年 9 月初，国务院正式发布《关于促进企业兼并重组的意见》，首次把稀土列为重点行业兼并重组的名单，并减少稀土出口。

2011 年 2 月，环境保护部发布《稀土工业污染物排放标准》，自 2011 年 10 月 1 日起实施，这是"十二五"期间环境保护部发布的第一个国家污染物排放标准，标准的制定和实施将提高稀土产业准入门槛，加快转变稀土行业发展方式，推动稀土产业结构调整，促进稀土行业持续健康发展。

2011 年 5 月，《国务院关于促进稀土行业持续健康发展的若干意见》中提出坚持控制总量和优化存量，加快实施大企业大集团战略，积极推进技术创新，建立稀土战略储备体系。

"十二五"时期，在新能源方面，预计共需要稀土永磁材料 4 万吨，高性能稀土永磁材料需求年均增速达到 25％。另外，在节能电梯、变频空调、汽车 EPS 系统等需求方面，高性能永磁材料也将有大幅增长。在节能环保领域，稀土三基色荧光灯年产量将超过 30 亿只，需要稀土荧光粉约 1 万吨/年，火电烟气脱硝催化剂及载体市场需求将达到 180 亿元/年，稀土功能材料未来需求将成倍增长。工信部制定的《节能与新能源汽车 2011～2020 年产业发展规划》提出到 2020 年新能源汽车产业化和市场规模达到全球第一，其中高效节能的新能源汽车保有量达到 500 万辆，稀土永磁电机在新能源汽车领域使用将强劲增长。从目前全球范围内已经推出或量产的混合动力车的主动力电机大部分使用的是高性能钕铁硼永磁材料制造的永磁电机。从整个新能源汽车用电机来看，永磁同步电机处于领先地位，稀土永磁材料将充分享受新能源汽车带来的增长。

2.1 磁学基础

　　永磁材料学是磁学、晶体学、冶金学和材料学的交叉科学。掌握一定的磁学基础知识才能充分理解稀土永磁材料的性能、作用以及如何进一步研究永磁材料。

2.1.1 磁学量的定义

　　磁极　一块永磁体有两个磁极，即 N 极和 S 极。两磁铁的同极性相斥，异极性相吸。其作用力的大小与磁针的磁极强度相关。

$$F = \frac{1}{4\pi\mu_0} \times \frac{q_{m1} q_{m2}}{r^2} \tag{2-1}$$

　　式中，F 为两磁极间的作用力，N；q_{m1}，q_{m2} 分别为两磁极间的磁极强度，Wb；r 为两磁极间的距离，m；μ_0 为真空磁导率，H/m（亨利/米），$\mu_0 = 4\pi \times 10^{-7}$。两个磁极间作用力大小与两个磁极的强度成正比，与其间距离的平方成反比，并作用在二者的连线上。

　　磁场 H　对放入其中的小磁针有磁力的作用的物质叫做磁场。磁场是一种看不见，而又摸不着的特殊物质。磁体周围存在磁场，磁体间的相互作用就是以磁场作为媒介的。电流、运动电荷、磁体或变化电场周围空间存在的一种特殊形态的物质。由于磁体的磁性来源于电流，电流是电荷的运动，因而概括地说，磁场是由运动电荷或变化电场产生的。

　　磁化强度 M 与磁感应强度 B　一个宏观磁体由许多具有固有原子磁矩的原子组成，当原子磁矩同向平行排列时，则其对外显示的磁性最强，当原子磁矩紊乱排列时，则对外不显示磁性。宏观磁体单位体积在某一方向的磁矩称为磁化强度 M。

$$M = \frac{\sum\limits_{i=1}^{n} \mu_{原子}}{V} \quad (A/m) \tag{2-2}$$

　　式中，$\mu_{原子}$ 为原子磁矩；V 为磁体的体积，n 为体积为 V 内的磁性原子数。另外根据式（2-2），当圆棒状磁铁的长度 l、截面积为 S 时，其磁化强度 M 定义为 $M = lm/V = lm/Sl = m/S$，在数值上它等于磁极单位面积的极强。有时用物质的单位质量的磁矩来表示磁化强度，称为质量磁化强度，$\sigma = M/d$，式中 d 是物质的密度，kg/m³；σ 的单位为 A·m²/kg。也有用 σ_A 表示 1mol 物质的量的磁化强度，$\sigma_A = A\sigma$，式中，A 是 1mol 物质的量，σ_A 的单位是 A·m²/mol。

　　任何物质在外磁场作用下，除了外磁场 H 外，还要产生一个附加的磁场。物质内部的外磁场和附加磁场的总和称之为磁感应强度 B。真空中的磁感应强度与外磁场成正比。

$$B = \mu_0 H \qquad\qquad (2\text{-}3)$$

式中，μ_0 为真空磁导率。在物质内部磁感应强度为：

$$\left. \begin{array}{l} B = \mu_0(H + M) \\ B = \mu_0 H + \mu_0 M \\ J_s = \mu_0 M \end{array} \right\} \qquad (2\text{-}4)$$

式（2-3）、式（2-4）中的 B 的单位为 Wb/m^2，$1Wb/m^2 = 1T$；J_s 称为磁极化强度，单位为 Wb/m^2，有时也称为内禀磁感应强度。

磁化率和磁导率　任何材料在外加磁场 H 的作用下都会产生一定的磁化强度 M 与其相应。M 与 H 的比值为磁化率 χ，$B\text{-}H$ 磁化曲线上 B 与 H 的比值称为磁导率 μ，分别表示为：

$$\chi = \frac{M}{H} = \frac{\mu_0 M}{B_0} \qquad\qquad (2\text{-}5)$$

$$\mu = B/H \qquad\qquad (2\text{-}6)$$

将 $B = 1T$（特斯拉），$H = 1A/m$（安培/米）代入式（2-6），则得磁导率的单位是 H/m（亨利/米）。

2.1.2　原子磁矩

物质的磁性来源于原子的磁矩。原子由原子核和核外电子组成。电子和原子核均有磁矩，但原子核的磁矩仅有电子磁矩的 $1/1836.5$，所以原子磁矩主要来源于电子磁矩，并可看作由电子轨道磁矩和自旋磁矩构成。

原子磁矩直接受到核外电子分布状态的影响。原子中，决定电子所处状态的准则有两条：泡利不相容原理和能量最低原理。泡利不相容原理说明，在已知量子态上不能多于一个电子，而且这两个电子自旋方向必须相反；能量最低原理说明，电子在原子轨道上的分布，要尽可能地使电子的能量为最低。量子力学理论采用四个量子数 n，l，m_1，m_s 来规定每个电子的状态，每一组量子数只代表一个状态，只允许有一个电子处于该状态。一旦这四个量子数确定了，这个电子状态也就确定了。原子中两个电子所处的状态的四个量子数（n，l，m_1，m_s）不可能完全相同。

（1）主量子数 n　主量子数在确定电子运动的能量时起着头等重要的作用。当主量子数增加时，电子的能量随着增加，其电子出现离核的平均距离也相应增大。在一个原子内，具有相同主量子数的电子，近乎在同样的空间范围运动，故称主量子数。n 相同的电子为一个电子层。常用电子层的符号如下：

$$n = 1,\ 2,\ 3,\ 4,\ 5,\ 6,\ 7$$

电子层符号：　　　　　　　　K，L，M，N，O，P，Q

每层上最多容纳电子为 $2n^2$。即 $n=1$ 时，K 层容纳 2 个电子；$n=2$ 时，L 层容纳 8 个电子；$n=3$ 时，M 层容纳 18 个电子等。

（2）角量子数 l　角量子数 l 确定原子轨道的形状并在多电子原子中和主量子数一起决定电子的能级。

电子绕核转动时，不仅具有一定的能量，而且也有一定的角动量 M，它的大小同原子轨道的形状有密切的关系。如 $M=0$ 时，即 $l=0$ 时说明原子中电子运动情况同角度无关，即原子轨道的轨道是球形对称的；如 $l=1$ 时，其原子轨道呈哑铃形分布；如 $l=2$ 时，则呈花瓣形分布。

对于给定的 n 值，量子力学证明 l 只能取小于 n 的正整数：

$n=1$ 时，$l=0$

$n=2$ 时，$l=0，1$

$n=3$ 时，$l=0，1，2$

$n=4$ 时，$l=0，1，2，3$

…

$n=n$ 时，$l=0，1，2，3…（n-1）$

当 $l=0，1，2，3，4$

相应的能级符号为：　　　　s，p，d，f，g

例如，一个电子处在 $n=2$，$l=0$ 的运动状态就为 2s 电子；处在 $n=2$，$l=1$ 的状态为 2p 电子。

（3）磁量子数 m_1　磁量子数 m 决定原子轨道在空间的取向。某种形状的原子轨道，可以在空间取不同方向的伸展方向，从而得到几个空间取向不同的原子轨道。这是根据线状光谱在磁场中还能发生分裂，显示出微小的能量差别的现象得出的结果。

磁量子数 m_1 可以取值：$m_1=0，\pm1，\pm2…\pm l$

共有 $(2l+1)$ 个值。磁量子数 m_1 与角量子数 l 的关系和它们确定的空间运动状态如下：

l	m_1	空间运动状态数	容纳电子数
0	0	s 轨道，1 种	2
1	$+1,0,-1$	p 轨道，3 种	6
2	$+2,+1,0,-1,-2$	d 轨道，5 种	10
3	$+3,+2,+1,0,-1,-2,-3$	f 轨道，7 种	14

（4）自旋量子数 m_s　根据保里不相容定理，每个轨道上的两个电子必须是自旋相反的两个电子。即分别为 $+l/2$ 和 $-l/2$。

根据能量最低原理，电子首选填充 1s 轨道，然后按着能量的高低次序依次填充。其排列顺序为：1s，2s，2p，3s，3p，4s，3d，4p，5s，4d，5p，6s，4f，5d，6p。

表 2-1 给出了电子壳层的划分及各壳层中可能存在的电子数目。表中"状态数或最多电子数"一栏内，给出的是各电子壳层中最大可能的电子数目，↑↓记

号分别代表电子自旋向上和向下取向。表 2-2 列出了稀土元素的电子组态。

表 2-1 电子壳层的划分及状态数

n	1	2		3			
主壳层符号	K	L		M			
l	0	0	1	0	1		2
次壳层符号	s	s	p	s	p		
m_1	0	0 −1 0 1		0 −1 0 1	−2 −1 0 1		2
m_s	↑	↑ ↑ ↑ ↑		↑ ↑ ↑ ↑	↑ ↑ ↑ ↑		↑
	↓	↓ ↓ ↓ ↓		↓ ↓ ↓ ↓	↓ ↓ ↓ ↓		↓
状态数或最多电子数	2	2	6	2	6	10	
		8		18			

n	4														
主壳层符号	N														
l	0		1			2			3						
次壳层符号	s		p			d			f						
M_1	0	−1	0	1	−2	−1	0	1	2	−3	−2	−1	0	1	2 3
M_s	↑	↑	↑	↑	↑	↑	↑	↑	↑	↑	↑	↑	↑	↑	↑
	↓	↓	↓	↓	↓	↓	↓	↓	↓	↓	↓	↓	↓	↓	↓
状态数或最多电子数	2		6			10			14						
	32														

表 2-2 稀土元素的电子组态

稀土元素		能级和状态数															
		K	L		M			N				O				P	
		1s	2s	2p	3s	3p	3d	4s	4p	4d	4f	5s	5p	5d	5f	6s	...
57	La	2	2	6	2	6	10	2	6	10	0	2	6	1		2	
58	Ce	2	2	6	2	6	10	2	6	10	1	2	6	1		2	
59	Pr	2	2	6	2	6	10	2	6	10	3	2	6			2	
60	Nd	2	2	6	2	6	10	2	6	10	4	2	6			2	
61	Pm	2	2	6	2	6	10	2	6	10	5	2	6			2	
62	Sm	2	2	6	2	6	10	2	6	10	6	2	6			2	
63	Eu	2	2	6	2	6	10	2	6	10	7	2	6			2	
64	Gd	2	2	6	2	6	10	2	6	10	7	2	6	1		2	
65	Tb	2	2	6	2	6	10	2	6	10	9	2	6			2	
66	Dy	2	2	6	2	6	10	2	6	10	10	2	6			2	
67	Ho	2	2	6	2	6	10	2	6	10	11	2	6			2	
68	Er	2	2	6	2	6	10	2	6	10	12	2	6			2	
69	Tm	2	2	6	2	6	10	2	6	10	13	2	6			2	
70	Yb	2	2	6	2	6	10	2	6	10	14	2	6	0		2	
71	Lu	2	2	6	2	6	10	2	6	10	14	2	6	1		2	

由于电子的轨道运动和自旋，在原子中形成一定的轨道和自旋角动量矢量。这些矢量相互作用，产生角动量耦合。原子中角动量耦合方式有两种：①j-j 耦合；②轨道-自旋耦合（L-S）。

j-j 耦合首先是由各处电子的 s 和 l 合成 j，然后再由各电子的 j 合成原子的总角量子数 J。对于原子序数 Z＞82 的元素，电子自身的 s-l 耦合较强，所以这类原子的总量子数 J 都以 j-j 方式进行耦合。

L-S 耦合发生在原子序数较小的原子中。在这类原子中，由于各个电子轨道角动量之间的耦合以及自旋角动量之间的耦合较强，首先合成原子轨道角动量 $P_L = \sum p_l$ 和自旋角动量 $P_S = \sum p_s$，然后由 P_L 和 P_S 再合成原子的总角动量 P_J。原子序数 Z≤32 的原子，都为 L-S 耦合。从 Z 大于 32 到 Z 小于 82，原子的 L-S 耦合逐步减弱，最后完全过渡到另一种耦合。因此，所有的稀土元素的电子轨道角动量既有 j-j 耦合，也有 L-S 耦合。

铁磁性物质的角动量大都属于 L-S 耦合，其耦合形式如图 2-1 所示。原子的总角动量 P_J 是其轨道角动量 P_L 和自旋角动量 P_S 的矢量和：

$$P_J = P_L + P_S \tag{2-7}$$

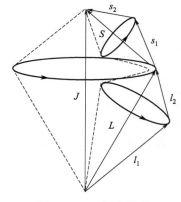
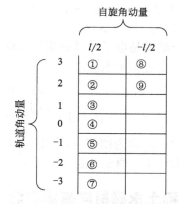

图 2-1　L-S 耦合示意　　　　图 2-2　4f 电子壳层中的自旋和轨道态

多电子原子的量子数 L、S 和 J，可按照洪德（Hund）法则来确定。洪德法则的内容如下：

（1）总自旋 S 在泡利不相容原理的限制内取最大值。理由是：泡利不相容原理要求自旋同向的电子分开，它们的距离远于自旋反向的电子；同时，由于库仑相互作用，电子自旋同向排列使系统能量较低，这样未满壳层上的电子自旋在同一方向排列，直至达到最大多重性为止，然后再在相反方向排列。例如，对能容纳 14 个电子的 4f 壳层，电子按图 2-2 中的数目顺序占据各能态。

（2）总轨道量子数 L 取与最大 S 不相矛盾的最大值。理由是：电子倾向于在同样的方向绕核旋转以避免相互靠近而增大库仑能。

（3）第三条规则涉及 L 和 S 间的耦合。当在 4f 壳层中的电子数 n 小于最大数目的一半，即 $n < 7$ 时，$J = L - S$；当壳层超过半满，即 $n > 7$ 时，$J = L + S$。理由是：对于单个电子，自旋与轨道角动量反平行时，能量最低。当壳层中电子的数目少于最大数目的一半时，所有电子的 l 和 s 都是相反的，由此得出 L 和 S 也是反向的；当电子数大于最大数目的一半时，具有正自旋的 7 个电子总的轨道角动量是零，仅存的轨道角动量 L 来自具有与总自旋 S 方向相反的负自旋的电子，这就导致 L 和 S 平行。

在计算原子磁矩时，例如稀土原子 Nd，根据表 2-2 可知，最外层电子为 $4f^4$。

$n = 4$、$l = 0, 1, 2, 3$、$m_1 = +3, +2, +1, 0, -1, -2, -3$ 有七个轨道。占据轨道的顺序如下：

+3	+2	+1	0	−1	−2	−3
↑	↑	↑	↑			

$L = +3+2+1+0 = 6$

$S = 1/2+1/2+1/2+1/2 = 2$

$n < 7$，$J = L - S = 6 - 2 = 4$

原子磁矩是电子轨道磁矩与自旋磁矩的总和。对于 3d 过渡族金属和 4f 稀土金属及合金，原子磁矩为

$$\mu_J = g_J \sqrt{J(J+1)} \mu_B \tag{2-8}$$

$$g_J = 1 + \frac{J(J+1)+S(S+1)-L(L+1)}{2J(J+1)} \tag{2-9}$$

式中，g_J 称为朗德（Lande）因子；J 为原子总角量子数；L 为原子总轨道角量子数；S 为原子总自旋量子数。

2.2 稀土永磁材料基本概念

2.2.1 物质的磁性

由于物质内部的电子运动和自旋而产生磁场使物质具有磁性。根据磁化率的大小可以把物质的磁性分为五大类：铁磁性物质、亚铁磁性物质、顺磁性物质、反铁磁性和抗磁性物质。

（1）铁磁性 如果一种物质具有自发磁性，即在外场为零时，磁化强度仍不为零，则这种物质为铁磁体，如图 2-3(a) 中所示，在外加磁场的作用下，磁矩整齐排列与外加磁场方向相同。铁磁性物质具有很强的磁性，能在弱磁场下被强烈地磁化，磁化率 χ 是很大的正值。铁磁体或亚铁磁体在温度高于某临界温度后会变成顺磁体，该临界温度称为居里温度 T_c。金属铁、钴、镍等是典型的铁磁体。

（2）亚铁磁体　亚铁磁体比铁磁体更常见，它们多为复杂的金属化合物。在亚铁磁体中，相邻的自旋是反方平行的，只有大小不等或数目不等〔如图 2-3(b)所示〕，因此具有剩余磁化强度。重要的亚铁磁体有尖晶石型铁氧体、石榴石型铁氧体和磁铅石型铁氧体。

（3）顺磁性　具有正磁化率，χ 为 $10^{-6}\sim 10^{-3}$，它们在磁场中受微弱吸引力，且磁化率 χ 的倒数正比于绝对温度。顺磁体的主要特征是，不论外加磁场是否存在，原子内部都存在永久磁矩。但在无外加磁场时，由于顺磁物质的原子做无规则的热振动，宏观看来，没有磁性；在外加磁场作用下，每个原子磁矩比较规则地取向，物质显示极弱的磁性、磁化强度 M 与外磁场 H 方向一致〔如图 2-3(c)〕，M 为正，而且严格地与外磁场 H 成正比。金属铂、钯、锂、钠、钾、稀土金属等属于此类。

（4）反铁磁性　这类磁体的磁化率 χ 是小的正数，在温度低于某温度时，它的磁化率与磁场的取向有关；高于这个温度，其行为像顺磁体，在外加磁场作用下，它们相邻原子的磁矩反向平行，而且彼此的强度相等，没有磁性，如图 2-3(d) 所示。除金属外，反铁磁性物质大都是非金属化合物，如 MnO、MnS、$MnSe$、FeO、CoO、NiO、VS。

（5）抗磁性　具有正磁化率，χ 约为 10^{-6}，它们在磁场中受微弱斥力。抗磁体是由满壳层原子组成，其原子（离子）的磁矩为零，即不存在永久磁矩。当抗磁性物质放入外磁场中，外磁场使电子轨道改变，感生一个与外磁场方向相反的磁矩，如图 2-3(e) 表现为反磁性。金属中约有一半简单金属是抗磁体，碱金属离子、卤族原子和惰性气体原子也表现为抗磁性。

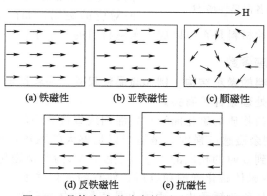

(a) 铁磁性　　(b) 亚铁磁性　　(c) 顺磁性

(d) 反铁磁性　　(e) 抗磁性

图 2-3　晶体中或磁畴内的原子磁矩的排列

2.2.2　永磁材料的磁参量

铁磁物质和弱磁物质有很大的差别。对于铁磁物质，小的外加磁场就会使它强烈磁化。铁磁物质的特性主要分为两类：一是与其磁化过程有关的特性，即非结构敏感参数，又称作磁化特性；二是与其内部原子结构和晶格结构有关的特性，即结构敏感参数，也称为内禀特性。

2.2.2.1 非结构敏感参数

非结构敏感参数的性能主要由材料的化学成分和晶体结构来决定，即称为内禀磁参量。

饱和磁化强度 M_s M_s 是永磁材料极为重要的磁参量。永磁材料均要求 M_s 越高越好。铁磁性物质的原子都具有原子磁矩，它们按一定规律排列在晶格点阵中。因此，每个原子受到周围临近原子的强烈作用，使临近原子的磁矩方向趋于平行某一晶轴方向，因而自发地产生磁化强度。饱和磁化强度是磁体在足够强的磁场 H_s 下，磁化到饱和时的磁化强度。饱和磁化强度决定于组成材料的磁性原子数、原子磁矩和温度。

居里温度 T_c 指铁磁性或亚铁磁性物质转变成顺磁性时的临界温度，低于此温度材料为铁磁性或亚铁磁性；高于此温度，材料即为顺磁性，是一个温度值。T_c 越高，永磁材料的使用温度越高，温度稳定性好。

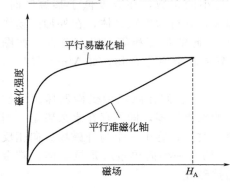

图 2-4 单晶各向异性场 H_A

例如，如果想提高合金的居里温度（非结构敏感参数），那么改变其晶粒尺寸或者是改变热处理工艺是徒劳的，必须要对其化学组分进行调整。

磁晶各向异性场 H_A H_A 是单轴各向异性单晶磁体难磁化方向磁化到饱和时对应的磁场，如图 2-4 所示。这项参数的大小决定了磁性材料是否可以成为永磁材料的一个条件。

2.2.2.2 结构敏感参数

强烈地依赖材料的微观结构，例如与晶粒尺寸、晶粒取向、晶体缺陷、掺杂物、机械加工及热处理条件等有关。

这类特性是用与物质的磁化曲线和磁滞回线直接联系的几个参数来表示的。

剩磁 B_r 为剩余磁感应强度，是指当以足够大的磁场使磁性物质达到饱和后，又将磁场减小到 0 时的相应的磁感应强度，M_r 为剩余磁化强度。

矫顽力 H_c 铁磁体磁化到饱和以后，使它的磁化强度或磁感应强度降低到零所需要的反向磁场称为矫顽力。矫顽力是衡量磁体抗退磁能力的一个物理量。在磁体使用中，H_c 越高，表示温度稳定性越好，保持磁性的能力越强。单位安每米，A/m。根据矫顽力的大小可以把磁性材料分为硬磁性材料和软磁性材料。

通常 0.08A/m＜H_c＜80A/m 称为软磁材料；80A/m＜H_c＜1000A/m 为半硬磁材料；H_c≥1000A/m 称为硬磁材料，也叫永磁材料。

磁能积 $(BH)_{max}$ 第二象限退磁曲线上任何一点的 B 和 H 的乘积（即 $B \times$

H）的最大值称之为最大磁能积，这一参数表征永磁体所储存的能量的高低。当提到永磁材料磁性能时，常常以这一参量作为主要代表。最大磁能积的理论值通常可表示为：

$$(BH)_{max} = \frac{(\mu_0 M_S)^2}{4} \qquad (2\text{-}10)$$

当永磁体的工作点位于最大磁能积对应点时，在提供相同能量时，永磁体体积将最小。

热退磁状态的铁磁性物质的 M、J 和 B 随磁化场 H 的增加而增加的关系曲线称为起始磁化曲线，简称为磁化曲线，如图 2-5 所示，它们分别称为 M_s-H、J_s-H、B-H 磁化曲线。M_s、J_s 和 B_s 分别为饱和磁化强度、饱和磁极化强度以及饱和磁感应强度。

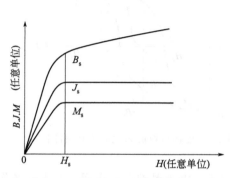

图 2-5　铁磁性物质的磁化曲线

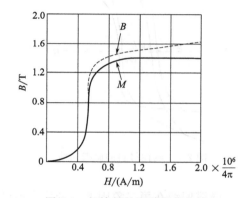

图 2-6　铝镍钴的两种磁化曲线

图 2-6 给出了铝镍钴合金的 B-H 和 M-H 关系曲线。在 M-H 曲线中，H 从小变大时，M 随着急剧增大，当 H 增大到一定值时，M 逐渐趋近于一个确定的 M_s 值，M_s 称为饱和磁化强度；在 B-H 曲线中，H 从小变大时，刚开始 B 随 H 而急剧变化，当 H 增大到一定值后，B 却并不趋近于某一定值，而是以一定的斜率上升。可见，磁感应强度 B 是随 H 而不断地增大的，所谓饱和磁感应强度并不"饱和"。

材料磁化到饱和以后，逐渐减小外磁场，材料中对应的 M 或 B 值也随之减小，但是并不沿着初始磁化曲线返回。并且当外部磁场减小到零时，材料仍保留一定大小的磁化强度或磁感应强度，称为剩余磁化强度 M_r 或剩余磁感应强度 B_r，简称剩磁。在反方向增加磁场，M 或 B 继续减小。当反方向磁场达到一定数值时，满足 $M=0$ 或 $B=0$，那么该磁场强度就称为矫顽力，分别记作 $_MH_c$ 或 $_BH_c$。它们具有不同的物理意义，$_MH_c$ 表示 $M=0$ 时的矫顽力，又称为内禀矫顽力；而 $_BH_c$ 表示 $B=0$ 时的矫顽力，又称为磁感矫顽力。这两种矫顽力大小不等，一般有 $|_MH_c| > |_BH_c|$。容易发现，矫顽力的物理意义是表征磁性材料在

磁化以后抗退磁能力。它是磁性材料的一个重要参数。矫顽力不仅是考察永磁材料的重要标准之一，也是划分软磁材料、永磁材料的重要依据。

M 或 B 变为零后，进一步增大反向磁场，材料中的磁化强度或磁感应强度方向将发生反转，随着反向磁场的增大，M 或 B 在反方向逐渐达到饱和。在材料反向饱和磁化后，再重复上述步骤，M 或 B 的变化与上述的过程相对称。在外加磁场 H 从正的最大到负的最大，再回到正的最大这个过程中，M-H 或 B-H 形成了一条闭合曲线，称为磁滞回线，如图 2-7 所示。磁滞回线是磁性材料的又一重要特征。

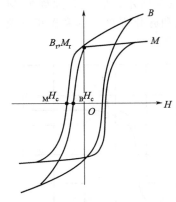

图 2-7　磁性材料的磁滞回线

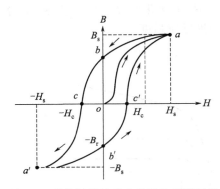

图 2-8　磁性材料的磁化曲线和磁滞回线

磁滞回线在第二象限的部分称为退磁曲线。由于退磁场的作用，在无外场作用下，永磁材料将工作在第二象限上，因此退磁曲线是考察永磁材料性能的重要依据。定义退磁曲线上每一点的 B 和 H 的乘积（BH）为磁能积，磁能积是表征永磁材料中能量大小的物理量。磁能积（BH）的最大值称为最大磁能积，用 $(BH)_{max}$ 表示。它同 $B_r(M_r)$、H_c 都是表征永磁材料的重要特性参数。

综上所述，磁化曲线和磁滞回线是磁性材料的重要特征，它们之间的对应关系如图 2-8 所示。磁化曲线和磁滞回线反映了磁性材料的许多磁学特性，包括磁导率 μ、饱和磁化强度 M_s、剩磁 $M_r(B_r)$、矫顽力 H_c、最大磁能积 $(BH)_{max}$ 等。

2.2.3　自发磁化理论要点

3d 铁磁金属和多数铁磁性稀土金属的原子都有固有的原子磁矩，每一个原子都相当一个元磁铁。理论与实践均已证明，在居里温度以下，在没有外磁场的作用下，铁磁体内部分成若干个小区域，每一个小区域内的原子磁矩已同向平行排列，即已自发磁化到饱和，这些原子磁矩彼此同向平行排列的小区域称为磁畴。为什么在磁畴内部原子磁矩已自发地彼此平行排列而磁化到饱和呢？这种自发磁化的起因，在 3d 金属、4f 金属和 RE-TM 化合物中是不同的。下面作简要的介绍：

（1）3d 金属的自发磁化　在 3d 金属如铁、钴、镍中，当 3d 电子云重叠时，相邻原子的 3d 电子存在交换作用，它们以每秒 10^8 的频率交换位置。相邻原子 3d 电子的交换作用 E_{ex} 与两个电子自旋磁矩的取向（夹角）有关，可以表示为

$$E_{ex} = -2A\sigma_i\sigma_j \qquad (2-11)$$

式中，σ 代表以朗克常数（$\hbar = h/2\pi$）为单位的电子自旋角动量。若用经典矢量模型来近似并且 $\sigma_i = \sigma_j$ 时，上式可变成

$$E_{ex} = -2A\sigma^2\cos\phi \qquad (2-12)$$

式中，ϕ 是相邻原子 3d 电子自旋磁矩的夹角；A 为交换积分常数。在平衡状态，相邻原子 3d 电子磁矩的夹角值应遵循能量最小原理。当 $A>0$ 时，为使交换能最小，则相邻原子 3d 电子的自旋磁矩夹角为零，即彼此同向平行排列，或称铁磁性耦合，即自发磁化，出现铁磁性磁有序；当 $A<0$ 时，为使交换能最小，则相邻 3d 电子自旋磁矩夹角 $\phi = 180°$，即相邻原子 3d 电子自旋磁矩反向平行排列，称为反铁磁性耦合，出现反铁磁性磁有序；当 $A=0$ 时，相邻原子 3d 电子自旋磁矩间彼此不存在交换作用，或者说交换作用十分微弱。在这种情况下，由于热运动的影响，原子自旋磁矩混乱取向，变成磁无序，即顺磁性。

交换积分常数 A 的绝对值的大小及其正、负与相邻原子间距离 a 与 3d 电子云半径 r_{3d} 的比值的关系如图 2-9。可见在室温以上 Fe、Co、Ni 和 Gd 等的交换积分常数 A 是正的，是铁磁性的。反铁磁性的交换积分常数 A 为负，顺磁性物质的交换积分常数 A 为零。

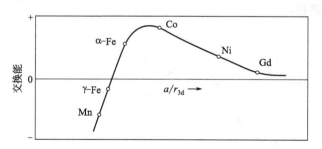

图 2-9　3d 金属的交换积分常数 A 与 a/r_{3d} 的关系

（2）稀土金属的自发磁化与磁有序　部分稀土金属在低温下要转变为铁磁性。在稀土金属中，对磁性有贡献的是 4f 电子。4f 电子是局域化的，它的半径仅约 $(0.6\sim0.8)\ 10^{-1}$ nm，外层还有 5s 和 5p 电子层对 4f 电子起屏蔽作用，相邻的 4f 电子云不可能重叠。即它们不可能像 3d 金属那样存在直接交换作用。那么稀土金属为什么会转变成铁磁性的呢？为了解释这种铁磁性的起因，茹德曼（Ruderman）、基特尔（Kittel）、胜谷（Kasuya）和良田（Yosida）等人先后提出，并逐渐完善了间接交换作用——RKKY 理论。这一理论可以很好地解释稀

土金属和稀土化合物的自发磁化。

RKKY 理论的中心思想是，在稀土金属中 f 电子是局域化的，6s 电子是巡游电子，f 电子和 s 电子要发生交换作用，使 6s 电子发生极化现象。而极化了的 s 电子自旋对 4f 电子自旋有耦合作用，结果就形成了以巡游的 6s 电子为媒介，使磁性的 4f 电子自旋与相邻原子的 4f 电子自旋间接地耦合起来，从而产生自发磁化。

根据 RKKY 理论，局域范围内相邻原子的电子自旋间接交换作用能为

$$E_{ex} = -2\Gamma\rho(r)s_{ij} \tag{2-13}$$

式中，$\rho(r)$ 为极化的传导电子自旋密度，可表示为

$$\rho(r) = -\left(\frac{9\pi Z^2 \Gamma S}{4E_F}\right)F(x) \tag{2-14}$$

将式（2-14）代入式（2-13）得

$$E_{ex} = \frac{9\pi Z^2}{2E_F} \times \Gamma s_i s_j F(x) \tag{2-15}$$

式中 Z 是每一个原子的传导电子数；$E_F = K^2 h^2/2m$ 是自由电子的费米能；$F(x) = x^{-4}(x\cos x - \sin x)$，$x = 2K_F r_{ij}$，$K_F$ 是费米球的半径，$F(x)$ 是 RKKY 函数，r_{ij} 是 j 原子到磁性原子 i 的距离；s 是中性原子的自旋量子数；Γ 是有效交换积分常数，它常常是负的。可见在局域范围内相邻原子的电子自旋间接交换作用能是一个周期性的函数，并随给定的原子的距离 r_{ij} 阻尼衰减，如图 2-10。但是它的符号和极化自由电子自旋的密度的符号相反［由式（2-14）和式（2-15）的对比可以看出］，因此相邻两原子自旋方向是相同的，从而使稀土金属元素实现自发磁化。

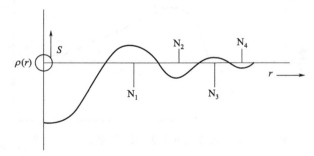

图 2-10　$T < T_c$ 时，极化的自由电子自旋密度与到磁性原子距离 r 的关系

由于在局域区域内相邻原子自旋交换作用随原子距离 r_{ij} 作周期地变化，从而稀土金属原子磁矩的有序化有多样性和周期性的变化。图 2-11 示出了稀土金属原子磁矩排列的多种螺磁性。所谓螺磁性是指相邻原子磁矩呈非共线的螺磁排列。这种螺磁性共有如下几种：轴型反向畴亚铁磁性［图 2-11(a)］；轴型调制反铁磁性［图 2-11(b)］；锥型螺旋磁反铁磁性［图 2-11(c)］锥形螺旋磁铁磁性

［图 2-11(d)］；面型螺旋磁反铁磁性［图 2-11(e)］；面型简单（共线）铁磁性
［图 2-11(f)］；轴型简单（共线）铁磁性［图 2-11(g)］等。

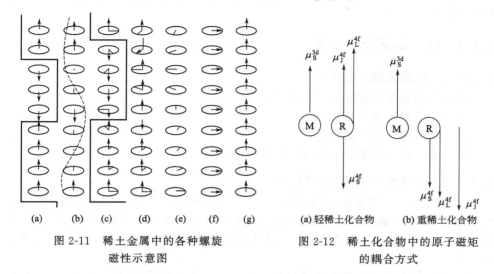

图 2-11　稀土金属中的各种螺旋　　　　图 2-12　稀土化合物中的原子磁矩
磁性示意图　　　　　　　　　　的耦合方式

　　（3）稀土金属间化合物的自发磁化　稀土金属（RE）与 3d 过渡族金属化合物（TM）形成一系列化合物。其中富 3d 过渡族金属间化合物如 $RETM_5$、RE_2TM_{17}、$RE_2TM_{14}B$、$RE(Fe，TM)_{12}$ 等已成为重要的永磁材料。这类化合物的晶体结构都是由 $CaCu_5$ 型六方晶系结构派生而来，其中 REM_5，如 $SmCo_5$ 的结构与 $CaCu_5$ 型结构相同。在这类化合物中，RE-RE 以及 RE-TM 原子间距都较远。不论是 4f 电子云间，还是 3d-4f 电子云间都不可能重叠，4f 电子间不可能有直接交换作用，它也是以传导电子为媒介而产生的间接交换作用，而使 3d 与 4f 电子磁矩耦合起来的。在稀土金属化合物中，由于传导电子的媒介作用，使得 3d 金属的自旋磁矩与 4f 金属的自旋磁矩总是反平行排列的。根据洪德（Hund）法则可知，轻稀土化合物中 3d 与 4f 电子磁矩是铁磁性耦合；而重稀土化合物中，3d 与 4f 电子磁矩是亚铁磁性耦合的，如图 2-12 所示。图中 μ_s^{3d} 代表 3d 电子自旋磁矩，μ_s^{4f} 代表稀土金属 4f 电子自旋磁矩，μ_L^{4f} 代表稀土金属 4f 电子轨道磁矩，μ_J^{4f} 代表稀土金属原子磁矩。可见在轻稀土化合物中 3d 电子自旋磁矩 μ_s^{3d} 与稀土金属原子磁矩 μ_J^{4f} 是同向平行排列，即铁磁性耦合。而在重稀土化合物中 3d 电子自旋磁矩 μ_s^{3d} 稀土原子磁矩 μ_J^{4f} 是反向平行排列，属于亚铁磁性耦合。

2.3　稀土永磁材料分类

　　硬磁材料也叫永磁材料，是指材料在外磁场中磁化后，去掉外磁场仍然保持着较强的剩磁的材料。它也是人类最早发现和应用的磁性材料。相应地，那些在磁场中容易磁化，撤去磁场后也容易退磁的磁性材料叫作软磁材料。硬磁材料的剩余磁感应强度（B_r）高，矫顽力（H_c）高，最大磁能积 $(BH)_{max}$ 大，磁滞回线面积大。

2.3.1 稀土永磁合金分类

2.3.1.1 从合金成分分类：

稀土永磁合金从成分上可分为三类：

第一类 稀土钴永磁合金；

第二类 稀土铁永磁合金；

第三类 稀土铁氮、稀土铁碳永磁合金。

2.3.1.2 从稀土永磁合金发展分类

第一代：1∶5 型稀土-钴永磁合金，是最早发展的 $RECo_5$ 型永磁合金（RE代表稀土），以 $SmCo_5$ 为代表的永磁合金具有优异的磁性能，其后又发展了 $PrCo_5$、$(Sm，Pr)Co_5$、$MMCo_5$（MM 为混合稀土）和 $Ce(Co，Cu，Fe)_5$ 等永磁合金。

$SmCo_5$ 永磁合金按磁性又可分为三类：第一类是高矫顽力（H_c）$SmCo_5$ 永磁合金：B-H 退磁曲线是线性的，技术矫顽力和剩磁基本相等，即 $_bH_c \approx B_r$；第二类是低矫顽力 $SmCo_5$ 永磁合金：B-H 退磁曲线是非线性的，技术矫顽力小于剩磁即 $_bH_c < B_r$；第三类是低温度系数（温度系数：$\alpha \% / ℃$）$SmCo_5$ 永磁合金：磁感的 $\alpha \% / ℃ \approx 0$。

$SmCo_5$ 永磁合金的特点是：磁晶各向异性高 [$K_1 = (15 \sim 19) \times 10^3$ kJ/m³，K_1 为磁晶各向异性常数]、各向异性场高（$H_A = 31840$ kA/m）、温度系数较低（和稀土铁基永磁合金比）、居里点高（$T_c = 720℃$，$SmCo_5$ 的 T_c 比 $Nd_{15}Fe_{77}B_8$ 的 T_c 高一倍多，$Nd_{15}Fe_{77}B_8$ 的 $T_c = 312℃$）。

$SmCo_5$ 的理论最大磁能积 $(BH)_{max} = 244.9$ kJ/m³，而实际的最大磁能积比理论上要低得多。$SmCo_5$ 产品的 $(BH)_{max} = 130 \sim 160$ kJ/m³。$SmCo_5$ 合金的矫顽力理论值：$H_c = 31840$ kA/m，而实际产品的 $SmCo_5$ 合金的矫顽力 $H_c = 1592 \sim 2388$ kA/m，在实验室得到的 $SmCo_5$ 合金样品的矫顽力 $H_c = 3980 \sim 4776$ kA/m。$SmCo_5$ 合金剩磁 $B_r = 0.8 \sim 0.96$ T。

第二代：2∶17 型稀土钴永磁合金（RE_2Co_{17}）。其特点是居里温度最高 $T_c = 850℃$（和 $RECo_5$、Nd-Fe-B 系相比其 T_c 最高），内禀饱和磁感强度比 $RECo_5$ 高，理论最大磁能积比 $RECo_5$ 高，$(BH)_{max} = 525.4$ kJ/m³，其代表性的金属间化合物是 $Sm(Co，Cu，Fe，Zr)_z (z = 7 \sim 8)$，组织结构是尺寸约为 50nm 的 $Sm_2(Co，Cu，Fe，M)_{17}$，边界相 $Sm(Co，Cu，Fe，M)$，厚度约为 10nm，它包围主相，故称为胞状结构。其矫顽力不依赖晶粒大小而取决于微细的两相组织结构，此两相是 2∶17 相和 1∶5 相。由于 2∶17 相和 1∶5 相的畴壁能不同，在磁化或反磁化时，2∶17 相的畴壁被 1∶5 相钉扎，得到很高的矫顽力。其高矫顽力的获得关键在于热处理工艺采用固溶处理，等温时效。

第三代：稀土-铁基系列永磁合金（RE-Fe-B 系）。其特点是：①具有创纪录的磁能积，其中 NdFeB 的磁能积为 446.4kJ/m³；②原材料资源丰富、廉价（以资源丰富的 Fe 取代了第一、二代永磁合金中的资源较少的钴，以廉价、资源丰富的 Nd 取代了第一、二代稀土永磁合金中的价贵、资源较少的金属 Sm），因而从磁特性及磁体价格上远优于第一、二代稀土永磁。它可以在某些领域部分取代其他永磁的应用，因此，第三代稀土永磁合金发展最快。其缺点是其居里温度比第一、二代稀土永磁合金的低，温度稳定性较差、耐腐蚀性较差。从 1983 年问世以来，经过研究，已找到了克服稳定性较差、耐腐蚀性较差的方法和途径。RE-Fe-B 系列的种类颇多，如三元系的 Nd-Fe-B、Pr-Fe-B、RE-Fe-B（RE＝La、Ce，MM…），四元系的 Nd-Fe(M)-B、Nd-FeM$_1$M$_2$-B，五元系的（NdHR)-FeM$_1$M$_2$-B，六元系、七元系也已经出现。此外，还有稀土铁氮永磁合金和纳米晶复合交换耦合永磁体。

第四代：稀土铁氮（RE-Fe-N 系）永磁合金。其特点是：RE-Fe-N 系中的 N 为气体，区别于第一、二、三代稀土永磁合金。Sm$_2$Fe$_{17}$N$_x$（$x=0\sim3$）间隙金属间氮化合物，是于 450～550℃氮化处理之后形成的，一个 Sm$_2$Fe$_{17}$单胞有 3 个 9e 晶位，氮原子进入 Sm$_2$Fe$_{17}$ 的 9e 晶位后，仍是 Th$_2$Zn$_{17}$型结构。不同的是此间隙金属间氮化合物的点阵常数和晶胞体积增加导致其化合物晶体的 Fe-Fe 原子间距增加，使其化合物的磁参量的数值大幅度提高。Sm$_2$Fe$_{17}$N$_3$ 和 Sm$_2$Fe$_{17}$ 相比，其磁晶各向异性常数 K，由 1.2MJ/m³ 提高到 8.4MJ/m³，由易基面转变为易轴（易 c 轴），各向异性场 H_A 达到 16800kA/m，饱和磁感应强度达到 1.54T，质量饱和磁化强度增加 78% ［178～100J/(T·kg)］、居里点由 389K 提高到 782K。Sm$_2$Fe$_{17}$N$_x$ 的最大磁能积 $(BH)_{max}=198.9$kJ/m³，剩余磁感 $B_r=1.19$T，只是其矫顽力偏低 mH$_c=640$kA/m，其中 Sm$_2$(Fe$_{0.983}$Ga$_{0.017}$)$_{17}$N$_x$ 各向同性永磁体的磁性能：$B_r=1.27$T、$H_c=2000$kA/m。另一个特点是温度稳定性好，耐磨性好。不足之处是只能制作黏结 Sm$_2$Fe$_{17}$N$_x$ 永磁合金，因为大于 600℃时，此化合物就分解了。

2.3.2 稀土永磁材料发展及应用历史

1967 年，美国 Dayton 大学研制钐钴磁铁，标志着稀土磁铁时代的到来。我国于 1968 年成立第 1 代 1∶5 型钐钴永磁体研究小组，1969 年研发出磁能积钴-钐（Co-Sm）磁体。1976 年，我国开始研究第 2 代 2∶17 型钐钴永磁体，并于 1978 年研制出 2∶17 型磁体，比西方国家晚了 3 年。1983 年，稍后日本、美国数月开始第 3 代 2∶14∶1 型钕铁硼永磁体，其核心专利均被日本、美国申请。1989 年，钢铁研究总院李卫教授研发出的钕铁硼磁体获得了国家科技进步一等奖；1990 年，王震西院士建立国内钕铁硼生产线；北京中科三环高技术股份有

限公司于 1993 年、北京京磁强磁材料有限公司和北京银纳金科科技有限公司于
2000 年、宁波韵声（集团）股份有限公司于 2001 年分别购买了日本住友特金钕
铁硼专利；2001～2002 年北京有色金属研究总院张深根教授等人独立研发快冷
厚带（Strip Casting）技术和设备；2002 年，我国钕铁硼年产量达到 8000t，成
为第一大生产国；2003 年，北京三吉利新材料有限公司引进国内第一台
500kgSC 炉并投产，开创了我国钕铁硼合金铸片专业化生产先河；安泰科技于
2003 年购买了日本住友特金钕铁硼专利；2004 年，沈阳中北通磁科技有限公司
和日本真空合资生产 SC 炉，太原开源推出 500kgHD 炉，我国大规模采用 SC＋
HD 工艺生产烧结钕铁硼；2007 年，我国烧结钕铁硼产量 47900t，而在 2011 年
达到 83000t，2012 年的产能创新高，产能高达 30 万吨。

　　同烧结钕铁硼产业相比，虽然黏结钕铁硼产业规模小很多，但一直保持着较
好的发展势头。1997～2007 年，全球黏结钕铁硼产量的年平均增长率为 10％，
我国的黏结钕铁硼产量快速增长，平均年增长率超过 32％。2007 年，全球黏结
钕铁硼产量 5080t，我国黏结钕铁硼产量 3000t。2008 年，全球的黏结钕铁硼产
量仍然增长了 3％左右，全球黏结钕铁硼产量为 5200t，中国黏结钕铁硼产量为
3100t，占全球产量的 60％。2009 年，我国黏结钕铁硼产量 4500t。2010 年烧结
钕铁硼的产量达到 65000t。目前，市场上产品 95％以上为各向同性黏结钕铁硼，
原料磁粉是由全球唯一专利磁粉供应商 Magnequench 的天津和泰国工厂供应。
磁体主要生产厂家有日本大同、爱普生（中国）有限公司上海分公司、成都银河
磁体股份有限公司、宁波韵升、海美格磁石技术（深圳）有限公司、山西英洛华
磁业有限公司、天越新材料科技有限公司、江门市粉末冶金厂有限公司、上海龙
磁稀土科技有限公司等。

　　日本、美国是高档钕铁硼永磁体主要生产商。目前日本约有 60 家厂商在从
事永磁的科研开发与生产，其中烧结式产品实力最强的是 TDK 公司、住友特殊
金属公司、日本信越化学工业公司等公司；黏结式产品规模最大的是日本精工-
爱普森公司，该公司多年来一直稳坐"第一把交椅"，目前其产量约为 400t，占
日本总产量的 40％左右，其次是大同特殊金属公司，于 1992 年停止生产铁氧体
永磁而把重心放在发展黏结稀土永磁上。

　　美国永磁体市场与日本类似。近 5 年的年均增长率达 12.1％，其中黏结钕铁
硼逐渐成为市场主流产品，年均增长率高达 20％以上，其最大的市场是机电产品。
全美的永磁体生产厂家有 40 家，其中烧结和黏结磁体厂约占一半。市场的主角是
坩埚公司、Vgimag 公司、MQI 公司、日立应用磁学和电子能量公司等。

　　日本、美国钕铁硼永磁体产业发展具有一个共同特点，这就是集中发展高档
烧结式和黏结式产品，将部分中档产品、大部分低档产品和铁氧体产品转移到海
外，这些产品即使再从海外进口，价格仍比在本国便宜，如美国有 15％～20％
的需求量要靠进口来满足，而这些市场正是中国廉价永磁的重要出口创汇市场。
20 世纪 90 年代初期以后，世界钕铁硼永磁体市场首次被打破，中国逐渐崛起，

至 2000 年，磁性材料总量翻了 6 倍，达 24.8 万吨，和日本平起平坐，成为世界钕铁硼材料两大主要生产国之一，并且当年高性能烧结钕铁硼磁体产量将达 6600t，占世界总产量的 40.2%，连续两年居世界第一位。我国之所以在短时间内获得成为钕铁硼材料生产大国，一方面是吸纳了日本、美国转移出来的生产能力；另一方面是由于我国拥有丰富的稀土资源，这是钕铁硼永磁体生产的基础原料，全球 70% 的稀土分布在我国内蒙古白云鄂博、江西赣南和山西等地区，为我国发展稀土永磁体产业奠定了基础。

2.4　第一代稀土永磁材料

最早发展的 $RECo_5$ 型稀土钴永磁材料是 $SmCo_5$ 化合物永磁体。第一代稀土永磁合金 $SmCo_5$ 磁性相晶体结构属 $CaCu_5$ 型结构，它属于六方晶系空间群为 Pb/mmm（图 2-13）。

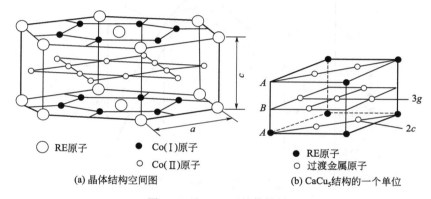

○ RE原子	● Co(Ⅰ)原子		● RE原子
	○ Co(Ⅱ)原子		○ 过渡金属原子
(a) 晶体结构空间图			(b) CaCu₅结构的一个单位

图 2-13　$CaCu_5$ 型晶体结构

一些稀土钴合金的磁性能如表 2-3 所示，从表中可以看出，$SmCo_5$ 在居里温度 Tc、磁晶各向异性常数 K_1 和磁晶各向异性 H_A 上均表现出优异的性能，且磁感应强度 B_r 和理论 $(BH)_{max}$ 均不错。

表 2-3　一些 $RECo_5$ 磁体的基本磁性

磁体	B_r/T	T_c/K	$K_1/(\times 10^6 J/m^3)$	$H_A/(kA/m)$	理论$(BH)_{max}$ /(kJ/m^3)
YCo_5	1.06	903	5.5	10400	224.8
$LaCo_5$	0.91	840	6.3	14000	165.6
$CeCo_5$	0.77	653	6.4	16800	118.4
$PrCo_5$	1.2	893	8.1	13600	288.0
$SmCo_5$	1.14	1000	11~20	20000~35200	260.0
$MMCo_5$	0.9	768	6.4	14400	161.6
$MM_{0.8}Sm_{0.2}Co_5$	0.8	773	7.8	16000	192.0
$Sm_{0.2}Gd_{0.4}Co_5$	0.73	1000	7.7	21120	106.4

注：MM 为混合稀土。

此后又发展了 $PrCo_5$、$(Sm，Pr)Co_5$、$MMCo_5$ 和 $Ce(Co，Cu，Fe)_5$ 等永磁材料。

2.4.1 SmCo₅永磁材料的成分与磁性能的关系

$SmCo_5$ 永磁材料的成分对其磁性能有重要影响。按化合物分子式计算，$SmCo_5$ 的成分为 16.66%Sm＋83.33%Co（摩尔分数），或 33.79%Sm＋66.21% Co（质量分数）。通过实验数据可以看出，钐含量对其磁性能的影响非常大，在 Sm% 为 17.0% 时，可获得 H_c 和 $(BH)_{max}$ 的峰值，如图 2-14 所示。图中的有效成分是指扣除与合金中的氧化合后的净钐含量，可见净钐含量在摩尔分数 16.85%～17.04% 的范围内可获得最佳的磁性能，而且这一成分范围十分窄，足见控制 Sm 的含量对其磁性能的影响之大。

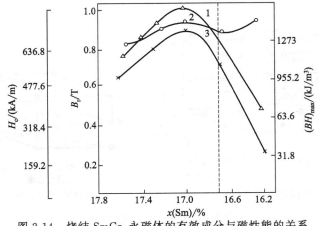

图 2-14　烧结 $SmCo_5$ 永磁体的有效成分与磁性能的关系

1—$(BH)_{max}$；2—B_r；3—H_c

2.4.2 SmCo₅永磁合金的750℃回火效应

$SmCo_5$ 永磁合金具有很高的饱和磁化强度、居里点和磁晶各向异性，但其矫顽力随回火温度升高呈非线性变化。早在 1970 年，Wenstendorp 在实验中发现 $SmCo_5$ 永磁合金随回火温度升高呈非线性的变化（图 2-15）。在 750℃回火后，其矫顽力下降到最低。当温度提高到 900～950℃ 时，矫顽力部分或全部恢复。多年来，人们对于 $SmCo_5$ 永磁合金的 750℃ 回火效应进行了深入的研究，提出了多种理论见解。潘树明等人采用 1000kV 超高压电子显微镜动态观察技术，结合多种研究方法的结果，对于 $SmCo_5$ 永磁合金的 750℃ 回火效应提出了新的观点。

从 1000kV 超高压电子显微镜动态加温的原位观察表明，在 350℃ 之前 $SmCo_5$ 样品在热激活下没有析出物 [图 2-16(a)]。加温到 420℃ 且保温 2min 后

[如图 2-16(c)]，可观察到高度弥散的析出相布满整个视野。继续保温 10min 析出相则长大到数十纳米的尺度，有的析出相已经聚合，如图 2-16(f) 中的 R、Q 在图 2-16(h) 中已经聚合到一起。电子衍射分析表明，析出相为 Sm_2Co_7 和 Sm_2Co_{17}。当温度升到 500℃ 时，许多析出相仍处于稳定状态。在 600℃ 以上明显地观察到析出相的不完整性。观察结果表明，$SmCo_5$ 母相在 400～600℃ 时共析分解为 Sm_2Co_7 和 Sm_2Co_{17} 相。

从弹性畸变能来看，Sm_2Co_{17} 相的沉淀在能量上更为有利，因而 $SmCo_5$ 中的 Sm_2Co_{17} 相首先沉淀出来。$SmCo_5$ 合金在热态下发生共析分解，Sm_2Co_7 相和 Sm_2Co_{17} 相析出、长大、聚合，再急冷时样品出现新的缺陷、孔洞。如果新形成的缺陷尺寸大于或等于畴壁宽度时，缺陷

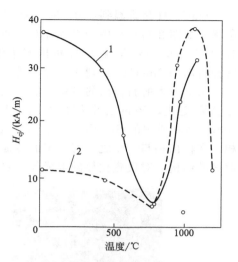

图 2-15 $SmCo_5$ 永磁合金室温下矫顽力随回火温度变化的曲线
1—$SmCo_5$ 矫顽力随烧结温度的变化；
2—烧结 $SmCo_5$ 矫顽力随回火温度的变化

将限制反磁化核的扩张，这种局部钉扎会提高矫顽力。如果恰好相反，则矫顽力降低。不同的样品，由于工艺上的差异缺陷也不同，因而在 600℃ 以下回火时矫顽力表现出峰值或凹谷。可见选择在出现内禀矫顽力 H_{cj} 峰值的温度下回火，对提高 H_{cj} 是有利的。

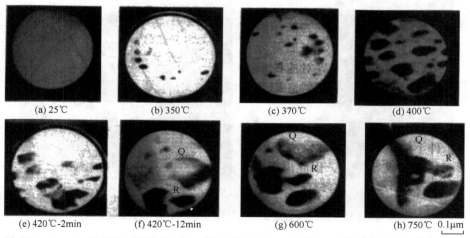

(a) 25℃ (b) 350℃ (c) 370℃ (d) 400℃
(e) 420℃-2min (f) 420℃-12min (g) 600℃ (h) 750℃ 0.1μm

图 2-16 $SmCo_5$ 样品在 25℃、350℃、370℃、400℃、420℃-2min、420℃-12min、600℃ 和 750℃ 析出的 Sm_2Co_{17} 相长大、聚合

SmCo$_5$样品升温到650℃时，新相Sm$_2$Co$_{17}$为完整的六角形状，Sm$_2$Co$_7$为条状，如图2-17（a）中D为Sm$_2$Co$_{17}$的六角形状和E为Sm$_2$Co$_7$的条状。当温度升到750℃，Sm$_2$Co$_7$相区域析出密集的Sm$_2$Co$_{17}$新相点，如图2-17（b）所示。这种析出的Sm$_2$Co$_{17}$相新相点分布是杂乱的，但在原析出的Sm$_2$Co$_{17}$大相点间有一条密排较大的新析出的Sm$_2$Co$_{17}$相点。在750℃保温，可观察到Sm$_2$Co$_{17}$析出相急剧变化，经过析出相的溶解、长大、聚合，直至如图2-18示出的保温50min后在析出的Sm$_2$Co$_{17}$相上出现元素偏聚。照片中黑块为析出的Sm$_2$Co$_{17}$相，在析出相与母相之间有一定的界面，厚度接近0.5～1.0μm，此界面或称过渡区的结构，对反磁化核的形成起重要作用。

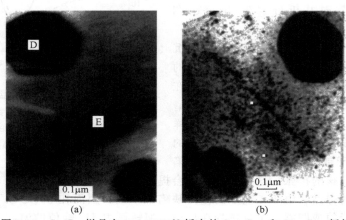

(a)   (b)

图2-17 SmCo$_5$样品在650～750℃析出的Sm$_2$Co$_{17}$和Sm$_2$Co$_{17}$新相

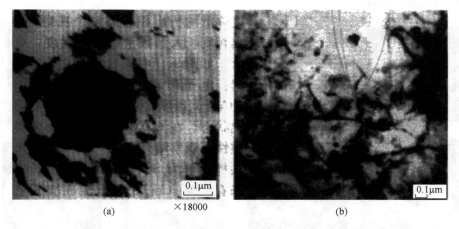

(a)   ×18000   (b)

图2-18 SmCo$_5$合金在750℃回火50min后电子显微相

随着保温时间的延长，析出相的成分起伏、偏聚程度加剧，Sm$_2$Co$_{17}$相上的缺陷加大直到中间出现空洞。测量和计算表明，SmCo$_5$合金在750℃回火，由于

析出 Sm_2Co_{17} 相的多缺陷区域和析出相与母相之间的过渡区具有很低的磁各向异性，成为反磁化形核中心，因此矫顽力出现最低值。$SmCo_5$ 永磁合金在 $750\sim$ $950℃$ 回火矫顽力又出现峰值，并且在 $850℃$ 矫顽力达到最大值。透射电镜的动态观察表明，在 $750℃$ 析出的 Sm_2Co_{17} 相上的缺陷、不均匀区随着升温到 $800℃$、$850℃$ 逐渐消失。如图 2-19 所示，黑色的 Sm_2Co_{17} 相成为均匀的沉淀相，沉淀相四周的过渡区消失；条纹状的 Sm_2Co_7 相消失，而且此后再没有出现；d 区六角形的 Sm_2Co_{17} 相内部白色区域为 $SmCo_5$ 相，Sm_2Co_{17} 相只剩下一个轮廓。从而认为，在 $750℃$ 到 $800℃$ 以上回火，矫顽力的提高是因为热激活作用，不均匀固溶体逐渐减少，均匀的固溶体逐渐增多，合金恢复磁晶各向异性高的 $SmCo_5$ 相所致。

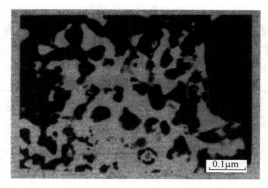

图 2-19　$SmCo_5$ 合金升温到 $950℃$ 保温 1h 电子显微相

结论：

（1）$SmCo_5$ 永磁合金回火后，矫顽力呈非线性变化，在 $750℃$ 出现最低值，这种矫顽力最低值是由于 $750℃$ $SmCo_5$ 析出 Sm_2Co_{17} 相的多缺陷区域和母相与析出相之间的界面（过渡区）具有很低的磁各向异性，成为反磁化形核中心。

$$SmCo_5 \xrightleftharpoons[750℃]{950℃} Sm_2Co_7 + Sm_2Co_{17}$$

（2）温度再升高到 $900\sim950℃$，合金的矫顽力又提高是因为热激活作用。从 $SmCo_5$ 合金中析出 Sm_2Co_{17} 相和母相与 Sm_2Co_{17} 相界面多缺陷区消失，钐、钴元素偏聚元素分凝不均，固溶体变成均匀固溶体，恢复磁晶各向异性高的 $SmCo_5$ 相所致。

2.4.3　$SmCo_5$ 合金烧结和热处理工艺与磁性能的关系

$SmCo_5$ 磁体的烧结与后烧工艺示意图如图 2-20 所示。实践表明烧结温度 $T_烧$ 和时间 $\tau_烧$，回火温度 $T_回$ 和时间 $\tau_回$，从 $T_烧$ 到 $T_回$ 的冷却速度 v_1 和从 $T_回$ 到室温的冷却速度 v_2 等 6 个参量都对磁性能有重要的影响。

这 6 个参数是合金烧结过程中非常重要的参数，如果改变其中的任何一个，

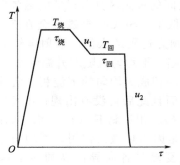

图 2-20　SmCo$_5$合金烧结工艺示意图

都将会影响合金的磁性能。但是 6 个参量对合金磁性能的影响力是不一样的。表 2-4 是一组考察烧结工艺 SmCo$_5$ 磁性能影响的实验数据。从表中可以看出，在合金成分相同的情况下，主要对比了 v_1 和 v_2 对磁性能的影响，从组 2 和组 4 的对比显然可以看出，为了获得高的磁性能，应该从烧结态到回火态的速度 v_1 应尽量慢一些，最好在 0～3℃/min，而通过组 2 和组 3 的对比发现，回火态到室温的速度 v_2 应尽量快一些，一般不要低于 50℃/min 才能获得磁性能较好的 SmCo$_5$ 永磁材料。组 1 是烧结态的合金，没有进行回火处理，结果发现回火处理可以有效的提高合金的磁性能，尤其是 H_c 和 $(BH)_{max}$ 的作用不容忽视。

表 2-4　烧结工艺参数对 SmCo$_5$ 磁性能的影响

合金序号	合金中元素的含量 /％（质量分数）		烧结和热处理工艺	磁性能			
	Sm	Co		B_r/T	$_bH_c$ /(kA/m)	$_mH_c$ /(kA/m)	$(BH)_{max}$ /(kJ/m³)
1	37.2	62.8	1120℃，1h，以 150℃/min 的速度冷至室温	0.94	374.1	636.8	91.5
2	37.2	62.8	1120℃，1h，以 0.7℃/min 的速度冷至 900℃，以 150℃/min 的速度冷至室温	0.93	557.2	1273.6	127.4
3	37.2	62.8	1120℃，1h，以 0.7℃/min 的速度冷至 900℃，以 50℃/min 的速度冷至室温	0.96	533.3	1194	123.4
4	37.2	62.8	1120℃，1h，以 3℃/min 的速度冷至 900℃，以 150℃/min 的速度冷至室温	0.94	517.4	1114.4	119.4

　　表 2-5 列出了烧结温度 $T_{烧}$ 对 SmCo$_5$ 矫顽力 H_c 的影响。在合金成分为 37.2％Sm＋62.8％Co 时，微量的调节烧结温度对 H_c 的影响非常大，烧结温度差 50℃，其矫顽力 H_c 就能有 7 倍的差距，可见，烧结温度对矫顽力的影响非常大。适当提高 Co 的含量，在相同的烧结温度和烧结时间下，其 H_c 也会有 4～5 倍的提高。发现合金成分配比对 SmCo$_5$ 合金的磁性能是非常重要的影响的因素。

表 2-5 烧结温度对 SmCo₅ 的 H_c 的影响

合金成分(质量分数)	烧结温度/℃	烧结时间/min	$H_c/(kA/m)$
37.2%Sm+62.8%Co	1143	30	700
	1152	30	680
	1163	30	480
	1174	30	200
	1192	30	100
36.6%Sm+63.4%Co	1160	30	2000

图 2-21 对 SmCo₅ 合金的磁性能与烧结温度之间的关系进行了研究。图 2-21 中左侧是烧结温度与 SmCo₅ 合金的 H_{cj}、晶粒尺寸之间的依赖关系，右侧图为 B_r 和晶粒直径随烧结温度（1140～1200℃）的变化规律。实验结果表明，随烧结温度的升高，SmCo₅ 合金的矫顽力先升高后降低，当烧结温度为 1140～1160℃时，H_{cj} 出现峰值。当烧结温度升高至 1150℃时，晶粒尺寸明显地长大，空洞发生聚集与长大。并且取向好的晶粒择优地长大，取向差的晶粒缩小，从而导致了 B_r 的提高。另一方面，晶粒长大的结果是新晶界取代了旧晶界，改变了晶界的性质，晶界对畴壁钉扎的强度降低，所以矫顽力降低。

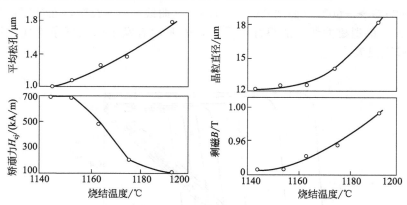

图 2-21 SmCo₅ 合金的 H_{cj}、B_r、晶粒尺寸与烧结温度的关系

SmCo₅ 合金的矫顽力与回火温度的关系曲线如图 2-22 所示。回火处理后，可全面地改善 SmCo₅ 的磁性能。例如烧结后 SmCo₅ 的磁能积为 $(BH)_{max}=167.1kJ/m^3$。而经过回火处理后，$(BH)_{max}$ 达到 187.0kJ/m³，B_r 达到 1.02T。特别值得注意的是回火后的冷却速度 v_2 对 SmCo₅ 的磁性能有重要影响。为获得高性能，在 900～400℃的温度范围内要快冷。因为 SmCo₅ 在 750℃发生共析分解，在 750℃附近停留 3min，SmCo₅ 的矫顽力就可由 557～637kA/m 降低到 80～159 kA/m。图 2-23 是 SmCo₄.₂和 SmCo₄.₉两种磁体烧结后于 925℃保温 1h，冷却速度 v_2 对矫顽力的影响。随冷却速度的加快，SmCo₅ 系合金的矫顽力迅速地提高。

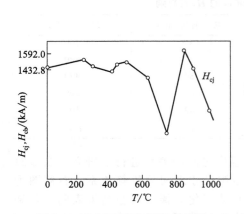

图 2-22 SmCo$_5$ 合金矫顽力与回火
温度的关系曲线

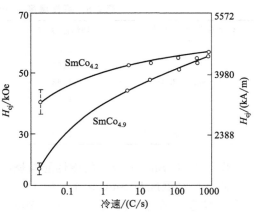

图 2-23 SmCo$_5$ 合金矫顽力与经 925℃
回火 1h 后冷却速度的关系

图 2-24 示出 SmCo$_5$ 合金在 7 种温度下的退磁曲线，其测量顺序为：25℃（曲线 1）→100℃（曲线 2）→150℃（曲线 3）→200℃（曲线 4）→250℃（曲线 5）→25℃→−60℃（曲线 6）→−196℃（曲线 7）→25℃，在此顺序中几次测到的 25℃ 的退磁曲线均能很好地重合，表明没有发生因温度条件变化而产生的磁不可逆损失。

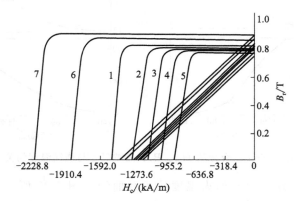

图 2-24 −196～250℃ SmCo$_5$ 永磁合金的退磁曲线

精密仪器、微波器件要求磁感可逆温度系数接近于零的永磁体。RECo$_5$ 合金的磁感可逆温度系数主要取决于组成它的分子磁矩与温度的依赖关系。一般来说，钴亚点阵原子磁矩随温度的变化较小，稀土亚点阵原子磁矩随温度的变化较大。在 RECo$_5$ 中，轻稀土原子磁矩与钴原子磁矩是铁磁性耦合，它具有负的温度系数。重稀土原子磁矩与钴原子磁矩是亚铁磁性耦合，它具有正的温度系数。在一定温度范围内，两者具有温度补偿作用。因此在 RECo$_5$ 化合物中适量的重稀土与轻稀土配合，可以得到磁化强度几乎不随温度变化、高稳定性的（LRE、HRE）Co_5 永磁体。表 2-6 是具有代表性的（LRE、HRE）Co_5 的成分与磁性能。

表 2-6　（LRE、HRE）Co_5 的成分与磁性能

合金成分	B_r/T	H_{cb}/(kA/m)	H_{cj}/(kA/m)	$(BH)_{max}$/(kJ/m³)	α/(%/℃)	ΔT/℃
$Sm_{0.6}Gd_{0.2}Dy_{0.2}Co_5$	0.805	477.6		104.2	−0.0003	77～127
$Sm_{0.75}Gd_{0.11}Dy_{0.14}Co_5$	0.86	644.8		127.3	0	0～55
$Sm_{0.2}Er_{0.8}Co_5$	0.71	469.6		87.6	0	20～50
$Sm_{0.6}Gd_{0.2}Er_{0.2}Co_5$	0.64	445.7		85.1	0	20～100
$Sm_{0.76}Gd_{0.24}Co_5$	0.725	557.2	1990	120.5	−0.018	−40～100
$Sm_{0.6}Gd_{0.4}Co_5$	0.63	501.5	>1990	78.8	−0.004	−40～100
$Sm_{0.9}Ho_{0.1}Co_5$	0.773	589.1	>1990	117.0	−0.026	−40～100
$Sm_{0.8}Ho_{0.2}Co_5$	0.712	549.2	>1990	98.7	0	−40～100

2.4.4　$PrCo_5$ 和（Sm,Pr）Co_5 永磁材料

在 $RECo_5$ 化合物中，$PrCo_5$ 内禀磁感应强度最高，$\mu_0 M_s = 1.25T$，理论磁能积高达 310.4kJ/m³，H_A 达 11542～14328kA/m，居里温度与 $SmCo_5$ 的相差不多。在稀土矿中镨的储量是钐的 2～4 倍，因此在开发 $SmCo_5$ 磁体的同时，人们注意了开发 $PrCo_5$ 永磁体。实验发现，$PrCo_5$ 很容易形成 Pr_5Co_{19} 相或 Pr_2Co_{17} 相的析出，尤其在铸锭中，一般都存在这两个相。避免这两个相的析出是制备高性能、稳定的 $PrCo_5$ 合金的关键。

在制备 $PrCo_5$ 磁体时，要避免氧化，避免 Pr_5Co_{19} 相或 Pr_2Co_{17} 相的析出，因此对其工艺条件要求较为苛刻。图 2-25 是烧结温度对 $PrCo_5$ 磁性能的影响图。可见在 1090℃烧结可获得最高的 B_r，然而在 1080℃烧结获得最佳的 $(BH)_{max}$ 和 H_{cj}。在高性能状态下，晶粒较细小，Pr_2Co_{17} 相较弥散。随烧结温度升高，合金的密度增加，但晶粒长大，矫顽力降低。合适的烧结温度在 1085～1090℃之间。回火温度对 $PrCo_5$ 磁性能的影响关系与 $SmCo_5$ 合金的相同，获得最佳磁性能的回火温度与烧结温度是一致的。这些温度与 $PrCo_3$ 和 Pr_5Co_{19} 或 Pr_2Co_{17} 相的包晶反应温度，即 1060℃和 1125℃相一致。采用质量分数为 33.5%Pr＋66.5%Co 的原材料，高纯镨的氧含量 0.02%（质量分数），在 1070℃烧结 1h，从 1070℃到 930℃以 30℃/min 速度冷却。合金得到较高的磁性能，$B_r = 1.05T$，$H_{cj} = 437.8kA/m$，$(BH)_{max} = 199.8kJ/m³$。

添加少量的金属氧化物如 Cr_2O_3 等，采用液相（质量分数为 60%Pr＋40%Co）烧结，可以进一步提高 $PrCo_5$ 合金的磁性能。例如，添加质量分数为 0.44%的 Cr_2O_3，可使 $PrCo_5$ 合金的 H_{cj} 从约 630kA/m 提高到 1194kA/m（图

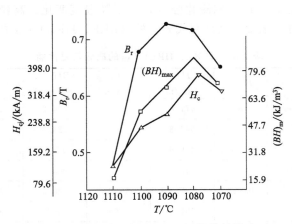

图 2-25 烧结温度对 $PrCo_5$ 磁性能的影响

2-26)。在烧结时，Cr_2O_3 主要进入晶粒边界，弥散地分布在晶粒边界上。它一方面阻碍晶粒长大，另一方面阻碍反磁化畴长大和畴壁位移，从而提高了矫顽力。

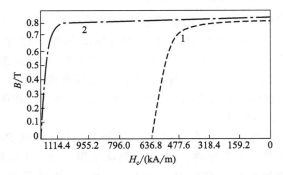

图 2-26 添加少量 Cr_2O_3 对 $PrCo_5$ 合金退磁曲线的影响
1—$PrCo_5$ 合金退磁曲线；2—添加质量分数为 $0.44\%Cr_2O_3$ 的 $PrCo_5$ 合金退磁曲线

$SmCo_5$ 的各向异性高，$PrCo_5$ 的 M_s 高，资源丰富。用镨部分取代钐，制成 $(Sm，Pr)Co_5$ 永磁体，既有较高的磁性能又有较好的经济效益，磁体的稳定性也较好。$(Sm，Pr)Co_5$ 永磁体已在工业中得到广泛应用，商业化的 $(Sm，Pr)Co_5$ 永磁体的退磁曲线示于图 2-27。在 $(Sm，Pr)Co_5$ 中钐与镨的相对含量在 $Sm_{0.5}Pr_{0.5}Co_5$（图 2-27 中曲线 2）附近，$(BH)_{max}$ 与 H_c 出现峰值。对于 $Sm_{0.5}Pr_{0.5}Co_5$ 的基相成分，通过添加质量分数为 $60\%Pr+40\%Co$ 的液相，配制成名义成分为 $37\%(Sm+Pr)+63\%Co$（质量分数）的合金，具有最佳的磁性能。相同成分的磁体，固相烧结的磁性能为 $B_r=0.89T$，$H_{cb}=123.4kA/m$，$(BH)_{max}=42.98kJ/m^3$，而液相烧结的磁性能为 $B_r=0.893T$，$H_{cb}=700.48kA/m$，$H_{cj}=$

1154.2kA/m，$(BH)_{\max}=159.2$kJ/ m^3。采用等静压加液相烧结可制得更高性能的 Sm$_{0.5}$Pr$_{0.5}$Co$_5$ 永磁体，它的 $(BH)_{\max}$ 达到 199kJ/m^3。

烧结温度对名义成分为 21.3%Pr$+15.8\%$Sm$+62.9\%$Co（质量分数）合金的退磁曲线的影响如图 2-28 所示，由图可见其磁性能对烧结温度十分敏感。该合金最佳的磁性能是在 1200℃烧结 1h，此时可以获得较高的 B_r、Hc 和 $(BH)_{\max}$。分别为：$B_r=1.026$T，$H_{cj}=1353$kA/m，$(BH)_{\max}=206.9$kJ/m^3。

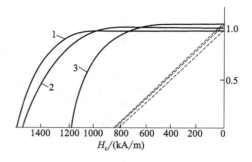

图 2-27　（Sm，Pr）Co$_5$ 永磁体的退磁曲线
1—Sm$_{0.65}$Pr$_{0.35}$Co$_5$；2—Sm$_{0.5}$Pr$_{0.5}$Co$_5$；
3—Sm$_{0.5}$Pr$_{0.5}$Nd$_{0.2}$Co$_5$

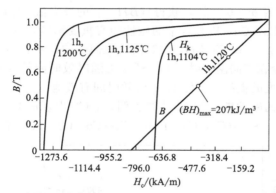

图 2-28　烧结温度对（Sm、Pr）Co$_5$ 合金退磁曲线的影响

2.4.5　MMCo$_5$ 和 Ce（Co，Cu，Fe）$_5$ 永磁材料

钐与镨的价格较贵，混合稀土金属 MM 则便宜得多，因而发展 MMCo$_5$ 或（Sm，MM）Co$_5$ 永磁材料可以大幅度地降低永磁材料的成本。在（Sm，MM）Co$_5$ 合金中，随钐含量的增加，$(BH)_{\max}$ 有所提高，H_{cj} 则线性地提高。此外，在（Sm，MM）Co$_5$ 中添加少量的锡、铁、钴、锆、铪等金属粉末，有助于抑制 RE$_2$Co$_7$ 或 RE$_5$Co$_{19}$ 等富稀土相的形成，可有效地改善其磁性能。

由于铈的资源丰富，因而 Ce（Co，Cu，Fe）$_5$ 永磁材料得到了发展。这种永磁体已在微型电机、电子手表、电子钟等领域得到广泛的应用。在 RE-Co-Cu 三元系中，在 700℃以下可能有 RECu$_5$ 析出，有沉淀硬化效应，可提高 H_{cj}。在 Ce-Co-Cu 合金的基础上，用铁部分取代钴，并适当减少铜含量，不仅维持其高 H_{cj}，还提高它的磁化强度 M_s。铜含量对 CeCo$_{4.5-x}$Cu$_x$Fe$_{0.5}$ 合金磁性能的影响如图 2-29 所示；表明合金的矫顽力随铜含量的增加线性地增加，但 B_r 和

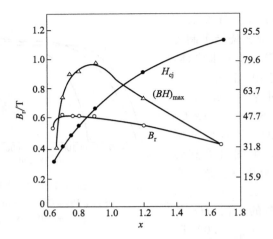

图 2-29 CeCo$_{4.5-x}$Cu$_x$Fe$_{0.5}$合金磁性能随铜含量 x 的变化

$(BH)_{max}$却降低。在 $x=0.9$ 处，获得 $(BH)_{max}$的最大值 80kJ/m^3。

热处理对 Ce(Co，Cu，Fe)$_5$合金的磁性能有重要影响，在 1000～1100℃淬火后，H_{cj}仅有 119.4kA/m，而经过 400℃回火 4h 后，H_{cj}提高到 716.4kA/m。CeCo$_{3.5}$Cu$_{1.0}$Fe$_{0.5}$合金在不同温度时效时，矫顽力随时效时间的变化如图 2-30 所示，可见随着热处理温度的提高，最佳 H$_c$ 的时效时间有效地缩短，并在 360～400℃时效处理可获得最高的磁性能。TEM 观察表明，400℃出现的时效峰值与分解反应 Ce(Co，Cu，Fe)$_5$ $\longrightarrow$ Ce$_2$(Co，Cu，Fe)$_7$＋Ce$_2$(Co，Cu，Fe)$_{17}$有关。

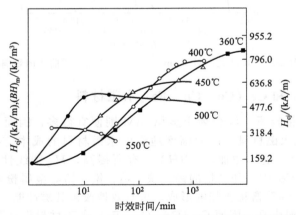

图 2-30 CeCo$_{3.5}$Cu$_{1.0}$Fe$_{0.5}$合金在不同温度时效过程中矫顽力随时效时间的变化

2.5 稀土第二代 2∶17 型 Sm（Co，Cu，Fe，Zr）$_z$永磁材料

第二代 2∶17 型稀土永磁合金在高温下具有 Th$_2$Ni$_{17}$型晶体结构，在低温下转变成 Th$_2$Zn$_{17}$型结构，如图 2-31 中所示。Th$_2$Ni$_{17}$型结构属于菱方晶系空间群

为 P63/mmc，34 个 3d 过渡族金属单胞主要占据 12 个 j 位，12 个 k 位，6 个 g 位和 4 个 f 位。

Th$_2$Zn$_{17}$ 型晶体结构也是稀土永磁化合物的最基本的晶体结构类型之一。RE$_2$Co$_{17}$ 和 RE$_2$Fe$_{17}$ 化合物在低温区多数具有 Th$_2$Zn$_{17}$ 型结构。Th$_2$Ni$_{17}$ 和 Th$_2$Zn$_{17}$ 是同素异构体，两者的结构十分相似。Th$_2$Zn$_{17}$ 型晶体结构的空间立体图如图 2-31(b) 所示，它属于菱方晶系（或称三方晶系），空间群为 R3m。一个单胞内包含 3 个 Th$_2$Zn$_{17}$ 分子式。一个单胞共有 57 个原子。共有 6 个 Th（或 RE）原子，它们占据 c 晶位。51 个 Zn（或 Co、Fe）原子中有 9 个占据 d 晶位，18 个占据 f 晶位，18 个占据 h 晶位，6 个占据 c 晶位。

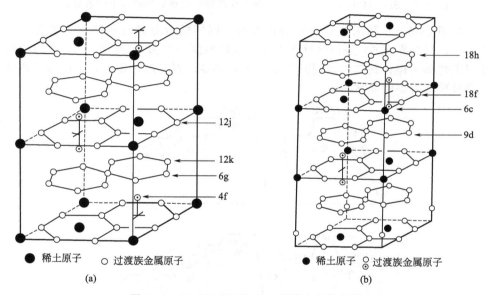

（a）　　　　　　　　　（b）

● 稀土原子　○ 过渡族金属原子

图 2-31　Th$_2$Ni$_{17}$ 和 Th$_2$Zn$_{17}$ 型菱方晶体结构

2:17 型稀土钴永磁合金的代表是 Sm$_2$Co$_{17}$ 系合金，Sm$_2$Co$_{17}$ 的饱和磁化强度比 SmCo$_5$ 高，这样其最大磁能积的理论值也高，居里温度也很高，$T_c =$ 926℃，（SmCo$_5$ 的 $T_c = 850$℃）。但是各向异性场比 SmCo$_5$ 要低。实用的磁体是在 Sm$_2$Co$_{17}$ 的基础上添加过渡族元素 Fe、Cu、Zr 等取代部分 Co，构成多元 Sm-Co-Cu-Fe-M 系，其中 M 为锆、铪、钛、镍、锰等合金，并经过适当的热处理来提高矫顽力。

2.5.1　合金磁性能与热处理工艺

高矫顽力 Sm$_2$(Co，Cu，Fe，Zr)$_{15}$ 合金可通过改变热处理条件获得不同类型矫顽力的合金，其退磁曲线如图 2-32 曲线所示。它们各自对应的热处理制度示于图 2-33。

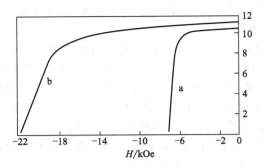

图 2-32 Sm₂ (Co，Cu，Fe，Zr)₁₅合金在两种不同热处理制度下的退磁曲线

从图 2-33(a) 和图 2-33(b) 对比发现，同样的合金具有相同的升温和冷却的工序，只是在 840℃进行热处理工艺的烧结时间分别为 0.5h 和 10h，其他的热处理工艺都一样；其结果发现其矫顽力相差甚多，表明热处理工艺，特别是烧结时间对矫顽力影响非常大。

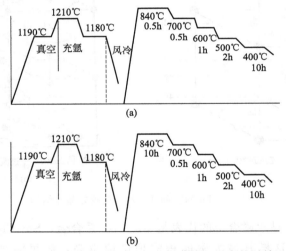

图 2-33 曲线 a 对应的时效工艺（a）及曲线 b 对应的时效工艺（b）

2.5.2 合金组分对 Sm（Co，Cu，Fe，Zr）₇.₄永磁合金磁性能影响

这种合金的成分可表达为：$Sm(Co_{1-\mu-v-w} Cu_\mu Fe_v Zr_w)_z$。式中，$z$ 代表钐原子与（Co+Cu+Fe+Zr）原子摩尔数之比，它介于 7.0~8.3 之间。$\mu=0.05\sim0.08$，$v=0.15\sim0.30$，$w=0.01\sim0.03$。

2.5.2.1 Sm 的含量对磁性能的影响

合金 SmCoCu₆或₈Fe₁₅Zr₃中，钐含量为 24.5%（质量分数）时，就可获得很高的矫顽力，$H_c=2388kA/m$。但退磁曲线的方形度（H_k/H_c）较差，仅有

40％左右。方形度（H_k/H_c）是永磁合金重要的性能指标，方形度（H_k/H_c）越大，则在剩磁 B_r 与矫顽力 H_c 相同的情况下，磁能积（BH）$_\mathrm{max}$ 就越高。可以表示为：

$$H_k/H_c = \frac{4\mu_0 (BH)_\mathrm{max}}{B_r^2} \tag{2-16}$$

图 2-34 给出了高矫顽力合金 $SmCoCu_{6或8}Fe_{15}Zr_3$ 的不同热处理工艺对 H_c 和 H_k/H_c 的影响。结果发现，随钐含量的增加，H_c 普遍降低，但退磁曲线的方形度增加。当钐含量为 26.5％（质量分数）时，退磁曲线的方形度达 90％。且等温时效热处理和分级时效热处理对其矫顽力的影响非常大。对于高矫顽力的 $SmCoCu_{6或8}Fe_{15}Zr_3$ 来说，通过分级时效处理可以大幅度的提高合金的矫顽力，同时适当的调整和控制钐的含量，不仅有助于合金保持较高的矫顽力，还可调整退磁曲线的方形度。

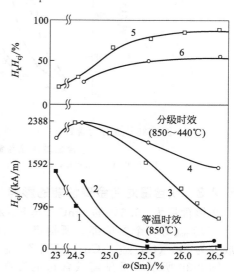

图 2-34　$SmCoCu_{6或8}Fe_{15}Zr_3$ 合金的 H_{cj}，H_k/H_{cj} 与钐含量的关系
1，3，5—6％Cu；2，4，6—8％Cu；1，2—850℃等温时效，余为 850～400℃分级时效

随着 Sm 含量的提高，将 Cu 的含量从 6％调整到 8％时，矫顽力在不同的热处理工艺均呈现提高的趋势，而分级时效（850～440℃）时 H_c 明显高于等温时效（850℃）。以上结果表明：Sm 的含量为 24.5％时，Cu 的含量从 6％提高到 8％时分级时效处理矫顽力显著提高，但方形度有所下降。

2.5.2.2　Cu 的含量对合金磁性能的影响

在钐含量为 25.5％（质量分数）的 $SmCoCuFe_8Zr$ 合金中，只要铜含量高于 5％（质量分数），随铜含量的提高，合金的矫顽力迅速地提高。含铜量高于 10％时，矫顽力 H_c 有下降的趋势。而在成分中含钐 26.5％的 $SmCoCuFe_{18.5}Zr_{2.4}$ 合金中，合金的矫顽力随铜含量的变化如图 2-35 所示。图中曲线 1、2、3、4、5、6 分别表示样品经 750℃、800℃、820℃、850℃、870℃、900℃时效处理 10h 后，以 0.5℃/min 冷却至 400℃，磁体的矫顽力与铜含量的关系。图中曲线 4（850℃）表明，含有 6％～8％（质量分数）铜的合金，矫顽力可达到 1592kA/m，且 H_c 不随 Cu 含量的变化而变化，较稳定。合金中的铜含量不应低于 5％（质量分数）。但应看到铜的含量与铁的含量是密切相关的。高磁能积 2∶17 型永磁材料正朝着高铁低铜的方向发展。

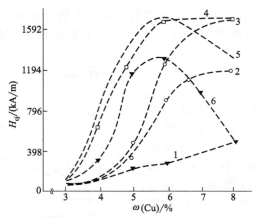

图 2-35　成分为含钐 26.5%（质量分数）的 $SmCoCuFe_{18.5}Zr_{2.4}$

合金磁性能与铜含量的关系

1—750℃；2—800℃；3—820℃；4—850℃；5—870℃；6—900℃

2.5.2.3　铁含量对合金磁性能的影响

在钐含量为 25.5% 的 $SmCoCu_8Fe_8Zr$ 合金中，随铁含量的提高，B_r、H_{cj} 和 $(BH)_{max}$ 等 3 个参量都有所提高。当铁含量高达 14% 时，矫顽力开始下降。在成分为 $Sm(Co_{0.895-x}Cu_{0.078}Fe_xZr_{0.027})_{8.22}$ 合金中，铁含量与合金磁性能的关系如图 2-36 所示。可见随铁含量的提高，B_r 提高。成分为 $Sm(Co_{0.654}Cu_{0.078}Fe_{0.24}Zr_{0.027})_{8.22}$ 的合金获得最佳磁性能，即 $B_r=1.06T$，$H_{cb}=732.3kA/m$，$(BH)_{max}=238.8kJ/m^3$。铁含量与锆的含量有关，为获得高性能的永磁体，在提高铁含量的同时，应提高其锆的含量。

2.5.2.4　锆含量对合金磁性能的影响

锆对提高 2∶17 型合金矫顽力起关键性作用。图 2-37 是钐含量为 25.5% 的

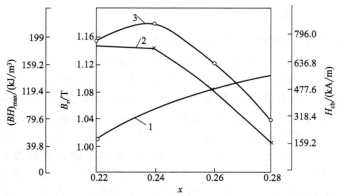

图 2-36　$Sm(Co，Cu，Fe，Zr)_{8.22}$ 合金磁性能与铁含量的关系

1—B_r；2—H_{cb}；3—$(BH)_{max}$

$SmCoCu_6Fe_{15}Zr$ 合金的 H_c 和 H_k/H_c 与锆含量的关系。可见锆不仅强烈地影响合金的矫顽力，还对退磁曲线的方形度 H_k/H_c 有强烈的影响。另外，含锆合金的矫顽力对热处理工艺十分敏感。实验还发现，为了获得高矫顽力的 2∶17 型永磁体，锆的含量仅与铁的含量有关。最佳的锆含量也与钐的含量有关，如图 2-38。可以看出，Zr 的添加显著地提高了合金的矫顽力 H_c，且 Zr 的含量对提高合金矫顽力的意义不是很大，在 $1.4\sim3.5$ 的范围内均能得到相同的最大值，但是可以通过适当的提高锆含量，降低钐的用量。且 Zr 的添加对提高合金矫顽力有非常重要的意义。

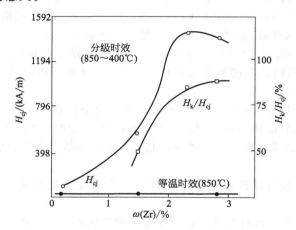

图 2-37　钐含量为 25.5%（质量分数）的 $SmCoCu_6Fe_{15}Zr$ 合金的 H_{cj} 和 H_k/H_{cj} 与锆含量的关系

以上结果表明：锆在 $Sm(Co，Cu，Fe，M)_{7.4}$（M＝Zr，Hf，…，Mn）合金中起到提高矫顽力、提高钐在合金中的溶解度、提高退磁曲线的方形度的作用。

2.6　第三代稀土永磁材料

NdFeB 在高新技术产业中开拓出一类全新的永磁材料应用领域。现代科学技术与信息产业正在向集成化、小型化、轻量化、智能化方向发展，而具有超高能密度的 NdFeB 永磁材料的出现，有力地促进了现代科学技术与信息产业的发展，为新型产业的出现提供了物质保证。

目前，NdFeB 永磁材料已成为材

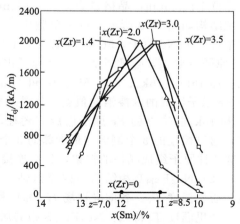

图 2-38　$SmCoCu_7Fe_{22}Zr$ 合金的 H_{cj} 与锆含量和钐含量的关系

料科学中最具活力的领域，对其研究的深度和广度均是前所未有的。而永磁材料制备方法的研究与开发成为材料科学技术的重点，以不断改进制备工艺，提高磁体性能和降低生产成本，从而提高竞争能力。NdFeB 永磁材料（包括烧结永磁材料与黏结永磁材料）还处于发展阶段，主要标志是：

（1）NdFeB 永磁材料的磁性能还有待提高。目前烧结 NdFeB 永磁体的磁能积还较低，其实验值、工业小批量试生产和工业大批量生产永磁体的磁能积分别仅有其理论值（512kJ/m³）的 83%、74% 和 69%。而实际烧结 NdFeB 永磁体的矫顽力（1350kA/m）仅有其理论值（6368kA/m）的 21% 左右。目前实际生产的黏结各向异性 NdFeB 磁体的磁性能还很低，提高磁性能的潜力还很大。

（2）市场对 NdFeB 永磁材料的需求量还在不断地增加。2005 年，全球烧结钕铁硼产量为 42300t，中国的产量为 33000t，占世界总产量的 78%，保持了强劲的增长态势。目前，我国稀土永磁材料产能 30 万吨，年产量 8 万吨左右，产能利用率不到 30%。

（3）生产 NdFeB 永磁材料的工艺、技术、设备正在不断改进和完善。生产高性能烧结 NdFeB 磁体出现了湿压成型（HIOP）、橡胶模压（RIP）、速凝铸带工艺和双相合金法等新技术。发展纳米晶复合磁交换耦合永磁材料将引起黏结永磁体的革命。

（4）NdFeB 永磁材料的温度稳定性、工作温度、抗腐蚀性能还处于研究、改进与发展之中。

（5）NdFeB 永磁材料在现代科学技术中的应用范围还在扩大。

2.6.1 NdFeB 永磁材料相结构和磁性能

（1）NdFeB 永磁材料相结构　$Nd_2Fe_{14}B$ 相属于四方晶系（或简称四方相），空间群 P42/mnm，晶格常数 $a = 0.882nm$，$c = 1.224nm$，具有单轴各向异性，单胞结构如图 2-39 所示。每个单胞由 4 个 $Nd_2Fe_{14}B$ 分子组成，共 68 个原子，其中有 8 个 Nd 原子，56 个 Fe 原子，4 个 B 原子。这些原子分布在 9 个晶位上：Nd 原子占据 4f，4g 两个晶位，B 原子占据 4g 晶位，Fe 原子占据 6 个不同的晶位，即 $16k_1$、$16k_2$、$8j_1$、$8j_2$、4e 和 4c 晶位。其中 $8j_2$ 晶位上的 Fe 原子处于其他 Fe 原子组成的六棱锥的顶点，其最近邻 Fe 原子数最多，对磁性有很大影响。4e 和 $16k_1$ 晶位上的 Fe 原子组成三棱柱，如图所示，B 原子正好处于棱柱的中央，通过棱柱的 3 个侧面与最近邻的 3 个 Nd 原子相连，这个三棱柱使 Nd、Fe、B 这 3 种原子组成晶格的框架，具有连接 Nd-B 原子层上下方 Fe 原子的作用。

（2）$Nd_2Fe_{14}B$ 相结构与内禀磁性　$Nd_2Fe_{14}B$ 相结构决定了其结构敏感参数：居里温度 T_c、各向异性场 H_A 和饱和磁化强度 M_s。

居里温度 T_c 特点：$Nd_2Fe_{14}B$ 相的居里温度 T_c 由不同晶位上的 Fe-Fe 原子对、Fe-Nd 原子对和 Nd-Nd 原子对间的交换作用决定。Nd 原子的磁矩起源于 4f 态电子。4f 态电子壳层的半径约为 0.03nm，而在 $Nd_2Fe_{14}B$ 相中，Nd-Nd 或

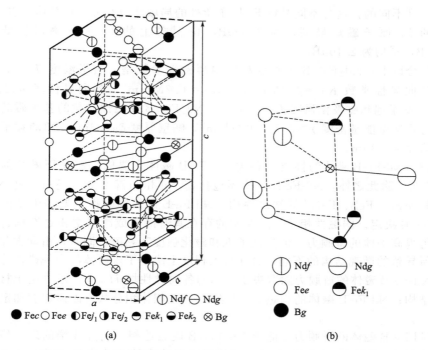

图 2-39 $Nd_2Fe_{14}B$ 化合物的晶体结构（a）及在 $Nd_2Fe_{14}B$ 中含有 B 原子的三角棱（b）

Nd-Fe 原子间距（0.3nm）比 4f 半径大了一个数量级，因此 Nd-Nd 间的相互作用较弱，可以忽略。Fe 原子的磁矩起源于 3d 电子。3d 电子半径约 0.125nm，当 Fe 原子间距大于 0.25nm 时，存在正的交换作用；当 Fe 原子间距小于 0.25nm 时，3d 电子云有重叠，存在负的交换作用。所以 $Nd_2Fe_{14}B$ 相中，Fe-Fe 原子对之间的相互作用是最主要的。不同晶位上的 Fe-Fe 原子对的间距变化范围从 0.239nm（$8j_1$-$16j_2$）至 0.282nm（4e-4e），它们之间的交换作用有些为正，有些为负。正负相互作用部分抵消，使 $Nd_2Fe_{14}B$ 硬磁性的居里温度较低。

磁晶各向异性场 H_A 特点：$Nd_2Fe_{14}B$ 相在室温条件下具有单轴各向异性，c 轴为易磁化轴。$Nd_2Fe_{14}B$ 相的各向异性是由 Nd 亚点阵和 Fe 亚点阵所贡献的，两者分别由 4f 和 3d 电子轨道磁矩与晶格场相互作用引起，其中 4f 电子轨道与晶格场相互作用是主要的。在 $Nd_2Fe_{14}B$ 晶体中，Nd 原子所在晶位处的晶格场是不对称的，由于晶格场的不对称性，使 4f 电子云的形状发生不对称性变化，从而产生各向异性。3d 和 4f 电子存在很强的交换作用，因此在较宽的温度区间，3d 和 4f 的各向异性具有相同的方向。所以说晶体结构的不对称性分布致使 $Nd_2Fe_{14}B$ 具有很强的单轴磁晶各向异性。

饱和磁化强度 M_s 特点：$Nd_2Fe_{14}B$ 晶粒的饱和磁化强度主要是由 Fe 原子磁矩决定。Nd 原子是轻稀土原子，其磁矩与 Fe 原子磁矩平行取向，属于铁磁性耦合，对饱和磁极化强度也有一定的贡献。$Nd_2Fe_{14}B$ 晶粒中，不同晶位的 Fe 原子磁矩是不同的，这与不同晶位 Fe 原子所处的局域环境有关。从总体上看 $8j_2$ 晶位上的 Fe 原子磁矩最高，为 $2.80\mu B$，$4c$ 晶位上的 Fe 原子磁矩较低，为 $1.95\mu B$，平均为 $2.10\mu B$。

综合以上，$Nd_2Fe_{14}B$ 硬磁性相的内禀磁性参数是：居里温度 $T_c \approx 585K$；室温各向异性常数 $K_1 = 4.2MJ/m^3$，$K_2 = 0.7MJ/m^3$，各向异性场 $\mu_0 H_A = 6.7T$；室温饱和磁极化强度 $J_s = 1.61T$。$Nd_2Fe_{14}B$ 硬磁性晶粒的基本磁畴结构参数为：畴壁能量密度 $\gamma \approx 3.5 \times 10^{-2} J/m^2$，畴壁厚度 $\delta_B \approx 5nm$，单畴粒子临界尺寸为 $d \approx 0.3\mu m$。

（3）Nd-Fe-B 磁体的性能　各类 Nd-Fe-B 磁体主要成分都是硬磁性的 $Nd_2Fe_{14}B$ 相。除此之外，Nd-Fe-B 磁体还包括富 Nd 相和富 B 相，还有一些 Nd 氧化物和 α-Fe、FeB、FeNd 等软磁性相。Nd-Fe-B 磁体的磁性主要是由硬磁性相 $Nd_2Fe_{14}B$ 决定。弱磁性相及非磁性相的存在具有隔离或减弱主相磁性耦合的作用，可提高磁体的矫顽力，但降低了饱和磁化强度和剩磁。同时，由配方和制备工艺所导致的微观结构的不同，也在很大程度上决定了永磁体的宏观磁性能。例如，Nd-Fe-B 磁体的矫顽力除取决于主相的各向异性场 H_A 外，还决定于材料的微观结构；Nd-Fe-B 磁体的剩磁 B_r 则与 M_s、主相体积分数、磁体密度和定向度成正比。

Nd-Fe-B 磁体的矫顽力远低于 $Nd_2Fe_{14}B$ 硬磁性相各向异性场的理论值，仅为理论值的 $1/5 \sim 1/3$，这是由于材料的微观结构和缺陷造成的。磁体的微观结构，包括晶粒尺寸、取向及其分布、晶粒界面缺陷及耦合状况等。根据理论计算，晶粒间的长程静磁相互作用会使理想定向的晶粒的矫顽力比孤立粒子的矫顽力低 20%；而偏离定向的晶粒间的短程交换作用会使矫顽力降低到理想成核场的 $30\% \sim 40\%$。因此，在理想状况下，主相晶粒应被非磁性的晶界相完全分隔开，隔断晶粒间的磁相互作用。这就要求磁体中要含有足够的富 Nd 相，其体积分数应超过 20%。磁体中晶粒边界层和表面结构缺陷既是晶粒内部反磁化的成核区域，又是阻碍畴壁运动的钉扎部位，所以对磁体的矫顽力有着决定性的影响。

另外，晶粒之间的耦合程度，晶粒形状、大小及其取向分布状态影响晶粒之间的相互作用，从而影响磁体的宏观磁性。理想的 Nd-Fe-B 磁体应当由具有单畴粒子尺寸（约 $0.3\mu m$）且大小均匀的椭球状晶粒构成，硬磁性晶粒结构完整，没有缺陷，磁矩完全平行取向，晶粒之间被非磁性相隔离，彼此之间无相互作用。这种磁体的磁性能够达到理想化的理论值。实际上，对于采用各种工艺制备的不同成分的所有磁体，其晶粒的大小、形状及其取向各不相同。对于烧结磁体，各向异性晶粒的取向程度随磁粉压型时的取向磁场强度而变化，晶粒尺寸一般为 $5 \sim 10\mu m$，在热处理状态下一般呈多畴结构。受磁体微观结构、成分配方及制备工艺过程的影响，磁体的宏观磁性能在下述范围内取值：本征矫顽力 $\mu_0 H_c$ 约为 $1.2 \sim 2.5T$；剩余磁化强度 B_r 从 $0.8T$（各向同性黏结磁体）到 $1.2 \sim$

1.5T（取向烧结磁体）；最大磁能积 $(BH)_{max}$ 的工业生产水平分别为 $80\sim$ $160kJ/m^3$（黏结磁体）及 $240\sim320kJ/m^3$（烧结磁体），实验室水平已达到 $410\sim460kJ/m^3$，约为理论值的 80%。在 $25\sim100℃$ 温度范围内剩磁温度系数 $_\alpha B_r$ 为 0.1%～0.2%，矫顽力温度系数 $_\beta H_c$ 约为 -0.4%。

2.6.2 影响 Nd-Fe-B 永磁体性能的因素

我们知道，近邻原子之间的交换相互作用是物质磁性的来源。因此，物质结构各层次之间的相互作用与材料磁性能密切相关。稀土（RE）-过渡族金属（TM）化合物中，RE 亚晶格与 TM 亚晶格之间的交换相互作用影响各向异性和磁化行为。此外，晶粒之间的相互作用影响磁体的矫顽力、剩磁和磁能积等宏观磁性。因此，凡是影响 Nd-Fe-B 中各晶粒之间的相互作用以及 $Nd_2Fe_{14}B$ 晶粒中 RE 和 TM 两种亚晶格之间的相互作用的因素都会对 Nd-Fe-B 磁体的性能产生影响。

（1）添加元素的影响 添加元素既可以影响主相的内禀特性，又可以影响磁体的微结构，因此可望改善磁体的 B_r、H_c、T_c 等指标。一般来说，添加元素可分为两类。

① 置换元素 其主要作用是改善主相的内禀特性。通过对 Nd-Fe-T-B（T= Cr，Mn，Co，Ni，Al）和 $Nd_2(Fe_{1-x}Co_x)_{14}B$ 系合金的磁特性的研究表明，置换元素 Co 在 $x=0$ 至 $x=14$ 范围均形成固溶体，而 Cr，Mn，Ni，Al 元素在 x 小于等于 2 时均为单相组织。但是除了 Co 和 Ni 置换能提高磁体的 T_c 外，其他元素置换均使 T_c 降低。以 Co 置换，当 $x=2$ 时居里温度 T_c 提高 134K，而 Al 置换则降低约 100K。由于 Co 提高了 $Nd_2Fe_{14}B$ 的居里温度，因此改善了 Nd-Fe-B 磁体的剩磁温度系数。

② 掺杂元素 其主要作用是调整磁体内部的微观结构，也包括两种：a. 晶界改进元素 M_1（Cu，Al，Ga，Sn，Ge，Zn）；b. 难溶元素 M_2（Nb，Mo，V，W，Cr，Zr，Ti）。

表 2-7 中给出了各种添加元素所起的作用及其作用机理。表 2-8 给出了各种添加元素对 Nd-Fe-B 磁体内禀磁性的影响。

表 2-7 各种添加元素所起的作用及作用机理

添加元素	正面效果	机 理	负面效果	机 理
Co 置换 Fe	$T_c\uparrow$ $_\alpha B_r\downarrow$ 抗蚀性$\uparrow$	Co 的 T_c 比 Fe 的高；新的 Nd_3Co 晶界相替代了原来易腐蚀的 Nd 相	$B_r\downarrow$ $_MH_c\downarrow$	Co 的 M_s 比 Fe 的低；新的晶界相 Nd_3Co 是软磁性相，不起磁去耦作用
Dy、Tb 置换 Nd	$_MH_c\uparrow$	Dy 起主相晶粒细化作用；$Dy_2Fe_{14}B$ 的 Ha 比 $Nd_2Fe_{14}B$ 的高	$B_r\downarrow$ $(BH)_{max}\downarrow$	Dy 与 Fe 的原子磁矩呈亚铁磁性耦合，使主相的 M_s 下降

续表

添加元素	正面效果	机　　理	负面效果	机　　理
晶界改进元素 M_1	$_MH_c\uparrow$ 抗蚀性↑	形成非磁性晶界相,使主相磁去耦,同时还抑制主相晶粒长大;替代原来易腐蚀的富 Nd 相	$B_r\downarrow$ $(BH)_{max}\downarrow$	非磁性元素 M_1 局部替代 Fe,使主相 M_s 下降
难熔元素 M_2	$_MH_c\uparrow$ 抗蚀性↑	抑制软磁性 α-Fe、Nd$(Fe,Co)_2$ 相生成,从而增强磁去耦,同时抑制主相晶粒长大	$B_r\downarrow$ $(BH)_{max}\downarrow$	在晶界或晶粒内生成非磁性硼化物相,使主相体积分数下降

表 2-8　各种添加元素对 Nd-Fe-B 磁体内禀磁性的影响

元素	择优晶位	ΔT_c	ΔM_s	ΔH_A
Ti		—	—	—
V		—	—	—
Cr	$8j_2$	—	—	—
Mn	$8j_2$	—	—	—
Co	$16k_2,8j_1$	+	—	—
Ni	$16k_2,8j_2$	+	—	—
Cu		+	—	—
Zr		—	—	—
Nb		—	—	+
Mo		/	—	—
Ru		—	/	—
W		—	/	/
Al	$8j_2,16k_2$	—	—	+
Ga	$8j_1,4c,16k_2$	+	—	+
Si	$4c(16k_2)$	+	—	+

（2）磁粉和晶粒度的影响　提高 Nd-Fe-B 磁体矫顽力的一个途径就是,采用细而且均匀的磁粉,在烧结后得到细而且均匀的晶粒。

一般说来,用气流磨可获得粒度分布较窄的磁粉,其中以 $3\mu m$ 的磁粉占多数,这种粒径是公认的最佳磁粉粒径。用这种磁粉制作的烧结磁体的平均晶粒直径细化为约 $6\mu m$,粒度分布也较窄,位于最佳粒径（$3\sim10\mu m$）范围内。而采用平均粒径同为 $3\mu m$,但粒度分布较宽的球磨磁粉制作的烧结磁体,平均晶粒直径为 $12\mu m$,粒度分布也宽（$5\sim18\mu m$）。用这两种粒度分布的同一成分的磁粉制作的磁体,前者的矫顽力 H_c 比后者的高约 $160kJ/m$。

还有一个控制烧结磁体晶粒尺寸的方法是控制磁粉的含氧量。实验发现,用含氧量分别为 0.0012,0.0040,0.0053 和 0.0065（质量分数）的 $3\mu m$ 磁粉制作的磁体,其平均晶粒尺寸分别为 $7.5\mu m$,$7.1\mu m$,$6.9\mu m$,$6.2\mu m$,呈下降趋势。由此说明,氧可能在烧结过程中起抑制晶粒长大的作用。

（3）定向度的影响　在主相饱和磁化强度 M_s 和体积分数一定的情况下，定向度是影响磁体 B_r 的重要因素。如果定向度达到 96% 以上，Nd-Fe-B 磁体的最大磁能积（BH）$_{max}$ 可达到 422kA/m³ 以上。

定向度受多种因素的影响：成分、磁粉粒径分布、模具内定向磁场强度、成型压力和由烧结引起的晶粒长大。磁粉不能完全定向的原因是磁粉间的磁凝集妨碍了磁粉的转动。采用适当品种和数量的润滑剂可得到接近完全的定向。但是，如果磁粉间的磁凝集太小，磁粉间没有了摩擦就不能成型。因此，应将磁凝集控制在能进行成型的程度。定向磁场是磁定向的动力，定向度随定向场强度提高而提高。但当定向场达 796kA/m 以上时，定向度已很难再提高，因此，没有必要将定向场提得很高。成型压力是磁粉定向的阻力，成型压力在 4.9×10^7 Pa 以下时，定向度有大的变化，压力越大，定向度越低。因此，为了提高定向度，应在能得到成型体的最低限度压力下进行成型。在烧结过程中有两个相反的倾向，即由晶粒长大造成的定向度提高和由烧结收缩产生的定向度下降。在低压力（1.67×10^7 Pa）成型的海绵状生坯中，烧结收缩大，因此定向度下降。但由于其生坯初始定向度高，因此，烧结后的最终定向度仍然比高压力（19.6×10^7 Pa）下成型的定向度高。

如上所述，没有特别有效的方法可提高定向度。但是，在原则上通过增大定向磁场、在能成型的前提下减小磁粉的磁凝集、采用低成型压力等措施，可将定向度提高到 0.96 以上。

还有报道说通过控制成分增大主相比例，减小磁粉粒径及其分布范围，控制晶粒生长等步骤可实现最佳定向。

（4）含氧量的影响　磁体制作过程中不可避免地要带入氧。有报道说，氧会使 Nd-Fe-B 磁体的 H_c 降低；也有报道说，适度的氧含量对提高磁体性能是有利的。Kim 研究了含 Co 的 Nd-Fe-B 磁体的 H_c 与氧含量的关系。对于 0.29Nd-0.04Dy-0.05Co-0.0115(B, Nb)-Fe$_{bal}$ 磁体，当含氧量在 0.0040（质量，下同）以下时，H_c 随含氧量增加而急剧地从 796kA/m 增大到 1417kA/m，随后缓慢下降。含氧量为 0.0050 的 0.28Nd-0.06Dy-0.011B-0.025Co-0.0015Cu-Fe$_{bal}$ 磁体的矫顽力温度系数 CJHβ 为 -0.444×10^2 ℃$^{-1}$；而含氧量为 0.0020 的同种磁体的 CJHβ 为 -0.511×10^{-2} ℃$^{-1}$。前者的不可逆退磁在 200℃ 仍为零，后者在 150℃ 仍为零。由此可知，适度的氧对提高含 Co 磁体的 H_c 和温度稳定性有利。含氧量为 0.0050 的烧结磁体中，晶粒变细，晶界相局限于晶界交汇处；富 Nd 晶界相尺寸较小，比较分散，晶界非常平滑，少缺陷，有利于提高矫顽力。对于固定尺寸的磁粉（3μm），含氧量高（0.0040）的 Nd$_{14.5}$Fe$_{80.5}$B$_6$ 磁体腐蚀失重比含氧量低（0.0010）的磁体小很多，即抗蚀性好。含氧量为 0.0065 时腐蚀失重已降为零。Kim 还研究了含氧量对不含 Co 的 Nd-Dy-Fe-Al-B 磁体 H_c 的影响。结果与上述含 Co 磁体的相反，H_c 随含氧量增大而减小。但对不同成分的磁体有差别：0.305Nd-0.030Dy-0.647Fe-0.005Al-0.013B 磁体的 H_c 随含氧量增大

（0.0033→0.0042）而线性下降较少（1536→1496kA/m）；0.289Nd-0.025Dy-0.671Fe-0.004Al-0.012B 磁体的 H_c 随含氧量增大（0.0015→0.0044）线性下降较多（1337→740kA/m）。

2.6.3 烧结永磁材料的成分与性能

Nd-Fe-B 三元系永磁材料是以 $Nd_2Fe_{14}B$ 化合物作为基体的，其磁性能直接与 $Nd_2Fe_{14}B$ 化合物的内禀磁参量如磁晶各向异性系数 K_1、M_s、T_c 等有关。Nd-Fe-B 系永磁材料的成分应与化合物 $Nd_2Fe_{14}B$ 分子式相近。$Nd_2Fe_{14}B$ 化合物和实际 Nd-Fe-B 系永磁材料的成分如表 2-9 所示。

表 2-9 $Nd_2Fe_{14}B$ 化合物和 $Nd_{15}Fe_{77}B_8$ 永磁材料的成分对比

化合物或合金	摩尔分数/%			质量分数/%		
	Nd	Fe	B	Nd	Fe	B
$Nd_2Fe_{14}B$	11.76	82.35	5.88	26.68	72.32	0.999
$Nd_{15}Fe_{77}B_8$	15	77	8	33.03	64.64	1.32
成分差别	+3.25	-5.35	+2.12	6.35	-7.68	+0.321

为了增大剩磁 B_r，Nd-Fe-B 永磁材料的成分应与 $Nd_2Fe_{14}B$ 分子式相近。实验结果表明，若按 $Nd_2Fe_{14}B$ 成分配比，虽然可以得到单相的 $Nd_2Fe_{14}B$ 化合物，但磁体的永磁性能很低。这是因为，此时液相（富 Nd 相）减少或消失，对磁体产生了两个不利的影响：一是液相烧结不充分，烧结体密度下降，不利于提高 B_r；二是液相不足就不能形成足够的晶界相，不利于提高 H_c。只有实际永磁合金的 Nd 和 B 的含量分别比 $Nd_2Fe_{14}B$ 化合物的 Nd 和 B 的含量多时，才能获得较好的永磁性能，这是确定 Nd-Fe-B 永磁材料成分的基本原则。

假定按 $Nd_{11.76+x}Fe_{82.35-x-y}B_{5.88+y}$ 配制合金成分，当 $x=0$，$y=0$ 时，合金由单相的 $Nd_2Fe_{14}B$ 化合物组成；当 $y=0$，x 从零开始增加，或 $x=0$，y 从零开始增加时，所增加的 Nd 含量 x 或所增加的 B 含量 y，要分别形成富 Nd 相和富 B 相。一般来说，Nd-Fe-B 合金中的富 Nd 相和富 B 相都是非铁磁性的，随富 Nd 相或富 B 相数量的增加，合金的 M_s 和 B_s 要降低。说明 Nd-Fe-B 合金中的 Nd 和 B 的含量太高太低都不好，它们的最佳含量需要通过实验来确定。

图 2-40 是 Nd 含量对三元 $Nd_xFe_{92-x}B_8$ 烧结永磁材料 B_r 和 H_c 的影响。可见 Nd-Fe-B 三元材料的 H_c 和 B_r 对 Nd 含量十分敏感。保持 B 的含量不变逐步增加 Nd 的含量时，发现：在 Nd 的含量为 13%～15%（原子分数）时，磁体获得最高的 B_r 值。当 Nd 含量过高时，由于形成过多的富 Nd 相或形成非磁性的 Nd_2O_3 相，起着稀释作用导致 B_r 降低。如 Nd 相过低，例如 Nd 原子分数小于 12% 左右时，B_r 也急剧地降低。这与富 Nd 相过少或没有富 Nd 相，使烧结时合金的收缩量少，合金的密度过低以及有块状的 α-Fe 软磁性相析出有关。图 2-40 还表明合金的矫顽力随 Nd 含量的提高而提高。因为 Nd 含量高时就有足够的富 Nd 相

沿晶粒边界分布，促进了矫顽力的提高。说明可通过调整 Nd 含量来调整合金的矫顽力。但另有实验指出，当 Nd 质量分数高于 36.5％时，随 Nd 含量的提高，合金的 H_c 和 H_k（H_k 是退磁曲线上 B_r 降低到 $0.9B_r$ 时对应的反磁化场）降低，如图 2-41 所示。这与 Nd 含量过高时，富 Nd 相数量增加，共晶温度降低，促进了晶粒长大有关。

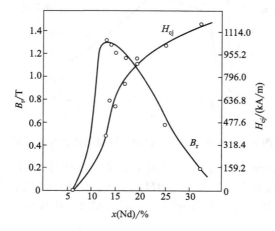

图 2-40 $Nd_x Fe_{92-x} B_8$ 合金磁性能与钕含量的关系

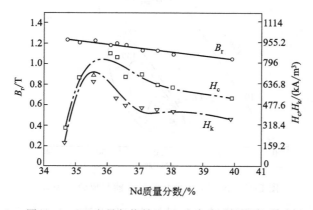

图 2-41 Nd 含量与烧结 NdFeB 合金磁性能的关系

图 2-42 是 $Nd_{15} Fe_{85-x} B_x$ 合金的 H_c，B_r 与硼含量 x 的关系。B 是促进 $Nd_2 Fe_{14} B$ 四方相形成的关键元素。当 B 原子分数小于 5％时，合金将处于 $Nd_2 Fe_{17} B +$ $Nd_2 Fe_{17} + Nd$ 相区。其中 $Nd_2 Fe_{17}$ 是易基面的，它的 H_c 和 B_r 都很低。当 B 原子分数在 6％～8％时，合金将进入 $Nd_2 Fe_{17} B +$ 富 B 相 + 富 Nd 相区。此时合金的 B_r 和 H_c 都达到最佳值。过量的 B 含量形成过多的富 B 相，导致合金的 B_r 降低。

图 2-43 是 Nd-Fe-B 合金的磁能积 $(BH)_{max}$ 与成分的关系。可见获得磁能积

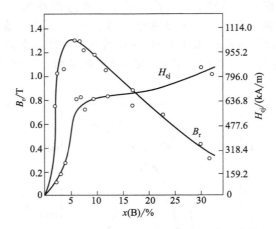

图 2-42 $Nd_{15}Fe_{85-x}B_x$ 合金磁性能与硼含量的关系

$(BH)_{max} \geqslant 278.6 \text{ kJ/m}^3$ 的合金成分范围十分窄；而获得 $(BH)_{max} > 238.8 \text{ kJ/m}^3$ 合金的成分范围要宽得多。磁能积 $(BH)_{max} > 278.6 \text{kJ/m}^3$ 的合金的 Nd 和 B 含量比 $Nd_2Fe_{14}B$ 的 Nd 和 B 原子分数分别高 1.5%～3.2% 和 0.5%～1.5%。

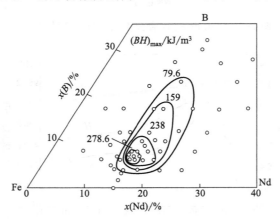

图 2-43 Nd-Fe-B 合金的磁性能与成分的关系

总之，三元 Nd-Fe-B 系烧结永磁材料的成分设计应考虑如下的原则：

（1）为获得高矫顽力的 Nd-Fe-B 永磁体，除 B 含量应适当（最佳原子分数 6.0%～6.5%）外，可适当提高 Nd 含量。例如原子分数可提高到 14%～15%，但此时烧结工艺和热处理工艺应适当调整，以防止烧结时晶粒长大。B 的原子分数不宜大于 8%，因为富 B 相是非磁性的，它对磁性能有害无益。

（2）为获得高磁能积的合金，应尽可能使 B 和 Nd 的含量向 $Nd_2Fe_{14}B$ 四方相的成分靠近，尽可能提高合金 Fe 的含量。图 2-44 是 Nd-Fe-B 合金的 B_r，$(BH)_{max}$ 与铁含量的关系。例如成分为 $Nd_{12.4}Fe_{81.6}B_{6.0}$ 合金的磁性能可达 $B_r =$

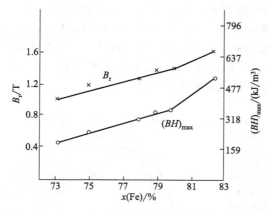

图 2-44 Nd-Fe-B 合金的磁性能与铁含量的关系

1.48T，$H_c = 684.6\text{kA/m}$，$(BH)_{max} = 407.56\text{kJ/m}^3$，这是目前磁能积的最高纪录，它的 Nd 和 B 原子分数分别比四方相的高 0.64%Nd 和 0.02%B。制造这种高磁能积的材料，除成分尽可能接近 $Nd_2Fe_{14}B$ 四方相的成分外，还要求原材料的纯度高，采用低氧工艺，使氧含量低于 1500×10^{-6}，使非磁性相的体积分数控制在 1.0% 以下。另外取向度和密度尽可能地高。

2.6.4 Nd-Fe-B 系永磁材料的烧结、热处理原理与技术

烧结 RE-Fe-B 系永磁合金的磁性能对工艺因素十分敏感，相同成分的合金由于烧结和热处理工艺不同，其磁性能可以几倍，几十倍，甚至几百倍地变化。掌握烧结、热处理工艺对磁性能的影响规律是十分重要的。

图 2-45 是 RE-Fe-B 系合金的烧结与热处理工艺示意图。图 2-45（a）是烧结后采用一级回火；图 2-45（b）是烧结后采用二级回火。图中 $t_烧$、$\tau_烧$ 分别代表烧结温度和时间；v_1 代表烧结后的冷却速度；t_1、τ_1 分别代表第一级回火的温度和时间；v_2 是第一级回火后的冷却速度。t_2、τ_2 是第二级回火温度和时间。以上工艺参数对合金磁性能均有重要影响。

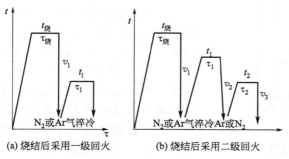

(a) 烧结后采用一级回火   (b) 烧结后采用二级回火

图 2-45 RE-Fe-B 系永磁合金的烧结和热处理工艺示意图

　　图 2-46 是 NdFeB 烧结永磁体在不同温度下烧结时，粉末烧结体的 B_r、H_c、$(BH)_{max}$ 随烧结温度的变化情况。可见在 1040℃烧结 3h 时，样品的 H_c 和 B_r 均较低。随着烧结温度的提高，B_r、H_c 和 $(BH)_{max}$ 接近于直线，在 1100℃温度以上烧结，但 B_r 和 $(BH)_{max}$ 已经接近最大的平台值，而 H_c 反而有下降趋势，估计与随着烧结温度的提高晶粒长大有关。

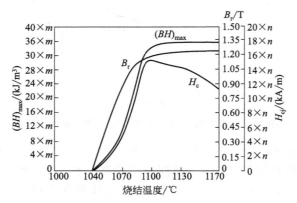

图 2-46 　$(Nd_{0.955}Dy_{0.045})_{15.56}$ $(Fe_{0.99905}Al_{0.0095})_{78.15}B_{6.29}$ 烧结永磁体其性能随烧结温度（烧结时间为 3h）的变化

　　Nd-Fe-B 永磁合金烧结并快冷后（烧结态）磁性能较低。为了提高合金的磁性能，回火处理过程就变得尤为重要。图 2-47 是 $Nd_xFe_{92-x}B_{7.5}$ 合金回火前后的 H_c 和 $(BH)_{max}$ 比较。从图中可以看出，回火处理可显著提高 Nd-Fe-B 合金的磁性能，尤其是矫顽力。回火处理有一级回火和二级回火处理两种，见图 2-45，二级回火处理可获得较好的磁性能。随着 x 的增加，合金中产生富 Nd 相而矫顽力均有所提高，但是回火处理的合金的平均矫顽力要比烧结态的高 1 倍多，且回火态的磁能积也远远高于烧结态，可见回火处理对提高合金矫顽力的重要性。

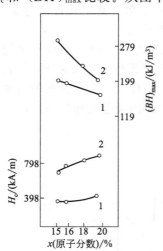

图 2-47 　$Nd_xFe_{92-x}B_{7.5}$ 合金回火后磁性能的比较
1—烧结态；2—回火态

　　而回火处理过程中，t_1 和 t_2 对合金磁性能的影响也是不同的。图 2-48 就是一级回火温度 t_1（700～1000℃）和二级回火温度 t_2 对 Nd $(Fe_{0.9}B_{0.1})_{5.5}$ 合金磁性能的影响。为了获得较好的磁性能，第一级回火处理后应快速冷却。而图中曲线 5 是不经过 t_1 回火处理的烧结态合金。可见烧结态合金直接在 t_2 进行回火处理获得的磁性能较低。可见，为了提高 NdFeB 合金的磁性能二级回火处理是非常必要的。其余四条曲线均在 $t_1=$

$700 \sim 1000$℃下进行了一级回火处理，当在 $600 \sim 700$℃进行二级回火处理时，矫顽力 H_c 呈现出先增加后减小的趋势。表明选择适当的二级回火处理温度对合金磁性能的影响非常大。当 $t_1 = 900 \sim 1000$℃时（如图 2-48 中曲线 1 和 2 所示），$t_2 = 660$℃回火处理 1h，可获得较高的矫顽力。对于 Nd（$Fe_{0.9} B_{0.1}$）$_{5.5}$ 合金可采用 $t_1 = 900 \sim 1000$℃时和 $t_2 = 600$℃回火处理。而 $t_1 = 700 \sim 800$℃时（如图 2-48 中曲线 3 和 4 所示），应适当地提高 t_2 为 680℃也能有效的改善矫顽力。但烧结 NdFeB 的二级回火温度不应高于 680℃。

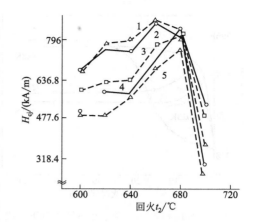

图 2-48　Nd（$Fe_{0.9} B_{0.1}$）$_{5.5}$ 合金的 H_c 随回火温度 t_1（$700 \sim 1000$℃）、v_2（1.3℃/min）和 t_2 的变化

1—$t_1 = 900$℃；2—$t_1 = 1000$℃；3—$t_1 = 800$℃；4—$t_1 = 700$℃；5—1000℃×40min 烧结态

　　二级回火温度 t_2 对含 Tb 合金成分为 （$Nd_{1-x} Tb_x$）（$Fe_{0.92} B_{0.08}$）$_{5.8}$ （$x = 0.05$ 和 0.1）合金的矫顽力的影响如图 2-49 所示。用 Tb 部分取代 Nd 可有效地提高 Nd-HR-Fe-B 合金的 H_c。当 $x = 0.05$ 和 0.10 时，合金的 H_c 可达 1114.4kA/m 和 1592kA/m。加入 Tb 后，合金在 $575 \sim 675$℃下回火，合金的矫顽力较稳定。

　　回火温度对合金性能的影响与合金内部富 Nd 相的数量、形貌和分布有关。当 RE-Fe-B 系合金在比较高的温度下回火时，例如在 900℃回火，短时间内在晶界交隅处的富 Nd 相变成液相，然后在 t_2 回火时，会发生共晶反应，液相数量减少，并且其成分也在变化。如能使富 Nd 液相成分优化至接近三元共晶温度时的 Nd 含量，就可获得有利于高矫顽力的显微组织。这样两级回火要比单级回火获得更加优化的显微组织。

　　在 $773 \sim 1023$K 进行一级回火时，$Nd_{16} Fe_{76.5} B_{7.5}$ 合金的矫顽力随回火时间的变化如图 2-50 所示。可见在 773K 和 848K 时，随着回火时间的延长，矫顽力得到了有效的提高，且回火温度高时，合金体内的各相组分能更快地达到平衡。而在

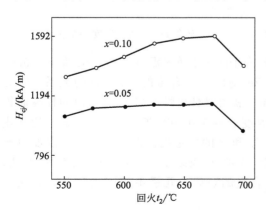

图 2-49　（$Nd_{1-x} Tb_x$）（$Fe_{0.92} B_{0.08}$）$_{5.8}$ 合金的 H_{cj} 随 T_2 的变化

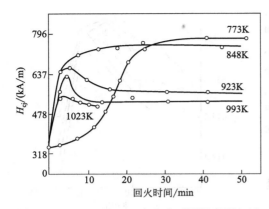

图 2-50 $Nd_{16}Fe_{76.5}B_{7.5}$ 合金在不同温度下一级
回火时，H_c 随回火时间的变化

某一较高的温度（如 923K 或 993K）下回火，不适当地延长回火时间，合金矫顽力要降低。估计这与合金内部形成不利于矫顽力的显微组织有关，如形成过量的富 Nd 相及其聚集等。因此回火温度和时间呈反比例增加有助于得到高的磁性能。

第二级回火温度 t_2 对合金磁性稳定性也有重要的影响，含 Co 的合金更是如此。图 2-51 是 $Nd_{0.8}Dy_{0.2}(Fe_{0.85}Co_{0.06}B_{0.08}Al_{0.01})_{5.5}$ 合金矫顽力与 t_2 的关系。在 $t_2=$ 560℃，回火 1h，合金的 $H_c=2244.7$（kA/m）。当 t_2 高于 580℃时，矫顽力有明显的下降趋势，在 $t_2=640$℃，回火 1h，H_c 减低至 1695.5kA/m。

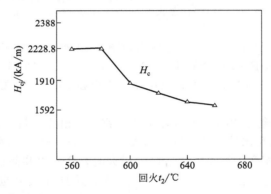

图 2-51　$Nd_{0.8}Dy_{0.2}(Fe_{0.85}Co_{0.06}B_{0.08}Al_{0.01})_{5.5}$ 合金 H_{cj} 与回火温度 t_2 的关系

不同成分的 Nd-Fe-B 系合金对应不同的最佳回火温度。图 2-52 是 $z=5.0$，5.2，5.4 和 6.0 四种成分不同的 $Nd(Fe_{0.92}B_{0.08})_z$ 合金的 H_c 与 t_2 的关系。可见 z 值不同，获得最佳 H_c 值的 t_2 也不同。获得最佳磁性能的 t_2 随 z 值的提高而提高。对于 $z=5.2$ 的合金，二级回火温度 $t_2=550\sim600$℃时，H_c 不随 t_2 的变化而改变，且能获得高的矫顽力。而当 Fe 和 B 的含量提高时，最佳回火温度也响应提高。对于 $Nd(Fe_{0.92}B_{0.08})_{5.4}$ 合金，1080℃烧结 1h 快冷，在 900℃回火 2h，快速冷却至 $t_2=600\sim675$℃回火时，合金的矫顽力几乎不随 t_2 而变化，并获得最高的 H_c。

实验结果表明，NdFeB 系永磁合金的热处理工艺对其非结构敏感参数影响非常大，尤其是对矫顽力。同样组分的合金回火处理比烧结态的合金有更好的磁性能，且二级回火处理比一级回火处理更好。而回火处理过程中 t_1 和 t_2 与 τ_2 对其磁性能的影响也很显著，且它们之间有一定的关联，可以通过调节得到最佳的回火处理条件。当然，合金组分对回火条件的要求也是不一样的。

2.6.5 RE₂Fe₁₄B 化合物的居里温度和磁极化强度

以 RE₂Fe₁₄B 化合物为基的永磁材料的磁极化强度 J_s，是很重要的磁参量，它是该材料剩磁 B_r 的极限值，关系式为

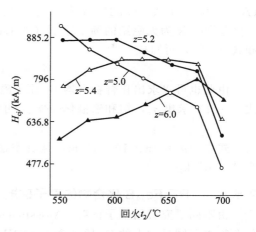

图 2-52　Nd(Fe$_{0.92}$B$_{0.08}$)$_z$（$z=5.0$，5.2，5.4，6.0，$t_1=900℃$合金的 H_{cj} 与 t_2 的关系）

$$B_r = A(1-\beta)\frac{d}{d_0}\cos\theta J_s \qquad (2\text{-}17)$$

其中，A 是正向轴体积分数；β 是非磁性相体积分数；$(1-\beta)$ 是 Nd₂Fe₁₄B 主相的体积分数；d 是烧结磁体实际密度；d_0 是磁体的理论密度；$\cos\theta$ 是 Nd₂Fe₁₄B 晶粒 c 轴沿取向轴方向的取向因子。磁极化强度 J_s 与磁能积的关系式为：

$$\text{理论值}(BH)_{max} = J_s^2/4 \qquad (2\text{-}18)$$

材料具有高 J_s 是材料获得高 B_r 和高 $(BH)_{max}$ 的基础。材料的 J_s 是由原子磁矩 μ_J（以 μ_B 为单位）和分子磁矩 $M_{分子}$（以 μ_B/FU 为单位）来决定的。

根据前面 2.2.3 节中所描述的稀土金属间化合物的自发磁化理论，当 RE₂Fe₁₄B 化合物中原子磁矩 μ_J 存在共线关系时，则它们的原子磁矩与分子磁矩有如下关系：对于轻稀土化合物：

$$M_{分子} = 14\mu_J^{Fe} + 2\mu_J^R \qquad (2\text{-}19)$$

对于重稀土化合物：

$$M_{分子} = 14\mu_J^{Fe} - 2\mu_J^R \qquad (2\text{-}20)$$

原子磁矩 μ_J 可用中子衍射方法测定或用能带理论计算以及用穆斯堡尔（Mossbauer）谱实验技术测定其超精细场 H_{hf}，根据 57Fe 的超精细场 H_{hf} 求得 Fe 原子磁矩。在二元稀土铁金属间化合物中，精细场与铁原子磁矩的比为 $H_{hf}/\mu_J^{Fe} = 147\times 1/80\text{kA}\cdot\text{m}/\mu_B$。也可用磁测量的方法，测出质量饱和磁化强度 σ_s，再用下式计算分子磁矩

$$M_{分子} = \frac{\sigma_s A}{N_A \mu_B} \qquad (2\text{-}21)$$

式中，$M_{分子}$ 以 μ_B 为单位；A 为相对分子质量；N_A 为阿伏伽德罗

（Avogadro）常数（6.023×10^{23}），它是气体的分子数与摩尔数之比。当 $R_2Fe_{14}B$ 化合物中 R 为无磁矩的稀土原子（如 La、Ce、Lu 和 Y 等）时，则式（2-19）和式（2-20）可写成

$$M_{分子} = 14\mu_J^{Fe} \qquad\qquad (2-22)$$

由此也可以求出化合物平均 Fe 原子磁矩 μ_J^{Fe}。若已知分子磁矩 $M_{分子}$，则由式（2-21）求出 σ_s，饱和磁极化强度 J_s 可由下式求出

$$J_s = \mu_0 d\sigma_s \qquad\qquad (2-23)$$

式中，$\mu_0 = 4\pi \times 10^{-7}$ H/m，是真空磁导率；d 是密度，kg/m^3，σ_s 的单位为 $A \cdot m^2/kg$。

2.6.5.1　$RE_2Fe_{14}B$ 化合物的原子磁矩

由不同研究者用中子衍射、Mossbauer 谱和能带理论计算得到的 $RE_2Fe_{14}B$ 化合物中不同晶位上的 Fe 原子磁矩和 RE 原子磁矩列于表 2-10。可见 $RE_2Fe_{14}B$ 化合物不同晶位的 Fe 原子磁矩是不同的，这与不同晶位 Fe 原子所处的局域环境有关。从总体上看，$Fe_4(8_{j2})$ 晶位上的 Fe 原子磁矩最高，而内 $Fe_1(4c)$ 和 $Fe_2(4c)$ 晶位上的 Fe 原子磁矩较低，尤以 $Y_2Fe_{14}B$ 化合物中更为明显。在该化合物中，$Fe_2(4c)$ 晶位上的 Fe 原子磁矩仅为 $1.95\mu_B$。因为在该晶位上有 4 个 Y 原子作为最近邻，同时有 4 个 $Fe_5(16k_1)$ 和 4 个 $Fe_6(16k_2)$ 原子作为最近邻。有最多 Y 原子作为最近邻晶位上的 Fe 原子磁矩最小。还可以看出不同 RE 的化合物在同一晶位上的 Fe 原子磁矩也是不同的。相同的化合物和相同的晶位用不同的方法得到的 Fe 原子磁矩也是有所不同的。为便于比较，表 2-11 列出了用不同方法测定的不同 RE 化合物的 Fe 原子平均磁矩 μ_J^{Fe}。它表明，Y、La、Ce 和 Lu 是没有原子磁矩的。$Y_2Fe_{14}B$ 化合物的磁矩全部由 Fe 亚点阵贡献。用磁测定方法得到 $Y_2Fe_{14}B$ 的平均 Fe 原子磁矩为 $2.11\mu_B$。在 $Gd_2Fe_{14}B$ 化合物中，Gd 的 4f 有 7 个电子，轨道磁矩已相互抵销，仅有自旋磁矩对 Gd 原子磁矩有贡献，用磁测法得到 $Gd_2Fe_{14}B$ 中平均铁原子磁矩为 $2.27\mu_B$。这些数值比用中子衍射法得到的偏低，其原因是在 $R_2Fe_{14}B$ 化合物中存在 4s 电子极化现象，4s 电子的极化将产生负磁矩。例如在 $Nd_2Fe_{14}B$ 和 $Y_2Fe_{14}B$ 化合物中存在极化现象，4s 电子的极化产生的磁矩分别为 $M_{4s} = -0.28\mu_B$ 和 $-0.21\mu_B$。这些数值与在纯铁中的 4s 电子负极化效应 $M_{4s} = -0.25\mu_B$ 相当。将 4s 电于负极化效应引起的负磁矩 $M_{4s} = -0.25\mu_B$ 考虑进去，那么用磁测量方法和 Mossbauer 谱技术测量得到的平均铁原子磁矩是正确的。表 2-11 表明，在 $RE_2Fe_{14}B$ 化合物中，若 RE 原子有磁矩，则 Fe 原子磁矩比 RE 没有磁矩的多 8.6%（Ho）到 12.5%（Pr），原因是磁性 RE 原子与无磁性 RE 原子相比，某些晶位的 Fe 原子局域环境不同。例如 $Fe_2(4c)$ 原子全部是以磁性 RE 原子作为最近邻的话，由于 4f-3d 交换能作用引起 3d 能带展宽，造成正能带的 3d 电子数有所提高，因而 $Fe_2(4c)$ 晶位上的 Fe 原子磁矩提高（见表 2-10）。

表 2-10　不同方法得到的 $RE_2Fe_{14}B$ 化合物中不同晶位上的 Fe 和 RE 的原子磁矩

方　法	R_1 (4f)	R_2 (4g)	Fe_1 (4c)	Fe_2 (4c)	Fe_3 ($8j_1$)	Fe_4 ($8j_2$)	Fe_5 ($16k_1$)	Fe_6 ($16k_2$)
(1)中子衍射								
$Y_2Fe_{14}B$ $T=4.2K$			2.15	1.95	2.40	2.80	2.25	2.25
$Nd_2Fe_{14}B$ $T=4.2K$	2.30	2.25	2.10	2.75	2.30	2.85	2.60	2.60
$Nd_2Fe_{14}B$ $T=77K$	2.3	3.2	1.1	2.2	2.7	3.5	2.4	2.40
$Er_2Fe_{14}B$ $T=77K$	2.6	2.8	1.7	1.7	2.4	3.3	2.6	2.5
$Dy_2Fe_{14}B$ $T=77K$	−8.9	−9.2	2.4	2.5	2.5	3.0	2.6	2.5
$Ce_2Fe_{14}B$ $T=77K$			2.1	2.4	2.7	3.4	2.7	2.2
$Lu_2Fe_{14}B$ $T=77K$			1.7	2.2	2.9	3.6	2.8	2.4
(2)穆斯堡尔效应								
$Nd_2Fe_{14}B$ $T=77K$			2.33	2.16	1.87	2.60	2.24	2.55
$Er_2Fe_{14}B$ $T=77K$			2.41	2.19	1.99	2.65	2.25	2.35
(3)能带计算								
$Nd_2Fe_{14}B$①			2.42	2.49	2.33	2.61	2.40	
			2.28	2.32	2.16	2.84	2.41	

① 此处两个参考文献的数值有差距，因此全部引用了。

表 2-11　用不同方法得到的 $RE_2Fe_{14}B$ 化合物中 Fe 原子磁矩（μ_B）

项　目	Y	Pr	Nd	Gd	Dy	Ho	Er
有序的铁原子磁矩	3.98	4.02	4.04	4.09	4.12	4.09	4.10
根据顺磁特性求得铁自旋磁矩	1.460	1.485	1.490	1.525	1.510	1.505	1.515
用中子衍射求得的铁的平均磁矩	2.32	2.61	2.56		2.61		
用穆斯堡尔谱求得的铁平均原子磁矩			2.28	2.28	2.31	2.32	2.30
考虑 4s 电子极化，经修正后的铁原子平均磁矩	2.32	2.61	2.58	2.52	2.61	2.52	2.55

2.6.5.2　$RE_2Fe_{14}B$ 中元素取代对磁矩的影响

在 4.2K，$Y_2Fe_{14-x}T_xB$ 化合物分子磁矩与取代元素及其含量的关系示于图 2-53。图中实线分别是 Cu 和 Ni 按简单的稀释模型计算的结果，其他为实验结果。$Y_2Fe_{14-x}Co_xB$ 的分子磁矩随 x 的变化很小，在 $x=4\sim5$ 时，出现最大值，即在 Co 原子分数为 $28\%\sim35\%$ 处，$M_{分子}$ 有最大值。这与在 Fe-Co 合金中的结果相似。已知 Ni 原子磁矩为 $\mu_J^{Ni}=0.61\mu_B$，Al、Cu 和 Si 原子是没有磁矩的。这些元素对分子磁矩的影响，

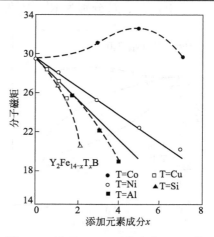

图 2-53　$Y_2Fe_{14-x}T_xB$ 化合物 4.2K 的分子磁矩与添加元素的关系

可用简单的稀释模型来描述，即有 $M_s = 14\mu_J^{Fe} - x(\mu_J^{Fe} - \mu_J^F)$。实验结果表明，当 $T = Si$ 或 A1 时，其磁化强度的降低比简单稀释模型降低得更快些。这种现象与这些元素取代后，改变了某些晶位 Fe 原子的局域环境有关，减弱了某些晶位 Fe 原子与相邻原子的交换作用强度，使铁 3d 能带展宽程度减弱，因而使铁的正 3d 能带的电子数减少。

图 2-54 和图 2-55 分别是 $Nd_2Fe_{14-x}T_xB$，$T = Si$、Co、Ru 的分子磁矩和 $RE_2Fe_{14-x}T_xB$ 的平均铁原子磁矩与取代元素的依赖关系。它们在 $Y_2Fe_{14}B$ 化合物中有相同的倾向，当 Fe 原子被 Si、Cu 或 Ru 取代时，其分子磁矩或平均 Fe 原子磁矩降低。当 Fe 被 Co 取代时，在 $H^{sat} = 1.5$ 处，观察到分子磁矩存在极大值。在 $Pr_2Fe_{14-x}Co_xB$ 化合物中，也有相似的行为。在 $R_2Fe_{14-x}T_xB$ 化合物中，当 R = Nd、Pr，T = Mn 时，随 Mn 含量的提高，化合物的磁化强度迅速地降低，每一个 Fe 原子被 Mn 原子取代，其分子磁矩降低约 $6.9\mu_B$。Mn 取代 Fe 使化合物磁化强度迅速降低与 Mn 化合物出现非共线的磁结构或出现 Mictomagnetic 行为有关。在 $Gd_2Fe_{14-x}Mn_x$ 化合物中，由于 Gd 的 4f 轨道磁矩已被相互抵消，只有 4f 电子的自旋磁矩有贡献，并且 Gd 原子磁矩与 Fe 原子磁矩是反铁磁性耦合，每一个 Fe 原子被 Mn 原子取代时，其分子磁矩降低 $3.1\mu_B$。因为 Al 原子磁矩与 Fe 原子磁矩也可能是亚铁磁性耦合，在 $Nd_2Fe_{14-x}Al_xB$ 化合物中，随 Al 含量的增加其磁化强度也几乎是线性地降低。$Nd_{2-x}Dy_xFe_{14}B$ 化合物和 $Nd_{15-x}Dy_xFe_{77}B_8$ 化合物的 J_s 与 Dy 含量的关系如图 2-56 所示。可见无论在 2∶14∶1 化合物，还是在 $Nd_{15-x}Dy_xFe_{77}B_8$ 烧结磁体中，其磁极化强度随 Dy 含量成线性关系。在 $R'_{2-x}R''_xFe_{14}B$ 化合物中均可看到类似的现象。因此 $(R'_{1-x}R''_x)_2Fe_{14}B$ 化合物磁极化强度 J_s 与成分 x 的关系可表达为

$$J_s = J'_s - x(J'_s - J''_s) \tag{2-24}$$

式中，J'_s、J''_s 分别为 R'、R'' 化合物的磁极化强度。这一关系对合金成分设

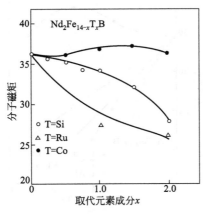

图 2-54 $Nd_2Fe_{14-x}T_xB$ 的分子磁矩与
取代元素及其深度的依赖关系

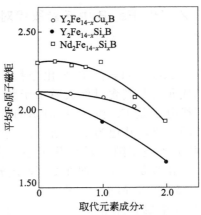

图 2-55 $RE_2Fe_{14-x}T_xB$ 的平均 Fe 原子
磁矩与取代元素的关系

计有重要意义。

2.6.6 烧结 Nd-Fe-B 系永磁材料的矫顽力

$Nd_2Fe_{14}B$ 化合物的饱和磁感强度很高，约 1.61T，理论磁能积可达 $525.4kJ/m^3$。提高矫顽力已成为改善 Nd-Fe-B 系永磁合金性能的关键之一。提高矫顽力不仅可投向其抗退磁能力，还可提高其温度稳定性，降低磁通不可逆损失和矫顽力温度系数。$Nd_2Fe_{14}B$ 和 $Dy_2Fe_{14}B$ 化合物磁晶各向异性场，即矫顽力的理论极限位分别为 5572

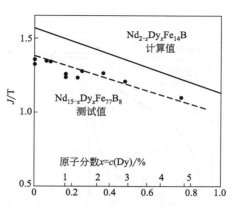

图 2-56　$Nd_{2-x}Dy_xFe_{14}B$ 化合物与烧结 $Nd_{5-x}Dy_xFe_{77}B_8$ 磁体磁极极化强度与 Dy 含量的关系

kV/m和12576.8kV/m，然而 Nd-Fe-B 和 Dy-Fe-B 永磁合金实际矫顽力仅是其理论值的 1/3～1/30；因此，提高 RE-Fe-B 系合金的矫顽力还有很大空间。研究 Nd-Fe-B 系合金的矫顽力机理和它的本质，将为寻找提高其 H_c 的途径打下基础。

2.6.6.1　烧结 Nd-Fe-B 系永磁体的形核场 H_N 与矫顽力

一种材料的矫顽力是由形核场决定，还是由钉扎场决定？主要取决于 H_c 与磁化场的依赖关系。一般来说：若永磁材料的内禀矫顽力随磁化场的增加而线性的增加，并且当磁化场达到某一个值 H^{sat} 后矫顽力就达到最大值 H_c^{max}（H^{sat} 称为获得最大矫顽力所需要的磁化场），而且 $H_c^{max} > H^{sat}$，则这种合金的矫顽力是由反磁化畴的形核场控制的，或称为形核型的。

如果合金内禀矫顽力随磁化场的增加开始时增加得很少，当磁化场达到某一临界值 H_p 后，矫顽力跳跃式达到最大值 H_c^{max}（H_p 称为钉扎场），而且 $H_c^{max} < H^{sat}$，这种合金矫顽力是由钉扎场控制的，或者说是钉扎型的。

图 2-57 表明热退磁状态的烧结 $Nd_{15}Fe_{77}B_8$ 永磁体随磁化场（图中第二象限退磁曲线上标明的数字是磁化场）的提高，其矫顽力提高，退磁曲线的隆起度也提高。当磁化场大于 1200kA/m 后，其矫顽力就达到一个稳定的最大值 H_{ci}^{max}。

图 2-58 是三种烧结 Nd-Fe-B 合金的 H_c 与磁化场的依赖关系。可见三种烧结 NdFeB 系永磁体的 H_{cj}^{max} 均远大于 H^{sat}，即 $Nd_{15}Fe_{77}B_8$ 的 $H_{cj}^{max} = 1.5H^{sat}$，$Nd_{20}Fe_{71}Al_2B_7$ 磁体的 $H_{cj}^{max} = 1.55H^{sat}$，$Nd_{13.5}Dy_{1.5}Fe_{77}B_8$ 的 $H_{cj}^{max} = 2.6H^{sat}$。说明烧结 Nd-Fe-B 系永磁体的矫顽力是由反磁化畴的形核场决定的。但是形核场理论不能解释快淬 Nd-Fe-B 系和非取向烧结 NdFeB 系永磁合金体的矫顽力机理，如图 2-59。例如对于快淬 Nd-Fe-B 合金来说，在 285K 时，$H^{sat} = 2.5T$，大于它的 $H_{cj}^{max} = 1.52T$。然而非取向烧结 Nd-Fe-B 合金的 H^{sat} 比 H_{cj}^{max} 大得多。就

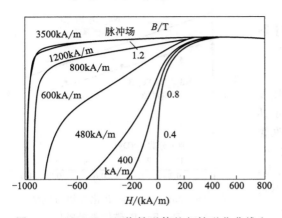

图 2-57　$Nd_{15}Fe_{77}B_8$ 烧结磁体的起始磁化曲线和
经不同磁场磁化后的退磁曲线

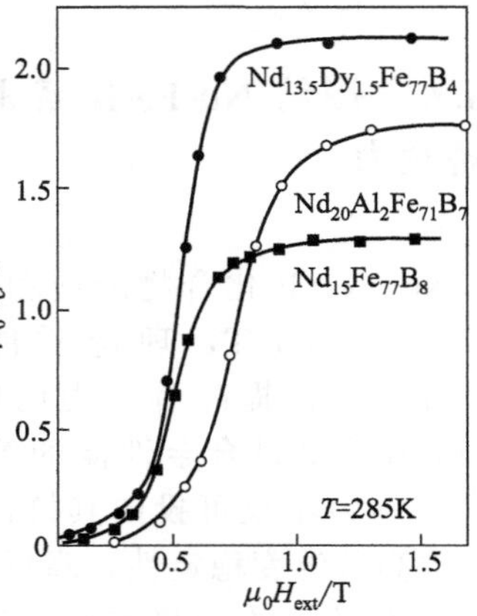

图 2-58　三种烧结 Nd-Fe-B 永磁体的
小回线的 H_c 与磁化场 H 的依赖关系

这一点来说，快淬 Nd-Fe-B 和非取向烧结 Nd-Fe-B 的矫顽力理论更接近钉扎场理论。

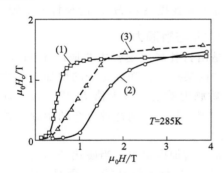

图 2-59　取向烧结 $Nd_{15}Fe_{77}B_{8(1)}$ 与非取
向烧结 $Nd_{15}Fe_{77}B_{8(2)}$ 和快淬
$Nd_{15}Fe_{76}B_{9(3)}$ 合金的小回线的
H_c 与磁化场 H 的关系

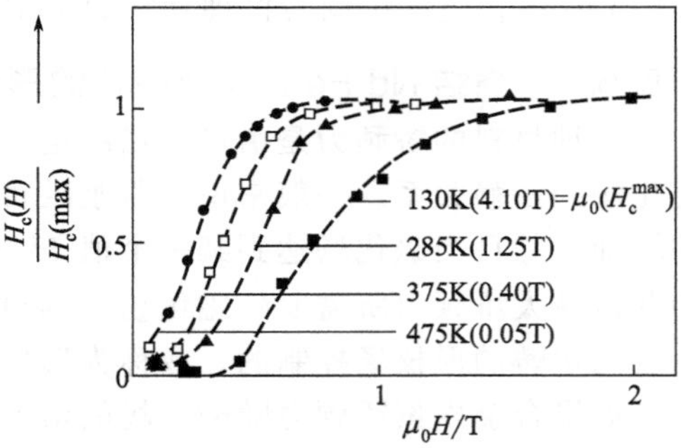

图 2-60　烧结 $Nd_{15}Fe_{77}B_8$ 永磁合金在不同
温度下的 $H_c(H)/H_c^{max}$
与磁化场 H 的关系

　　Durst 等人测量了烧结 $Nd_{15}Fe_{77}B_8$ 合金的 $H_c(H)/H_c^{max}$ 对磁化场的依赖关系曲线随温度的变化，如图 2-60 所示。可见同一种成分的合金，获得最大矫顽力 H_c^{max} 所需要的磁化场 H^{sat} 是随温度而变化的。H^{sat}/H_c^{max} 与温度 T 的依赖关系曲线如图 2-61。可见在 370K 以下。$H^{sat}/H_c^{max}<1$，它是属于形核型的。在 370K 以上 $H^{sat}/H_{cj}^{max}>1$，它是属于钉扎型的。用同样的方法也可以确定 $Nd_{13.5}Dy_{1.5}Fe_{77}B_8$ 永磁合金在 410K 以下是形核型的。在 410K 以上是钉扎型的；而快淬 Nd-Fe-B 永磁合金在 520K 以下是形核型的，而在 520K 以上是钉扎型的。

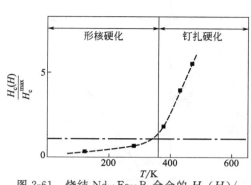

图 2-61 烧结 $Nd_{15}Fe_{77}B_8$ 合金的 $H_c(H)/$
H_c^{max} 对温度的依赖关系

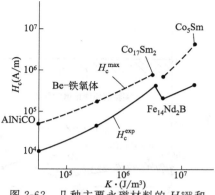

图 2-62 几种主要永磁材料的 H_c^{exp} 和
$H_c = H_N = 2K_1/\mu_0 M_s$ 与 K_1 的关系

2.6.6.2 烧结 Nd-Fe-B 永磁体的 H_n 与各向异性 K_1 和 H_A 的关系

按照铁磁理论，形核场 $H_N = H_a = 2K_1/\mu_0 M_s$，$H_A$ 是各向异性场。在 H_c 由形核场 H_n 决定的材料中，H_c 总是与 K_1 成正比的。图 2-62 给出各种主要水磁材料的实际矫顽力 H_c^{exp} 和理论形核场 $H_n = H_{cj}^{理}$ 与 K_1 的关系。可见凡是 K_1 高的材料，其 H_c^{exp} 和 $H_{cj}^{理}$ 也高，但是实际获得的 $H_{cj}^{理}$ 总是低于形核场理论值 $H_n = H_c$。图 2-63 给出几种主要永磁材料的理论形核场 H_n 与实验室和工业产品矫顽力的比较。对于 Nd-Fe-B 系烧结水磁材料来说，实验室样品的 H_c 可以达到 $35\% \sim 40\%$，而工业产品的 H_c 仅有理论值的 $20\% \sim 30\%$，造成实际永磁材料的 H_c 比其理论值约 H_n 低的原因是什么？为了弄清楚这个问题，Grossinger 测量了两种烧结磁体在不同温度下 H_n 与 H_c 的关系，其结果示于图 2-64。可见对于 Nd-Fe-B 系烧永磁材料来说，在 $180 \sim 340K$ 温度范围内以及 Nd-Dy-Fe-B 系烧结永磁材料在 $140 \sim 450K$ 温度范围内，H_c 与 H_A 的关系是线性的。两者的 H_c 与 H_a 的关系分别在 $340K$ 和 $450K$ 由直线变为曲线。我们最关心是在室温附近 H_c 与 H_A 的关系。根据室温附近 H_c 与 H_A 的线性关系，就可用如下线性关系式来描述 H_c 与 H_n 之间的关系，即

$$H_c = CH_A - D \tag{2-25}$$

式中，C 是一个小于 1 的系数，$H_c < H_A$，D 是直线延长线与横坐标的截距。大量实验规律证明，式（2-25）右边第一项是反磁化畴的形核场 $H_N = CH_A$。H_A 是各向异性场，$H_A = 2K_1/\mu_0 M_s$；第二项 D 是材料内部的散磁场。或者说有效退磁场，D 可写成

$$D = N_{eff} M_s \tag{2-26}$$

式中，M_s 是材料的磁化强度，N_{eff} 是有效退磁因子。这样式（2-24）又可写成

$$H_{cj} = C \frac{2k_1}{\mu_0 M} - N_{eff} M_s \tag{2-27}$$

式中，C、N_{eff} 都是对磁体的显微结构的敏感参量。

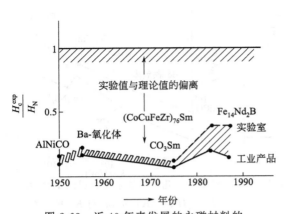

图 2-63　近 40 年来发展的永磁材料的
H_c^{exp}/H_N 的比值进展

虚线代表实验结果，实线代表工业产品的结果

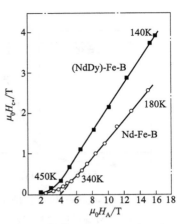

图 2-64　烧结 $Nd_{15}Fe_{77}B_8$ 和 $Nd_{13.5}$
$Dy_{1.5}Fe_{77}B_8$ 磁体在不同温度下
H_c 与 H_A 的关系

2.7　Sm-Fe-N 系永磁材料

　　稀土-铁-硼系永磁材料由于其磁性能好、价格低廉和资源丰富而受到各国重视并得到了广泛的应用。但是 Nd-Fe-B 永磁有两大缺点：一是磁性温度稳定性差，二是抗腐蚀性能差。前者主要是由于作为主相的 $Nd_2Fe_{14}B$ 相的居里温度低（312℃），各向异性场也较低（$H_A=8T$），虽然以部分金属钴取代可提高化合物 $Nd_2Fe_{14}B$ 相的居里温度，或以重稀土金属 Dy 和 Tb 取代部分铁可提高 $Nd_2Fe_{14}B$ 的各向异性场，同时也改善稳定性，但增加了磁体的成本，且消耗了战略资源金属钴；而腐蚀性则是该三元多相合金的相间电极电位不同的必然结果。因此，人们在改进它的磁性能及抗腐蚀性能的同时，继续探索性能更好的富铁稀土永磁材料。

　　经过几年的努力，一些专家、学者发现尽管具有了 Th_2Zn_{17} 晶体结构的 Sm_2Fe_{17} 的居里温度只有 116℃，而且是基面各向异性，但其经氮化所得的 $Sm_2Fe_{17}N_x$ 却变成了单轴各向异性，其居里温度 T_c 和饱和磁化强度 M_s 都得到了相当大的改善。饱和磁化强度达 1.54T，这可与 Nd-Fe-B 的 1.6T 相媲美，而居里温度 470℃（Nd-Fe-B 为 312℃）、各向异性场 14T（Nd-Fe-B 为 8T）都比 Nd-Fe-B 的值高得多。因此，Sm-Fe-N 是一种很有发展前途的永磁材料。

2.7.1　$Sm_2Fe_{17}N_x$ 合金的晶体结构和磁性能

　　$Sm_2Fe_{17}N_x$ 合金具有与其母合金 Sm_2Fe_{17} 相同的菱形的 Th_2Zn_{17} 型结构，其晶体结构如图 2-65 所示。其中，Sm 原子占据 6c 晶位，N 原子占据 9e 晶位，其他晶位被铁原子占据。在 Th_2Zn_{17} 型结构中存在两个间隙位置，一个是八面体间隙位置，即 9e 晶位；另一个间隙位置是位于沿 C 轴的两个稀土原子间，即 3d 晶位。H 原子可能占据两个间隙位置，C、N 原子仅占据 9e 晶位。在 Th_2Zn_{17} 型单胞中存在 3 个八面体晶位，因此，一个 Sm_2Fe_{17} 晶胞中最多可引入 3 个氮原子。但通常情况下，由于氮化过程进行的不完全，这 3 个八面体晶位并没有完全被 N 原子占据，因此，一般用 $Sm_2Fe_{17}N_x(0<x\leqslant3)$ 来表示氮化后的产物。$Sm_2Fe_{17}N_x$ 是热力学亚稳结构，在 650℃会发生分解：

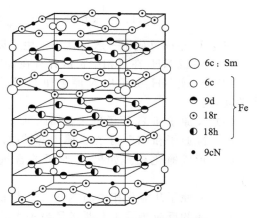

○ 6c：Sm
○ 6c ⎫
◐ 9d ⎬ Fe
⊙ 18r
◖ 18h ⎭
● 9cN

图 2-65　$Sm_2Fe_{17}N_x$ 的晶体结构

$$Sm_2Fe_{17}N_x \longrightarrow SmN + \alpha - Fe \tag{2-28}$$

添加 Cr、Si 等元素可以提高化合物的分解温度。$Sm_2Fe_{17}N_x$ 具有与母合金 Sm_2Fe_{17} 对称的晶体结构，所不同的是它们的点阵常数 a、c 和晶胞体积 V 发生了变化。这种点阵常数和晶胞体积的变化对 $Sm_2Fe_{17}N_x$ 磁体的磁性能有很大影响。Sm_2Fe_{17} 氮化后点阵常数、晶胞体积和磁性能的变化如表 2-12 所示。

表 2-12　Sm_2Fe_{17} 氮化后点阵常数、晶胞体积和磁性能的变化

化合物	$a/\text{Å}$	c/A	$V/\text{Å}^3$	T_c/K	J_s/T	EMD	$\mu_0 H_A/\text{T}$	$d/(\text{g/cm}^3)$
Sm_2Fe_{17}	8.543	12.433	785.84	413	1.2	ab-plane	—	7.98
$Sm_2Fe_{17}N_2$	8.732	12.631	843.1	745	1.47	c-axis	14	7.69

N 含量对 $Sm_2Fe_{17}N_x$ 化合物磁性有很大影响。研究表明 Sm_2Fe_{17} 化合物在掺氮时，化合物中氮原子数（x）可达到 6。当 $x=3$ 时，3 个氮原子占据 9e 晶位，多出的氮原子占据 18g 晶位，对磁性起到削弱作用，这时各项磁性能都要降低。氮含量还会影响 $Sm_2Fe_{17}N_x$ 的分解温度，随着 N 含量的增加，$Sm_2Fe_{17}N_x$ 的分解温度会显著提高，当 $x>2.0$ 时，起始分解温度大于 923K。

$Sm_2Fe_{17}N_x$ 化合物与 $Nd_2Fe_{14}B$ 化合物相比，饱和磁化强度相当，居里温度高出 160℃，各向异性场高出一倍多，温度稳定性好，抗氧化性、耐腐蚀性好。

2.7.2　Sm_2Fe_{17} 化合物的氮化过程

Coey 等人发现，$Sm_2Fe_{17}N_x$ 化合物是 Sm_2Fe_{17} 与含氮气体发生气相-固相反应而生成的，含氮气体可以是 N_2，N_2+H_2，NH_3 或 NH_3+H_2。以 Sm_2Fe_{17} 在 N_2 和 NH_3 中氮化为例，其反应方程式如式（2-29）和式（2-30）所示。

$$\frac{x}{2}N_2 + Sm_2Fe_{17} \longrightarrow Sm_2Fe_{17}N_x \tag{2-29}$$

$$NH_3 + \frac{1}{x}Sm_2Fe_{17} \longrightarrow \frac{1}{x}Sm_2Fe_{17}N_x + \frac{3}{2}H_2 \qquad (2\text{-}30)$$

在这个气-固反应中一般可认为发生了以下几个过程。

（1）N_2 或 NH_3 在气相中扩散并且在金属表面产生物理吸附。

（2）N_2 或 NH_3 分解出 N 原子和 H 原子，N 原子和 H 原子在金属表面产生化学吸附。

（3）N 原子和 H 原子进入金属内部。

（4）N 原子和 H 原子在金属内部扩散。

（5）形成氮化相。如果 N 原子的含量处于非平衡状态，第六个过程就会发生。

（6）N 原子从氮化相中向 N 原子含量低的相中扩散。

在上述的反应步骤中有两步是最关键的，它们决定了整个反应的反应速率，第一个决定反应速率的步骤是（2），N_2 或 NH_3 分解出 N 原子和 H 原子；第二个决定反应速率的步骤是（6），N 原子从氮化相中向 N 原子含量低的相中扩散。我们知道共价气体分子的分解过程就是气体分子和金属表面发生反应的过程。在这个过程中气体分子与金属表面的电子交换起决定性作用。因此在氮化前保持金属表面洁净就显得十分重要。

随反应温度的提高，氮化反应的扩散系数随之扩大。但是反应温度的升高会导致氮化产物已经完全分解。为了兼顾反应速度及抑制氮化产物分解，氮化温度一般选择在 500℃ 左右。在 500℃ 时反应的扩散系数 $D = 8 \times 10^{-16} \, m^2/s$，氮化的速度非常的缓慢，因此为了缩短氮化时间，氮化前必须把 Sm_2Fe_{17} 化合物研磨至 $10 \mu m$ 左右。氮化时含氮气体成分不会影响氮的扩散系数 D，但是气体成分对氮原子与金属的反应速率及氮原子在金属内部的溶解度有极大的影响。在 N_2 气氛条件下，氮原子只能占据 Sm_2Fe_{17} 晶胞中的 9e 晶位，一个 Sm_2Fe_{17} 晶胞最多容纳 3 个 N 原子。在这种情况下进行的氮化，由于反应进行得很慢，因此氮化大多进行得不完全。在 NH_3 气氛下，氮化反应其反应速率比较大，氮化产物单位晶胞中的氮原子含量一般大于 3 个，氮原子不但占据 9e 晶位还占据 9e 晶位以外的晶位。但位于非 $9eSm_2Fe_{17}N_x$ 的磁性能是有害的，因此得到的磁体磁性能都很差。如何用短时间内氮化得到高性能的 $Sm_2Fe_{17}N_x$ 磁体成为困扰人们的一个难题。

2.7.3 Sm-Fe-N 磁体的制造工艺

$Sm_2Fe_{17}N_x$ 磁体在高于 600℃ 时会发生分解：

$Sm_2Fe_{17}N_x \longrightarrow SmN + \alpha\text{-}Fe$，因此 $Sm_2Fe_{17}N_x$ 磁粉只能用于制造黏结永磁体。

因此，$Sm_2Fe_{17}N_x$ 磁粉只能用于制造黏结永磁体。按照制粉过程的不同，$Sm_2Fe_{17}N_x$ 磁体的制造方法大致可以分为四种：熔体快淬法（rapidly quenched，

RQ)、机械合金化法（machanical alloying，MA）、HDDR 法（hydrogenation disproportionation desorption reccmbination，HDDR）和粉末冶金法（powder metallurgy，PM）。各种方法的具体过程如图 2-66 所示。

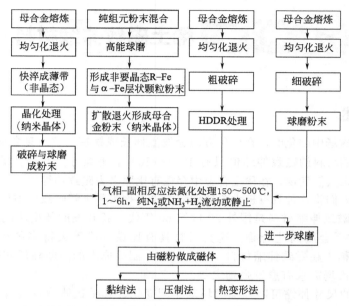

图 2-66　Sm_2（Fe，M）$_{17}$N$_x$ 磁粉与磁体的制造方法

第3章　稀土磁致伸缩材料

3.1　概述

物质在磁场中磁化时，在磁化方向会发生伸长或缩短，这一现象叫磁致伸缩。一般磁致伸缩材料的磁致伸缩值只有 $10^{-6} \sim 10^{-5}$，非常小，故应用领域也较少。但是，近年来人们发现，在稀土合金中存在有比原来为磁致伸缩要大 $10^2 \sim 10^3$ 倍的合金材料。人们将这种具有极大磁致伸缩的材料称为稀土超磁致伸缩材料。

稀土超磁致伸缩材料是国外 20 世纪 80 年代末新开发的新型功能材料。主要是指稀土-铁系金属间化合物。这类材料具有比铁、镍等大得多的磁致伸缩值。近年来随着稀土超磁致伸缩材料（REGMM）制品成本的不断降低和应用领域的不断扩大，市场需求有愈发强劲之势。

GMM 的尺寸伸缩可随外加磁场成比例变化，其磁致伸缩系数远大于传统的磁致伸缩材料。1963 年，A. E. Clark 等人发现一些中重稀土金属（Gd、Tb、Dy、Ho 和 Er）的单晶在 4.2K 具有巨大的磁致伸缩效应，其中 Tb 和 Dy 的单晶在特定晶体学方向上的磁致伸缩系数最大可达到 2.36×10^{-2} 和 2.2×10^{-2}，为 Fe 和 Ni 的磁致伸缩系数的 1000 倍和 200 倍。但是，因为这些金属的居里温度 T_c 太低，没有实际使用价值。

从 1971 年开始，A. E. Clark 等人继续在中重稀土和铁、钴、镍的金属间化合物中寻找 T_c 高于室温的磁致伸缩材料。发现 $REFe_2$ 系列 Laves 相化合物不仅磁致伸缩效应十分巨大，而且 T_c 高达 $500 \sim 700K$。其中，$TbFe_2$（Terfenol）在室温下的磁致伸缩系数最高（见表 3-1），其次是 $SmFe_2$。但是它们需要很强的磁场才能驱动，这就限制了该材料的应用。为此，人们又研究了新的合金材料，这种合金材料具有很高的居里温度，磁致伸缩性能优异，使得实际应用成为可能，由此引起了业界对 GMM 开发及应用的极大关注。单一的 $REFe_2$ 型金属间化合物的磁晶各向异性很大，其中 $TbFe_2$ 的最大（见表 3-2）。

表 3-1　一些稀土金属间化合物在室温下的磁致伸缩系数

稀土金属间化合物	$\lambda_s / \times 10^{-6}$	稀土金属间化合物	$\lambda_s / \times 10^{-6}$
Tb_2Ni_{17}	-4	$TbCo_3$	65
YCo_3	0.4	T_2Co_{17}	80

续表

稀土金属间化合物	$\lambda_s/\times 10^{-6}$	稀土金属间化合物	$\lambda_s/\times 10^{-6}$
Pr_2Co_{17}	336	$SmFe_3$	-211
Tb_2Co_{17}	207	$TbFe_3$	693
Dy_2Co_{17}	73	$DyFe_3$	352
Er_2Co_{17}	28	$HoFe_3$	57
70%Tb-Fe	1590	$ErFe_3$	-69
YFe_2	1.7	$TmFe_3$	-43
$SmFe_2$	-1560	Ho_6Fe_{23}	58
$GdFe_2$	39	Er_6Fe_{23}	-36
$TbFe_2$	1763	Tm_6Fe_{23}	-25
$TbFe_2$（非晶）	308	Sm_2Fe_{17}	-63
$TbNi_{0.4}Fe_{1.6}$	1151	Tb_2Fe_{17}（铸造状态）	131
$TbCo_{0.4}Fe_{1.6}$	1487	Tb_2Fe_{17}	-14
$DyFe_2$	433	Dy_2Fe_{17}	-60
$DyFe_2$（非晶）	38	Ho_2Fe_{17}	-160
$HoFe_2$	80	Er_2Fe_{17}	-55
$ErFe_2$	-299	Tm_2Fe_{17}	-29
$TmFe_2$	-123		

表 3-2　$REFe_2$ 型金属间化合物的磁晶各向异性常数

$REFe_2$	$TbFe_2$	$DyFe_2$	$HoFe_2$	$ErFe_2$	$TmFe_2$	$Tb_{0.27}Dy_{0.73}Fe_2$
$K_1/(\times 10^4 J/m^3)$	-760	210	$55\sim58$	-33	-5.3	-6.4

为了得到在低场下磁致伸缩效应很大的材料，只能用磁晶各向异性常数符号相反的两个稀土元素，通过形成膺二元、膺三元化合物的办法，以牺牲部分磁致伸缩特性为代价，降低化合物的磁晶各向异性。经过深入研究，最后确定 $Tb_{0.32\sim0.27}Dy_{0.68\sim0.73}Fe_{1.9\sim1.95}$ 合金能够实现磁致伸缩特性和磁晶各向异性常数的最佳配合。

在 20 世纪 80 年代中期，实现了定向凝固多晶 Tb-Dy-Fe 合金的生产，美国 ETREMA 公司命名它为 Terfenol-D。其饱和磁致伸缩系数 λ_s 一般大于 3.0×10^{-5}。我国在 1993 年开始研究和进行产品的开发，至今已有五六家公司在生产这类产品。

北京钢铁研究总院在 GMM 制备技术方面的研究起步较早，1991 年在国内率先制备出 GMM 棒材，获得了国家专利。此后又进一步开展了低频水声换能器、光纤电流检测、大功率超声焊接换能器等的研究和应用，开发出了具有自主知识产权的年产能达吨级的高效集成生产 GMM 技术和装备。北京科技大学研制的 GMM 材料在国内外 20 家单位试用，效果良好。兰州天星公司也开发了年产能达吨级的生产线，在 GMM 器件开发、应用方面颇有建树。

虽然我国对 GMM 的研究工作起步不算晚，但在产业化和应用开发方面还处于起步阶段。目前我国不仅需要在 GMM 生产技术、生产装备、生产成本上有所突破，同时也需要在材料应用器件开发上倾注精力。国外很重视功能材料与元件、应用器件的一体化，美国的 ETREMA 材料就是材料和应用器件研发、销售一体化最典型的例子。GMM 的应用涉及很多领域，业界的有识之士和企业家应该具备战略性的眼光，高瞻远瞩，对这一 21 世纪应用前景广阔的功能材料的发展和应用有足够的了解和认识，密切关注该领域的发展动态，加快其产业化进程，推动和扶植 GMM 应用器件的开发和应用。

GMM 在室温下机械能-电能转换率高、能量密度大、响应速度高、可靠性好、驱动方式简单，正是这些性能优点引发了传统电子信息系统、传感系统、振动系统等的革命性变化。

在科技发展日新月异的新世纪，已有 1000 多种 GMM 器件问世，其重要性必将越来越突出，应用也将更广泛。预计未来 GMM 的主要应用领域有以下几个方面：在国防军工及航空航天业，应用于水下舰艇移动通讯、探/检测系统、声音模拟系统、航空飞行器、地面运载工具和武器等；电子工业及高精度自动控制等技术行业，用 GMM 制造的微位移驱动器可用于机器人、超精密机械加工、各种精密仪器和光盘驱动器等；海洋科学及近海工程业，用于海流分布、水下地貌、地震预报等的勘测装置和用于发射及接收声讯号的大功率低频声纳系统等；机械、纺织业及汽车制造业，可用于自动刹车系统、燃料/注入喷射系统和高性能微型机械功率源等；大功率超声波、石油业及医疗业，用于超声化学、超声医疗技术、助听器和大功率换能器等。此外，还可用于振动机械、建筑机械及焊接装置、高保真音响等许多领域。

3.2 稀土磁致伸缩效应及机理

3.2.1 磁致伸缩效应

定义：几乎所有铁磁性材料和亚铁磁性材料，在外磁场作用下，由于材料自身磁化状态的变化都将引起材料形状和尺寸的变化，去掉外磁场，则又恢复原来的形状和尺寸，这种物理现象被称为磁致伸缩效应。此现象于 1842 年由著名物理学家焦耳首先发现，接着 Villari 发现了磁致伸缩的逆效应。磁致伸缩可分为两种。

(1) 线磁致伸缩 当材料在磁化时，伴有晶格的自发的晶格变形，即沿着磁化方向生长或缩短，称为线磁致伸缩。变化的数量级为 $10^{-6} \sim 10^{-5}$。当磁体发生线磁致伸缩时，体积几乎不变，而只改变磁体的外形。在磁化未达到饱和状态时，主要是磁体长度变化产生线磁致伸缩。

线性磁致伸缩系数

$$\lambda = \frac{\Delta l}{l} \tag{3-1}$$

（2）体积磁致伸缩　当材料在磁化状态改变时，体积发生膨胀或收缩的现象。饱和磁化以后，主要是体积变化产生体积磁致伸缩（一般磁体中体积磁致伸缩很小，实际用途也很少，在测量和研究中，所以一般磁致伸缩都指的是线磁致伸缩）。

3.2.2　磁致伸缩起源与机理

（1）自发磁致伸缩　从电子之间的交换作用和磁畴的自发磁化理论出发，量子力学阐明了材料铁磁性和亚铁磁性的起源。金属中的电子不仅和晶格中的离子有交互作用（即晶场效应），而且电子与电子之间也具有很强的交换作用。对于过渡族元素和稀土族元素，当 $\rho(=a/r)$（其中，a 是原子间距，r 是未填满电子层的半径）大于 3 左右时，电子之间的交换作用不仅大于零，而且很大，大得不仅可抵偿电子自旋方向同向排列时系统能量的提高，而且可使系统的能量还能低于原来电子自旋方向相反排列时的能量，以致在一个很小的范围（磁畴）内造成电子自旋方向同向排列。"泡利不相容原理"决定了每一个能级只能填充两个自旋方向相反的电子，相同自旋方向的电子必须填充到较高能级中去，这将使系统能量增加，导致平行磁矩排列的不稳定。海森堡理论指出，在以上 ρ 值的情况下，能带狭窄，能级密度大，因此为了遵从"泡利不相容原理"所引起的系统能量的提高不大，以致可以使电子自旋平行排列成为可能。就是因为同向排列的电子自旋磁矩的作用，才导致了磁畴的自发磁化，并达到磁饱和。

假想有一单畴的晶体，它在居里温度以上温度是球形的，当它自居里温度以上温度冷却下来以后，交换作用力使晶体自发磁化，与此同时，晶体也就改变了形状（见图 3-1），这就是"自发"的变形或磁致伸缩。

从交换作用与原子距离的关系很容易说明自发磁致伸缩，交换积分 J 与 d/r_n

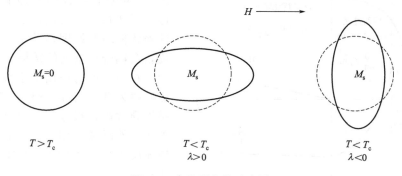

图 3-1　自发形变的示意图

的关系是一曲线（Slater-Bethe 曲线，如图 3-2 所示），其中 d 为近邻原子间的距离，r_n 为原子中未满壳层的半径。设球形晶体在居里温度以上原子间的距离为 d_1。当晶体冷至居里温度以下时，若距离仍为 d_1（相应于图 3-2 曲线上的"1"点）则交换积分为 J_1。若距离增至 d_2（相应于图 3-2 曲线上的"2"点）则交换积分为 J_2（$J_2 > J_1$）。我们知道，交换积分愈大则交换能愈小。由于系统在变化过程中总是力图使交换能变小，所以球形晶体在从顺磁状态变到铁磁状态时，原子间的距离不会保持在 d_1，而必须变为 d_2，因此晶体的尺寸便增大了。同理，若某铁磁体的交换积分与 d/r_n 的关系是处在曲线下降一段上（如图 3-2 曲线上的"3"），则该铁磁体从顺磁状态转变到铁磁状态时就会发生尺寸的收缩。

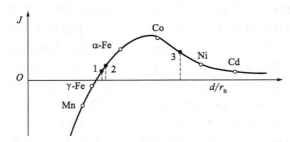

图 3-2　交换积分与晶格原子结构的关系（Slater-Bethe 曲线）

（2）磁场诱发的磁致伸缩　铁磁体在磁场的作用下会发生形状和体积的变化，并随着所加磁场的大小不同，形变也可以不同。当磁场比饱和磁化场取小时，样品的形变主要是长度的改变（线磁致伸缩），而体积几乎不变；当磁化场大于饱和磁场 H_s 时，样品的形变主要是体积的改变，即体积磁致伸缩。图 3-3 示出了铁的磁化曲线、磁致伸缩与磁场强度的关系。从图 3-3 可以看出，体积磁致伸缩在磁场大于饱和磁场 H_s 时才发生，这时样品内的磁化强度已大于自发磁化强度了。我们知道，自发磁化强度的产生及变化是与交换作用有关的，所以体积磁致伸缩是与交换力有关的。从图 3-3 可见，线性磁致伸缩与磁化过程密切相关，目前，认为引起线性磁致伸缩的原因是轨道耦合和自旋轨道耦合相叠加的结果。

在外磁场的作用下多畴磁体的磁畴要发生畴壁移动和磁畴转动，结果导致磁体尺寸发生变化。磁体磁畴在外磁场作用下发生转动引起磁体尺寸发生变化的示意图如图 3-4 所示。

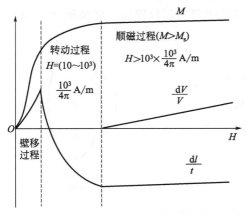

图 3-3　铁的磁化曲线、磁致伸缩与外磁场的关系

（3）技术磁化导致铁磁性材料

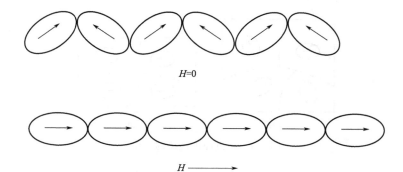

图 3-4　多畴磁体在外磁场的作用下由磁畴转动引起的尺寸变化示意图

的磁弹性磁致伸缩　原始状态下的各个磁畴的磁化强度的方向完全无序，在不断增加的外加磁场作用下，磁畴畴壁的移动、磁畴的旋转和磁化强度的增加并达到饱和，这三个过程是铁磁性材料显示磁致伸缩效应的三个主要过程。诱发这三个过程的外加磁场和这三个过程各自的贡献的大小都随材料而不同，而且磁致伸缩的大小与外加预应力的大小和方向有关。在发生自发磁化时，磁致伸缩主要是体积的变化，而在外加磁场作用下的磁致伸缩则主要是长度的变化。

当材料的磁化状态发生改变时，其自身的形状和体积要发生变化，以使总能量达到最小。磁化后的材料一般具有磁晶各向异性或磁晶各向同性，其来源主要有以下三个方面：

① 当材料的晶格发生畸变时，其交换能也随之变化，晶格的排列总是选择一种能量最低的位置。这种晶格畸变可以是各向同性的，也可以是各向异性的。

② 原子的磁偶极矩之间的相互作用也能引起磁致伸缩。这种磁致伸缩一般是各向异性的。

③ 由原子的轨道和晶场的相互作用及自旋-轨道相互作用而引起的磁致伸缩。这种磁致伸缩是各向异性，并且是大磁致伸缩的主要来源。

一般所说的磁致伸缩指的是场致形变，即当施加外磁场时，材料沿某一方向长度的变化。在铁磁或亚铁磁材料中，当温度在材料居里点以下的温度时，由于自发磁化在材料的内部形成大量的磁畴。每个畴内，由于上述的几种作用机制，晶格都发生形变。

假设畴的形状在居里温度以上是球形的，自发磁化后变成椭球形，其磁化强度方向是椭球的一个主轴。

当未加外加磁场时，磁畴的磁化方向是随机的；加上外磁场后，通过畴壁的运动和磁化方向的转动，最终大量的磁畴的磁化方向将倾向平行于磁场。如果畴内磁化强度方向是自发形成的长轴，则材料在外场方向将伸长，这是正磁致伸缩。如果磁化强度方向是自发形变的短轴，则材料在外场方向将缩短，这是负磁致伸缩。如图 3-5 所示。

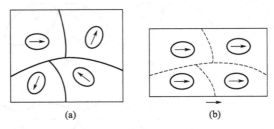

图 3-5 磁致伸缩现象的产生

3.2.3 实用的磁致伸缩材料必须具备的条件

一般新的有实用价值的磁致伸缩材料应满足以下三个条件。

① 材料的饱和磁致伸缩系数 λ_s 尽可能地大。

② 材料的磁晶各向异性能 K_1 应足够的大。没有足够大的 K_1 也就不可能有大的磁致伸缩，但是 K_1 又不能太大。过大的 K_1 将使磁矩转动所需要的磁场太大，无法在较低的磁场下得到较大的磁致伸缩，即 λ_s/K_1 要大，而矫顽力要低。因为材料在技术磁化过程中，磁矩的转动和畴壁的移动对磁致伸缩都有贡献，若磁晶各向异性常数较小，饱和磁化场也可以比较小，这时，即使施加的外磁场较小，材料也能呈现较大的磁致伸缩。

③ 居里温度 T_c 应尽可能地高，至少要高于使用时的环境温度。

3.3 REGMM 的晶体结构和技术参数

3.3.1 REFe₂ 化合物的晶体结构

REFe₂ 是具有 MgCu₂ 型结构的 Laves 相化合物，其结构如图 3-6 所示，8 个 REFe₂ 分子组成每一个单胞，其中 8 个稀土原子构成金刚石型的亚点阵，16 个铁原子组成五个四面体亚点阵，两种亚点阵互相穿插组成 MgCu₂ 型结构。

Tb₁₋ₓDyₓFe₂（$x=0.27\sim0.65$）晶体也具有 MgCu₂ 型（C15）立方结构，点阵常数 a 变化在 $0.7329\sim0.7331$nm 之间。

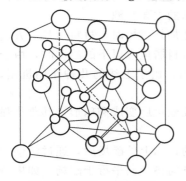

图 3-6 REFe₂ 化合物的
MgCu₂ 型 Laves 相晶体结构
◯ RE 原子；○ Fe 原子

3.3.2 REFe₂ 化合物的易磁化方向

化合物 GdFe₂、DyFe₂ 和 HoFe₂ 的易磁化方向为 <100>，其他大部分 REFe₂ 化合物的易磁化方向都为 <111>。Tb₁₋ₓDyₓFe₂ 和 Tb₁₋ₓHoₓFe₂ 等

膺二元化合物的易磁化方向随 x 的增加而由＜111＞向＜100＞转变，并且随着温度的降低，转变发生的 x 值减小。根据用穆斯堡尔谱方法测定的 $Tb_{1-x}Dy_xFe_2$ 的自旋再取向温度的成分关系曲线，$Tb_{0.3}Dy_{0.7}Fe_2$ 易磁化方向的转变发生在 240K，$Tb_{0.27}Dy_{0.73}Fe_2$ 的转变发生在 285K，在更低的温度下（23K）又转变为 ＜110＞方向。

REGMM 易磁化方向在低温下的转变将会影响材料在低温下的使用性能，因此，在设计应用器件时，必须采用该使用温度下所测量的材料参数和性能。或者，改变合金的成分，提高 Tb 的含量，如 $Tb_{0.35}Dy_{0.65}Fe_{1.95}$ 合金可在 223～393K 的温度范围内工作，$Tb_{0.3}Dy_{0.7}Fe_{1.95}$ 合金工作温度范围为 273～393K，$Tb_{0.27}Dy_{0.73}Fe_{1.95}$ 合金就只能在 293～373K 的温度范围内应用。

为了扩大使用温度范围和改善 Tb-Dy-Fe GMM 的韧性，用 Mn 和 Co，或 Mn 和 Ni 部分置换材料中的 Fe，并改变化合物中的 Tb 和 Dy 的比例，研究了它们在不同温度和 159.16kA/m 磁场下磁致伸缩应变的变化，对比了它们的韧性。确定成分为 $Tb_{0.5}Dy_{0.5}(Fe_{0.9}Mn_{0.1})_{1.95}$ 和 $Tb_{0.4}Dy_{0.6}(Fe_{0.85}Mn_{0.1}Co_{0.05})_{1.95}$ 的合金有最好的韧性，磁致伸缩应变最大，而且在温度由 100℃ 降到 -100℃ 时磁致伸缩应变的变化也较小，分别只下降 20% 和 30%。申报专利的合金成分范围为 $Tb_xDy_{1-x}(Fe_{1-y}Mn_y)_z$，其中：$0.35 \leqslant x \leqslant 0.9$，$0.001 \leqslant y \leqslant 0.6$，$1.4 \leqslant z \leqslant 2.1$；$Tb_xDy_{1-x}(Fe_{1-y-w}Mn_yCo_w)_z$，其中 $0.2 \leqslant x \leqslant 0.9$，$0.05 \leqslant y \leqslant 0.4$，$0.05 \leqslant w \leqslant 0.1$，$1.4 \leqslant z \leqslant 2.1$。可以认为，这是因为该成分区内的材料自旋再取向的温度低于 -100℃，因此在温度由 100℃ 降到 -100℃ 时，磁致伸缩下降 40%。

$Tb_{0.27}Dy_{0.73}Fe_2$ 单晶的磁致伸缩具有显著的各向异性，$\lambda_{<111>} = 1640 \times 10^{-6}$，$\lambda_{<100>} \leqslant 100 \times 10^{-6}$。这说明只要制成＜111＞取向的大单晶或者是＜111＞定向凝固的多晶体，就可获得 λ_s 很高的 GMM。遗憾的是，商品化的＜111＞取向的定向凝固多晶体产品很难得到，大多数的产品都是＜112＞ 取向的定向凝固晶体。

3.3.3　REGMM 技术参数

（1）磁致伸缩系数 d　磁致伸缩系数是指磁致伸缩 λ 随磁场 H 的变化率，常用 d 表示，有时表示为 d_{33}，即 $d_{33} = (d\lambda/dH)\sigma$（$\sigma$ 为沿取向晶棒轴向附加的压应力）。它是描述材料对磁场变化敏感性强弱的参数，其值与材料成分有关。

（2）磁机耦合系数 K　磁机耦合系数 K 是换能器的一个重要参数，它表征磁能 E_m 和弹性能 E_e 之间的转换效率。

$$E_e = \frac{K^2 E_m}{(1-K^2)} \tag{3-2}$$

大尺寸高性能磁致伸缩棒材可实现将大量磁能转换成机械能。

（3）磁晶各向异性常数 K_1　磁晶各向异性反映磁性体的磁性与结晶轴有关

的磁性能。即沿铁磁材料不同晶体轴方向自发磁化的内能不同，当外磁场不存在时，自发磁化沿内能最低的晶体轴方向磁化。

通常这个方向成为易磁化轴，内能最大的方向为难磁化轴。磁性体和这一部分和磁化方向有关的自由能就是磁晶各向异性。

3.4 Tb-Dy-Fe 系合金的磁致伸缩材料

3.4.1 Tb-Dy-Fe 系合金的磁致伸缩特性

在所有发现的超磁致伸缩材料中，稀土-过渡金属系是最具有应用前景的化合物系。而其中，$REFe_2$ 系立方 Laves 相的化合物，不仅磁致伸缩应变大，而且居里温度也较高，是最主要的合金系。但是 $REFe_2$ 合金的磁晶各向异性能很高，各向异性常数达到 $10^6 J/m^3$ 数量级，使用时需要强磁场及大型电磁铁，因此实际应用存在一定的困难。为了能在低磁场下达到超磁致伸缩效果，人们将不同的 $REFe_2$ 合金相混合，开发出实用的超磁致伸缩合金。$REFe_2$ 的各向异性常数有正有负，于是利用符号相反的 $REFe_2$ 相互补偿，可以获取较低磁晶各向异性能的磁致伸缩材料。表 3-3 中给出了几种 $REFe_2$ 合金的磁晶各向异性常数和磁致伸缩系数的正负性。

表 3-3   几种 $REFe_2$ 合金的磁晶各向异性常数和磁致伸缩系数的正负性

参　　数	$TbFe_2$	$DyFe_2$	$HoFe_2$
λ_s	＋	＋	＋
K_1	－	＋	＋
K_2	＋	－	－

据表，如能将 Tb、Dy、Ho 适当地组合起来，就能制成磁致伸缩系数为正，磁晶各向异性常数接近于零的合金。就这样，人们开发出了在较低磁场下也能获得大的磁致伸缩的多元合金。研究表明：有最佳磁致伸缩特性和实用价值的是被称为 Terfenol-D 的 Tb-Dy-Fe 系合金。该系列中有许多新的超磁致伸缩合金品种，如日本 TOSHIBA 研制的 $Tb_x Dy_{1-x}(Fe_{1-y}Mn_y)_2$ 系，用反铁磁性的 Mn 部分取代 Fe 后，显示出优异的磁致伸缩特性。Terfenol-D 和其他磁或电致伸缩材料的比较见表 3-4。

表 3-4   几种磁或电致伸缩材料的特性

材料名称	弹性模量 $/\times10^{10} N \cdot m$	声速 $/(m/s)$	居里温度 $/K$	磁(电)致伸缩 $/\times10^{-6}$	机电耦合因子 (K_{33})	能量密度 $/(J/m^{-3})$
Terfenol-D	2.65	1690	387	1500～2000	0.72	14000～25000
纯镍	20.6	4900	354	33	0.16～0.25	

续表

材料名称	弹性模量 $/\times 10^{10}$ N·m	声速 /(m/s)	居里温度 /K	磁(电)致伸缩 $/\times 10^{-6}$	机电耦合因子 (K_{33})	能量密度 $/(\text{J/m}^{-3})$
Hiperco	20.6	4720	1115	40	0.17	
压电陶瓷 1 号	11.3	4150	125	80	0.45	960
压电陶瓷 2 号	11	3100	300	400	0.68	960

注：机电耦合系数 K_{33}：它是表征磁致伸缩材料或器件把电磁能转换成机械贮存能的效率的量度。

由表可知：Terfenol-D 的磁致伸缩系数很大，比镍的大 40～60 倍，比压电陶瓷的大 5～8 倍；能量密度高，比镍的大 400～500 倍，比压电陶瓷的大 10～14 倍；机电耦合系数数大；声速低，约为镍的 1/3，压电陶瓷的 1/2；居里点温度高，工作性能稳定。对大功率而言，即使瞬间过热都将导致压电陶瓷的永久性极化完全消失，而 Terfenol-D 工作到居里点温度以上只会使其磁致伸缩特性暂时消失，冷却到居里点温度以下时，其磁致伸缩特性又可完全恢复。这种材料制成的换能器，适合在远程声呐和其他低频水声系统中应用。由于这些特性，这种材料在高技术领域引起了人们的广泛重视。

3.4.2　磁致伸缩与合金组成的关系

$Tb_x Dy_{1-x} Fe_{2-y}$ 合金中，室温下的磁致伸缩随稀土组元和铁组元浓度的变化而变化。对于 $Tb_{0.27} Dy_{0.73} Fe_{2-y}$ 合金，在 $y=0.15$ 和 $y=0.025$ 处各出现一个磁致伸缩峰值，对于 $Tb_x Dy_{1-x} Fe_2$ 合金，当 $x=0.7$ 时，磁致伸缩也出现一个峰值，表明该成分的合金具有很低的磁各向异性。

对于四元系合金，第四组元 Mn 对合金磁致伸缩性能也有影响，在 Mn 含量约为 0.125 时出现峰值。

3.4.3　磁致伸缩与温度的关系

稀土-铁化合物随着成分、组元的变化及温度的改变，会产生自旋再取向，易磁化轴方向也会发生变化。一些文献报道了 $Tb_{0.27} Dy_{0.73} Fe_y$ 合金的磁致伸缩与温度、磁场的关系，低温下由于磁矩再取向，使 <111> 方向上的 λ_{111} 降低。高温下，随温度升高，磁致伸缩基本是直线下降。

3.5　稀土磁致伸缩材料的制备

[111] 取向的 Terfenol（$TbFe_2$）单晶能产生非常大的磁致伸缩应变，在室温下应变高达 3600mm/km。[111] 取向的 Terfenol-D（$Tb_{0.3} Dy_{0.7} Fe_2$）单晶的理论磁致伸缩应变约为 2400×10^{-6}，大大高于市售的 Terfenol-D 产品 1500×

10^{-6} 的水平。文献报道，人们已经制备成了 Terfenol-D 单晶，并且在改变预加压应力和磁场的同时测定了单晶的磁致伸缩应变，在预加压应力为 21MPa 时，只需要施加 100kA/m 的外磁场，磁致伸缩应变可以达到 2300×10^{-6}，证明了理论的预测。

自从 Terfenol-D 被研究开发成功之后，十余年来，很多人采用各种生长单晶的办法，如 Bridgman 法、悬浮区熔法和 Czochralski 法等，试图生长 <111> 取向的单晶，但是全都没有成功。Verhoeven 等人采用悬浮区熔法只得到了 [112] 取向的单晶，这种单晶一般都是孪生单晶，它的 <112> 方向平行于晶体的生长轴，孪晶界垂直于晶体的 <111> 方向。晶体经常整个的是一个片状孪晶，孪晶的平面和晶面 {111} 相平行。可以相信，这样的 <112> 孪晶的生长是由树枝晶引起的。

1995 年，中国科学院物理所的吴光衡等采用感应加热磁悬浮冷坩埚 Czochralski 技术，在单晶生长过程中，采用了高的温度梯度（110～140℃/cm）和强烈的电磁搅拌，克服了在非化学计量比生长环境中的成分过冷，生长了直径 6～12nm 和长 80nm 的 <111> 取向的 $Tb_{0.3}Dy_{0.7}Fe_2$ 无孪晶的单晶。他们发现，晶体的不稳定生长是以往出现树枝晶，并导致生长 <111> 单晶失败的原因。他们确定了最佳的生长工艺，可以避免引起晶体不稳定生长的成分过冷现象。

3.6　稀土磁致伸缩的应用

Terfenol-D、Galfenol 和 FSMA 的研制成功开辟了磁致伸缩材料的新时代，使电磁能-机械能转换技术获得了突破性进展，对尖端科学技术的发展及传统产业的现代化产生了重要影响，并引发了由智能材料到智能器件的一场智能机电产业的革命，所以它们被誉为新一代的智能材料。迄今为止，该材料的应用器件的专利已达 1750 个。预计在 2015 年之前，GMM 的市场将包括以下几部分。在运输业方面：刹车线、燃料注入系统、降噪减震系统、阀、泵以及线性马达等。在航空、航天、航海部门：除声呐外，还包括线性马达、动作器、液压动力系统、薄膜传感器和降噪减震系统。在加工、制造业中的应用包括：精密定位系统、精密机床的工具定位和主动减震，用于机械手、机器人等各种自动化设备的动作器、线性马达及传感器等。

3.6.1　磁致伸缩材料的应用基础

磁致伸缩材料的应用主要涉及以下几种物理效应。

（1）磁致伸缩效应（Joule 效应）　磁性体被外加磁场磁化时，其长度发生变化，可用来制作磁致伸缩制动器。

（2）磁致伸缩逆效应（Villari 效应）　对铁磁性材料施加压力或张力，材料在长度发生变化的同时，内部的磁化状态也随之改变，即磁致伸缩的逆效应，可用于制作磁致伸缩传感器。

（3）ΔE 效应　磁致伸缩材料由于磁化状态的改变而引起自身弹性模量发生变化的现象，可用于声延迟线。

（4）魏德曼效应（Viedemann 效应）　在磁性体上形成适当的磁路，当有电流通过时，磁性体发生扭曲变形的现象，可用于扭转马达。

（5）魏德曼逆效应（Anti-Viedemann 效应）　使圆管状磁致伸缩材料沿管轴发生周向扭曲，同时沿轴向施加交变磁场，则沿圆周出现交变磁化的现象，可用于扭转传感器。

正是利用上述效应，磁致伸缩材料才能广泛地应用于超声波、机器人、计算机、汽车、致动器、控制器、换能器、传感器、微位移器、精密阀和防震装置等领域。

3.6.2　声学领域的应用

（1）声呐系统　目前，电磁波常被用于通讯和探测等方面。但在水下，它却因衰减过快而无法利用，于是人们利用声波及超声波讯号来进行水下通讯、探测、遥控等工作，声呐就成为潜艇的口、眼，这对材料的要求极高。早先采用的都是压电材料，但它们有以下缺点：①机电转换系数低（0.45～0.68），输出功率低；②响应频率高，信号在水下衰减快、传输距离小；③在数千伏的高压下工作，安全性差。

自从大应变和低响应频率的 $REFe_2$ 压磁材料出现以来，这些问题得到了根本解决，声呐性能大大改善，海底探测距离已达到数千公里。图 3-7 是超磁致伸缩材料的应用原理图。由驱动线圈提供磁场，Terfenol-D 棒材的长度会发生变化，从而将电能转换成声波或机械能输出。

除了在军事方面的应用，声呐还广泛应用于民用领域。在海洋业中，磁致伸缩材料可被开发用于海洋捕捞、海底

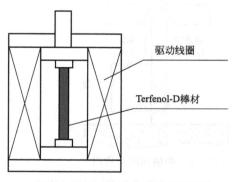

驱动线圈

Terfenol-D 棒材

图 3-7　超磁致伸缩材料应用原理

测绘。地质上，可用于矿藏勘探、油井测探。在汽车工业中，可被用于超声邻近传感器和超声焊接。在材料领域，它被用于超声波无损探伤。在医学上，它可用做超声全息摄像、超声体外排石和心音搏脉传感器。在电器方面，日本用超磁致伸缩材料研制出小型扬声器。此外，它还可被用于激光、CD 唱机的聚焦控制。

（2）声延迟线　$REFe_2$ 等化合物的弹性模量 E 随磁场的改变变化极大，$TbFe_2$，$SmFe_2$ 和 $Tb_{0.3}Dy_{0.7}Fe_2$ 多晶的 $\Delta E/E$ 分别可达 240%，214% 和 148%，而 Ni，Fe 仅分别为 6%～18% 和 0.4%。由于 E 的变化，声速 v 也随磁场发生显著改变，在 4.3kOe 磁场中，Terfenol-D 中声速变化（$\Delta v/v$）达 57%～

60％，最高则可达85％，而在 Ni 中变化仅为6％～9％。利用这种效应，美国人 Arthur. E. Clark 研制成可变延迟线。另外，利用磁致伸缩效应所产生的表面弹性波，还可做出智能滤波器。

3.6.3 伺服领域的应用

伺服机构是将电信号及磁信号等的能量变换为机械能的机构，利用材料的磁致伸缩效应开发的伺服器件已有很多。

利用 $REFe_2$ 材料的低场大应变、大输出应力、高响应速度（100μs～1ms）且无反冲的特征，可以制成结构简单的微位移致动器，广泛用于超精密定位、激光微加工、精密流量控制、原子力显微镜、数控车床、机器人和阀门控制等方面。

图 3-8 是单纯利用磁致伸缩尺寸变化对喷嘴进行控制的示意图。磁致伸缩控制棒置于基板之上，棒上绕有线圈，线圈中通以电流产生磁场，该磁场控制棒伸缩，由于棒前端加工成圆锥状，即可通过磁致伸缩量的大小精细调整控制棒与喷嘴之间的间隙，来调节喷嘴流量。类似这种精细位置的控制在各种机器设备中应用广泛。

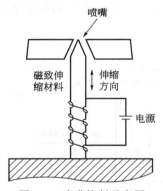

图 3-8 喷嘴控制示意图

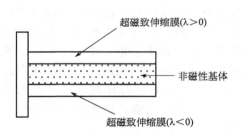

图 3-9 薄膜型超磁致伸缩微执行器原理示意图

薄膜型超磁致伸缩微执行器的开发与应用是目前研究的一个热点。这类执行器是采用一些传统的半导体工艺，在非磁性基片（通常为硅、玻璃、聚酰亚胺等）的上、下表面采用闪蒸、离子束溅射、电离镀膜、直流溅射、射频磁控溅射等方法分别镀上具有正（如：Tb，Fe）、负（如：Sm，Fe）磁致伸缩特性的薄膜制成，如图 3-9 所示。当在长度方向外加磁场时，产生正磁致伸缩的上表面薄膜伸长，而产生负磁致伸缩的下表面薄膜缩短，从而带动基片偏转和弯曲以达到驱动的目的。

此外，$REFe_2$ 高能量密度的特性还可用于制作高能微型马达和其他机械功率源。例如采用 $REFe_2$ 磁致伸缩材料制成的直线执行器，可以用来替代传统的步进马达用在计算机外设上，如计算机打印头、磁盘寻道头和显示屏等。

3.6.4　力学传感领域

利用磁致伸缩材料的磁致伸缩逆效应和魏德曼逆效应,可以用来做力学传感器,测量静应力、振动应力、扭转力和加速度等物理量。

(1) 静应力传感领域　利用应变而导致磁特性的变化从而输出电压发生变化的现象,用于磁应变传感器检测料斗的料位。把测力器放在料斗支撑部位,当有负载(传感器自重加上内装物重)加上时,传感器端子间就产生与此成比例的输出电压及信号,经放大比较后自动触发上/下限位开关从而实现料位的在线监测和实时控制。

(2) 振动、冲击应力传感器领域　在机器人领域中,通常的磁致伸缩器件原型有 3 种,如图 3-10 所示。以图 3-10(c) 为例,当传感器处于受力状态时,x 方向和 y 方向上的磁场不再均匀分布,这样就会在输出线圈中产生磁通,激发线圈上成比例的 2 次电压信号。利用它做的传感器,可精确感受 0.01g 的质量。

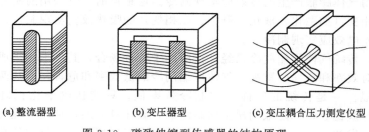

(a) 整流器型　　　　　(b) 变压器型　　　　　(c) 变压耦合压力测定仪型

图 3-10　磁致伸缩型传感器的结构原理

(3) 扭矩传感领域　用磁致伸缩薄膜可做成动态范围大、响应快的扭矩传感器,其灵敏度比传统金属电阻薄膜制成扭转应变计高 10 倍。用磁头和镀镍磁致伸缩棒可做成可测瞬间扭力的非触型扭转传感器,该器件精度可达 3.5mV/(N·m),可广泛用于轴承、感应电机等超微转矩检测中。

利用其逆效应(机械能反转为磁能)原理,可为马达和精密仪器设计阻尼减震系统。在这方面,已经研制了用于原子能发电所的配电管用超磁致伸缩防震装置,并将开发用于建筑的防震装置。对于未来的运载工具有人提出了用 Terfenol-D 伺服阀控制液压柱产生阻尼的想法。此外在航空航天领域,压磁材料还可应用于飞机智能结构上的冲击振动的在线监测。

第4章 稀土磁制冷材料

　　制冷就是使某一空间内物体的温度低于周围环境介质的温度，并维持这一低温的过程。所谓环境介质通常指自然界的空气和水，为了使某物体或某空间达到并维持所需的低温，就得不断地从它们中间取出热量并转移到环境介质中去，这个不断地从被冷却物体取出热量并转移的过程就是制冷过程。制冷方法主要有三种：①利用气体膨胀产生的冷效应实现制冷。这是目前广泛采用的制冷方法；②利用物质相变（如融化、液化、升华、磁相变）的吸热效应实现制冷；③利用半导体的温差电效应实现制冷。

　　目前，传统气体压缩制冷已经广泛应用于各种场合，其技术相当成熟。但是随着人们对效率和环保的重视，气体压缩制冷的低效率和危害环境这两个缺点变得日益明显。一是传统的气体压缩制冷效率低，只能达到卡诺循环的 5％～10％，且能效比小；二是氟利昂工质易泄漏，破坏臭氧层，造成环境污染。现在大力研究开发的无氟替代制冷剂，基本上可以克服破坏大气臭氧层的缺陷，但仍保留了制冷效率低、能耗大的缺陷，而且有的还会产生温室效应等，不是根本解决办法。

　　磁制冷作为一项高效率的绿色制冷技术，而被世人关注。与压缩循环制冷相比，磁制冷有许多优点。首先，磁制冷的效率高，其效率可达到卡诺循环的30％～60％，节能优势显著。如，法国制成的原型机，热动力循环效率达60％，为普通电冰箱 1.5 倍。其次，磁制冷消除了气体压缩制冷中因使用氟利昂、氨及碳氢化合物等制冷剂所带来的对环境的破坏；此外，与气体冷冻比较，磁冷冻由于磁制冷机不需要在高温下运行的压缩机，又用固体材料做工质，因而具有结构简单、体积小、重量轻、无噪声、便于维修和无污染等优点。

　　作为磁制冷技术的心脏，磁制冷材料的性能直接影响到磁制冷的功率和效率等性能，因而性能优异的磁制冷材料的研究激发了人们极大的兴趣。当前，磁制冷已在低温区得到广泛的应用。目前由于氟利昂气体的禁用，温室磁制冷的研究已成为国际前沿研究课题。

4.1　磁制冷基本原理

　　磁制冷是传统的蒸汽循环制冷技术的一种有希望的替代方法。什么是磁制冷？简单地说，磁制冷就是利用磁热效应，又称磁卡效应的制冷。磁制冷材料是用于制冷系统的具有磁热效应的物质，在有这种效应的材料中，施加和除去一个外加磁场时，磁动量的排列和随机化引起材料中温度的变化，这种变化可传递给环境空气中，从而达到制冷的目的。

4.1.1　磁热效应原理

磁热效应（magneto caloric effect，MCE），是磁制冷得以实现的基础。是磁性材料的一种固有特性，它是指由外磁场的变化引起材料内部磁熵的改变并伴随着材料的吸热放热。由磁性粒子构成的固体磁性物质，当不加磁场时，磁性材料（磁工质）内磁矩的取向是无规则（随机）的，此时其相应的熵较大；在受到外磁场的作用被磁化时，磁矩沿磁化方向择优取向（电子自旋系统趋于有序化），在等温条件下，该过程导致磁工质熵的下降（磁熵减小），有序度增加，向外界等温放热；当退磁时，由于磁性原子或离子的热运动，其磁矩又趋于无序，磁熵再次增大，在等温条件下，磁工质从外界吸热，其机制如图 4-1 所示。

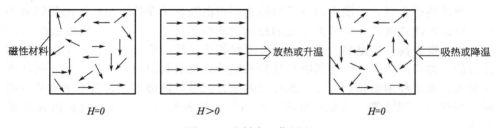

图 4-1　磁制冷工作原理

根据热力学理论，当磁场在绝热状态下改变 ΔH 时，则在磁性物质中会产生可逆的温度变化 ΔT，在绝热等熵（S）过程中，ΔT 与该磁性物质的定磁场热容 C_H、定磁场下磁化强度 M 随温度变化率 $(\partial M/\partial T)_H$ 和温度 T 的关系为：

$$(\frac{\Delta T}{\Delta H})_S = -\frac{T}{C_H}(\frac{\partial M}{\partial T})_H \tag{4-1}$$

由上式可知，磁性物质在温度 T_1 时受到外加磁场 H_1 作用，保持磁性物质与周围环境的良好热接触（等温磁化过程），然后突然去掉外磁场，并去掉磁性物质与周围环境的热接触，而仅存在磁性物质的内磁场 H_2（绝热退磁过程），这样 $\Delta T = T_1 - T_2$，$\Delta H = H_1 - H_2$，便可获得与 ΔH 成正比的温度降低 ΔT 的磁制冷效应。

我们还可以通过磁熵的变化来解释磁工质制冷原因，我们知道，磁熵是磁性材料中磁矩排列有序度的度量。无序度越大，磁熵就越高。根据热力学定律，系统的熵变 $\Delta S = \Delta Q/T$。当磁性材料的磁矩排列有序度发生变化时，其磁熵也随之发生变化，从而引起热能的变化。因此 ΔS 的大小也能够衡量磁性材料制冷能力的大小，ΔS 越大，材料的制冷能力越强。

将温度、压力、磁场作为独立变量，材料的总熵表示为 $S(T、p、H)$。根据熵的产生机制，可以将总熵分为磁熵 S_M、晶格熵 S_L 和电子熵 S_E 3 个部分，它们均为温度、压力、磁场的函数：

$$S(T、p、H) = S_M(T、p、H) + S_L(T、p、H) + S_E(T、p、H) \quad (4\text{-}2)$$

在常压下，磁体的熵 $S(T、H)$ 是磁场强度 H 和绝对温度 T 的函数，可以表示为：

$$S(T、H) = S_M(T、H) + S_L(T) + S_E(T) \quad (4\text{-}3)$$

可以看出，S_M 是 T 和 H 的函数，而 S_L 和 S_E 仅是 T 的函数。因此当外加磁场发生变化时，只有磁熵 S_M 随之变化，而 S_L 和 S_E 只随温度的变化而变化，所以 S_L 和 S_E 合起来称为温熵 S_T。于是上式可以改为：

$$S(T、H) = S_M(T、H) + S_T(T) \quad (4\text{-}4)$$

在绝热过程中，系统熵变为零，即：

$$\Delta S(T、H) = \Delta S_M(T、H) + \Delta S_T(T) = 0 \quad (4\text{-}5)$$

当绝热磁化时，工质内的分子磁矩排列将由混乱无序趋于与外加磁场同向平行，根据系统论观点，度量无序度的磁化熵减少了，即 $\Delta S_M < 0$，所以 $\Delta S_T > 0$，故工质温度升高；当绝热去磁时，情况刚好相反，使工质温度降低，从而达到制冷目的。如果绝热去磁引起的吸热过程和绝热磁化引起的放热过程用一个循环连接起来，通过外加磁场，有意识地控制磁熵，就可以使得磁性材料不断地从一端吸热而在另一端放热，从而达到制冷的目的。这种制冷方法就是我们所说的磁制冷。

磁制冷材料的性能主要取决于以下几个参量。

（1）磁有序化温度即磁相变点　磁有序温度是指从高温冷却时，发生诸如顺磁铁磁、顺磁亚铁磁等类型的磁有序化（相变）的转变温度。

（2）不同外加磁场条件下磁有序温度附近的磁热效应　磁热效应一般用不同外加磁场条件下的磁有序温度点的等温磁熵变 ΔS_M 或在该温度下绝热磁化时材料的绝热温变 ΔT_{ad} 来表征。一般对于同一个磁制冷材料而言，外加磁场强度变化越大，磁热效应就越大；不同磁制冷材料在相同的外加磁场强度变化下，在各自居里点处的 $|\Delta S_M|$ 或 $|\Delta T_{ad}|$ 越大，表明该磁制冷材料的磁热效应就越大。当磁性材料在磁场为 H，温度为 T 的体系中时，其热力学性质可用 Gibbs 自由能 $G(M，T)$ 来描述。对体系的 Gibbs 函数微分可得到：

磁熵：
$$S(M,T) = -\left(\frac{\partial G}{\partial T}\right)_H \quad (4\text{-}6)$$

磁化强度：
$$M(T,H) = -\left(\frac{\partial G}{\partial H}\right)_T \quad (4\text{-}7)$$

由式（4-6）、式（4-7）可以得到：$\left(\dfrac{\partial S}{\partial H}\right)_T = \left(\dfrac{\partial M}{\partial T}\right)_H \quad (4\text{-}8)$

熵的全微分

$$dS = \left(\frac{\partial S}{\partial T}\right)_H dT + \left(\frac{\partial S}{\partial H}\right)_T dH = \frac{C_n}{T}dT + \left(\frac{\partial M}{\partial T}\right)_H dH \qquad (4\text{-}9)$$

其中，$C_n = T\left(\dfrac{\partial S}{\partial T}\right)_H$ 定义为磁比热。

讨论式 (4-9)，在下面三种情况下：

① 绝热条件下，$dS = 0$，则 $dT = \dfrac{-T}{C_n}\left(\dfrac{\partial M}{\partial T}\right)_n dH$ $\qquad (4\text{-}10)$

② 等温条件下，$dT = 0$ 则，$dS = \left(\dfrac{\partial M}{\partial T}\right)_n dH$ 积分得：

$$\Delta S_M(T,H) = S_M(T,H) - S_M(T, H=0) = \int_0^H \left(\frac{\partial M}{\partial T}\right)_H dH \qquad (4\text{-}11)$$

③ 等磁场条件下，$dH = 0$，则 $dS = \dfrac{C_H}{T}dT$ $\qquad (4\text{-}12)$

通过实验测得 $M(T，H)$ 及 $C_H(H，T)$，根据式 (4-10)、式 (4-11)、式 (4-12)可求解出 ΔS_M、ΔT_{ad}。

4.1.2 磁热效应的测试方法

磁热效应的测试方法可以归结为两种：直接测量法和间接测量法。直接测量法就是直接测量试样磁化时的绝热温度变化 ΔT_{ad}。其原理是：在绝热条件下磁场分别为 H_0 和 H_1 时，测定相应的试样温度 T_0 和 T_1，则 T_1 和 T_0 之差即为磁场变化 ΔH 时的绝热温变 ΔT_{ad}。根据所加磁场的特点，直接测量法又可分为两种方式：①半静态法，把试样移入或者移出磁场时测量试样的绝热温度变化 ΔT_{ad}；②动态法，采用脉冲磁场测量试样的绝热温度变化 ΔT_{ad}。间接测量法最主要的两种方法是磁化强度法和比热容测量法。磁化强度法即是在测定一系列不同温度下的等温磁化 $M\text{-}H$ 曲线后，利用关系式 (4-11) 计算求得磁熵变 ΔS_M，通过零磁场比热容及 ΔS_M 可确定 ΔT_{ad}。比热容测量法即为分别测定零磁场和外加磁场下，从 $0K$ 到 $T_C + 100K$ 温度区间的磁比热容-温度曲线，从计算得到的不同磁场下的熵-温度曲线可得到 ΔT_{ad} 和 ΔS_M。

直接测量法简单直观，但只能测量绝热温变 ΔT_{ad}，同时对测试仪器的绝热性能以及测温仪器本身的精度要求非常高（精度需达到 $10^{-6}K$ 左右），而且常常因测试设备本身的原因及磁工质本身 ΔT_{ad} 较低而导致较大的误差，因此该方法并不常用。磁化强度法虽然需要带低温装置可控温、恒温的超导量子磁强计或振动样品磁强计来测试不同温度下的 $M\text{-}H$ 曲线，但因其可靠性高、可重复性好、操作简便快捷而被广大研究者采纳。比热容测定法对磁比热计的要求较高，需提供不同磁场、低温时要求液氦等冷却、高温时需加热装置且在测试过程中对温度能够程序控制等，但这种方法具有更好的精度。

4.2 磁制冷循环

磁制冷基本过程是用循环把磁制冷工质的去磁吸热和磁化放热过程连接起来，从而在一端吸热，在另一端放热。根据采用不同种类的过程连接上述两个热交换过程，可以定义各种不同的制冷循环。常见的磁制冷循环主要有卡诺（Carnot）循环、斯特林（Stirling）循环、埃里克森（Ericsson）循环和布雷顿（Brayton）循环四种。

卡诺循环包含了 $A_C \rightarrow B_C$ 和 $C_C \rightarrow D_C$ 的两个等温过程以及 $B_C \rightarrow C_C$，$D_C \rightarrow A_C$ 的两个绝热过程，如图 4-2(a) 所示。在这两个绝热过程中，由于与外部系统之间没有热量的交换，系统的总熵保持一定。当磁场使磁熵改变时，必然导致温度变化。于是在两个等温过程中便可实现放热和吸热，以达到制冷的目的。斯特林循环包含了 $A_S \rightarrow B_S$ 和 $C_S \rightarrow D_S$ 的两个等温过程以及 $B_S \rightarrow C_S$，$D_S \rightarrow A_S$ 的两个等磁矩过程，如图 4-2(b) 所示。埃里克森循环包含了 $A_E \rightarrow B_E$ 和 $C_E \rightarrow D_E$ 的两个等

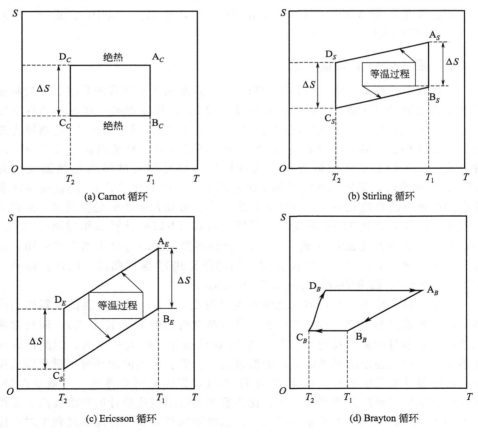

(a) Carnot 循环　　　　　　　　　(b) Stirling 循环

(c) Ericsson 循环　　　　　　　　　(d) Brayton 循环

图 4-2　常见四种磁制冷循环

温过程以及 $B_E \rightarrow C_E$，$D_E \rightarrow A_E$ 的两个等磁场过程，如图 4-2(c) 所示。布雷顿循环包含了 $A_B \rightarrow B_B$ 和 $C_B \rightarrow D_B$ 的两个等磁场过程以及 $B_B \rightarrow C_B$，$D_B \rightarrow A_B$ 的两个绝热过程，如图 4-2(d) 所示。

当制冷温度较低时（低于 1K），晶格熵可以忽略不计，卡诺循环是适当的，当温度升高时（1～20K），晶格熵逐渐增大到可与磁熵相比拟，状态变化的有效熵变小，需加很大外磁场才能有效制冷，当温度高于 20K 尤其在近室温，晶格熵非常大，须考虑如何排出晶格熵的问题，卡诺循环已不适应了，而需采用 Ericsson 循环和 Brayton 循环。原则上卡诺循环可用于制冷温度低于 20K 的磁制冷机，而斯特林、布雷顿、埃里克森循环则为 20～300K 温度的磁制冷机提供了可行的热力学方式。其中埃里克森循环由于制冷温度幅度大，可达几十开，是高温下常用的磁制冷循环模式。表 4-1 概括地给出了 4 种磁制冷循环的优缺点及适用场合比较。

表 4-1　四种磁制冷循环的比较

循环名称	特　　点	适用场合
Carnot 循环	无蓄冷级、结构简单、可靠性高、效率高，但是温度跨度小，需较高外场，存在晶格熵限制，外磁场操作比较复杂	顺磁磁工质，结构简单，制冷温度在 20K 以下场合，制冷温度范围小
Stirling 循环	需蓄冷器，可得到中等温跨但要求 B/T 为常数，同时外磁场操作复杂	制冷温区在 20K 以上，制冷温度范围中
Ericsson 循环	需蓄冷器，可得到大温跨，外磁场操作简单，根据需要可使用各种外场。但是其蓄冷器传热性能要求很高，结构相对复杂，效率低于卡诺循环，需外部热交换器，且与外部热交换间的热接触要求高，操作复杂	制冷温度在 20K 以上场合，20K 以下场合也有使用的动向，制冷温度范围大
Brayton 循环	可得到最大温跨，可使用不同大小的场强，但是其蓄冷器传热性能要求高，需外部热交换器	制冷温区在 20K 以上

4.3　稀土磁制冷材料

4.3.1　磁制冷材料的选择依据

居里温度和磁熵是磁制冷材料两个重要的参量。选择磁制冷材料除需要较高的居里温度以及较大的磁熵变外，还应具有较合适的德拜温度 θ_D（特别是对高温区间，θ_D 较高时可使晶格熵相应减小）；低的比热容、高的热导率，以保障磁工质有明显的温度变化及快速进行热交换；高的电阻，以避免产生涡流及相应的热量；良好的成型加工性能（以便制造出满足磁制冷机要求的可快速换热的磁工质结构）。

4.3.2　稀土磁制冷材料的主要分类

磁制冷材料根据应用温度范围可大体分为三个温区，即低温区（20K 以下）、中温区（20～77K）及高温区（77K 以上）。随着纳米技术的发展，磁制冷材料纳米化在世界各国也取得一定的进展。下面分别加以介绍。

（1）低温区磁制冷材料　低温区主要是指 20K 以下的温度区间，由于磁制冷材料的晶格熵可忽略不计，这方面的研究到 20 世纪 80 年代末已经非常成熟。利用顺磁盐绝热去磁目前已达到 0.1mK，而利用核去磁制冷方式可获得 2×10^{-9}K 的极低温。在该温区中利用磁卡诺循环进行制冷，工作的工质材料处于顺磁状态，完全由外加磁场控制其磁矩的有序度来改变磁熵。同时还要考虑工质的磁性转变温度应该尽可能低于制冷温度，以避免磁矩的自发磁化有序排列导致磁熵变化的减少。磁制冷方式，已成为制取极低温的一个主要方式，是极低温区非常完善的制冷方式。

在这个温区内，研究主要有 $Gd_3 Ga_5 O_{12}$（GGG），$Dy_3 Al_5 O_{12}$（DAG），$Y_2(SO_4)_2$，$Dy_2 Ti_2 O_7$，$Gd_2(SO_4)_3 \cdot 8H_2O$，$Gd(OH)_2$，$Gd(PO_3)_3$，$DyPO_4$，$Er_3 Ni$，$ErNi_2$，$DyNi_2$，$HoNi_2$，$Er_{0.6} Dy_{0.4}$，$Ni_2 ErAl_2$ 等。4.2K 以下常用 GGG 和 $Gd_2(SO_4)_3 \cdot 8H_2O$ 等材料生产液氦流，而 4.2～20K 则常用 GGG，DAG 进行氦液化前级制冷。

综合来看，该温区仍以 GGG，DAG 占主导地位，GGG 适于 1.5K 以下，特别是 10K 以下优于 DAG。此外，GGG 的热传导率很高，再加上工业上制造大面积低缺陷的单晶 GGG 的技术已基本成熟，卡诺循环磁制冷机实验装置中，大都使用了 GGG 作制冷工质。单晶 $Dy_3 Al_5 O_{12}$（DAG）虽然最大磁熵变化只有 GGG 的三分之一，在 10K 以上，特别是在 15K 以上，DAG 冷冻效果明显优于 GGG，如果 4.2～20K 温度范围内进行卡诺循环，DAG 所得 ΔS 大约是 GGG 的 2 倍。因此，DAG 是可以在较宽温度区域内使用的卡诺型磁制冷工质。

（2）中温区磁制冷材料　中温区主要是指 20～77K 温度区间，是液化氢、氮的重要温区，而绿色能源液氢具有极大的应用前景，所以该温区的研究已经比较多。

在该温区，集中研究了在重稀土元素单晶多晶材料 Pr、Nd、Er、Tm 和 $REAl_2$（RE＝Er，Ho，Dy）、$Dy_x Er_{1-x}$（$0 < x < 1$）、$RENi_2$（RE＝Gd，Dy，Ho）等稀土金属间化合物中。纯稀土显示较小的 MCE，而稀土金属化合物显示较大的 MCE。此外，$REAl_2$ 型材料复合化研究获得了较宽的居里温度，如 Zimn 等人研制了一种（$Dy_{1-x} Er_x$）Al_2 复合材料，该材料磁矩大，居里温度宽（14～164K），性能很理想。日本东工大桥本小组和东芝公司研制的 $(ErAl_{2.15})_{0.312}$ $(HoAl_{2.15})_{0.198}$ $(Ho_{0.5} Dy_{0.5} Al_{2.15})_{0.49}$ 复合材料，居里温度在 10～40K 区间，桥本后来又研制了 $(ErAl_{2.2})_{0.3055}$ $(HoAl_{2.2})_{0.1533}$ $(Ho_{0.5} Dy_{0.5} Al_{2.2})_{252}$，居里温度在 15～77K 区间。值得注意的是研究表明 $(Gd_x Er_{1-x})NiAl$ 系列单相材料

也具有较宽的居里温度（相当于层状复合材料），这一点很重要，使得使用单相材料（而不是复合材料）就可实现 Ericsson 循环的磁制冷。表 4-2 列出了一些该温区的磁制冷材料的居里温度及在该温度一定外场 H 下的磁热效应。

表 4-2　20～77K 温区磁制冷材料

磁制冷材料	居里温度 T_c /K	外加磁场变化 /T	T_c 附近磁熵变 ΔS_M	T_c 附近绝热温度变化 ΔT_{ad}/K
$(Gd_{0.40}Er_{0.60})NiAl$	21	5	15.2J/(kg·K)	11
$(Dy_{0.25}Er_{0.60})Al_2$	24.4	7.5	4.6J/(mol·K)	11
$(Dy_{0.50}Er_{0.50})NiAl$	25	5	13.2J/(kg·K)	11
DyAlNi	28	5	13.2 J/(kg·K)	11
GdPd	38	7.5	3.4J/(mol·K)	9.85
$(Dy_{0.5}Er_{0.5})Al_2$	38.2	7.5	6.7 J/(mol·K)	10.46
$(Dy_{0.7}Er_{0.3})Al_2$	47.5	7.5	3.5 J/(mol·K)	9.83
$DyAl_{22}$	63.9	7.5	3.2 J/(mol·K)	9.18
$TbNi_2$	37	7.5	3.55 J/(mol·K)	10.40

（3）高温区磁制冷材料　高温区主要是指 77K 以上的温度区间，在该温区，特别是室温温区，因传统气体压缩制冷的局限日益凸显，而磁制冷技术刚好能克服这两个缺陷，因此受到极大的关注。目前国内外科技工作者研究方向侧重在室温温区范围内，但是温磁制冷的研究水平还远远低于低温范围的研究。有些还处于实验探索阶段。在该温区内温度高，晶格熵增大，磁性系统受到的热扰动和晶格系统的热振动都增大，使制冷工质的磁矩有序排列需要的外加磁场也必须增加。显然，在此温度范围以上，如果采用顺磁性材料，要得到有充分制冷效益的 ΔS 所需的磁场太大，在实用中不可能实现。所以顺磁工质已经不适用了，需要用铁磁工质。同时如果不采取措施取出晶格熵，有效熵变将非常小；另外，在室温范围内强磁场的设计以及换热性能的加强都是很关键的。

一般来讲，稀土元素元素，特别是中重稀土元素的 4f 电子层有较多的未成对电子，使原子自旋磁矩较大，可能具有较大的磁热效应。因此在该温区，仍然以稀土金属及其化合物为主要研究对象。其中稀土金属 Gd 是其中的典型代表，其 4f 层有 7 个未成对电子，居里温度（293 K）恰好在室温区间，且具有较大的磁热效应。过去二十年研究的此温区磁制冷工质包括重稀土及合金、稀土-过渡金属化合物、过渡金属及合金、钙钛矿化合物，下面我们分别进行叙述。

① 重稀土及其合金　重稀土元素具有很大的磁矩，所以重稀土及其合金都具有较大的磁热效应。Gd 的居里温度是 293K，接近室温，所以 Gd 及其合金受到很大的关注。Gd 的磁热效应被广泛地研究，已作为磁制冷工质磁热效应研究的一个对比标准。Gd 的磁热效应与温度有关，MCE 的峰值在居里温度附近。在

居里温度 293K，当外磁场从 2T 降到 0，Gd 的磁熵变为 5.3J/(kg·K)，磁温变为 6.8K。当外磁场从 5T 降到 0，Gd 的磁熵变为 10.8J/(kg·K)，磁温变为 12.2K。图 4-3 给出了 Gd 和 $Gd_5Si_{4-x}Ge_4$ 系列材料的磁熵变与温度的关系。表 4-3示出 Tb，Dy，Ho，Er 的磁熵变和磁温变与居里温度。各元素的 MCE 峰值都出现在各自的居里温度上。表 4-3 还列出了重稀土合金的 MCE。

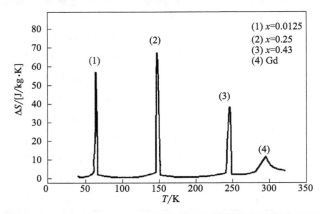

图 4-3　Gd 和 $Gd_5Si_{4-x}Ge_4$ 系列材料的磁熵变与温度的关系

表 4-3　77K 以上温区重稀土及其合金磁制冷材料

磁制冷材料	T_c/K	H/T	ΔS 或 ΔT/K	磁制冷材料	T_c/K	H/T	ΔS 或 ΔT/K
$Gd_{0.7}Tb_{0.3}$	252	6	9.2K	Dy	179	2	2.7K
$Gd_9Dy_1Al_{20}$	269	2	18kJ/(m^3·K)	Tb	231	6	10.5K
$Gd_{0.73}Dy_{0.27}$	265	5	11.5J/(kg·K)	Ho	132	6	4.6K
$Gd_{60}Tb_{40}$	272	1	21.5 kJ/(m^3·K)	Er	35	6	3.2K
GdEr	275	1	2.4K	Tm	58	6	1.5K
GdHo	286	6	8.7K	$Dy_{0.7}Y_{0.3}$	1299	6	3.7K
Gd	293	5	9.5J/(kg·K)12K	$Tb_{0.63}Y_{0.37}$	177	6	5.5K

② 稀土-过渡金属化合物　最近的研究集中在非晶态 $RE_x(T_1，T_2)_{1-x}$ 合金（RE 指稀土元素，T_1，T_2 指过渡族金属）中，结果表明，这些材料在 100～200K 温度范围是有用的磁制冷材料。然而，更新的研究结果表明在 77～300K 温区最突出的就是 $Gd_5Si_{4-x}Ge_x$，见图 4-3（外加磁场为 5T）。从图 4-3 中看出，$Gd_5Si_{4-x}Ge_x$ 系列的 MCE 的峰值超乎寻常的大，如 Gd_5SiGe_3 在温度为 148K，外场为 5T 时磁熵变峰值为 68J/(kg·K)，差不多是 Gd 的 MCE 峰值的 7 倍。这系列材料的 MCE 的峰值是迄今为止发现的材料中较大的一种。从图 4-3 中也可看出，虽然这系列材料的 MCE 峰值很大，但温区窄，而相应热量的变化是与 MCE 的面积成正比例。此外 GdSiGe 合金的磁熵变与原料纯度关系密切，目前

尚难用工业纯的原料制备成巨磁熵变的合金材料，从而影响其实用价值。另外，$Gd_5Si_{4-x}Ge_x$ 系列用其他元素掺杂后仍有大的 MCE 峰值，见表 4-4。

表 4-4　77K 以上温区重稀土过渡金属化合物磁制冷材料

磁制冷材料	T_c/K	H/T	ΔS 或 ΔT/K	磁制冷材料	T_c/K	H/T	ΔS 或 ΔT/K
$Gd_5Si_{2-y}Ge_{2-y}Fe_{2y}$	300	5	18J/(kg·K)	$GdAl_2$	165	5	6.5 J/(kg·K)
$Gd_5Si_{2-y}Ge_{2-y}Cu_{2y}$	300	5	11J/(kg·K)	$Gd_{1-x}Zn_x$	285	1	3.2K
$Gd_5Si_{2-y}Ge_{2-y}Co_{2y}$	300	5	12J/(kg·K)	$Gd_{1-x}Al_x$	289	1	1.3K
$Gd_5Si_{2-y}Ge_{2-y}Ni_{2y}$	300	5	19 J/(kg·K)	Gd_5Si_4	355	1	13 kJ/(m³·K)
$Gd_5Si_{2-y}Ge_{2-y}Ca_{2y}$	286	5	17 J/(kg·K)	Gd_5Ce_4	38	5	26 J/(kg·K)
$Gd_5Si_2Ge_2$	276	5	20 J/(kg·K)	$Gd_{1-x}Cd_x$	279	1	2.75K
$Gd_5Si_{0.5}Ge_{3.5}$	150	5	68 J/(kg·K)	$Gd_{1-x}Mn_x$	287	1	2.4K
Gd_xAg_{1-x}	305	1	2.7 J/(kg·K)	GdZn	300	5	8K
YFe_2	500	2	1.7 J/(kg·K)	TbFe	695	2	0.9K

③ 过渡金属及其化合物　最有代表性的过渡金属 Fe，Co，Ni 都有较高的 MCE 值，但由于居里温度太高，不能实用。然而 $Fe_{51}Rh_{49}$ 合金却是很理想的磁制冷工质，具有很显著的 MCE，它的居里温度为 308K。从图 4-4 中看出 $Fe_{51}Rh_{49}$ 在较宽的温区都保持较高的磁熵变，这在已研究的材料中是比较少见的。同时它所需的工作磁场是中等磁场（1～2T），其他材料要达到同样的 MCE 值需大磁场（5～7T）。这使 $Fe_{51}Rh_{49}$ 成为最理想的磁制冷工质。$Fe_{51}Rh_{49}$ 之所以具有显著的 MCE，是因为它在居里温度附近发生一级相变和场致相变。具有一级相变的材料一般都有大的 MCE，而场致相变可拓宽材料的工作温区。但遗憾的是该磁热效应为不可逆，经过循环后，MCE 效应下降，从而难以实用化。表 4-4 列出了几种 77K 以上温区过渡金属及其化合物磁制冷材料。

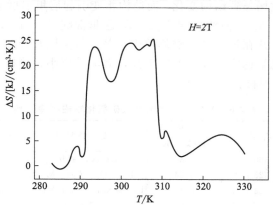

图 4-4　$Fe_{51}Rh_{49}$ 磁熵变和温度的关系

表 4-5 77K 以上温区过渡金属及其化合物磁制冷材料

磁制冷材料	T_c/K	H/T	ΔS 或 ΔT/K	磁制冷材料	T_c/K	H/T	ΔS 或 ΔT/K
Cr_3Fe_{14}	318	2	1.1K	MnAs	313	1	0.23K
$Fe_{8.5}Si_{0.5}Zr$	260	2	12.8 kJ/(m³·K)	$Mn_{29}Al_{11}$	290	2	16 kJ/(m³·K)
$Ni_{20}Mn_8V_2Sn_{11}$	305	2	13kJ/(m³·K)	Fe_3Si	342	2	12 kJ/(m³·K)
$Hf_{0.83}Ta_{0.17}Fe_{2-x}$	265	1	1.5 J/kg·K	$Fe_{49}Rh_{51}$	312	5	10 J/(kg·K)
$La_{100}Fe_{64}Co_9Al_{27}$	310	2	13 kJ/(m³·K)	FeRh	310	2	13K

2001 年 1 月荷兰国立格罗宁根（Amesterdan）大学的 O. Tegus 等人成功地研制出以过渡族金属为基的磁制冷材料 $MnFeP_{1-x}As_x$ 系四元合金，当成分在 $x=0.4\sim0.66$ 范围变化时，该系合金材料最大磁热效应对应的温度为 $200\sim350K$，其中 $MnFeP_{0.45}As_{0.55}$ 的居里温度达到了 300K，有效工作温区比 $Gd_5Si_2Ge_2$ 提高了 20K。磁场变化 $0\sim5T$ 时，$MnFeP_{0.45}As_{0.55}$ 的最大磁熵变达到 18J/(kg·K)（与 $Gd_5Si_2Ge_2$ 的差不多）；磁场变化 $0\sim2T$ 时，其最大磁熵变值达到 14.5J/(kg·K)，明显高于纯金属 Gd。

④ 钙钛矿氧化物 钙钛矿型（钙钛矿 ABO_3）化合物是一类神奇而具有多种用途的材料体系，它是十分重要的铁电压电材料、高温超导材料、光子非线性材料、电流变液材料、庞磁电阻材料以及催化材料。

我国南京大学在较早以前就开展了对钙钛矿型（钙钛矿 ABO_3）锰氧化物的磁热效应的研究，于 1995 年在 $RMnO_3$ 钙钛矿化合物中获得了磁熵变大于金属 Gd 的结果。从表 4-6 中看到钙钛矿氧化物掺杂样品的 MCE 峰值具有比 Gd 大的值。通过离子代换，材料的居里温度可在从低温到高温的相当宽的温区变化，这对高宽温磁制冷工质是十分必要的条件，从而可以组合不同居里温度的复合材料以满足磁埃里克森循环所需的磁熵变-温度曲线。在对锰钙钛矿氧化物的研究，一般是研究 A、B 位取代对其磁性的影响，这其中包括不同元素不同比例的取代。研究表明，此类化合物存在大的磁热效应的原因是其大的磁性及晶格之间的强耦合作用，外磁场导致结构变化，而结构相变引起居里温度附近磁化强度随温度变化加大，从而 M-T 曲线在居里温度附近非常陡峭，即 $\partial M/\partial T$ 很大，所以有大的磁熵变。因此在该温区内磁热效应显著。与金属及合金工质材料相比，钙钛矿化合物具有化学稳定性高，电阻率高，涡流效应小，价格低等优点，但磁熵变低于 GdSiGe 系列材料。

表 4-6 77K 以上温区钙钛矿氧化物磁制冷材料

磁制冷材料	T_c/K	H/T	ΔS/[J/(kg·K)]	磁制冷材料	T_c/K	H/T	ΔS/[J/(kg·K)]
$BaFe_{10}Cr_2O_{19}$	360	7	1.85	$La_{0.8}Ca_{0.2}MnO_3$	230	1.5	5.7
$GdFe_{0.4}Al_{0.6}O_3$	323	2	0.24	$La_{0.57}Gd_{0.1}Ca_{0.33}MnO_3$	175	1.5	5.4
$Gd_{30}Fe_{33}Cr_{17}O_{12}$	333	2	0.11	$La_{0.799}Na_{0.199}Ca_{0.05}MnO_{2.97}$	334	1.5	2.67
$La_{0.67}Ca_{0.33}MnO_3$	267	3	2.85	$La_{837}Ca_{98}Na_{38}Mn_{987}O_{300}$	255	1.5	8.4
$La_{0.75}Sr_{0.20}Ca_{0.05}MnO_3$	325	1.5	2.9				

在高温区磁制冷工质的磁熵变在居里点附近出现一个峰值，而由埃里克森循环可知，具有磁熵变峰值的单一工质是不适合埃里克森循环的，埃里克森循环要求在一个较宽的工作温区内工质的磁熵变都大致相等。为了制造理想的适合于埃里克森循环的工质，采用把几种居里点不同的磁制冷材料按一定的比例复合成复合工质，从而使这复合工质在一个较宽温区内磁熵变大致相等。Smailli 研究了 $220\sim290K$ 温区内 Gd，$Gd_{88}Dy_{12}$，$Gd_{72}Dy_{28}$，$Gd_{51}Dy_{49}$ 四种铁磁材料按等量比例复合材料的磁热效应，如图 4-5 所示。由图 4-5 可看到复合后的磁熵曲线比较平滑，适宜于埃里克森循环制冷。

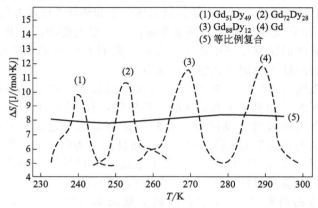

图 4-5　磁熵变与温度关系曲线

（4）纳米磁制冷材料　随着纳米固体理论的发展和对各学科的渗透，纳米新型磁性材料为开发具有增强磁热效应的低磁场磁制冷工质带来了希望。采用经典及量子理论对纳米超顺磁体系的磁热熵效应进行的计算表明，存在一最佳纳米直径使其磁熵变取得最大值。如根据平均场近似推出纳米有序集团在特定的外场下比单个自旋系统有更大的磁熵变，并且实验证实了纳米 GGIG 是 20K 温区理想的磁制冷工质。将纳米技术引入到磁制冷材料的研究中，发现了一些新的特点：①与块材相比，纳米磁制冷材料晶界增加，饱和磁化强度减小，从而磁熵变减少；②纳米材料的磁熵变峰值降低，曲线变得更加平坦，使其高熵变温区宽化，更适合于磁制冷循环的需要；③材料的纳米化可以使其热容量增加。

因此，纳米磁制冷材料较块材更适用于磁制冷。纳米磁制冷材料中较为典型的有 $Gd_3Ga_5O_{12}$ 纳米合金、GdSiGe 系合金、Gd 二元合金和钙钛矿氧化物等。中山大学的邵元智等通过对 Gd-Tb，Gd-Zn，Gd-Y 进行的实验证实了在室温附近的低磁场下 （$H=1T$），Gd-Y 的纳米固体的磁热效应实测值明显超过常规的大块状 Gd-Y 合金。磁性材料的纳米化也是目前磁制冷材料研究的热点之一。

4.4　稀土磁制冷研究应用

早在 1918 年魏斯（Weiss）发现铁磁体绝热磁化会伴随着可逆的温度改变，

称为磁热卡罗利效应（Magneto Coloric Effect）。利用这种效应可以获得低温。1926 年德拜（Debye）等人提出利用绝热退磁降温方法获取低温。1933 年焦克（Giangue）等人，采用磁性材料作为工质用等温磁化和绝热退磁方法获得 1K 以下的低温，磁制冷技术从此逐步发展。在低温温区（<20K），由于磁制冷材料的晶格熵可忽略不计，这方面的研究到 20 世纪 80 年代末已经非常成熟。利用顺磁盐绝热去磁目前已达到 0.1mK，而利用核去磁制冷方式可获得 2×10^{-9} K 的极低温。磁制冷方式，已成为制取极低温的一个主要方式，是极低温区非常完善的制冷方式。到目前为止，在 20K 以下温度，研究的材料还是以 GGG 和 DAG 为主。研究侧重于制冷装置，目的在于提高卡诺效率和热开关性能并使之实用化。

中温温区（20~77K）是液氢的重要温区，而绿色能源液氢具有极大的应用前景，所以该温区的研究已经比较多。今后一段时间内将主要研究 RAl_2 系列复合材料，目前的问题也是制冷装置的效率较低。

对于高温温区（>77K），研究的重点在室温温区。在室温范围内，磁制冷材料的晶格熵很大，如果不采取措施取出晶格熵，有效熵变将非常小。同时，在室温范围内强磁场的设计以及换热性能的加强都是很关键的。另外，在室温附近，至今尚未见到比金属 Gd 更好的材料，而且面对的困难和问题较多。永磁体提供的磁场小于 1.2T，显得很不够；若用电磁铁和超导体，则装置会很庞大复杂；对于民用，工质材料的价格也是一个突出的问题。

室温磁制冷的研究以 1976 年美国航空航天局（NASA）刘易斯研究中心（Lewis Research Center）Brown 首次在实验室实现室温磁制冷为开端，而后进行了各种尝试，并开发出了多种具有指导意义的实验样机。磁制冷机的基本工作原理是铁磁材料在其居里点附近，它的未配对的电子（稀土金属的 4f 电子层或铁元素中的 3d 电子层）在外界磁场为零时是随机排列的，当外界转变为大于零的磁场后，它们整齐排列，这时磁熵下降，材料将要释放热量。如果它处于绝热状态下，它的温度就会上升（这时就好像气体压缩制冷机中气体受到压缩而升温），把所产生的热量导走，此时又将外磁场降到零，未配对的电子又会回复到随机排列的状态，这使得它从周围环境吸收热量而使环境降温，这一步如同气体压缩制冷机中气体膨胀从周围环境中吸热一样。这样反复循环就会达到制冷的效果。1978 年美国洛斯阿拉莫斯国家实验室（Los Alamos National Laboratory，LANL）的斯特里特（Steyert）设计了采用 Brayton 循环的回转式结构磁制冷机。该系统以钆作为磁工质通过相反方向流动的强制水流进行热交换，获取 500W 制冷量。系统效率高，但是所能获得的最大温度跨度仅为 9K。到 1996 年，美国宇航公司的齐姆（Zimm）等人采用 Brayton 循环研制的往复式结构磁制冷机，使室温磁制冷技术取得了突破性进展。该系统采用 NbTi 超导磁体产生磁场，以 Ga 为制冷工质，水（加防冻剂）为传热介质。系统能量损失小，制冷效率高。2001 年美国依阿华州州立大学（埃姆斯）Iowa State University（Ames）实验室和美国宇航公司联合研制成功首台采用永磁体作为磁场的回转式磁制冷样机。该装置利用了具有高磁熵变的 Ga-Si-Ge 合金的巨磁热效应，磁场强度是常规永磁体的 2 倍，粉末状的金属 Ga 填入环形蓄冷器中，蓄冷器在驱动器的作用下作回转运动，经历磁化、退磁和吸热放热过程。目前，高温超导技术的应用使得磁制冷装置发展趋向多样化，同时为磁制冷循环提出了新的研究课题。据美国 Ames 实验室预言，在未来几年内，磁制冷可能在冰箱、空调、大型超市制冷方面获得商业应用。

　　磁制冷技术无需压缩机和气体工质，具有广阔的市场前景，有很多工作致力于 20～300K 无级磁制冷机的实现。室温磁制冷技术更是能源工业的研究重点，人们正在探索利用永磁式磁场源的可能性，因此寻找在中小磁场下仍具有大磁熵变的材料是材料工作者所面临的课题。同时，磁制冷材料的发现还和其他相关领域对材料性能的研究密不可分。今后探索的重点，一是在稀土合金、稀土金属化合物以及具有大磁热效应的钙钛矿型陶瓷等类型材料中寻找合适的工质材料，二是利用现有的材料，寻找合适的工艺，使磁制冷装置能够实用化。在这方面，氢液化有功磁制冷机（AMR）已取得了较大成果。

　　总之，磁制冷由于其在节能及环保方面的卓越品质，是一种极具发展潜力的制冷方式，但是要得到真正意义上的广泛应用，还有待在各种相关学科的研究上取得突破性进展。

第5章 稀土磁光材料

磁光效应是指处于磁化状态的物质与光之间发生相互作用而引起的各种光学现象。在磁场或磁矩作用下，物质的电磁特性（如磁导率、介电常数、磁化强度、磁畴结构、磁化方向等）会发生变化，通向该物质的光的传输特性也随之发生变化。光通向磁场或磁矩作用下的物质时，其传输特性的变化称之为磁光效应。磁光效应起源于物质的磁化，反映了光与物质磁性间的联系。人类对光磁的关系的认识，是从晶体的自然旋光性现象开始的。阿喇戈发现的偏振光通过石英晶体时的旋转现象（1811 年）和法拉第发现的电磁旋转现象（1821 年）是一组类似的现象。后来经过一系列的实验与实践，磁光材料开始应用于器件的制作，磁光晶体也在其中逐渐发现并加以应用。稀土磁光材料是一种新型的光信息功能材料，利用这类材料的磁光特性及光、电、磁的相互作用和转换，可制成具有各种功能的光学器件。如调制器、隔离器、环形器、磁光开关、偏转器、相移器、光信息处理机、显示器、存储器、激光陀螺偏频磁镜、磁强计、磁光传感器、印刷机、录像机、模式识别机、光盘、光波导等。

5.1 光的偏振和磁光效应

5.1.1 光的偏振

早在光的电磁理论建立以前，在杨氏双缝实验成功以后几年，E. L. Malus 于 1809 年在实验中发现了光的偏振现象。随着光的电磁理论的建立，光的横波性得到了完全的说明。电磁理论预言，在自由空间传播的光波是一种纯粹的横波，光波中沿横向振动着的物理量是电场矢量和磁场矢量。鉴于在光和物质的相互作用过程中主要是光波中的电矢量起作用，所以人们常以电矢量作为光波中振动矢量的代表。

光的横波性只表明电矢量与光的传播方向垂直，在与传播方向垂直的二维空间里电矢量还可能有各式各样的振动状态，即光的偏振态或偏振结构。实际中最常见的光的偏振态大体可分为五种，即自然光、线偏振光、部分偏振光、圆偏振光和椭圆偏振光。

① 自然光　指光波中包含了所有取向的横向振动电矢量，在任一时刻观察

光传播方向的横截面，电矢量成轴对称分布，哪个方向也不比其他方向更优越，而且彼此之间没有固定的位相关联。

②线偏振光　光波中只有单一横向振动方向的电矢量。线偏振光中电矢量的振动方向与传播方向构成的平面称为振动面。

③部分偏振光　这是一种介于自然光和线偏振光之间的光，在任一时刻观察光传播方向的横截面，各个横向方向都有电振动矢量，但振幅的大小随不同的方向而不同。

④圆偏振光　光波中的电矢量在传播过程中，其大小始终保持不变，但方向以恒定的角速度进行匀速旋转，迎着光传播方向观察，若电矢量按逆时针方向旋转，称为左旋圆偏振光；若电矢量按顺时针方向旋转，称为右旋圆偏振光。

⑤椭圆偏振光　光波中的电矢量在传播过程，其方向以恒定的角速度进行旋转，大小也在不断地变化，电矢量的端点的轨迹描绘出一个椭圆。与圆偏振光类似，迎着光传播方向观察，若电矢量按逆时针方向旋转，称为左旋椭圆偏振光；若电矢量按顺时针方向旋转，称为右旋椭圆偏振光。

5.1.2　磁光效应及其表征

在磁场或磁矩作用下，物质的电磁特性（如磁导率、介电常数、磁化强度、磁畴结构、磁化方向等）会发生变化，因而使通向该物质的光的传输特性也随之发生变化。光通向磁场或磁矩作用下的物质时，其传输特性的变化称为磁光效应，具有磁光效应的材料称为磁光材料（magneto-optical materials）。磁光效应的本质是在外加磁场和光波电场共同作用下的非线性极化过程，具有独特的光学非互易性，即磁致旋光现象具有不可逆性，这个特点是磁光材料的旋光性和自然旋光现象的根本区别。磁光效应的大小决定于物质的特性，通常将具有较大磁光效应的物质称为磁光材料。一般情况下，磁光效应随物质磁化强度的增大而增大。因此，大部分磁光材料都是磁性材料。

磁光效应一般包括：①磁光法拉第效应；②磁光克尔效应；③科顿-穆顿效应；④磁圆振、磁线振二向色性；⑤塞曼效应；⑥磁激发光散射；⑦霍尔效应等。

（1）磁光法拉第效应　1845 年法拉第发现玻璃在强磁场的作用下具有旋光性，加在玻璃棒上的磁场引起了平行于磁场方向传播的线偏振光偏振面的旋转。此现象被称为法拉第效应。法拉第效应第一次显示了光和电磁现象之间的联系，促进了对光本性的研究。费尔德（Verdet）通过对许多介质的磁致旋转进行了研究，发现法拉第效应在固体、液体和气体中都存在。大部分物质的法拉第效应很弱，掺稀土离子玻璃的费尔德常数稍大。近年来研究的钇铁石榴石等晶体的费尔德常数较大，从而大大提高了实用价值。

其原理为：当线偏振光沿着磁化强度矢量方向传播时，由于左、右圆偏振光在铁磁体中的折射率不同，使偏振面发生偏转的现象称为法拉第效应。即偏振光沿着磁场方向通过介质时，其偏转面旋转一个角度，该旋角 φ 与磁场强度 H 以及磁光相互作用长度 L 成正比，公式表示为

$$\varphi = VHL \tag{5-1}$$

式中，φ 为法拉第旋角；V 为弗尔德常数，它通常随波长的增大而迅速减小，是温度函数。法拉第旋转效应原理见图 5-1。

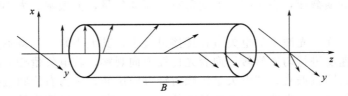

图 5-1 法拉第旋转效应

法拉第效应有许多重要应用，特别是在激光技术发展后，其应用价值倍增。法拉第效应的弛豫时间不大于 10^{-10} s 量级，在激光通信、激光雷达等技术中已发展成类似微波器件的光频环行器、调制器等，利用法拉第效应的调制器（磁光调制器）在 $1\sim5$m 的红外波段将起重要作用。同时，磁光调制器需要的驱动功率较电光调制器小得多，对温度稳定性的要求也较低，所以磁光调制是激光调制技术的重用组成之一，也常用于激光强度的稳定装置。法拉第效应还可作为重要的传感机理应用于电工测量技术中。在磁场测量方面，利用它弛豫时间短（约 10^{-10}s）的特点制成的磁光效应磁强计可测量脉冲强磁场、交变强磁场；利用它对温度不敏感的特点，磁光效应磁强计可适用于较宽的温度范围，如等离子体中强磁场、低温超导磁场；在电流测量方面，利用电流的磁效应和光纤材料的法拉第效应，可测量几千个安培的大电流或几兆伏的高压电流等。

（2）磁光克尔效应　克尔磁光效应就是入射的线偏振光在已磁化的物质表面反射时，振动面发生旋转的现象，1876 年由 J. 克尔发现。特定条件下材料的旋光率用沿光传播方向磁饱和的单位厚度样品产生的旋转角度来表示。当线偏振光被磁化了的铁磁体表面反射时，反射光将是椭圆偏振的，并且以椭圆长轴为标志的偏振面相对于入射偏振光的偏振面旋转了一个角度，即磁光克尔效应。图 5-2 为磁光克尔效应原理图。当线偏振光在铁磁材料表面反射时，线偏振光变为椭圆偏振光，偏振面旋转一个角度。根据磁场 H（用磁化强度矢量

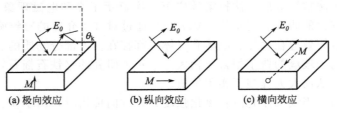

(a) 极向效应　　(b) 纵向效应　　(c) 横向效应

图 5-2 磁光克尔效应原理图

表示）与入射面的相对关系，可分为极向效应、纵向效应和横向效应三种。极向和纵向克尔磁光效应的磁致旋光都正比于磁化强度，一般极向的效应最强，纵向次之，横向则无明显的磁致旋光。当光波垂直于磁化强度矢量方向通过磁光材料时，会产生双折射现象，而入射的线偏振光也会变成椭圆偏振光，这种由磁场引起的光传播的双折射现象称为磁致双射线（MLB），可用垂直与平行于磁场的两个方向的折射率差来表示，它随材料的组分和温度变化很大。克尔磁光效应的最重要应用是观察铁磁体的磁畴（见磁介质、铁磁性）。不同的磁畴有不同的自发磁化方向，引起反射光振动面的不同旋转，通过偏振片观察反射光时，将观察到与各磁畴对应的明暗不同的区域。用此方法还可对磁畴变化作动态观察。

（3）科顿-穆顿效应　当线偏振光垂直于磁化强度矢量方向透通铁磁晶体时，光波的电矢量分成两束，一束与磁化强度矢量平行，称正常光波，另一束与磁化强度矢量垂直，称非正常光波，两者之间有相位差 δ。因两种光波在铁磁体内的折射率不同而产生双折射现象，称为科顿-穆顿效应。科顿-穆顿效应又称磁双折射效应，简记为 MLB。1907 年 A. 科顿和 H. 穆顿发现，光在透明介质中传播时，若在垂直于光的传播方向上加一外磁场，则介质表现出单轴晶体的性质，光轴沿磁场方向，主折射率之差正比于磁感应强度的平方。此效应也称磁致双折射。

W. 佛克脱在气体中也发现了同样效应，称佛克脱效应，它比前者要弱得多。当介质对两种互相垂直的振动有不同吸收系数时，就表现出二向色性的性质，称为磁二向色性效应。类似于电场的克尔效应，某些透明液体在磁场作用下变为各向异性，性质类似于单轴晶体，光轴平行磁场。

（4）磁圆振、磁线振二向色性　磁圆振二向色性发生在光沿平行于磁化强度 M_s 方向传播时，由于铁磁体对入射线偏振光的两个圆偏振态的吸收不同，一个圆偏振态的吸收大于另一个圆偏振态的吸收，结果造成左、右圆偏振态的吸收有差异，此现象称为磁圆二向色性。

磁线振二向色性发生在光沿着垂直于磁化强度 M_s 方向传播时，铁磁体对两个偏振态的吸收不同，两个偏振态以不同的衰减通过铁磁体，这种现象称为磁线振二向色性。

（5）塞曼效应　光源在强磁场（105～106A/m）中发射的谱线，受到磁场的影响而分裂为几条，分裂的各谱线间的间隔大小与磁场强度成正比的现象，称为塞曼效应。1896 年，荷兰物理学家塞曼发现，原子光谱线在外磁场发生了分裂。随后洛仑兹在理论上解释了谱线分裂成 3 条的原因。塞曼效应是继 1845 年法拉第效应和 1875 年克尔效应之后发现的第三个磁场对光有影响的实例。塞曼效应证实了原子磁矩的空间量子化，为研究原子结构提供了重要途径，被认为是 19 世纪末 20 世纪初物理学最重要的发现之一。利用塞曼效应可以测量电子的荷质比。在天体物理中，塞曼效应还可以用来测量天体的磁场。

（6）磁激发光散射 图 5-3 为磁激发光散射原理图，如图所示，Z 轴方向施加一恒磁场，磁化强度 M_s 绕 Z 轴进动，M_s 在 OZ 轴的分量 $M_z =$ 常数，在 YOZ 平面里的旋转分量为 $m_k(\omega_k)$，它是被激发出的以 ω_k 为本征进动频率的自旋波磁振子。当沿 OY 轴有光传播，则沿 OX 轴有电场强度分量 $E_x(\omega)$ 并与 $m_k(\omega_k)$ 发生相互作用，结果是在 OZ 轴方向产生电极化强度分量 $P_z(\omega \pm \omega_k)$ 的辐射就构成一级拉曼散射，称为磁激发散射。

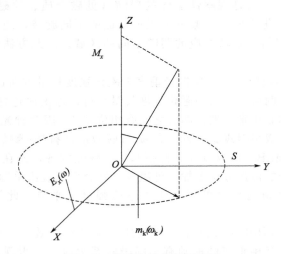

图 5-3 磁激发光散射原理图

（7）霍尔效应 通有电流的铁磁体置于均匀磁场中，如果磁场的方向与电流的方向垂直，载流子在磁场中受洛仑兹力的作用，它就会发生在垂直于磁场和电流的两个方向的偏移，样品的两端之间产生电场 E_H，这种现象称为霍尔效应。

5.1.3　稀土磁光的来源

晶体中未配对的电子自旋、自旋与轨道的相互作用以及磁性原子的有序排列的结构因素决定了晶体的磁化强度和法拉第效应，也决定了晶体的磁光效应。稀土元素由于 4f 电子层未填满，因而产生未抵消的磁矩，这是强磁性的来源；同时又会导致电子跃迁，这是光激发的起因，从而导致强的磁光效应。单纯的稀土金属并不显现强磁光效应。只有当稀土元素掺入光学玻璃、化合物晶体、合金薄膜等光学材料之中，才会显现稀土元素的强磁光效应。常用的磁光材料是 $(REBi)_3 (FeA)_5 O_{12}$ 石榴石晶体（A 为 Al、Ga、Sc、Ge、In 等金属元素）和 RETM 非晶薄膜（TM 为 Fe、Co、Ni、Mn）等过渡族元素以及稀土玻璃。表 5-1 给出了几种磁光材料的性能比较。

表 5-1　几种磁光材料的性能比较

名　　称	波长 $\lambda/\mu m$	费尔德常数 $/(3.66\times10^{-6}\mathrm{GY/A})$	$\mu_0 M_s/\times10^{-4}\mathrm{T}$	$T_c/^{\circ}\mathrm{C}$
重火石玻璃	0.5893	8.82×10^{-2}		
钡冕玻璃	0.5893	2.20×10^{-1}		
石英	0.5893	1.65×10^{-1}		
Pr^{3+} 硅酸盐玻璃	0.7	7.2×10^{-2}		
Pr^{3+} 硼酸盐玻璃	0.7	2.03×10^{-1}		
$Y_3Fe_5O_{12}$	0.550	8.10×10	1780	185
$(TmBi)_3(FeGa)_5O_{12}$	0.560	5.25×10^3	200	145

　　磁光晶体是具有磁光效应的晶体材料。磁光效应与晶体材料的磁性，特别是与材料的磁化强度密切相关，因此，一些优良的磁性材料往往也是磁光性能优良的磁光材料，例如钇铁石榴石和稀土铁石榴石晶体。但是，材料磁光性能不仅仅依赖于材料的磁化强度，还与材料的磁光系数或费尔德常数有关。从微观上看，磁光效应的大小与组成晶体的原子或离子的能级结构，以及由光激发引起的能级间的电子跃迁情况有关。一般地说，磁光性能较好的晶体是铁磁性和亚铁磁性晶体，如 EuO 和 EuS 是铁磁体，钇铁石榴石和掺铋稀土铁石榴石是亚铁磁体。目前得到应用的主要是这两类晶体，特别是亚铁磁性晶体。

5.2　稀土铁石榴石磁光材料

5.2.1　稀土铁石榴石磁光材料的结构特征

　　石榴石型铁氧体材料是近代迅速发展起来的一类新型磁性材料。其中最重要的是稀土铁石榴石（又称磁性石榴石），一般表示为 $RE_3Fe_2Fe_3O_{12}$（可简写为 $RE_3Fe_5O_{12}$），其中 RE 为钇离子（有的还掺入 Ca、Bi 等离子），Fe_2 中的 Fe 离子可为 In、Se、Cr 等离子所替代，而 Fe_3 中的 Fe 离子可为 Al、Ga 等离子所替代。它们与天然石榴石晶体 $(Fe,Mn)_3Al_2Si_3O_{12}$ 有同一类型的晶体结构，均属于立方晶系，每个晶胞中包括 8 个 $RE_3Fe_5O_{12}$ 分子，共计 160 个原子。其中阳离子占据三种不同的晶格位置，稀土离子 RE 占据 24 个十二面体中心间隙，每个 RE 离子周围有 8 个近邻的氧离子；两个 Fe 离子占据 16 个八面体间隙，每个 Fe 离子周围有 6 个近邻的氧离子；另外三个 Fe 离子占据 24 个四面体中心间隙，每个 Fe 离子周围有 4 个近邻的氧离子。这三种阳离子的晶格位置一般称之为 $16a$（八面体中心）、$24c$（十二面体中心）及 $24d$（四面体中心）。由于次晶格 ad 之间超交换作用远比 cd 间的作用强，因此 a 次晶格与 d 次晶格中磁性离子间相互作用对石榴石型铁氧体的距离温度 T_c 起决定性作用。同时这种作用对其饱和磁性强度 M_s 也起主要作用。

当石榴石晶格中发生的离子取代时，会因阳离子半径的不同而占据不同的位置。一般按阳离子半径从大到小的顺序排列，择优占据十二面体中心（c 位）、八面体中心（a 位）和四面体中心（d 位）的次序。大多数稀土离子和 Ca、Bi、Pb 等半径较大的离子，一般替代 Y 离子而占据十二面体中心位置，比 Fe^{3+} 离子半径稍大的 In^{3+} 和 Sc^{3+} 则择优占据八面体中心，半径较小的 Al^{3+} 和 Ga^{3+} 择优占据四面体中心。只有比 Fe^{3+} 离子半径稍小的 Cr^{3+} 会择优占据八面体中心，这是由电子结构所决定的。由于 3 个次晶格中的阳离子可以依据置换原则彼此能独立进行选择和变换，因此研制这类材料就很容易进行各种选择和探索。根据置换原则，用各种稀土元素和非稀土金属元素，按不同成分比例来置换部分 Y^{3+} 和 Fe^{3+}，从而实现改变 M_s 而不改变 T_c，或改变 M_s 而不改变振线宽 ΔH_s，也可以同时改变两个或两个以上的旋磁特性参数。

铁石榴石中的磁矩主要来源于 3 个四面体（d 位）的 Fe^{3+} 及 2 个八面体（a 位）的 Fe^{3+}，因 d 及 a 位 Fe^{3+} 的磁矩是互相平行而方向相反的，因此其总磁矩为一个 Fe^{3+} 的净磁矩，磁矩的方向与四面体 d 位 Fe^{3+} 的磁矩取向一致。当非磁性离子如 Al^{3+}、Ga^{3+} 等替代 Fe^{3+} 时，由于 Al^{3+}、Ga^{3+} 择优占据四面体 d 位，因此使总的磁矩减少；而当替代数超过 1 一个 Fe^{3+} 时，则因八面体中 Fe^{3+} 的磁矩大于四面体 d 位中的 Fe^{3+} 的磁矩，而使总磁矩的方向与八面体 a 位 Fe^{3+} 的取向相一致。类似的，当用非磁性离子 Sc^{3+}、In^{3+} 替代 Fe^{3+} 时，由于 Sc^{3+}、In^{3+} 将择优占据八面体 a 位，其总磁矩会增加。有些稀土元素，如 Gd 在低温时有较大磁矩，且磁矩方向与八面体 a 位中的 Fe^{3+} 磁矩取向一致，从而对总磁矩有影响。由于在某一温度下，Gd^{3+} 的磁矩大于 Fe^{3+} 的磁矩，故使石榴石的总磁矩与 Gd^{3+} 的磁矩或八面体 a 位 Fe^{3+} 的磁矩取向一致。但高于该温度的时候，Gd^{3+} 的磁矩小于 Fe^{3+} 的磁矩，使石榴石的总磁矩与 Gd^{3+} 的磁矩方向相反，而与四面体 d 位 Fe^{3+} 的磁矩方向一致。由于上述原因，$Gd_3Fe_3O_{12}$ 的磁矩或磁极化强度随温度的变化会出现转折点，在该温度发生磁矩取向的转变，而总磁矩为零。这一转变温度称为补偿温度（compensation temperature），以 T_{comp} 表示。由上可见，通过元素替代可以调节磁性石榴石的 $\mu_0 M_s$ 及磁转变温度（T_c 及 T_{comp}）。

至今已制成的单一稀土铁石榴石共有 11 种，其中最典型的是 $Y_3Fe_5O_{12}$，简写为 YIG。稀土铁石榴石的居里温度及补偿温度见表 5-2。

研究发现，在特定波长，材料的 φ 值随组分变化十分敏感。如采用 Pr^{3+} 或 Bi^{3+} 部分或全部置换 YIG 中的 Y^{3+} 时，材料的 φ 值就会有很大的变化。BiIG 在 633nm 波段时 φ 值高达 $6.4 \times 10^4 deg/cm$，约为 YIG 的 80 倍，但光吸收系数也有很大增加。近几年来，新型磁光材料的探索主要集中于可见光波段以及在近红外波段具有更高法拉第旋转系数的磁光单晶和薄膜材料。同时，通过研究具有不同组分的磁性石榴石的不同温度或其他补偿性系数的差异，制备具有零温度系数或宽波长响应的新型磁性石榴石晶体也取得了很大的研究进展。当前对高掺 Bi

系列稀土石榴石和掺 Ce 系列稀土石榴石磁光材料，钇钆复合石榴石磁光材料的研究也非常活跃。某些稀土石榴石的磁光特性见表 5-3。

表 5-2 石榴石的居里温度及补偿温度

分子式	T_c/K	T_{comp}/K
$Y_3Fe_5O_{12}$	555	无
$Sm_3Fe_5O_{12}$	568	无
$Eu_3Fe_5O_{12}$	565.5	无
$Gd_3Fe_5O_{12}$	564	288
$Tb_3Fe_5O_{12}$	568	245
$Dy_3Fe_5O_{12}$	557.5	221
$Ho_3Fe_5O_{12}$	562.5	136.6
$Er_3Fe_5O_{12}$	556	83.7
$Tm_3Fe_5O_{12}$	549	$0 \leqslant T_{comp} \leqslant 20.4$
$Yb_3Fe_5O_{12}$	548	$0 \leqslant T_{comp} \leqslant 7.6$
$Lu_3Fe_5O_{12}$	549	无

表 5-3 若干稀土石榴石的磁光特性（旋光率）

磁光晶体	$Y_3Fe_5O_{12}$	$Gd_3Fe_5O_{12}$	$GePr_2Fe_5O_{12}$	$Y_2BiFe_5O_{12}$
$\varphi/(d°/cm)$	280	65	−1125	−2500

5.2.2 钇铁石榴石磁光材料

钇铁石榴石（YIG）最早由美国贝尔公司于 1956 年发现其单晶具有强磁光效应。磁化状态的钇铁石榴石（YIG）在超高频场中的磁损耗要比其他任何铁氧体都要低几个数量级，因而广泛应用于信息存贮材料。钇铁石榴石 YIG 的法拉第旋转角大，在近红外波段透明，晶体物理化学性能优良，仅仅 2mm 长的 YIG 晶体便可产生 45°角。131μm 和 155μm 近红外波长的 YIG 磁光隔离器已达到商品化程度，被广泛应用于大容量光纤通信系统中。

YIG 的 φ 值可从红外波段的每厘米的几百度变到可见光区的几千度，但光吸收系数 α 随波长减小而迅速增大。既然磁光效应只有当待测光束能透过材料时才有意义，因此旋光率与吸收系数的比值即 $L\varphi/\alpha$ 是一个重要的磁光品质因子，又称为磁光优值，单位为每分贝若干度［单位：(°)/dB］，它与波长、温度等因素有关。对于室温下的 YIG 晶体，其磁光优值在近红外波段可高达每分贝 1000°；对于红光，降低每分贝 1°；而对于绿光，仅为每分贝 0.2°。YIG 在可见光波段的低磁光优值使其无法在这个波段应用。因此，YIG 适用于作为红外磁光隔离器和循环器等，从而在现代光通讯中有着重要而广泛的应用。

钇铁石榴石长期以来一直用助熔剂法生长。德国菲利浦公司汉堡实验室是世界上最大的 YIG 生产厂家。该公司用加速旋转坩埚技术（ACRT）生产出优质 YIG 大单晶。20 世纪 70 年代中期，日本科学技术厅无机材质研究所开始用红外热浮区法生长 YIG 获得成功。浮区法生长的晶体纯度高，没有熔剂和坩埚玷污，晶体生长速度快，成本低。

5.2.3　高掺 Bi 系列稀土铁石榴石磁光材料

随着光线通信技术的发展，对信息传输质量和容量方面的要求也随之提高。从材料研究角度来看，提高作为隔离器核心的磁光材料的性能，使其法拉第旋转具有小的温度系数和大的波长稳定度，以提高器件隔离度对温度和波长变化的稳定性是非常必要的。

1973 年的研究发现，Bi 离子的半径较大，一般进入稀土石榴石晶体的十二面体亚晶格位置（c 位），并能在可见及近红外波段极大地增强其磁光效应。Bi 的掺入晶格对磁光法拉第旋转系数 θ_F 影响很大，当 Bi 离子取代 YIG 中的 Y 离子时，可以使法拉第旋转角 θ_F 由正值变为负值，且绝对值增加 $1 \sim 2$ 个数量级，其增加程度与 Bi 离子的取代量近似成线性关系，而光吸收则变化不大。另一方面，Bi 离子的掺杂还可以提高 YIG 的居里温度，当分子式中以一个 Bi 离子取代一个 Y 离子，其居里温度可提高 38℃，因此高掺杂 Bi 离子系列稀土铁石榴石单晶和薄膜成为人们研究的焦点。

$Bi_3Fe_5O_{12}$（BiIG）单晶薄膜为集成化小型磁光隔离器的研制带来希望，1988 年，日本工业技术院电子技术综合研究所 T. Okouda 等人采用反应等离子溅射沉积法 RIBS（reaction lon bean sputtering）首次获得了 $Bi_3Fe_5O_{12}$（BiIG）单晶薄膜。在此之后，美、日、法等又以多种不同方法成功获得 $Bi_3Fe_5O_{12}$ 及高掺 Bi 稀土铁石榴石磁光薄膜，如射频溅射法（RF-sputtering，RF：radio frequency）、化学气相沉积法（MOCVD）、溶胶凝胶法（Sol-gel 法）等。在制备高掺 Bi 系列稀土铁石榴石单晶薄膜的过程中，衬底的选择非常重要，目前比较成功的衬底材料有：① GdScGG，$a = 1.256nm$，光学吸收极小；② GdLuGG，$a = 1.26nm$，光学吸收较大。

5.2.4　掺 Ce 系列稀土铁石榴石磁光材料

与现在通用的 YIG、GdBiIG 等材料相比，掺 Ce 系列稀土铁石榴石（Ce：YIG）具有法拉第旋转角大、温度系数低、吸收低及成本低廉等特点，是当前最具发展前景的新型法拉第旋转磁光材料。1969 年，C. F. Buhrer 等人就发现 Ce^{3+}、Nd^{3+}、Pr^{3+} 等轻稀土离子在 $\lambda = 0.5 \sim 2\mu m$ 波长范围内可以增强稀土石榴石的磁光效应，现在的研究认为，Ce：YIG 的法拉第旋转角在相同波长、相同离子取代量的条件下是 Bi：YIG 的 6 倍，Ce：YIG 单晶膜可采用 RF 溅射法，衬底选用（111）晶面的 $Gd_3Ga_5O_{12}$（GGG）或 $Nd_3Ga_3O_{12}$（NGG）单晶片。采用纯氩气或氩气与氢气混合作为保护气体，以防止 Ce 离子的氧化，衬底加热温度 500℃。获得的单晶膜为 $Y_{3-x}Ce_xFe_5O_{12}$（$x=2.5$），法拉第旋转角是 $-5.6\times10^4°/cm$（$\lambda=633nm$）、$-3.15\times10^4°/cm$（$\lambda=1150nm$）

5.2.5 钇钆复合石榴石磁光材料

以 Y、Gd、In、Al 为主要成分的掺 Mn 复合石榴石磁光材料，简写为（Y，Gd，In，Al，Mn）IG。利用它们的结构特性、电磁特性和稀土离子磁矩补偿点来获得较低的 $4\pi M_s$，较高的温度稳定度、较窄的 ΔH 和极低的介电损耗，可作为微波 L 波段和低场下高品位微波器件的首选稀土磁性材料。

用 Gd^{3+} 置换部分 Y^{3+}，可使材料有合适的 ΔH，因 Gd^{3+} 具有稀土元素离子中最大的自旋磁矩，能有效调节 $4\pi M_s$ 的大小，特别是利用 Gd 铁氧体的位于室温附近（296K）磁矩抵消点，从而获得 $4\pi M_s$ 在微波器件的一般工作范围内具有甚高的温度稳定度。

用 In^{3+}、Al^{3+} 及微量 Mn^{3+} 分别置换 a、d 位上部分 Fe^{3+}，当非磁性离子 In^{3+} 填入 a 位时，可明显降低磁晶各向异性，以便减少本征共振线宽，也可调节 $4\pi M_s$ 值；利用适量非磁性离子 Al^{3+} 填入 d 位，可有效地降低 $4\pi M_s$；掺入微量 Mn^{3+} 离子置换 d 位上的 Fe^{3+}，可使 Fe^{2+} 产生的概率大为减少，即保证 3 个次晶格中均为各种三价阳离子占据，使材料的电阻率大幅度上升，介电损耗显著下降。此外，由于 Mn^{3+} 比 Fe^{3+} 的磁矩少 $1\mu_B$，因此又可对铁氧体的 $4\pi M_s$ 起微调作用，而 Mn^{3+} 的离子半径和质量同 Fe^{3+} 相近，掺杂取代后材料的密度几乎保持不变，其微结构得到改善，使铁氧体的介电常数增加。

5.3 稀土石榴石单晶及薄膜磁光材料

5.3.1 稀土石榴石单晶磁光材料

（1）钇铁石榴石单晶磁光材料 石榴石单晶薄片对可见光透明，对近红外辐射几乎是完全透明的。钇铁石榴石（YIG）在 $\lambda=1\sim5\mu m$ 之间是全透明的，这一光波区常被称为 YIG 窗口。钇铁石榴石（YIG）及其掺杂的单晶是最典型的磁光材料，在磁光器件和微波器件中获得广泛应用。

钇铁石榴石中掺入三价的稀土元素或 Bi 离子对光吸收的影响不大。某些杂质的掺杂对铁石榴石的光吸收影响很大。当晶体中会含有部分 Pb^{2+} 离子或 Ca^{2+} 离子等低价态离子时，需要由 Fe^{4+} 与其进行电荷补偿，而 Fe^{4+} 有强的光吸收，使晶体的光吸收增加。若晶体中掺入 Si^{4+} 离子，由于 Si^{4+} 同 Pb^{2+} 电荷补偿，无 Fe^{4+} 出现，则晶体的吸收将减小。一般每个化学分子式中有 0.004 个硅原子的浓度时，光吸收达到最小值。若 Si^{4+} 浓度太高，则因电荷补偿的需要，会出现 Fe^{2+} 离子，而 Fe^{2+} 离子有强的吸收，因此使晶体的吸收逐渐增加。为了得到最小光吸收，必须严格控制非三价杂质 Ca、Si、Pb 及 Pt 等元素。

（2）钆镓石榴石单晶磁光材料　$Gd_3Ga_5O_{12}$（简称 GGG）单晶可用作磁光、磁泡、微波石榴石单晶薄膜的衬底材料，可用作反射率标准片、激光陀螺反射镜、各种光学棱镜和磁制冷介质。稀土元素一般也进入石榴石的十二面体亚晶格中，其中 Pr、Nd 对 θ_f 的影响较大，它们的法拉第旋转系数也是负的。表 5-4 给出几种稀土铁石榴石在 1.064 μm 波长的磁光参数及晶格常数。

表 5-4　几种稀土铁石榴石在 1.064 μm 波长的磁光参数及晶格常数

试样的分子式	α/cm^{-1}	$\lvert\theta_f\rvert/[(°)/\text{cm}]$	a/nm
$Y_3Fe_5O_{12}$	8.0	280	1.23760
$Y_3Ga_{0.9}Fe_{4.1}O_{12}$	10	250	1.23600
$Y_{2.95}La_{0.05}Ga_{0.8}Fe_{4.2}O_{12}$	7.4	256	1.23666
$Y_{2.9}La_{0.1}Ga_{0.6}Fe_{4.4}O_{12}$	6.4	265	1.23717
$Y_{2.62}La_{0.38}Ga_{0.9}Fe_{4.1}O_{12}$	5.8	250	1.24052
$Y_{2.7}La_{0.15}Bi_{0.15}Ga_{0.9}Fe_{4.1}O_{12}$	6.0	170	1.23850
$Gd_{1.8}Pr_{1.2}Ga_{0.6}Fe_{4.4}O_{12}$	4.9	27	1.25270
$Gd_{1.7}Pr_{1.3}Ga_{0.65}Fe_{4.35}O_{12}$	4.6	420	1.25374
$Gd_{1.5}Pr_{1.5}Ga_{0.6}Fe_{4.4}O_{12}$	4.2		1.25440
$Gd_{1.3}Pr_{1.7}Ga_{0.5}Fe_{4.5}O_{12}$	3.8		1.25610
$Ga_{1.7}Pr_{1.15}Bi_{0.15}Ga_{0.65}Fe_{4.35}O_{12}$	5.0	620	1.25379
$Ga_{1.7}Pr_{1.15}Bi_{0.15}In_{0.12}Ga_{0.65}Fe_{4.23}O_{12}$	4.3	680	1.25510
$Gd_{2.2}Bi_{0.8}Fe_5O_{12}$	7.4	1500	1.25155

5.3.2 稀土薄膜磁光材料

（1）稀土石榴石单晶薄膜磁光材料　1971 年报道了用等温浸渍液相外延法生长石榴石单晶薄膜，随后世界各国相继开展了稀土石榴石单晶薄膜的研究。生长石榴石单晶薄膜最常用的衬底是（111）晶面的 $Gd_3Ga_5O_{12}$ 单晶片，也有用 $Nd_3Ga_5O_{12}$ 及 $Gd_3Sc_2Ga_3O_{12}$ 单晶作衬底。通常要求晶体缺陷少于 5 个/cm^2，晶相偏差小于 0.5°。这种晶体的切、磨、抛和清洗工艺类似于半导体材料。

稀土铁石榴石在 1～6 μm 波长有很低的光吸收 α，但在其他光波区域，由于 Fe^{3+} 的跃迁使 α 增加。通过掺杂抗磁性离子如 Ga 可以减弱 Fe^{3+} 的跃迁而使 α 降低。但抗磁性离子会大大减弱交换作用，导致强烈影响到材料的磁性和磁光性能。当材料中掺入可引起跃迁的金属离子时，一方面可能由于该金属离子导致新的跃迁，另一方面可能影响 Fe^{3+} 的跃迁，使得石榴石单晶薄膜的 α 增加。Pb^{2+} 离子的渗入会大大增加 α，随着 Pb 含量增加而不断上升。Bi 对 α 的影响则比 Pb 小得多。目前研究较多的主要为铋镨铁铝石榴石单晶薄膜、铋铥镓铁石榴石单晶薄膜及钇铁石榴石单晶薄膜磁光材料。其中钇铁石榴石单晶薄膜既是一种磁光材料，也是一种新型的微波材料。除用于磁光器件外，还可用微波集成工艺，做成各种静磁表面波器件，使器件集成化、小型化，在雷达、遥控遥测、导航及电子对抗中有特殊的用途。

（2）稀土-铁族金属非晶薄膜磁光材料　1973 年用高频溅射法制备的非晶GdCo 薄膜问世后，稀土-铁族金属（RE-TM）非晶薄膜的研究得以迅速发展，并推动了磁光光盘技术的发展。稀土-铁族金属非晶薄膜信噪比大，制造简便，成本低。

① 稀土-铁族金属薄膜的特性　非晶态合金的结构和液态金属相似，原子分布是一种无序或短程有序的排列。从热力学观点看非晶态是亚稳定相，但众多的非晶态合金在室温下是稳定的。非晶态合金的独特优点是成分可连续变化，而不像晶态合金一样会出现某种特定的相，从而可获得成分连续变化的均匀合金系。这个特点对磁光存储介质很重要，这就可以再较大范围内调节磁光存储介质的磁性能，如饱和磁化强度（M_s）、补偿温度（T_{comp}）和矫顽力（H_c）等，从而对设计磁光存储介质的磁和磁光性能十分有利，特别是设计磁光多层耦合膜，可利用不同层的磁性膜的磁耦合作用，直接制备重写和高密度磁光记录盘。如第一代磁光盘选用稀土-铁族金属（RE-TM）非晶态合金薄膜作为存储介质，至今已发展到现在的高密度磁光盘存储介质仍使用这种材料。

磁性原子或离子的光跃迁是产生磁光效应的物理原因。因为这些跃迁导致磁场中两个旋转方向的两种相反的圆偏振波之间有色散差。磁偶极子和电偶极子的两种跃迁对此都有贡献。但在光频范围内，磁偶极子跃迁对磁光范围贡献与波长无关，是一个恒量。电偶极子的贡献来源于常态与激发态之间的跃迁，与光的波长、辐射吸收跃迁概率以及极大的自旋轨道作用有关。

② 稀土-铁族金属非晶薄膜的磁性能　稀土-铁族金属非晶态磁光效应可以沿用立方对称晶体的磁光理论。稀土元素在短波长时对 θ_k 贡献大，过渡族金属 Fe、Co 则在长波长时磁光效应大。重稀土元素的 θ_k 符号在短波长时为负，长波长时为正。Fe、Co 金属从可见光到紫外线范围内 θ_k 符号为负，所以 RE-TM 亚铁磁非晶态物质在短波长范围内重稀土元素和 Fe、Co 的 θ_k 符号相异，两者互相补偿，θ_k 降低。轻稀土过渡族金属的磁性为铁磁体，磁化矢量叠加，因而磁光效应随波长变短而增大。因此，短波长磁光存贮应采用轻稀土-过渡族金属非晶态薄膜。

一般来讲，稀土（RE）及铁族金属（TM）间的交换作用为负，在居里温度以下，自旋反平行，但总磁矩是平行或反平行，要看 RE 最重稀土还是轻稀土，轻稀土元素和铁族金属合金的总功量矩 $J=J_{RE}-S_{TM}$，而在重稀土元素情况下，$J=J_{RE}-S_{TM}$。目前 RE-TM 非晶态单轴垂直各向异性薄膜属重稀土的合金，故其平均原子磁矩可由式（5-2）求得，

$$M=|(1-x)m_{RE}-xm_{TM}| \tag{5-2}$$

　　式中，m_{RE}和xm_{TM}分别是重稀土元素和铁属金属的原子磁矩；x是TM的原子组分比。

　　RE-TM非晶态薄膜的居里温度一般低于晶态的居里温度，但并非都是如此。当TM为Co时，有时T_c要比结晶态的高。如$Gd_{0.33}Co_{0.67}$的T_c比晶态的$GdCo_2$的T_c高30％以上。Ho-Co也有类似的现象。TM为Fe时，非晶态薄膜的T_c都比晶态的T_c有显著下降。

　　极薄的磁性薄膜材料中，常有两种各向异性，其一为形状各向异性，由于沿膜面的退磁能极低，使自发磁化取向于膜面内。另一方面，还存在着易磁化轴垂直于膜面的磁晶各向异性，其来源于晶体结构上的各向异性，通常用各向异性常数K表示其变化的程序。薄膜的自发磁化M_s的取向取决于二者的竞争。当单轴各向异性常数$K_u > \mu M_s$，M_s将沿膜面法线（$K_u > 0$）；反之，M_s取向于膜面内（$K_u < 0$）。绝大多数的RE-TM非晶态薄膜，由于不存在长程有序结构，没有磁晶各向异性，但在制备过程中，将引进各种因素致使产生单轴垂直各向异性（$K_u > 0$）。

　　③ 稀土-铁族金属非晶薄膜的磁光和霍尔效应　　RE-TM非晶态薄膜一般具有大的极向克尔磁光效应。θ_k和H之间的关系类似于M和H的关系，故可用来研究这类薄膜的磁化曲线形状和测定材料H_c。θ_k在补偿温度（T_{comp}）左右具有不同的符号。由于TM的克尔旋转角大于RE的克尔旋转角，因此亚铁磁的非晶态薄膜的克尔相应由磁次格子的磁化特性决定，其克尔系数为负。在室温测得的右上升的克尔回线，其T_{comp}大于室温（RE磁矩过剩）；向左上升的克尔回线，其T_{comp}低于室温（TM磁矩过剩）。

　　RE-TM非晶态磁性薄膜也具有大的异常霍尔效应，可表示为：

$$V_H = R_0 B + R_1 \mu_0 M \tag{5-3}$$

　　式中，$R_0 B$为正常霍尔效应，大小与磁通密度B成正比；$R_1 \mu_0 M$为异常霍尔效应，与磁化强度M成正比。R_0及R_1分别为它们的霍尔系数。因为$R_1 \gg R_0$，因此R_0可以忽略不计。可见非晶薄膜的霍尔电压（V_H）和磁场的关系与极向克尔磁滞回线相似，在补偿温度附近，R_1改变符号，当$T < T_{comp}$时，R_1为负，反之R_1为正。

　　④ 稀土-铁族金属非晶薄膜的磁光效应　　用于磁光存贮材料的石榴石非晶薄膜的性能与磁泡薄膜有本质的区别。前者要求有高的矫顽力和大的磁光效应，因此，离子的替代也不同，主要从各向异性常数K_u和磁光效应θ_k两方面进行考虑。

　　稀土-铁族金属非晶薄膜的单轴各向异性的机制因于应力感生，各向异性常数可通过式（5-4）计算：

$$K_u = -\frac{3}{2} \lambda_s \sigma \tag{5-4}$$

　　式中，λ_s为多晶薄膜的磁致伸缩系数；σ为由薄膜和衬底不同的热膨胀而引起的应力，玻璃的热膨胀系数 α_s 在 $(4\sim10)\times10^{-6}$ 之间，薄膜的热膨胀系数 α_f 在 10^{-5} 量级，因此 α_f 与 α_s 之差大于零，若使 $K_u>0$，λ_s 必须是负值。表 5-5 为经过整理后的各类稀土石榴石多晶材料在室温下的 λ_s 值。DyIG 的 λ_s 负值最大，有利于获得各向异性常数 $K_u>0$ 的磁光薄膜。

表 5-5 各类稀土石榴石单晶和多晶材料的室温磁致伸缩系数

磁致伸缩系数	YIG	SmIG	EuIG	GdIG	TbIG	DyIG	HbIG	ErIG	TmIG	YbIG
$\lambda_{100}/\times10^{-6}$	-1.4	21	21	0	-3.3	-12.5	-4.0	2.0	1.4	1.4
$\lambda_{111}/\times10^{-6}$	-2.4	-8.5	1.8	-3.1	12	-6.9	-3.4	-4.9	-5.2	-4.5
$\lambda_s/\times10^{-6}$	-2.0	3.1	9.5	-1.8	5.9	-9.1	-3.6	-2.1	-2.6	-2.1

薄膜的应力可由公式 (5-5) 表示为：

$$\sigma=\frac{Y}{1-\mu}(\alpha_f-\alpha_s)\Delta T \qquad (5\text{-}5)$$

式中，Y、μ 分别为薄膜的杨氏模量和泊松比；α_f 和 α_s 分别为薄膜和衬底的膨胀系数；ΔT 表示薄膜热处理温度和室温之差。

石榴石氧化物薄膜与 RE-TM 合金薄膜不同之处在于，它所使用的激光波长吸收小，入射光的反射也小，因此在实际应用中需要蒸镀金属反射膜，从而提高记录介质的吸收效果，降低激光记录功率，同时使入射光反射。反射的磁光效应称有效法拉第效应，用 θ_f 表示，它等效于 RE-TM 薄膜的克尔效应，因此可以和 RE-TM 记录介质兼用测试仪器和驱动器。由于石榴石氧化物薄膜自身的不同厚度会引起光学干涉效应，因此无需像 RE-TM 存储介质那样要借助于电解质薄膜（如 AlN 等）增强克尔效应。利用磁光唯象理论和光学多层膜系的特征矩阵方法进行石榴石氧化物磁光盘的膜层设计，使光盘的性能达到最佳。由于石榴石氧化物存储介质具有高度的抗氧化性和抗辐照性，可用于特殊用途，如军事、航空、航天等。

石榴石氧化物存储介质由高频溅射方法制备，薄膜需经历 600℃ 左右的温度加热（溅射时衬底加热或成膜后晶化处理），故必须使用玻璃衬底或钆镓石榴石 GGG 衬底，从而提高了磁光盘的制作成本。

5.4 稀土磁光材料的制备

5.4.1 高温溶液（助溶剂）法

该方法首先使高熔点的结晶物质溶解于低熔点的助溶剂内形成饱和溶液，然后通过降温或蒸发等方式，使欲生长的物质自发结晶或在籽晶上生长。

一般采用该方法可以生长出其他方法不易制备的高熔点非同成分共熔化合物，如钇铁石榴石（YIG）和 $BaYiO_3$ 等。采用该法在制备钇铁石榴石（YIG）

及其掺杂的单晶时，由于这类材料在空气中要达到 1555℃时才熔化，为了能在较低温度下生长单晶，在配料中除了生长单晶所必须的熔质原料外，还要配入能降低熔料熔点，而不进入单晶的助熔剂原料。最常用的助熔剂是以 PbO 为基的 $PbO\text{-}Bi_2O_3$ 或 $PbO\text{-}Bi_2O_3\text{-}PbF_2$ 系列。

单晶制备过程为：将生长单晶所必需的熔质原料按成分配比进行配料，装入球状铂坩埚中，然后将坩埚放在箱式炉中在固-液相转变点温度 1250℃以上加热使熔料熔化，为了搅拌熔料，应使坩埚围绕垂直轴旋转，静置，然后缓慢冷却，通过自发生核方式制成单晶。

5.4.2 等温浸渍液相外延法

稀土铁石榴石单晶薄膜的制备采用等温浸渍液相外延法，熔料选用纯度大于 99.9％的氧化物粉末，常用的助熔剂为 $PbO\text{-}Bi_2O_3$ 系，因此制备生长掺 Bi 的石榴石单晶薄膜时，Bi_2O_3 既是熔剂，又是熔质。由于 PbO 有强烈的化学腐蚀作用，液相外延所用的器皿、坩埚和样品支架都是用耐 PbO 腐蚀的铂制成。

制备过程为按配方称好原料，混匀后放入铂坩埚中，开始生长。熔液在 1100～1200℃均化 4～6h，随后降温至高于液相外延生长温度 10～20℃，保温数分钟，然后将衬底放入坩埚中进行液相外延生长。一般恒温生长时间为 5～30min，薄膜生长的厚度为 2～30μm，生长厚膜（大于 100μm）时，生长温度超过 1h。为了得到均匀的外延膜，一般使衬底正反向水平旋转，旋转速率为 0～500min^{-1}。

5.4.3 溅射法

溅射法是通过高能惰性气体离子碰撞，把原材料中的原子打出来再进行沉积。其沉积固化过程是一个原子接一个原子排列堆积，增长速度很慢，但采用溅射法所得的非晶薄膜的稳定性较高。

（1）高频溅射　高频溅射仪实际上由相互隔开的一对水冷铜电极组成，稀土-铁族金属合金或嵌镶靶放在底部电极（阴极），而玻璃衬底放在阳极中心。一般采用高频溅射制备 Gd-Co 膜。其溅射条件一个实例为：靶直径 20 mm 的 GdCo 盘；复合条件 13.56 MHz、5kV、100～400mA、2.67Pa、氩气氛围；电极间距 40mm；溅射速率 5～15nm/min；膜厚 20～2000nm；衬底为玻璃、云母、硅、陶瓷等。有时采用各种嵌镶的靶，稀土片放在铁族金属盘中，膜的成分由稀土和铁族金属的面积比来控制。

上述条件制备的得到的 Gd-Co 膜，用平面场下的振动样品磁强计测试曲线表明，该膜有垂直的磁各向异性，在电子衍射图观察到晕圈，表明这种膜的非晶态的。

（2）磁控溅射　采用上述沉积方法难以制备垂直磁化均匀的膜，也难以控制膜的性能。多源高频溅射方法适用于制备均匀的稀土-铁族金属非晶薄膜。

采用多靶溅射系统的结构为：水冷靶电极在 12.5cm 半径的圆上按 90°分隔，每个靶直径 100mm，厚 0.5～2mm，每个靶片连接在有铟（In）的背向片上。靶电极上的磁场强度为（1.6～2.4）×10^4 A/m。当高频功率是 250W 时，对 Gd、Tb 的自偏压是－400V。衬底支架是水冷和接地的，靶到衬底的距离是 55mm，衬底转速从 0～150min^{-1}可调。

溅射前，真空室抽真空达 1.07×10^{-4} Pa，用纯氩气充填，溅射时氩气压力保持在 0.667Pa。通过控制加到每个靶上的功率，得到所需成分的膜。沉积速率取决于成分，一般为 10～20nm/min，总的高频功率是 400W。

5.4.4　真空蒸发

用真空蒸发可制备几种稀土-铁族金属非晶薄膜，即把稀土-铁族金属合金放入钨盘中，在 2.33×10^{-4} Pa 真空中蒸发。在某些合金中，如 TbFe、HoCo、GdFe 等，易于制得有垂直磁化的非晶薄膜，但 GdCo 膜显示为平面磁化，用电子轰击加热两个源而同时蒸发沉积的膜也显现相同的结果。

5.5　稀土磁光材料的应用及发展

磁光晶体材料具有较大的纯法拉第效应，使用波长的吸收系数低，磁化强度和磁导率高。主要应用于制作光隔离器、光非互易元件、磁光存储器及磁光调制器、光纤通信与集成光学器件、计算机存储、逻辑运算和传输功能、磁光显示、磁光记录、微波新型器件、激光陀螺等。随着磁光晶体材料的不断发现，可应用制作的器件范围也将随之变大。

5.5.1　磁光材料的应用

自 1845 年发现了法拉第磁光效应后，在其后的一百多年中，并未获得应用。人们不断发现新的磁光效应和建立了磁光理论。到 20 世纪 50 年代，人们才广泛应用磁光效应来观察、研究磁性材料的磁畴结构。60 年代初，由于激光和光电子学领域的开拓，使磁光效应的研究向应用领域发展，出现了新型的光信息功能器件——磁光器件。随着激光、计算、信息、光纤通信、激光陀螺、磁泡等新技术的发展，促进了对磁光效应的研究和应用领域的拓展，不断地涌现出许多崭新的磁光器件。

（1）光隔离器　在光纤通信等光学系统中，存在因光路中各元件反射面返回激光源的光，这种光使得激光源输出光强不稳定，引起光噪声，并大大限制了光纤通信中信号的传输容量和通信距离，使光路系统工作不稳定。光隔离器是一种只允许单向光通过的无源光器件，其工作原理是基于法拉第旋转的非互易性。通过光纤回波反射的光能够被光隔离器很好的隔离。光隔离器主要利用磁光晶体的法拉第效应，因为偏振面的磁致旋转取决于磁场的方向，与光的传播方向无关，使光沿规定的方向通过同时阻挡反向传播的光，从而减少光纤中器件表面反射光对光源的干扰；磁光隔离器也被广泛用于激光多级放大技术和高分辨的激光光谱技术，激光选模等技术中。光隔离器原理如图 5-4 所示，当激光束通过起偏镜成为线偏振光，经磁光晶体后偏振面放置一定角度（如 45°），则可通过与其偏振方向相同的检偏镜 p_2。若此光波反射回来，再通过 p_2 和磁光晶体，再旋转 45°，两次共旋转 90°，就不可能通过 p_1，达到反射光与激光器隔离的目的，随着光通信技术和信息产业的迅猛崛起，对光隔离器的要求与日俱增，成为光通讯中十分重要的一种无源器件。

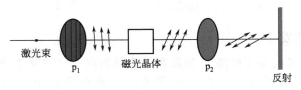

激光束　　　p_1　　　磁光晶体　　　p_2　　　反射

图 5-4　光隔离器原理

光隔离器的特性是：正向插入损耗低，反向隔离度高，回波损耗高。光隔离器是允许光向一个方向通过而阻止向相反方向通过的无源器件，作用是对光的方向进行限制，使光只能单方向传输，通过光纤回波反射的光能够被光隔离器很好的隔离，对稳光源、提高光路系统可靠性和信号传输质量是十分必要的。在光纤传输系统和精密光学测试系统中，为了消除光路中的光反馈，必须采用磁光隔离器。

（2）磁光电流测试仪　现代工业的高速发展，对电网的输送和检测提出了更高的要求，传统的高压大电流的测量手段将面临严峻的考验。随着光纤技术和材料科学的发展而发展起来的磁光电流测试仪，因具有很好的绝缘性和抗干扰能力，较高的测量精度，容易小型化，没有潜在的爆炸危险等一系列优越性，受到人们的广泛重视。由于光纤具有抗电磁干扰能力强、绝缘性能好、信号衰减小的优点，因而在法拉第电流传感器研究中，一般均采用光纤作为传输介质，其工作原理如图 5-5 所示，磁光介质放在高压导线附近，由光源发出的平面偏振光穿过磁光介质，并被介质后面的镜子反射回来，反射回来的平面偏振光由检测器测得其偏振光的旋转角，根据磁光法拉第效应，偏振光的旋转角直接通外加磁场有关，而这一磁场是由高压线中的电流所产生的，并同这一电流成正比。由检测的偏振光的磁光旋转，可以无接触地测得高压线的电流。

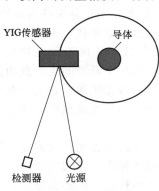

YIG传感器　　　导体

检测器　　　光源

图 5-5　磁光电流测试简图

最早的磁光电流测试仪，用火石玻璃作磁光介质，因其费尔德常数小，导致测量精度受到很大影响。20 世纪 70 年代初，英国姆拉达公司申请了"YIG 单晶磁光电流测试仪"的专利，采用了许多补偿办法和结构改革，使得测量精度大大地提高。日本三菱公司和 Hitachi 电缆公司还研制成功了光纤磁光电流/磁场测试仪，选用 Tb：YIG 单晶为磁光介质，工作温度为 -20～110℃，测量精度高达 1.59A/m，且具有高绝缘性、强抗电磁干扰和无接触检测等特点。

（3）微波器件　YIG 具有铁磁共振线宽窄，结构致密，温度稳定性好，在高频下具有很小的特征电磁损耗等特点，这些特点使 YIG 适宜于制成各种诸如高频合成器、带通滤波器、振荡器、A-D 调谐驱动器等微波器件，在 X 射线波段以下的微波频段得到了广泛的应用。另外，磁光晶体还可做成环形器、磁光显示器等磁光器件。

（4）磁光存储器　在信息处理技术中，磁光介质用于信息的记录与存储。磁光存贮是光存储中的佼佼者，具有光存贮的大容量及可自由插换的特点，又有磁性存储的可擦重写和与磁性硬盘相接近的平均存取速度的优点，而性能价格比将是磁光盘能否独领风骚的关键。

磁盘可多次存贮和重写，但存储密度低，密纹激光唱盘（CD）及激光光盘（LD）等光盘存贮密度虽高，但无法重新存储。而磁光盘兼有磁存贮的可重写性及光盘大容量等优点，特别是作为计算机数据存储及音像市场的媒体，发展速度很快。磁光盘面记录密度的起点很高，这是由磁光盘高的道密度所决定的。在磁光盘的衬底上能用微细加工的方法预先刻录精密沟槽，然后通过光在存储介质的反射信号实施道跟踪，其间距在 1μm 以下，远比初期的磁记录高。

作为磁光存储介质必须满足如下几个要求：①具有较大的磁光克尔旋转角 θ_k；②具有较好的均匀性及很低的表面噪声；③具有大的垂直磁各向异性，垂直各向异性常数 $K_u > 2\pi M_s^2$，以保证磁化方向取向稳定；④具有大的矫顽力 H_c 以实现尽可能大的数据密度；⑤距离温度 T_c 在 400～500K 之间；⑥记录的信息能够长期保存；⑦沉积温度低（< 370K），沉积速率高。

磁光盘利用在玻璃或树脂等盘基上形成的稀土-过渡金属（RE-TM）非晶薄膜通过激光照射加热和施加反磁场，在这种垂直磁化膜上产生磁畴，实现信息的写入，然后再通过克尔效应写出信息。磁光存贮兼有磁存贮和光存贮两种优越性，如可擦除、不易变、非接触、高密度及快速随机存取等。磁光存贮是用激光束照射，实现热磁记录和擦除信息，用磁光法拉第或克尔效应来读出信息。这种系统的记录密度只受光性能限制，一般容量密度超过 10^8 位/cm²。

目前用来制造磁光盘的非晶态稀土-过渡金属合金薄膜材料已经达到商品化生产的水平。最常用的稀土为 Tb、Gd、Dy，最常用的过渡金属是 Fe、Co。稀土中只有重稀土能诱发铁磁性，其中 Tb 给出垂直各向异性极大，Dy 次之（需与铁合用），Co 的作用是提高居里点，Gd 的作用是增大克尔转角。在稀土与过渡金属合金组合中，以 TbFeCo 性能最好，DyFeCo 和 GdTbFe 也是很好的材料，且价格比 TbFeCo 低。未来的应用将向较短波长发展，加 Nd 形成的四元合金 NdTbFeCo 或 NdDyFeCo，由于能得到高克尔转角，将是较理想的备用材料。

（5）TGG 单晶　TGG 是由福建福晶科技股份有限公司（CASTECH）在

2008 年研发出来的晶体。TGG 单晶是用于制作法拉第旋光器与隔离器的最佳磁光材料，适用波长为 400～1100nm（不包括 470～500nm）。法拉第旋光器由 TGG 晶棒和一个特殊设计的磁体组成。穿过磁光材料的光束的偏振方向将在磁场作用下发生偏转，其偏转方向只与磁场方向有关，与光束传播方向无关。光隔离器由一个 45°偏转的旋光器和一对适当放置的偏振器组成，它使光束仅能沿一个方向通过，而阻断反向传播的光束。其主要优点：TGG 单晶具有大的磁光常数、高热导性、低的光损失和高激光损伤阈值，广泛应用于 YAG、掺 Ti 蓝宝石等多级放大、环型、种子注入激光器中。

5.5.2　磁光材料的发展趋势

利用材料的磁光特性，通过偏光显微镜可以直接观察磁畴，研究磁畴结构与材料磁性的关系，以及磁畴与缺陷的相互作用，从而发现新的磁光材料和器件。通过磁光材料及其磁光效应，还可以作基础研究，如在探索高温超导体动力学机制的过程中，为了弄清超导体层状结构中时间反演对称性自发破缺的原因，通过观察高温超导体中的磁光效应，得到了许多令人兴奋的结果。

磁光材料的发展面临着一定的难题，主要在于新晶体的发现方面。传统的 YIG 钇铁石榴石无法用于可见波段。现在的晶体材料不适宜制成大体积块材且不能形成复杂的形状。其晶体可应用范围不够宽广，有着一定局促性。因此，面对着种种的难题，我们主要的发展趋势就在于提高材料的本征法拉第旋转等磁光效应以增加器件效能，尽可能降低材料的光损耗和波长温度敏感系数，扩展器件对环境的适应力，促进块状磁光晶体生长技术的突破，加快新晶体的发现等等。

随着世界范围内光纤通信网络的迅速普及，小型化、高灵敏度、低损耗将成为我们前进的主要方向。其稳定性及高效性也必将继续是我们研究的主要方向之一。

磁光晶体材料的应用带给我们的财富是巨大的。至今为止，随着磁光材料的研究与发展，对晶体材料的逐步了解让我们生活得到了质的飞跃，并且在将来将会继续发现新的晶体材料，使用的性能也将更优异，应用范围将更加广阔。

第6章　稀土磁泡材料

6.1　磁泡材料的构造和特性

　　磁泡材料是指在一定外加磁场作用下具有磁泡畴结构的磁性薄膜材料。当外加磁场增加到某一程度时，磁性晶体的一些磁畴便缩成圆柱状，其磁化强度与磁场方向相反，在外磁场作用下可以移动，像一群浮在膜面上的小水泡（称为磁泡）。泡的存在与否对应于信息存储中的"1"和"0"，即可作为存储器使用。

　　磁泡存储器的载体是一磁化矢量垂直于膜面的磁性薄膜，用光刻的方法将坡莫合金薄膜作成适当的形状（如 T-I 棒），在平面磁场的驱动下可使磁泡做发生（记录）、传输、分裂、消灭（擦除）和读出等动作，以此来实现磁泡的记录和检测信息的功能。用磁泡作存储器件的设想是 1967 年由美国贝尔实验室提出的，它的特点是无机械活动零件、完全固体化、可靠性高，体积小、质量轻，与半导体存贮器相比，具有非易失性，抗辐射、耐恶劣环境、很少需要维修等优点。这种技术在 1978 年以后开始有商品问世，这些年来，磁泡存储器一直处在半导体存储器和磁盘存储器的夹击之中，但由于其具有一些独特的优点，得以发展。

　　目前，国外磁泡存储器已用在军用微机、飞行记录器、终端机、电话交换机、数控机床、机器人等方面。特别是用其制作的记录器，可靠性大为改善，因此解决了卫星、火箭发射和飞行过程中记录器易出故障的问题。中国也将磁泡器件用在导弹飞行记录器中。

　　作为小型便携式存储系统，磁泡存储器具有得天独厚的长处，但由于在记录密度和存取速度上不敌磁盘和以后发展起来的光盘，它的应用范围只限于军事、航天和电子交换机等方面，芯片的容量为 4Mb。可用作磁泡的材料主要有石榴石型稀土铁氧体系、Tb-Fe 系、Cd-Co 系非晶磁膜、钙钛石型铁氧体系等。

6.1.1　磁泡的构成

　　磁泡（magnetic bubble）是在磁性薄膜中形成的一种圆柱形磁畴。产生磁泡需要单轴各向异性材料并制成薄膜（片），使易磁化轴垂直于表面。图（6-1）给出了垂直磁化膜中磁畴与偏置磁场的关系。当各向异性场大于或等于饱和磁化强度 M_s 时，如未在膜面垂直方向易磁化轴的铁磁性薄片上外加磁场 H_b 时，薄膜中会有带状磁畴形成，正反磁畴面积相等，形成图 6-1(a) 所示的磁畴方向向上和向下的迷宫状结构。外加磁场 H_b 时，与磁场同向的磁畴因在能量上稳定，逐渐长大，而反向磁畴却变小 ［图 6-1(b)］。如果 H_b 进一步加大，一些变窄的反磁化畴，则在某一范围内，会形成孤立的圆柱状磁畴 ［图 6-1(c)］，这就叫磁泡。磁场更进一步增大时，磁泡逐渐变小，当外磁场达到某一强度时，H_b 稍微增加，磁泡会突然消失。因与肥皂泡极其相似，所以称为"泡"。

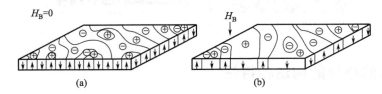

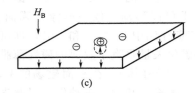

图 6-1　垂直磁化膜中磁畴与偏置磁场的关系

6.1.2　磁泡的特性

磁泡存储器是用磁泡薄膜材料做成的，要求具有一定的特性，以便在一定偏置直流磁场作用下，形成数目很多、比较稳定的磁泡。表征磁泡材料的特性主要有两个参数，即品质因子（Q）和材料特征长度（l），其中

品质因子：
$$Q = \frac{K_U}{2\pi M_s^2} \geqslant 1 \tag{6-1}$$

材料特征长度：
$$l = \sigma_w / (4\pi M_s^2) \tag{6-2}$$

式中，K_U 为磁各向异性；M_s 为饱和磁化强度；σ_w 为畴壁能（$\sigma_w = \sqrt{4K_U A}$，A 为交换积分常数）。

最佳磁泡直径（d）和薄膜厚度（h）分别与特征长度（l）的关系为：$d = 8l$ 和 $h = 4l$ （为了增大磁泡的检出信号，一般取 $h = 8l$）。

表征磁泡动的特性也有两个参数，即磁泡迁移率 μ_w （单位磁场下的平面畴壁的移动速度）和材料临界速度 V_P。其表达式分别为：

磁泡迁移率：
$$\mu_w = \frac{\gamma}{\alpha} \sqrt{\frac{A}{K_U}} \tag{6-3}$$

材料临界速度：
$$V_P = 24\gamma A / (h\sqrt{K_U}) \tag{6-4}$$

式中，A 为交换积分常数；α 为阻尼系数；γ 为旋磁比。

由于磁泡是在一定外加恒磁场条件下才形成的，其最低值和最高值分别用 H_2 和 H_0 表示，两者相差几百安每米为佳，但对于一个薄膜来说，H_0 值偏差不能超过 $1/10M_s$。为减小驱动磁场和功率，希望磁泡畴壁矫顽力低。另外，要求磁泡在外界驱动磁场作用下运动要快，这就要求畴壁的迁移率 μ_w 要大，以提高磁泡传输信息的速度，一般在 $8 \times 10^3 \sim 8 \times 10^4$ cm/（s·A/m）。综合上述特性可以看出，材料的 K_U、A 和 M_s 都要适当，并要求薄膜的厚度 h 小，这样才能使泡径小（$d \approx 2h$），磁泡稳定，运动较快。除此，还要求磁泡各磁参量对温度、时间、振动等环境因素的稳定性要高。石榴石铁氧体是比较实用的磁泡薄膜材料，其次是六角铁氧体。几种典型磁性石榴石材料的组成及其特性见表 6-1。

表 6-1 典型磁性石榴石材料的组成及特性

泡畴尺寸/μm	组 成	l/μm	$4\pi M_s$ /$\times 10^{-2}$T	K_U /（$\times 10^{-3}$J/ cm)
0.4~0.6	$Eu_{1.0}Tm_{2.0}Fe_5O_{12}$	0.06	13.80	12
	$Sm_{0.85}Tm_{2.15}Fe_5O_{12}$	0.047	13.78	19.1
	$Sm_{1.2}Lu_{1.8}Fe_5O_{12}$	0.05	17.50	30.4
0.8~1.2	$Eu_{1.0}Tm_{2.0}Ca_{0.4}O_{12}$	0.15	9.00	9
	$Sm_{0.3}Tm_{0.75}Y_{1.29}(CaGe)_{0.75}Fe_{4.25}O_{12}$	0.10	5.04	3
	$Eu_{1.2}Lu_{1.8}Ca_{0.5}Fe_5O_{12}$	0.12	7.70	9
2~5	$Sm_{0.3}Lu_{0.3}Y_{1.48}(CaGe)_{0.92}Fe_{4.08}O_{12}$	0.35	3.20	2
	$Eu_{1.0}Lu_{2.0}Ga_{0.6}Fe_{4.4}O_{12}$		7.50	7
	$Y_{2.58}Bi_{0.42}Fe_{3.73}Ga_{1.27}O_{12}$	0.25	3.04	0.69

6.2 磁泡材料应具备的条件

作为磁泡材料，关键是能实现垂直磁化，且磁泡容易反转，其应具备如下条件。

（1）作为垂直磁化的条件，要求垂直单轴磁各向异性能 $K_\perp$ 应分别满足：

$$K_\perp \geqslant \frac{M_s^2}{2\mu_0} \tag{6-5}$$

（2）磁泡的直径要小，磁学特性与温度相关性要小。同时要求材料晶格缺陷要小，且为透明膜。磁泡直径 d 与外加磁场强度有关，而其最小直径决定与材料自身的磁学特性，即与材料的自发磁化 M_s 和畴壁能 σ_w 有关：

$$d = \frac{2\sigma_w}{\pi M_s^2} \tag{6-6}$$

（3）磁泡的迁移率要比较大。由式 $\mu_w = \frac{2\gamma}{a}\sqrt{\frac{A}{K_{U1}}}$ 知，为提高磁泡的迁移率，材料的 $K_\perp$ 不宜过大。同时，若材料的 $K_\perp$ 值过大，还会导致磁泡直径大，不利于高密度记录，因此必须探求最佳磁学特性的范围。

6.3 磁泡材料

磁泡材料主要有单晶石榴石外延薄膜和非晶态合金薄膜两种类型，目前使用的是单晶石榴石外延膜，其基片是非磁性的 GGG（$Gd_3Ga_5O_{12}$：钆镓石榴石）。

最早曾用正铁氧体（$REFe_3$：RE 为 Y 或 La～Lu 的稀土元素，亚铁磁体）做磁泡材料，但由于磁矩很低，以致泡径大到 $100\mu m$，无法达到高密度。另外，正铁氧体是弱铁磁性材料，因此，成分可调范围小，难以生长无缺陷的大单晶。更不利的是缺乏合适的衬底，制作正铁氧体外延膜尤为困难。另外，六角晶系铁氧体虽具有单轴各向异性，但由于畴壁迁移率很低，因而数据传输速率极低，所以不能采用。

直到 1970 年初，博贝克等人发现了石榴石（$M_3Fe_5O_{12}$）具有感生单轴各向异性，这为磁泡技术的发展开辟了广阔的前景。几十年来，对石榴石磁泡材料进行了大量的试验和研究，其中包括探讨小泡径材料，以提高存储密度；提高畴壁迁移率，以便提高数据传输速率；同时改善温度系数以满足应用的要求。目前常用的材料有：$(EuEr)_3(FeGa)_5O_{12}$，$(EuY)_3(FeGa)_5O_{12}$，$(SmY)_3(FeGa)_5O_{12}$，$(YSmLuCa)_3(FeGe)_5O_{12}$ 等。通用的磁泡外延膜材料有四个系列，而最通用的是 Ca-Ge 系列，调整组分元素和元素摩尔比，可以获得不同泡径和不同性能的材料。表 6-2 中汇总了以 YIG 为主开发的各种磁性石榴石的泡径、饱和磁感应强度、膜厚等有关数据。图 6-2 中分组表示不同磁泡材料的适用范围。

表 6-2　磁性石榴石系磁泡材料及磁泡直径

磁泡直径范围 /μm	材　　料	磁泡直径 /μm	$4\pi M_s$ /$\times10^{-4}T$	膜厚 /μm
4～6	$(Y_{1.9}Sm_{0.1}Ca_{1.0})(Fe_{4.0}Ca_{1.0})O_{12}$	6	139	5.8
	$(Y_{1.0}Gd_{1.0}Tm_{1.0})(Fe_{4.2}Ca_{0.8})O_{12}$	约 6	200	4
	$(Y_{1.2}Eu_{1.6}Yb_{0.2})(Fe_{4.0}Al_{1.0})O_{12}$	6	200	—
	$(Ev_2Eu_1)(Fe_{4.3}Ga_{0.7})O_{12}$	5	182	4
		4～5	295	5.6
	$(Y_{1.03}Gd_{1.29}Yb_{0.68})(Fe_{4.3}Al_{0.7})O_{12}$	4～5	175	2.1
1～2	$(Eu_{1.1}Lu_{1.3}La_{0.6})(Fe_{4.4}Ge_{0.6})O_{12}$	2	585	2
	$(Y_{0.67}Sm_{0.52}Lu_{1.04}Ca_{0.77})(Fe_{4.23}Ge_{0.77})O_{12}$	1.8	530	2
	$(Y_{1.37}Eu_{0.63}Tm_{1.0})(Fe_{4.22}Ga_{0.78})O_{12}$	1.8	554	2
	$(Eu_{0.75}Lu_{1.5}Ca_{0.75})(Fe_{4.25}Ga_{0.75})O_{12}$	1.8	527	2
	$(Eu_{0.8}Tm_{2.2})(Fe_{4.5}Ga_{0.5})O_{12}$	1.0	708	1.0
	$(Y_{1.29}Sm_{0.40}Lu_{0.56}Ca_{0.75})(Fe_{4.25}Ga_{0.75})O_{12}$	1.0	475	1.0

续表

磁泡直径范围 /μm	材　料	磁泡直径 /μm	$4\pi M_s$ /$\times 10^{-4}$T	膜厚 /μm
0.7～0.8	$(Y_{1.20}Sm_{0.30}Tm_{0.75}Ca_{0.75})(Fe_{4.25}Ga_{0.75})O_{12}$	0.8	504	1.1
	$(La_{0.52}Lu_{2.*07}Sm_{0.41})(Fe_{4.41}Ga_{0.59})O_{12}$	0.7	960	0.54
0.4～0.5	$(Eu_1Tm_2)Fe_5O_{12}$	0.4～0.5	1380	0.48*
	$(Sm_{0.85}Tm_{2.15})Fe_5O_{12}$		1380	0.4*
	$(Sm_{1.2}Lu_{1.8})Fe_5O_{12}$		1450	0.4*
	$(Sm_{1.2}Lu_{1.8})(Fe_{4.9}Sc_{0.1})O_{12}$		1970	0.336*
基本材料	$Y_3Fe_5O_{12}$	—	1750	

注: * 由特征程度 l 换算得到。

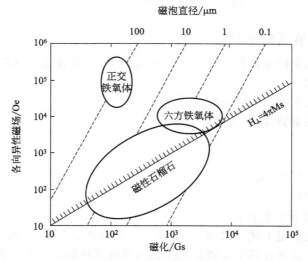

图 6-2　不同磁泡材料的适用范围

　　1973 年发现了非晶态磁泡材料，泡径在 $0.08～5\mu m$ 之间，畴壁迁移率为 $61.5～376.9cm \cdot m/(s \cdot A)$。这种材料适合制造高密度，高操作速度的磁泡存贮器。因为是非晶态，所以制作薄膜时无需单晶基片，并省去了单晶生长、切割、研磨、抛光等大量繁琐的工艺，同时降低了成本。然而非晶态磁泡材料有温度性能差的明显缺点，所以很难用此种材料制作磁泡器件。

6.4　磁泡器件的制作

　　磁泡存储器和半导体集成电路制作工艺类似。制作时先制备基片，在基片上外延生成一层石榴石单晶膜，然后蒸发、光刻磁路和导体做成芯片，进而组装成器件，其工艺流程如图 6-3 所示。下面着重介绍 GGG 单晶的生长、基片的制备以及磁泡外延膜制备技术。

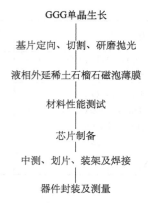

图 6-3　制备磁泡器件的工艺流程

6.4.1　GGG 单晶的生长

要获得理想的磁泡器件，必须要有好的 GGG 单晶作磁泡基片材料。一般对它有严格的要求：

平均晶格常数 12.382Å±0.001Å；

横切面晶格常数变化＜0.0005Å；

无内核；

无包杂；

位错密度＜5 个/cm^2；

直径变化＜1%；

直径一般应不小于 25mm。

为了生长出满足上述要求的 GGG 单晶，最重要的是单晶炉的热稳定性和机械稳定性要好，使得在整个比较长的生长周期内保持最佳的生长条件，生长出的单晶一致性和重复性好。一般采用自动控制方法生长 GGG 单晶。此外，为了获得缺陷密度低的晶体，原料的质量也有一定的要求，Ga_2O_3 的纯度至少应为99.999%，Gd_2O_3 应为 99.99%，其中二价杂质应在百万分之一至五的范围内，并且单晶生长应在净化房间内进行。

6.4.2　GGG 基片制备

GGG 单晶是制备稀土石榴石磁性单晶薄膜的良好衬底材料，在磁泡材料中被普遍用作"磁泡"的基片。GGG 因晶格常数大，不易发生位错，因此易制成直径大，且无位错的单晶。GGG 单晶可采用直接法进行制备。以纯度为99.9%～99.999% 的 Gd_2O_3 和 Ga_2O_3 为原料，按 $Gd_3Ga_5O_{12}$ 化学正比分配料，即以 Gd_2O_3：Ga_2O_3＝3：5（摩尔比）混合均匀，在 1400℃ 左右结晶生长而成，但要得到性能均匀的晶体，需在熔体和晶体成分一致的条件下生长。工业制法一般采用提拉法制备。它是将 Gd_2O_3 和 Ga_2O_3 原料在铱坩埚中，用高频感应炉加热，熔融后，浸入具有一定取向的籽晶，边旋转边拉制，控制上提速度等于晶体生长速度，便可得到直径均匀的晶棒。提拉生长过程采用电子计算机控制的红外电视系统生长钆镓石榴石，提拉速度为 $3\sim6mm/h$，转速为 $60\sim80\ r/min$。现已可稳定地生产直径为 10cm，等径生长部分长度为 $60\sim80mm$ 无缺陷 GGG 单晶。

要把 GGG 单晶加工成单晶薄片，薄片必须表面高度平整、表面粗糙度小于 $Ra0.008\mu m$、无损伤，还要有合适的厚度（约 0.4mm），否则将会带来不良的影响。如果 GGG 薄片表面上存在划痕，会引起外延膜的不连续，并引入大量的缺陷。表面不平，将使光刻掩膜不能很好地与基片保持平行，造成光刻图形畸变，从而在大面积光刻中严重影响精度，造成套刻失败。基片厚度不合适，会造成工艺上一系列的困难。

GGG 单晶薄片制备工艺基本上与硅单晶片相同，只是化学机械抛光和退火等有所差异。化学机械抛光所用抛光剂一般用硅胶抛光膏，也可以用硅材料生产废液或水玻璃加入适量的盐酸配制。pH 值约 10，抛光盘转速为 $50\sim100r/min$，被抛光压强为 $100\sim300g/cm^2$，给抛光料速度 1 滴/秒。退火时，将 GGG 单晶片放在铂金舟中，在空气中以 200℃/h 升温至 1200℃，保温 3h，然后以 200℃/h 降温至 400℃，然后随炉冷至室温。

6.4.3 磁泡外延膜制备

在获得质量好的基片后，就可以生长磁泡外延膜。图 6-4 和图 6-5 分别给出了化学气相沉积（CVD）外延法和液相外延法（LPE）的示意图。目前多采用 LPE 技术外延制备单晶磁性石榴石膜。

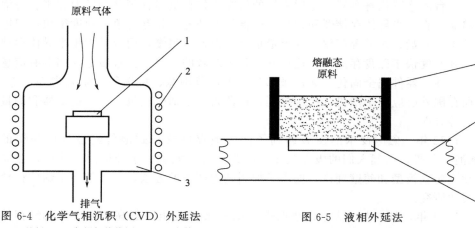

图 6-4　化学气相沉积（CVD）外延法　　　　图 6-5　液相外延法
1—基板；2—高频加热线圈；3—反应管　　　　1—溶液包；2—滑板；3—单晶基板

在图 6-6 所示 Fe_2O_3-$YFeO_3$ 系相图中，ACB 所示区域液相与 YIG 共存，使其处于饱和温度 T_s 下，经一段时间的搅拌达到饱和，从该状态慢慢冷却到晶体

生长温度 T_g，过冷度为 $\Delta T = T_s - T_g$，在基板旋转的同时，浸入熔融液体中，开始外延生长。控制旋转速度及基板水平度，可获得膜厚均匀的石榴石膜。由于该方法是在熔点以下的低温进行生长，可以获得晶体缺陷很少的优质单晶膜。

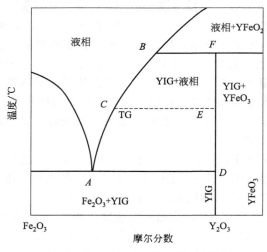

图 6-6　模式化的 Fe_2O_3-$YFeO_3$ 相图

6.5　磁泡技术的发展

1967 年，Bell 实验室 Bobeck 等人首先提出了用磁泡实现固体化存储器的设想。1969 年 Bobeck 在国际磁学会议上演示了磁泡的产生、传输、缩灭、复制以及第一台磁泡移位寄存器。此后磁泡的研究工作在世界各国蓬勃发展起来。磁泡存储器一直和半导体存储器和磁盘存储器相互补充、相互竞争，速度很快，但容量较小，磁盘、磁带等存储系统容量很大，但速度很慢，而容量大于半导体存储器，其速度快于磁盘存储器，这正好弥补了二者的不足。并且磁泡存储器有信息非易失性、器件完全固化、无机械部分、工作范围宽、抗辐射、耐恶劣环境等。因而在国外已应用于微机、机床控制、机器人、电话交换机、飞行记录器和测量仪器等方面。

1972 年，磁泡技术的发展遇到了使磁泡存储器在磁泡传输过程中失误的"硬泡"危机，引起人们的极大关注。由此进行了大量关于硬磁泡的研究，建立了硬泡畴壁模型和畴壁理论，提出了抑制硬泡产生的方法，并且带动了新的存储方案的研究。

1983 年，日本九州大学的小西进（Konishi）提出了超高密度布洛赫线存储器（BLM）方案。常规的磁泡存储技术是用磁泡的有、无来体现信息的 1 和 0，而小西进（Konishi）提出的布洛赫线存储技术则是把磁泡拉长为条状磁畴，用其畴壁中垂直布洛赫线（vertical Bloch line，简称 VBL）的有、无来体现信息的

1 和 0。由于 VBL 的宽度很窄，与常规磁泡存储器件相比，每 bit 所占面积很小，因而，使存储密度大大提高，一般说来，同种磁泡材料的 VBL 存储密度比常规磁泡材料高 30 到 100 倍，从而再一次引发了国际上研究 VBL 的热潮。当时国际上每年召开一次专门的 VBL 工作会议，人们对 VBL 的产生、稳定性等做了大量的研究。1989 年 3 月 31 日，日本的日立公司宣称完成了全功能的 BLM 存储芯片，并预言 1990 年会有商品投入市场。直到今天，也没有 BLM 商品问世。原因是多方面的，不过究其原因主要是人们对 VBL 的认识还不够深入。BLM 是以 VBL 作为信息载体的，因而 VBL 的物理特性就是直接关系到 BLM 前途，另一方面，到目前为止，人们还不能直接得到石榴石磁泡膜中的 VBL，而磁畴的动态特性是 VBL 性质的外在反映，因此对作为磁化矢量微磁结构的 VBL 的深入研究具有显见的学术意义。

我国于 1978 年开始从事这方面的研究。河北师范大学物理系聂向富等人与中科院物理所韩宝善等人合作，对 VBL 的产生、消失及稳定性进行了深入的研究，取得了一系列重要进展。如 VBL 链解体的临界温度 T^0 发现，外延石榴石磁泡材料中硬磁畴新分类方法的提出为 VBL 的深入研究提供了方便。德国 Eelan-gen-Urnberg 大学的 A.Hubet 教授在一次国际磁学会上评论聂向富等人和中科院物理所韩宝善等人合作成果时曾说，他们的研究成果提出了一个十分紧要的问题，那就是如何在畴壁中防止布洛赫点的产生，从而使 VBL 稳定存在，不解决这个问题，BLM 的前途就有问题。目前还不能观察到石榴石磁泡材料中的 VBL，VBL 存在直接影响着硬磁畴的动态特性，而磁畴的动态特性是 VBL 性质的外在反映，因此，对磁畴的动态特性的研究就显得尤其重要。

近年来，探索布洛赫点的形核规律，防止布洛赫点形核使 BL 稳定存在也关系到 VBL 的前途，相信有关人员的努力，一定会取得成功。

6.6 稀土磁泡材料及应用

国外在 20 世纪 60 年代，通过磁光效应，对稀土磁泡材料的磁畴运动作了深入研究，并发展了磁泡存储器。由于磁泡存储器的独特优点：大容量、非挥发、不易失、全固态等，它一问世就引起国内外的极大关注。在 70 年代到 80 年代中期用液相外延方法研制的磁泡外延薄膜层出不穷，促进了磁性材料的离子替代的物理研究工作。

国外的磁泡材料主要用于制造磁泡存储器，并已在军用微机、飞行记录器、终端机、电话交换机、数控机床、机器人等方面广泛应用。特别是用其制作的记录器，可靠性大为改善，因此解决了卫星、火箭发射和飞行过程中记录器易出故障的问题。如，1983 年日本九州大学小西提出布洛赫线（Bloch line）存储器，存储密度可达 $0.9Gb/cm^2$。1992 年日立公司宣称已制备出单片容量为 256MB/cm^2 的实验性布洛赫线存储器件。

国内上海冶金研究所研制了（YSmLuCa)$_3$(FeGa)$_5$O$_{12}$等磁泡单晶薄膜，达到外延重复性 80%，磁缺陷密度为 4～10cm^{-2}。用这种膜作芯片，仿国外样机，研制成 SMB 型磁泡存储器，设计容量 64kb，工作频率 100Hz，工作温度 0～40℃，达到美国 Taxax Instrment 公司生产的 TIB-02030 型磁泡器件的水平，在国内处于领先地位。此外，还对掺 Bi 的磁泡材料进行了研究。

磁泡薄膜的研究工作曾一度为磁学界的热门课题。虽然目前磁泡存储器的使用仅在极小范围，但它的发展前景不可低估。磁泡的出现大大推动了磁性物理和材料的研究，如畴壁动态特性、硬泡的物理特性及其抑制、磁性垂直各向异性、石榴石外延薄膜磁特性和缺陷的研究等。稀土过渡族元素非晶态薄膜也是当时为了开发亚微米直径磁泡而进行深入研究的材料，发现它有良好的磁光特性后，迅速推动了磁光盘的诞生。

随着物理现象的深入研究和纳米材料及微细加工技术的进步，磁泡的研究不会中断，有望出现像 MRAM、磁泡和布洛赫线那样的非易失性、高记录密度、全固体化的外部磁性存储器。

自古以来，人类就喜欢光明而害怕黑暗，梦想能随意地控制光，现在我们已开发出很多实用的发光材料。在这些发光材料中，稀土元素起很大作用，稀土的作用远远超过其他元素。由于稀土元素具有独特的电子层结构，稀土化合物表现出许多优异的光、电、磁功能，尤其是稀土元素具有一般元素所无法比拟的光谱学性质，稀土发光材料的应用格外引人注目。自 1964 年 Y_2O_3：Eu^{3+} 被用于制造荧光粉以来，只要谈到发光，就离不开稀土。稀土发光几乎覆盖了整个固体发光的范畴，已经成为显示、照明、光电器件等领域中的支撑材料，并不断地有新的稀土荧光粉出现。

稀土发光材料为人类创造了一个绚丽多彩的世界，同时由于其产品的高附加值，也给生产者带来了巨大的经济效益。自 20 世纪 60 年代稀土氧化物实现高纯化以来，稀土发光领域相继出现重大技术突破，彩色电视荧光粉、手机屏幕用荧光粉、三基色灯用荧光粉、医用影像荧光粉等的开发、生产和应用得到突飞猛进的发展。据统计，稀土发光材料中稀土的总用量不及稀土消耗总量的 4%，但其产值却占稀土应用市场总销售额的 41%，是稀土行业最热门的产业。

7.1 发光现象及发光材料的技术参数

7.1.1 发光现象

7.1.1.1 固体的发光

发光是物体把吸收的能量转化为光辐射的过程。当物质受到诸如光照、外加电场或电子束轰击等的激发后，吸收外界能量，处于激发状态，它在跃迁回到基态的过程中，吸收的能量会通过光或热的形式释放出来。如果这部分能量是以光的电磁波形式辐射出来，即为发光。通常的发光材料都是固态的发光材料，因此也叫做固体的发光。光子辐射波长与对应射线如图 7-1 所示。通常 390～770nm 范围的光子辐射称为可见光。世界上有许多发光物质，包括天然的矿物和人工合成的化合物，人工合成的发光材料已广泛地用于照明、显示和检测。发光材料是由基质（作为材料主体的化合物）和激活剂（少量的作为发光中心的掺杂离子）

所组成的，在一些材料中还掺入另一种杂质离子来改善发光性能。发光是一种宏观现象，但它和晶体内部的缺陷结构、能带结构、能量传递、载流子迁移等微观性质和过程密切相关。

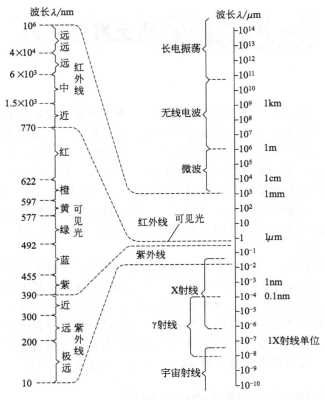

图 7-1　辐射波长与对应射线

7.1.1.2　固体发光与晶体内部结构

　　晶体的基本特征是微粒按一定的规律呈现周期性排列。晶体内部原子间存在着较强的相互作用，这导致了原子能级的变化。这种变化主要表现为形成了许多相近能级组成的共同能级，它们在能量坐标上占有一定的宽度，称为能带。晶体的能带有价带和导带之分。价带对应于基态下晶体未被激发的电子所具有的能量水平，或者说在正常状态下电子占据价带。导带对应于激发态下晶体的被激发电子所具有的能量水平。被激发电子迁移到导带，可以在晶体内流动而成为自由电子。在价带和导带之间存在一个间隙带，晶体中的电子只能占据价带或导带，而不能在这个间隙带中滞留，故该间隙带称为禁带。

　　在实际晶体中，可能存在杂质原子或晶格缺陷，局部地破坏了晶体内部的规则排列，从而产生一些特殊的能级，称为缺陷能级。作为发光材料的晶体，往往有目的地掺杂杂质离子以构成缺陷能级，它们对晶体的发光起着关键作用。根据材料的激发波长去添加杂质离子，通过增大和减小禁带宽度来提高材料的发吸收能力，有助于提高材料的发光效率。

发光是去激发的一种方式。晶体中电子的被激发和去激发互为逆过程，这两个过程可能在价带与导带之间，或在价带与缺陷能级、缺陷能级与导带之间进行，甚至可以在两个不同能量的缺陷能级之间进行，如图 7-2 所示。电子在去激发跃迁过程中，将所吸收的能量释放出来，转换成光辐射。辐射的光能取决于电子跃迁前后所在能带（或能级）之间的能量差值。在去激发跃迁过程中，电子也可能将一部分能量转移给其他原子，这时电子辐射的光能将小于受激时吸收的能量，即小于跃迁前后电子所在能带（或能级）的能量差。晶体在外界能量的激发下，在发生电子迁移的同时，也产生了空穴，空穴的迁移不能形成光辐射，但能为晶体辐射创造条件。

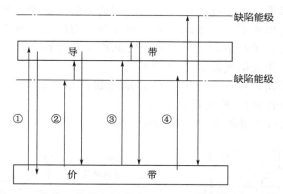

图 7-2　导带、价带与缺陷能级间电子受激发跃迁的方式

由于晶体内部存在着能带，以及一系列电子的迁移、跃迁过程，晶体的光辐射可能形成线状光谱，也可能形成在一定波长范围内的带状光谱，还可能形成连续光谱。

7.1.1.3　发光过程

图 7-3 为固体发光的物理过程示意，其中 M 表示基质晶格，在 M 中掺杂两种外来离子 A 和 S，并假设基质晶格 M 的吸收不产生辐射。基质晶格 M 吸收激发能，传递给掺杂离子，使其电子跃迁到激发态，它返回基态时可能有 3 种途径：①以热的形式把激发能量释放给邻近的晶格，称为"无辐射弛豫"，也叫荧光猝灭；②以辐射形式释放激发能量，称为"发光"；③S 将激发能传递给 A，即 S 吸收的全部或部分激发能由 A 产生发射而释放出来，这种现象称为"敏化发光"，A 称为激活剂，S 通常被称为 A 的敏化剂。

通常材料除了用辐射（光子）的方式从激发态跃迁到基态外，还有非辐射能量传递过程。通常非辐射传递的方式有以下几种。

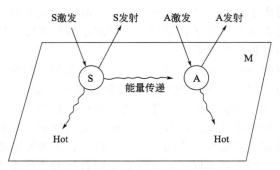

图 7-3　固体发光的物理过程示意

振动弛豫：同一电子能级内以热能量交换形式由高振动能级至低相邻振动能级间的跃迁。发生振动弛豫的时间 10^{-12} s。

内转换：同多重态电子能级中，等能级间的无辐射能级交换。通过内转换和振动弛豫，高激发单重态的电子跃回第一激发单重态的最低振动能级。

外转换：激发分子与溶剂或其他分子之间产生相互作用而转移能量的非辐射跃迁；外转换使荧光或磷光减弱或"猝灭"。

系间窜跃：不同多重态，有重叠的转动能级间的非辐射跃迁。改变电子自旋，禁阻跃迁，通过自旋-轨道耦合进行。

图 7-4 为非辐射能量传递过程示意图。

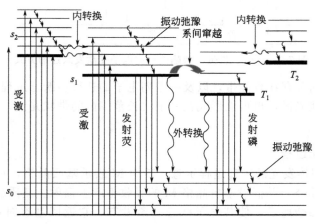

图 7-4　非辐射能量传递过程示意图

7.1.1.4　荧光和磷光

荧光是指激活剂吸收能量后，激发态的寿命极短，一般 $\leqslant 10^{-8}$ s 就会自动地回到基态而放出光子，撤去激发源后，发光立即停止。

如图 7-5 所示的荧光灯就是最常用的荧光。灯管内部被抽成真空再注入少量的水银，灯管电极的放电使水银发出紫外波段的光，这些紫外线是不可见的，是对人体有害的。因此在灯管内壁覆盖了一层荧光体的物质，它可以吸收那些紫外线并发出可见光。另外，钞票的紫外防伪标记在紫外线灯的照射下发出可见光也是利用了这个特性。

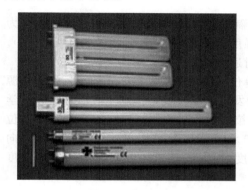

图 7-5　荧光灯

图 7-6　硫酸奎宁溶液在紫外线的照射下发射的光

有的宝石在暗处也会发光，如 1603 年，鲍络纳（Bologna）的一个鞋匠发现当地一种石头（含硫酸钡）经阳光照射被移到暗处后，会继续发光；1845 年，Herschel 报道硫酸奎宁溶液经日光照射后发射出强烈的光，如图 7-6 所示。经过几个世纪后，人们才弄清楚这种现象并称其为磷光。磷光是指被激发的物质在切断激发源后仍能继续发光。激发光停止后的发光时间称为余辉。有时余辉能持续几十分钟甚至数小时，因此根据余辉时间的长短将其分为极短余辉、短余辉和长余辉（余辉时间 $\geqslant 10^{-4}$ s）材料。即在黑暗中也能发光的材料，如夜明珠、荧光棒等。

当处于基态的分子吸收紫外-可见光后，即分子获得了能量，其价电子就会发生能级跃迁，从基态跃迁到激发单重态的各个不同振动能级，并很快以振动弛豫的方式放出小部分能量达到同一电子激发态的最低振动能级，然后以辐射（光子）的形式发射光子跃迁到基态的任一振动能级上，这时发射的光子就是荧光。这种类型的发光基本不受强度影响。

如果受激发分子的电子在激发态发生自旋反转，当它所处单重态的较低振动能级与激发三重态的较高能级重叠时，就会发生系间窜跃，到达激发三重态，经过振动弛豫达到最低振动能级，然后以辐射形式发射光子跃迁到基态的任一振动能级上，这时发射的光子称为磷光。当然，磷光也可以说是余辉时间 $\geqslant 10^{-8}$ s 者，即激发停止后，发光还要持续一段时间。

各种荧光材料和磷光的材料的发光机制不尽相同，为了寻找和发现新型的功能更为优异的发光材料研究其发光机制非常重要，但至今对许多发光材料的作用机制尚未真正了解。物质的微观结构决定它的宏观性质，了解稀土发光材料及其应用，从稀土元素及其离子独特的电子层构型来认识其光谱性质是必要的途径。

7.1.2 发光材料基本概念

7.1.2.1 发光性能参数

（1）光通量　光源在单位时间内所辐射的能量称为辐射通量 Φ_e，单位为 W。光源的辐射通量对人眼引起的视觉强度称为光通量 Φ_v，单位为流明（lm）。光通量实质上就是用眼睛来衡量光的辐射通量。

（2）发光强度　光源在指定方向的单位立体角内所发出的光通量，称为光源在该方向的发光强度（光强）I_v。光源的发光强度一般是指点光源而言。光度学中发光强度的单位为坎德拉（cd），坎德拉是国际单位制（SI）的 7 个基本单位之一，其定义为：若一个产生频率为 540×10^{12} Hz 单色辐射的光源在指定方向上的辐射强度为 1/683W/sr（sr 为球面度），则该光源在该方向上的发光强度为 I_{cd}。

（3）光出射度　光源上每单位面积向半个空间内发出的光通量，称为光出射度 M_v，单位为 lm/m²。这是针对具有一定面积的面光源而言的，故又称面发光度。

（4）亮度　光源在指定方向上的单位投影面、在单位立体角中发射的光通量，称为光源在该方向的亮度 L_v，单位为 cd/m²。其实光源在某方向上的亮度，就是从该方向看光源，在此方向所看到光源单位投影面上的发光强度。

（5）照度　照度 E_v 表示被光照射物体的单位面积表面上所接受的光通量的大小，单位为 lm/m²，常称为勒克斯（lx），它代表 1cm 的光通量均匀分布在 1m² 的被照表面上所产生的照度；也等于光强度为 1cd 的光源在半径为 1m 的球面上所产生的光照度。照度 E_v 和光出射度 M_v 的区别在于，在 E_v 的定义中的单位面积是针对接受光通量的被照射物体而言，而 M_v 的定义中的单位面积是指发射光通量的光源而言。

（6）发光效率　发光效率（简称光效）为光源所发出的光通量与其所消耗的电功率之比，单位为 lm/W。

（7）光源的颜色　光源的颜色和物体的颜色通过视觉不但影响人的生理机能，还影响人的心理状态。因此，对于照明光源，除了要求具有高的发光效率之外，还要求具有良好的发光颜色。颜色起源于光，光源的颜色完全取决于光的波长成分。波长不同的单色光会使人产生不同的色觉，即具有不同的颜色。如发光体发出的是单色光，那么其光源色称为光谱色，它完全决定于单色光的波长。如光源体发出的是复合光，光源色就决定于其光谱能量分布。在实际应用中以色调和显色性来表征光源的颜色。

① 色调　色调即光源的表观颜色，就是人眼直接观察光源时所看到的颜色。例如红、绿、蓝就指的是色调。可见光有无数种，即光谱色有无数种，所以也可

以认为颜色的色调有无数种；然而，实际上很难用肉眼区分相近波长的单色光的颜色差别。文字所描述不同的颜色，通常是把各种光谱色归纳成有限的几种色调，如红、橙、黄、绿、青、蓝、紫等。不同波长的可见光呈现出不同的颜色，人眼对不同颜色，及不同波长的光的灵敏度也不相同，色调是彩色光最重要的属性。

② 色温　光源发光的颜色可用色温 T_c 来表示，当某一光源所发出的光的颜色与黑体（黑体是指能全部吸收照射于其上的各种波长电磁波的物体，黑体是理想的吸收体，又是理想的辐射体，当把几种物体加热到同一温度时，黑体放出的能量最多。随温度的升高，黑体辐射的能量增高，且其能量分布曲线的极大值向高频方向移动）在某一温度下辐射光的颜色相同时，黑体的这个温度就称为该光源的颜色温度，简称色温，以绝对温度 K 为单位。气体放电光源的辐射特性与黑体有较大差别，而且光谱能量分布也往往不是连续的，辐射光的颜色与各种温度下黑体辐射的光的颜色都不完全相同，于是不能使用一般的色温概念来描述它的颜色。为了便于比较，采用所谓"相关色温"的概念：若某光源发射的光与黑体在某一温度下辐射光的颜色最接近，即在均匀色度图上的色距离最小，则黑体的这个温度就称为该光源的相关色温。显然，用相关色温表达光的颜色是比较

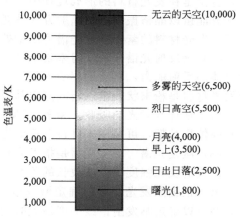

图 7-7　色温与天空颜色对照表

粗略的，但是如果和后面将要介绍的显色指数结合起来，就可在一定程度上描述光源的颜色。图 7-7 列出了色温与天空颜色的对照图。

③ 显色性　光源的显色性，表示被照射物体在光源照明下所显示的颜色与在基准光源（黑体或标准昼光）照明下所呈现的颜色的符合程度。如果各色物体受照的效果和基准光源照射时一样，则认为光源的显色性好；如果物体的颜色受照射后产生失真，则认为光源的显色性差。显色性表明光源重现被照射的有色物体颜色的能力，反映光源照射于物体所产生的客观效果。

按照国际照明委员会的规定，光源的显色性用显色指数 R_a 定量描述。如果光源的显色性和标准光源相同，显色指数为 100（最大）；光源的显色性越差，显色指数的值越小。光源的色表和显色性之间既有区别，又有联系。有些光源色表不好，但显色性好，如钨灯。有些光源色表不错，而显色性不好，例如，远看高压汞灯发出的光又白又亮，可是在它照射下的人脸显青灰色。从本质上讲，光源的颜色取决于其光谱能量分布，光源的光谱能量分布确定之后，色表和显色性是一定的。

7.1.2.2 发光性能检测

在发光材料研究过程中，对于发光材料的性能指标通常采用一些特有的物理量进行表征，下面将常用的性能指标及其测试方法逐一进行介绍。

（1）吸收光谱 吸收光谱表示荧光粉吸收能量与辐照光波长的关系。荧光粉的吸收光谱主要取决于基质材料，激活剂也起一定作用。大多数荧光粉的吸收峰位于紫外线区。

发光材料的吸收光谱主要决定于材料的基质，激活剂和其他杂质对吸收光谱也有一定的影响。多数情况下，发光中心是一个复杂的结构，发光材料基质晶格周围的离子对它的性质会产生影响。吸收可以是由发光材料基质晶格的空位所决定，空位是在发光材料的形成过程中产生的。被吸收的光能一部分辐射发光，另一部分能量以晶格振动等非辐射方式消耗掉。大多数发光材料主吸收带在紫外线谱区。发光材料的紫外吸收光谱可由紫外-可见分光光度计来测量。

（2）漫反射光谱 漫反射率是指反射光能量与入射光能量之比，通常用来表示物体的反射能力，漫反射率随入射波长而变化的谱图，称为漫反射光谱。大部分发光材料是粉末状，难以精确测定其吸收光谱，通常只能通过粉末材料的漫反射光谱来估计其对光的吸收。紫外-可见分光光度计上附有漫反射积分球、粉体盒和固体样品架，可以用来进行漫反射光谱的测量。

（3）激发光谱 激发光谱是指发光材料在不同波长的激发下，该材料的某一发光谱线的发光强度与激发波长的关系。激发光谱反映了不同波长的光激发材料的效果。根据激发光谱可以确定激发该发光材料使其发光所需的激发光波长范围，并可以确定某发射谱线强度最大时的最佳激发光波长。激发光谱对分析发光的激发过程具有重要意义。

吸收光谱只能表示材料的吸收特性，但吸收并不意味着一定发光。荧光粉的激发光谱表示材料在特定波长的发光强度随激发光波长的变化，反映不同波长的光对发光材料的激发效果。通过发光材料的激发光谱，可以确定对发光有贡献的激发光的波长范围。对于低压汞灯，要求发光材料的激发光谱峰值在 254nm 处；对于高压汞灯，要求激发光谱峰值在 365nm、254nm 和 313nm 处。

图 7-8 为 $LiMg_{0.75}BO_3$：$Eu^{3+}_{0.25}$ 无机发光材料的激发和发射光谱图。图 7-9 为 $LiMg_{0.75}BO_3$：$Eu^{3+}_{0.25}$ 和 $LiMg_{0.749}BO_3$：$Eu^{3+}_{0.25}$，$Bi^{3+}_{0.01}$ 化合物的激发和发射光谱图。

（4）发射光谱 发射光谱是指在某一特定波长的激发下，所发射的不同波长光的强度或能量分布。许多发光材料的发射光谱是连续谱带，由一个或几个峰状的曲线所组成，这类曲线可以用高斯函数表示。还有一些材料的发射光谱比较窄，甚至呈谱线状。发射光谱的峰位和强度与激发波长有关系，因此选择适合的激发波长，对稀土发光材料发挥作用非常重要。

对于发光材料，发射光谱及其对应的激发光谱是非常重要的性质，激发、发

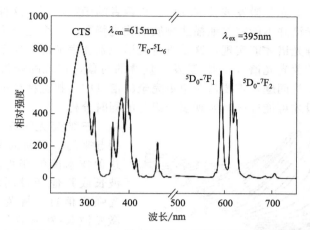

图 7-8 $LiMg_{0.75}BO_3$：$Eu_{0.25}^{3+}$ 无机发光材料的激发和发射光谱图

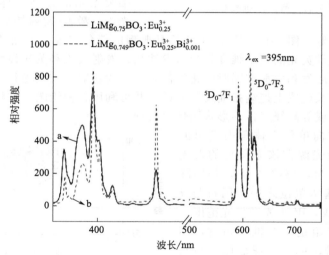

图 7-9 （a）$LiMg_{0.75}BO_3$：$Eu_{0.25}^{3+}$ 和（b）$LiMg_{0.749}BO_3$：$Eu_{0.25}^{3+}$，$Bi_{0.01}^{3+}$ 化合物的激发（$\lambda_{em}=615nm$）和发射（$\lambda_{ex}=395nm$）光谱图

射光谱通常采用紫外-可见荧光分光光度计进行扫描。

当用激发光照射某些物质时，处在基态的分子吸收激发光后发生跃迁，达到激发态，这些激发态分子在因转动、振动等损失一部分激发能量后，以无辐射跃迁下降到低振动激发能级，再从此能级跃迁回到基态，在此过程中原来吸收的能量以光子形式释放出，这种光被称为荧光，所得到的光谱称为荧光光谱。荧光光谱能够反映荧光物质的特性，荧光分光光度计是基于物质的这种性质而对其进行定性及定量分析的一种分析仪器。

传统的荧光光谱是固定激发光谱扫描发射光谱，或者固定发射光谱扫描激发光谱，实际上，荧光是激发波长和发射波长两者的函数，所以这种传统的荧光发射（或激发）光谱并不能完整地描述物质的荧光特征。一个化合物荧光信息完整的描述需要三维光谱才能实现，这是进行光谱识别和表征的必要条件。另外对一个含多种组分的荧光光谱（发射/激发）重叠的对象，传统的峰值定量法很难解决组分之间的干扰问题，需要从对象更完全的信息中寻找选择性的区域，或结合其他的优化手段才可能准确地实现多个组分的同时分析。

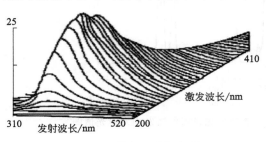

图 7-10　等角三维投影图

三维荧光法是近二十多年发展起来的一门新的荧光分析技术，这种技术能够获得激发波长发射波长或其他变量同时变化时的荧光强度信息，将荧光强度表示为激发波长-发射波长或波长-时间、波长-相角等两个变量的函数。三维荧光光谱分别被称作三维荧光光谱、激发-发射矩阵、总发光光

谱、等高线谱等。图 7-10、图 7-11 所示是典型的等角三维投影图及其等高线谱图。通常，三维荧光的三个维度是指激发波长、发射波长和荧光强度，它表现的是荧光强度随激发和发射波同时变化的信息。一般获取三维荧光数据的方法，是在不同激发波长位置上连续扫描发射光谱，并可利用各种绘图软件将其以等角三维荧光投影图或等高线光谱等形式图像化表现。

光源某方向单位立体角内发出的光通量定义为光源在该方向上的发光强度，其单位为坎德拉（cd），是国际单位制 7 个基本单位之一，用符号 I 表示。$I = \Phi W$，W 为光源发光范围的立体角，立体角是一个锥形角度，用球面度来测量，单位为球面度（Sr）。Φ 为光源在 W 立体角内所辐射出的总光通量（lm）。

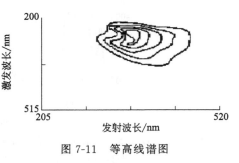

图 7-11　等高线谱图

在实际中，通常把用于研究的发光材料的发光强度和标准件用的发光材料的强度（同样激发条件下）相比较来表征发光材料的技术特性，此时所测量的发光强度为相对值。特征型发光材料的发光强度与激发光强度成正比。而复合型发光材料的发射强度与激发强度之间的关系比较复杂。此类发光材料在激发时，发光中心和基质内元素被离化，这时电子可能被陷阱俘获、释放，并且和发光中心、空穴复合或重新被陷阱俘获。发光强度还与温度存在一定的关系，由发光材料基质成分、激活剂的化学特性以及存在所谓的发光"猝灭剂"来确定这一关系的特性。在超出一定温度范围后，提高温度会使发光强度下降，发生光发射的温度

猝灭。

（5）亮度 亮度是光度学量，单位为尼特或坎德拉每平方米（1nt = 1cd/ m²），表示颜色的明暗程度。光度学量是生理物理量，不仅与客观物理量有关，还与人的视觉有关。亮度表示的是发光体元表面 $d\sigma$ 在其与法线成 θ 角的方向上，通过 $d\Omega$ 立体角的光通量，即 $B = d\Phi(d\sigma\theta/\cos\theta d\Omega)$，$\Phi$ 为光通量。当发光面遵循朗伯定律时，则 B 与 θ 无关。

（6）发光效率 发光能量对吸收能量之比称为发光的"能量效率"。

$$B_{能量} = \frac{E_{发光}}{E_{吸收}} \tag{7-1}$$

因为发光材料吸收的能量有一部分转化为热量散失，所以能量效率值表征出激发能量转变为发光能量的完善程度。发光中心本身直接吸收能量时，发光效率最高。如果能量被基质吸收，例如：在复合型发光材料中，这时将形成电子和空穴，它们沿晶格移动时可能被"陷阱"俘获。电子和空穴被"陷阱"俘获以及电子和空穴的"无辐射复合"都将使能量效率下降。

（7）量子效率 除了能量效率外，为表征被发光材料所吸收的激活能的转换效率，引进一个"量子效率"的概念。发光材料辐射出的量子数（$N_{发光}$）与吸收的激发量子数（$N_{吸收}$）之比称为量子效率。

$$B_{量子} = \frac{N_{发光}}{N_{吸收}} \tag{7-2}$$

如果以相应于辐射与吸收光谱的频率最大值 $\nu_光$ 和 $\nu_收$ 来表示，那么

$$B_{能量} = \frac{E_{发光}}{E_{吸收}} = \frac{h\nu_{发光} N_{发光}}{h\nu_{吸收} N_{吸收}} = \frac{B_{量子}\nu_{发光}}{\nu_{吸收}} \tag{7-3}$$

在量子效率的情况下，不考虑辐射光谱对吸收光谱斯托克斯位移时的能量损失，效率值实际上决定于发光材料的基质和制备工艺，除此之外，和掺入的杂质及激活剂的浓度也有关。量子效率还和激发条件、激发光波长、强度及温度等有关。

（8）流明效率 荧光灯的发光效率通常以流明效率来表示。流明效率即是发射的光通量与激发时输入的光功率或被吸收的其他形式能量总功率之比，单位为流明/瓦（lm/W），可用来表示荧光粉的发光效率。

（9）色坐标 对于发光材料我们通常会用发光颜色来描述，受到心理和生理方面的影响，人们对颜色的判断不会完全相同，即使是正常视觉的人眼判断也不完全相同，为了描绘一种发光颜色，有时会给出其主发射峰，实际上这样也很难精确地描述一种发光材料。

根据人的视觉特征用数字定量地表示颜色，并用物理方法代替人眼来测量颜色，即 CIE 色度图，如图 7-12 和图 7-14 所示。

国际照明协会（CIE）规定三基色红、绿、蓝的标称波长分别为：红色 λ = 700nm；绿色 λ = 546.1nm；蓝色 λ = 435.8nm。其中，700nm 是可见光区红色的末端，546.1nm 和 435.8nm 是汞蒸气放电的两条谱线。

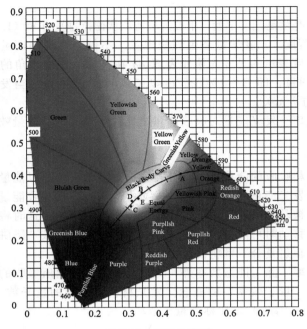

图 7-12　CIE 色度图

（10）粒度　荧光粉的粒度必须兼顾涂粉工艺和获得优良发光性能的要求。为了保证荧光粉牢固地附着于灯管内壁，且涂层外观均匀，荧光粉粒径不得过大。粒径小的荧光粉还可提高涂管率，减少用粉量。降低烧成温度可以控制晶粒过大。然而，荧光粉平均粒径也不能过小，否则会对紫外线辐射的反射增大，降低了对紫外线辐射的吸收，造成灯的光效下降；而且会使光衰加剧。从粒度分布看，应呈狭窄的正态分布。

荧光粉的粒径-累积质量曲线很有实际意义，其横坐标为粒径，纵坐标为累积质量分数。由曲线可得到 50％ 累积质量所对应的粒径值 d_{50}，此即所谓"中心粒径"，它可以用来表示荧光粉的粒度特性。

不同管径、不同规格的灯管应使用不同粒度的粉，细管径用细粉，大功率、粗管径的可用粒度稍大的粉，才能保持高光效、低光衰。此外，荧光粉的体色、密度等也属于一次特性。

7.1.3　彩色光的三基色原理和色度图

7.1.3.1　三基色原理

三基色原理的基本内容是：①将适当选择的 3 种基色（如红 R、绿 G、蓝 B）按不同比例合成，可以引起不同的彩色感觉，三基色几乎可以形成各种颜色的光；②合成的彩色光的亮度决定于三基色亮度之和，其色度决定于三基色成分的比例；③3 种基色彼此独立，任一种基色不能由其他两种基色配出。

人眼的视网膜对红、绿、蓝三色光的灵敏度较高，其三色视觉灵敏度曲线如图 7-13 所示，图中虚线为人眼视觉函数曲线 $V(\lambda)$，R、G、B 分别为人眼对红、绿、蓝色光的响应曲线，3 条曲线互相交错，若某一波长的光处于两条或三条曲线之下，它可同时刺激人眼的两种或三种光敏细胞，大脑即产生几种刺激之和的颜色感觉。

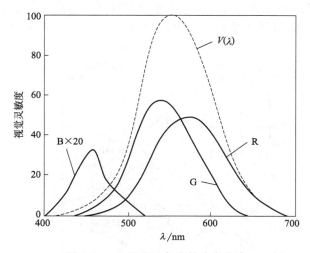

图 7-13　人眼对三色光的响应曲线

若两组光谱成分不同的光使人眼对它们的综合感觉相同，则主观彩色感觉（包括亮度和色度）就相同。色觉实验研究证明，自然界中几乎所有彩色都可由三基色组成。

利用三基色原理，可以制造各种颜色要求的荧光灯。三基色原理对彩色广播电视的意义尤为重要，它使彩色图像的传播大为简化，只需传送 3 种基色信号，便可得到变化万千、五彩缤纷的图像。首先将摄得的图像的彩色光分解成红、绿、蓝 3 种单色光信号，再把它们分别进行光电转换，经处理后成为电视信号发送出去，在接收端再将全电视信号恢复为三基色，从而重现发送端的彩色图像。

7.1.3.2　CIE 色度图

在照明与显示技术中，对颜色效果的要求越来越高，只用语言无法准确地描述颜色，更不能说明相近颜色之间的细微差别。例如，红色就有很多种，酒红色、玫瑰红、大红、西瓜红等等。所以通常色坐标来对颜色进行定量的描述。我们知道，平常所看到的颜色都可以用红、绿、蓝 3 种彼此独立的基色匹配而成。但在匹配某种颜色时，不是将 3 种颜色叠加起来，而是从 2 种颜色叠加的结果中减去第 3 种颜色。所以，国际照明协会决定选取一组三基色参数 x，y，z，任何一种颜色 Q 在这种系统中表示为：

$$Q = ax + by + cz \tag{7-4}$$

这 3 个系数的相对值为：

$$x = \frac{a}{a+b+c} \quad y = \frac{b}{a+b+c} \quad z = \frac{c}{a+b+c} \tag{7-5}$$

称作色坐标。由于 $x+y+z=1$，所以如果 x，y 确定了，z 也就确定了。因此人们建立了各种色度系统的模型，其中 CIE 标准色度系统是比较完善和精确的系统，在其逐步完善的过程中，派生出多种不同用途的色度系统，应用最为广泛的是 1931-CIE 标准色度系统。图 7-14 为 1931-CIE 标准色度图。

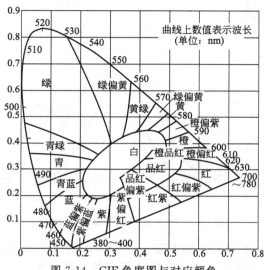

图 7-14　CIE 色度图与对应颜色

图中的舌形曲线为单色光谱的轨迹，曲线上每一点代表某一波长的单色光。曲线所包围的区域内的每一点代表一种复合光，即代表一种特定的颜色。自然界中每一种可能的颜色在色度图中都有其相应的位置。色度图上每一点 $(x，y)$ 都代表一种确定的颜色。某一指定点越靠近光谱轨迹（即曲线边缘），颜色越纯，即颜色越正，越鲜艳，即色饱和度越好。中心部分接近白色。

7.2　稀土元素的发光特点

7.2.1　稀土的电子层结构和光谱特性

描述稀土化合物的发光性质，主要是描述稀土离子 4f 轨道上电子的运动状态和能级特征。镧系元素具有未充满的 4f 电子层，4f 电子的不同排布产生不同的能级，4f 电子在不同能级之间的跃迁，产生了大量的能量的吸收、发射等荧光光谱信息。对于不同的镧系元素，当 4f 电子依次填入不同磁量子数的轨道时，除了要了解它的电子层构型外，还需要了解它们的基态光谱项 $^{2S+1}L_J$。光谱项

是通过角量子数 l、磁量子数 m 以及它们之间的不同组合来表示与电子排布相联系的能级关系的一种符号，当电子依次填入 4f 亚层的不同 m 值的轨道时，组成了镧系基态原子或离子的总轨道量子数 L、总自旋量子数 S 和总角动量量子数 J 和基态光谱项 $^{2S+1}L_J$。

其中，L 为原子或离子的总磁量子数的最大值，$L=\sum M$；S 为原子或离子的总自旋量子数沿 Z 轴磁场方向分量的最大值，$S=\sum M_s$；J 与轨道和自旋角动量的关系为：$J=L\pm S$，若 4f 电子数 < 7（从 La^{3+} 到 Eu^{3+} 的前 7 个离子），$J=L-S$；若 4f 电子数 ≥ 7（从 Gd^{3+} 到 Lu^{3+} 的后 8 个离子），$J=L+S$。光谱项 $^{2S+1}L_J$ 是由这 3 个量子数组成的表达式，光谱项中 L 的数值以大写英文字母表示，其对应关系为：

字母	S	P	D	F	G	H	I	K	L
L	0	1	2	3	4	5	6	7	8

左上角的 $2S+1$ 的数值表示光谱项的多重性，^{2S+1}L 称作光谱项；将 J 的取值写在字母的右下角，称为光谱支项，即 $^{2S+1}L_J$。对于光谱支项，J 的取值分别为 $(L+S)$、$(L+S-1)$、$(L+S-2)$ … $(L-S)$。每一支项相当于一定的状态或能级。

以下分别以 Tb^{3+} 和 Nd^{3+} 离子为例说明光谱项的导求方法。

如表 7-1 所示，Tb^{3+} 有 8 个 4f 电子，2 个自旋相反，6 个为自旋平行的未成对电子，将所有电子的磁量子数相加，得 $L=\sum m=2\times3+2+1+0-1-2-3=3$；将所有电子的自旋量子数相加，得 $S=\sum m_s=(+1/2-1/2)+6\times1/2=3$。$2S+1=7$，即为 J 的数目；$J=L+S=3+3=6$。所以 Tb^{3+} 的基态光谱项可写为 $^7F_6$，Tb^{3+} 共有 7 个光谱支项，按能级由低到高，它们依次为 $^7F_6$、$^7F_5$、$^7F_4$、$^7F_3$、$^7F_2$、$^7F_1$ 和 $^7F_0$。

Nd^{3+} 有 3 个未成对电子，$L=\sum m=3+2+1=6$；$S=\sum m_s=3\times1/2=3/2$。$2S+1=4$，$J=L-S=6-3/2=9/2$。所以 Nd^{3+} 的基态光谱项可写为 $^4I_{9/2}$，Nd^{3+} 共有 4 个光谱支项，按能级由低到高依次为 $^4I_{9/2}$、$^4I_{11/2}$、$^4I_{13/2}$ 和 $^4I_{15/2}$。

表 7-1 三价镧系离子基态电子排布与光谱项

离子	4f 电子数	4f 轨道的磁量子数							L	S	J $(J=L-S)$	$^{2s+1}L_j$	Δ/cm^{-1}	ζ_{4f}/cm^{-1}
		3	2	1	0	-1	-2	-3						
La^{3+}	0								0	0	0	$^1S_0$		
Ce^{3+}	1	↑							3	1/2	5/2	$^2F_{5/2}$	2200	640
Pr^{3+}	2	↑	↑						5	1	4	$^3H_4$	2150	750
Nd^{3+}	3	↑	↑	↑					6	3/2	9/2	$^4I_{9/2}$	1900	900
Pm^{3+}	4	↑	↑	↑	↑				6	2	4	$^5I_4$	1600	1070
Sm^{3+}	5	↑	↑	↑	↑	↑			5	5/2	5/2	$^6H_{5/2}$	1000	1200
Eu^{3+}	6	↑	↑	↑	↑	↑	↑		3	3	0	$^7F_0$	350	1320

续表

离子	4f 电子数	4f 轨道的磁量子数							L	S	J ($J=L-S$)	$^{2s+1}L_j$	Δ/cm^{-1}	$\zeta_{4f}/\text{cm}^{-1}$
		3	2	1	0	−1	−2	−3						
Ga^{3+}	7	↑	↑	↑	↑	↑	↑	↑	0	7/2	7/2	$^{8}S_{7/2}$	—	1620
Tb^{3+}	8	↑↓	↑	↑	↑	↑	↑	↑	3	3	6	$^{7}F_{6}$	2000	1700
Dy^{3+}	9	↑↓	↑↓	↑	↑	↑	↑	↑	5	5/2	15/2	$^{6}H_{15/2}$	3300	1900
Ho^{3+}	10	↑↓	↑↓	↑↓	↑	↑	↑	↑	6	2	8	$^{5}I_{8}$	5200	2160
Er^{3+}	11	↑↓	↑↓	↑↓	↑↓	↑	↑	↑	6	3/2	15/2	$^{4}I_{15/2}$	6500	2440
Tm^{3+}	12	↑↓	↑↓	↑↓	↑↓	↑↓	↑	↑	5	1	6	$^{3}H_{6}$	8300	2640
Yb^{3+}	13	↑↓	↑↓	↑↓	↑↓	↑↓	↑↓	↑	3	1/2	7/2	$^{2}F_{7/2}$	10300	2880-
Lu^{3+}	14	↑↓	↑↓	↑↓	↑↓	↑↓	↑↓	↑↓	0	0	0	$^{1}S_{0}$		

由表 7-1 可对 +3 价镧系离子的光谱项的特点总结如下。

以 Gd^{3+} 为中心，Gd^{3+} 以前的 f^n ($n=0\sim6$) 和 Gd^{3+} 以后的 f^{14-n} 是一对共轭元素，它们具有类似的光谱项。以 Gd^{3+} 为中心，其两侧离子 4f 轨道上的未成对电子数相等，因而能级结构相似，Gd^{3+} 两侧离子的 L 和 S 的取值相同，基态光谱项呈对称分布。+3 价镧系离子的总自旋量子数 S 随原子序数的增加在 Gd^{3+} 处发生转折变化；总轨道量子数 L 和总角动量量子数 J 随原子序数的增加呈现双峰的周期变化。

除 La^{3+} 和 Lu^{3+} 为 $4f^0$ 和 $4f^{14}$ 外，其他镧系元素的 4f 电子可在 7 个 4f 轨道上任意排布，从而产生多种光谱项和能级，在 +3 价镧系离子的 $4f^n$ 组态中共有 1639 个能级，能级之间可能的跃迁数目高达 199177 个。再如，Pr 原子在 $4f^3 6s^2$ 构型有 41 个能级，在 $4f^3 6s^1 6p^1$ 有 500 个能级。在 $4f^2 5d^1 6s^2$ 有 100 个能级，在 $4f^3 5d^1 6s^1$ 有 750 个能级，在 $4f^3 5d^2$ 有 1700 个能级；Gd 原子在 $4f^7 5d^1 6s^2$ 有 3106 个能级，其激发态 $4f^7 5d^1 6p^1$ 有 36000 个能级。当然，由于能级之间的跃迁受到光谱选律的制约，实际观察到的谱线不会达到难以估计的程度。通常具有未充满的 4f 电子亚层的原子或离子的光谱大约有 30000 条可被观察到的谱线；具有未充满的 d 电子亚层的过渡元素的谱线约有 7000 条；而具有未充满的 p 电子亚层的主族元素的光谱线仅有 1000 条。稀土元素的电子能级和谱线要比普通元素丰富得多，稀土元素可以吸收或发射从紫外线、可见光到红外线区多种波长的电磁辐射，可以为人们提供多种多样的发光材料。

表 7-2 列出了镧系元素原子和离子的电子构型和基态光谱项。

表 7-2　镧系元素原子和离子的电子构型和基态光谱项

元　素	RE	RE$^+$	RE^{2+}	RE^{3+}
La	$4f^0 5d 6s^2$($^2D_{3/2}$)	$4f^0 6s^2$($^1S_0$)	$4f^0 6s$($^2S_{1/2}$)	$4f^0$($^1S_0$)
Ce	$4f 5d 6s^2$($^1G_4$)	$4f 5d 6s$($^2G_{7/2}$)	$4f^2$($^3H_4$)	$4f$($^2F_{5/2}$)
Pr	$4f^3 6s^2$($^4I_{9/2}$)	$4f^3 6s$($^5I_4$)	$4f^3$($^4I_{9/2}$)	$4f^2$($^3H_4$)

续表

元　素	RE	RE$^+$	RE^{2+}	RE^{3+}
Nd	$4f^4 6s^2(^5H_{5/2})$	$4f^4 6s(^6I_{7/2})$	$4f^4(^5I_4)$	$4f^3(^4I_{9/2})$
Pm	$4f^5 6s^2(5I_4)$	$4f^5 6s(^7H_2)$	$4f^5(^6H_{5/2})$	$4f^4(^8I_4)$
Sm	$4f^6 6s^2(^7F_0)$	$4f^6 6s(^8F_{1/2})$	$4f^6(^7F_0)$	$4f^5(^6H_{5/2})$
Eu	$4f^7 6s^2(^8S_{7/2})$	$4f^7 6s(^9S_4)$	$4f^7(^8S_{7/2})$	$4f^6(^7F_0)$
Gd	$4f^7 5d6s^2(^6H_{1s/2})$	$4f^7 5d6s(^{10}D_{5/2})$	$4f^7 5d(^9D_2)$	$4f^7(^8s_{7/2})$
Tb	$4f^9 6s^2(^8I_s)$	$4f^9 6s(^7H_s)$	$4f^9(^6H_{15/2})$	$4f^8(^7F_6)$
Dy	$4f^{10} 6s^2(^9D_2)$	$4f^{10} 6s(^6I_{17/2})$	$4f^{10}(^5I_s)$	$4f^9(^6H_{15/2})$
Ho	$4f^{11} 6s^2(^5I_s)$	$4f^{11} 6s(^{65}I_s)$	$4f^{11}(^4I_{15/2})$	$4f^{10}(^5I_s)$
Er	$4f^{12} 6s^2(^3H_6)$	$4f^{12} 6s(^4H_{13/2})$	$4f^{12}(^3H_6)$	$4f^{11}(^4I_{15/2})$
Tm	$4f^{13} 6s^2(^2F_{7/2})$	$4f^{13} 6s(^3F_4)$	$4f^{13}(^2F_{7/2})$	$4f^{12}(^3H_6)$
Yb	$4f^{14} 6s^2(^1S_0)$	$4f^{14} 6s(^2S_{1/2})$	$4f^{14}(^1S_0)$	$4f^{13}(^2F_{7/2})$
Lu	$4f^{14} 5d6s^2(^2D_{3/2})$	$4f^{14} 6s(^1S_0)$	$4f^{14} 6s^1(^2s_{1/2})$	$4f^{14}(^1S_0)$

图 7-15 为 +3 价镧系元素离子的能级图。由图可见，Gd^{3+} 以前的轻镧系离子的光谱项的 J 值是从小到大向上排列的，而 Gd^{3+} 以后的重镧系离子的 J 值则是从大到小反序向上排列的。以 Gd^{3+} 为中心，对应的一对共轭的重镧系和轻镧

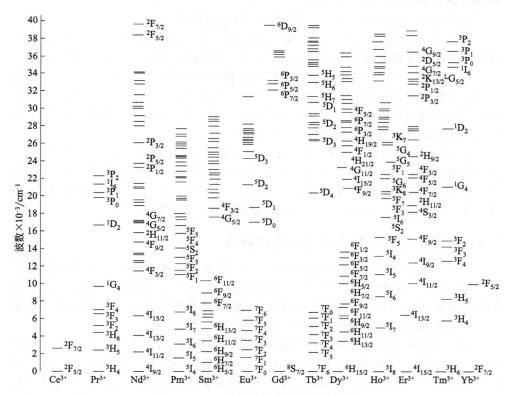

图 7-15　+3 价镧系元素离子的能级图

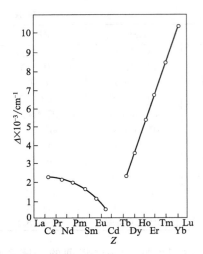

图 7-16　能极差 Δ 值随原子序数的变化

系元素的离子具有相似的光谱项，但是由于重镧系的自旋-轨道耦合系数大于轻镧系元素（见表 7-1），导致 Gd^{3+} 以后的 f^{14-n} 元素离子的 J 多重态能级之间的差距大于 Gd^{3+} 以前的 f^{-n} 元素离子，这体现在离子的基态与其上最邻近另一多重态之间的能级差 Δ 值随原子序数呈转折变化，如图 7-16所示。在重镧系方面，Yb^{3+} 的 Δ 值大于 Tm^{3+}、Er^{3+}、Ho^{3+}，可利用 Yb^{3+} 作为敏化离子将能量传递给激活离子 Tm^{3+}、Er^{3+}、Ho^{3+}，这是研究上转换发光材料的能级依据。

电子互斥、自旋-轨道偶合、晶场和磁场等微扰作用，对镧系自由离子能级的位置和劈裂都产生影响，$4f^n$ 组态劈裂的程度所受影响如下：

电子互斥＞自旋-轨道偶合＞晶场作用＞磁场作用

由于 $4f^n$ 电子受到外层 $5s^2 5p^6$ 电子的屏蔽，故晶场作用对镧系离子 $4f^n$ 电子的影响要比对 d 电子处于外层的过渡元素小，所引起的能级劈裂仅几百个波数。

综上所述，可将 +3 价稀土离子的发光特点归纳如下：①具有 f-f 跃迁的发光材料的发射光谱呈线状，色纯度高；②荧光寿命长；③由于 4f 轨道处于内层，很少受到外界环境的影响，材料的发光颜色基本不随基质的不同而改变；④光谱形状很少随温度而变，温度猝灭小，浓度猝灭小。

在 +3 价稀土离子中，Y^{3+} 和 La^{3+} 无 4f 电子，Lu^{3+} 的 4f 亚层为全充满的，都具有密闭的壳层，因此它们属于光学惰性的，适用于作基质材料。从 Ce^{3+} 到 Yb^{3+}，电子依次填充在 4f 轨道，从 f^1 到 f^{13}，其电子层中都具有未成对电子，其跃迁可产生发光，这些离子适于作为发光材料的激活离子。

7.2.2　非正常价态稀土离子的光谱特性

（1）+2 价态稀土离子的光谱特性　+2 价态稀土离子（RE^{2+}）有两种电子层构型：$4f^{n-1}5d^1$ 和 $4f^n$。$4f^{n-1}5d^1$ 构型的特点是 5d 轨道裸露于外层，受外部场的影响显著 $4f^{n-1}5d^1 \rightarrow 4f^n$（即 d-f 跃迁）的跃迁发射呈宽带，强度较高，荧光寿命短，发射光谱随基质组成、结构的改变而发生明显变化。

RE^{2+} 的 $4f^n$ 内层电子构型的 f 电子数目和与其相邻的下一个 +3 价稀土离子（RE^{3+}）相同，例如 Sm^{2+} 和 Eu^{3+} 均为 $4f^6$，Eu^{2+} 和 Gd^{3+} 均为 $4f^7$，Yb^{2+} 和 Lu^{3+} 同为 $4f^{14}$。但与 RE^{3+} 相比，RE^{2+} 的激发态能级间隔被压缩，最低激发态能量降低，谱线红移。例如，Eu^{2+} 的 f 内层激发态 $4f^7 (^6P_J)$，其最低能级到基

态的 $4f^7(^6P_{7/2}) \rightarrow 4f^7(^8P_{7/2})$（为 f-f 跃迁）跃迁发射呈线状光谱，峰值位于 360nm 处，是相邻的下一个三价稀土离子 Gd^{3+} 的相应发射能级的一半左右。Eu^{2+} 产生 f-f 跃迁的基本条件是：基质中 Eu^{2+} 的 5d 能级吸收下限必须位于 ^6P_J 能级之上。因此 Eu^{2+} 必须处在一种弱场、强离子性的基质晶格环境中（然而也曾有实验发现，当 Eu^{2+} 的 5d 能级吸收下限位于 ^6P_J 能级以下 $2000cm^{-1}$ 时，能观察到 f-f 跃迁），例如某些复合氟化物基质可满足这一条件。在 Eu^{2+} 掺杂的复合氟化物体系中，可以依据 Eu^{2+} 所占据格位的阳离子元素电负性的大小推断 f-f 跃迁发射产生的可能性。RE^{2+} 的这些光谱特性对新材料设计和材料物性研究具有理论价值。

（2）＋4 价态稀土离子的光谱特性　＋4 价态稀土离子和与其相邻的前一个 ＋3 价稀土离子具有相同的 4f 电子数目，例如，Ce^{4+} 和 La^{3+}，Pr^{4+} 和 Ce^{3+}，Tb^{4+} 和 Gd^{3+} 等。它们的电荷迁移带能量较低，吸收峰往往移到可见光区，如 Ce^{4+} 与 Ce^{3+} 的混价电荷迁移跃迁形成的吸收峰已延伸到 450nm 附近，Tb^{4+} 的吸收峰在 430nm 附近。

价态的变化是引发、调节和转换材料功能特性的重要因素，发光材料的某些功能往往可通过稀土价态的改变来实现，例如，稀土三基色荧光材料中的蓝光发射是由低价稀土离子 Eu^{2+} 产生的。稀土的价态变化有时也会带来不利因素，如 $MgAl_{11}O_{19}：Ce^{3+}$，Tb^{3+} 灯用绿粉中，Ce^{3+} 是一种变价离子，在 185nm 紫外线作用下会氧化为强烈吸收 254nm 紫外辐射而又不发光的 Ge^{4+}，造成荧光粉的光衰，使灯的光通维持率下降。因此，掌握价态转换规律、探索价态转换机制、寻求非正常价态稳定条件及其控制途径，将为发现新型的稀土发光材料和改善材料的发光性能提供必要的依据。

7.2.3　稀土发光材料的优点

稀土元素独特的电子结构决定了它具有特殊的发光特性，稀土化合物广泛地应用于发光材料，在于它具有如下优点。

① 与一般元素相比，稀土元素 4f 电子层构型的特点，使其化合物具有多种荧光特性。除 Sc^{3+}、Y^{3+} 无 4f 亚层，La^{3+} 和 Lu^{3+} 的 4f 亚层为全空或全满外，其余稀土元素的 4f 电子可在 7 个 4f 轨道之间任意分布，从而产生丰富的电子能级，可吸收或发射从紫外线、可见光到近红外区各种波长的电磁辐射，使稀土发光材料呈现丰富多变的荧光特性。

② 稀土元素由于 4f 电子处于内层轨道，受外层 s 和 p 轨道的有效屏蔽，很难受到外部环境的干扰，4f 能级差极小，f-f 跃迁呈现尖锐的线状光谱，发光的色纯度高。

③ 荧光寿命跨越从纳秒到毫秒 6 个数量级。长寿命激发态是其重要特性之一，一般原子或离子的激发态平均寿命为 $10^{-10} \sim 10^{-8}s$，而稀土元素电子能级中有些激发态平均寿命长达 $10^{-6} \sim 10^{-2}s$，这主要是由于 4f 电子能级之间的自

发跃迁概率小所造成的。

④ 吸收激发能量的能力强，转换效率高。

⑤ 物理化学性质稳定，可承受大功率的电子束高能辐射和强紫外线的作用。

7.2.4 稀土发光材料的主要类型

发光材料的发光方式是多种多样的，主要类型有：光致发光、阴极射线发光、电致发光、辐射发光等。以下分别做简要的介绍。

(1) 光致发光 光致发光是指用紫外线、可见光或红外线激发发光材料而产生的发光现象。它大致经历吸收、能量传递和光发射三个主要阶段。光的吸收和发射都是发生在能级之间的跃迁，都经过激发态，而能量传递则是由于激发态的运动。激发光的能量可直接被发光中心（激活剂或杂质）吸收，也可被发光材料的基质（如 $CaWO_4$）吸收。在第一种情况下，发光中心吸收能量向较高能级跃迁，随后跃迁回到较低能级或基态能级而产生发光。对于这些激发态能谱项性质的研究，涉及到杂质中心与晶格的相互作用，可以用晶体场理论进行分析。随着晶体场作用的加强，吸收谱及发射谱都由宽变窄，温度效应也由弱变强，使得一部分激发能变为晶格振动。在第二种情况下，基质吸收光能，在基质中形成电子-空穴对，它们可能在晶体中运动，被束缚在各个发光中心上，发光是由于电子与空穴的复合而引起的。当发光中心离子处于基质的能带中时，会形成一个局域能级，处在基质导带和价带之间，即位于基质的禁带中。不同的基质结构，发光中心离子在禁带中形成的局域能级的位置不同，从而在光激发下，会产生不同的跃迁，导致不同的发光色。光致发光材料分为荧光灯用发光材料、PDP 用发光材料、长余辉发光材料和上转换发光材料，在后面的章节中将分别详细介绍。

(2) 阴极射线发光 阴极射线发光材料是用电子束激发而发光的物质。电子射入发光材料的晶格，由于一系列的非弹性碰撞而形成二次电子，其中一部分由于二次发射而损失掉，而大部分电子激发发光中心，以辐射或无辐射跃迁形式释放出所吸收的能量，这些跃迁间的比例决定了发光的效率。电子束的能量一般为几千到几万电子伏，而紫外线的能量只有 5~6eV。因此，有些材料并不是光致发光材料，无法被紫外线激发，但却有可能是阴极射线发光材料。由于其发光光能量非常大，这类发光材料一般用于电子束管用荧光粉，其产量仅次于灯用荧光粉。

(3) 电致发光 电致发光是由电场直接作用在物质上所产生的发光现象，电能转变为光能，且无热辐射产生，是一种主动发光型冷光源。固体的电致发光现象是苏联科学家在 1927 年研究碳化硅晶体检波器时发现并做出初步理论解释的。电致发光器件可分为两类：注入式发光和本征型发光。半导体发光二极管是目前研究最多和应用最广的一种注入式发光，它是由电子-空穴对在 p-n 结附近复合而产生的发光现象；而本征型发光是通过高能电子碰撞激发发光中心所产生的发光现象，电子的能量来自数量级为 108 V/m 的高电场，因此这种发光现象称为高场电致发光。

（4）辐照发光　辐照发光是指高能光子（如 X 射线和 γ 射线）和粒子（如 α 粒子、β 粒子、质子、中子）辐照发光材料，与其中的原子、分子碰撞，使之发生电离，电离出的电子有很大的动能，可继续引起其他原子的激发和电离，产生二次电子，通过电子空穴复合或激子的迁移，把激发能传递给激活剂而发光。其中 X 射线激发作用在发光材料上的光子能量非常大，其激发概率随发光物质对 X 射线吸收系数的增大而提高，这个系数随原子序数的增大而增大，因此，X 射线发光材料最宜采用含有重元素例如 Cd、Ba、W 等的化合物。

发光材料的化学成分可用 MR：A 表示，MR 为发光材料的基质（matrix），A 为激活剂（activator）。例如，Y_2O_3：Eu^{3+} 表示，Eu^{3+} 掺杂的 Y_2O_3 发光材料，其中 Eu^{3+} 为激活剂，即发光中心，承担绝大部分的发射光子的任务；掺杂离子也可以是两种或两种以上，Y_2SiO_5：Ce^{3+}，Tb^{3+} 中 Y_2SiO_5 为硅酸盐基质材料，Tb^{3+} 为激活剂，而 Ce^{3+} 一般为敏化剂或共激活剂。敏化剂是对激活剂发光起到增强发光性能的掺杂离子。

7.3 稀土光致发光材料

7.3.1 灯用稀土发光材料

人们的生活和工作离不开照明，电光源照明技术是涉及光学、电学、生理学、心理学等多学科的科学。稀土发光材料的一大应用领域便是电光源，灯用荧光粉的产量在所有荧光粉中占据首位。电光源主要分为两大类：热辐射发光光源和气体放电发光光源。与热辐射光源相比，气体放电光源具有显著的优点，例如，不受灯丝熔点的限制；辐射光谱可以选择；发光效率远远超过热辐射光源，可达 200lm/W 以上；寿命长，可达几万小时；而且在使用寿命期间光输出的维持性能好。

稀土发光材料主要用于气体放电光源，稀土发光材料的发现和发明对气体放电光源技术的发展起着举足轻重的作用。可将稀土发光材料在气体放电光源领域的应用范围归纳如下：

气体放电光源 { 低压汞灯 { 紧凑型节能荧光灯 / 特殊用途荧光灯 / 高显色性荧光灯 } 高压气体放电灯 { 荧光高压汞灯 / 金属卤化物灯 } }

7.3.1.1 紧凑型节能荧光灯

利用汞蒸气放电的灯统称为汞灯。按蒸气压的不同，汞灯可分为低压汞灯和高压汞灯，若在这两种灯的外壳内壁涂以荧光粉，就称为低压水银荧光灯和高压水银荧光灯。

在低压汞灯中，放电能量的 60% 转换为 254nm 紫外线辐射；此外，还有对发光无任何贡献的 185nm 紫外线辐射；可见光辐射仅占 2% 左右，因而不涂荧光粉的灯的光效很低，只有 2～5lm/W，不能直接作为照明光源。当用可透过紫外线的材料（如石英玻璃）作为低压汞灯外壳时，制成的是紫外线源。在低压汞灯的外壳内壁涂以适当厚度的荧光粉，可制成发光效率高的低压水银荧光灯（荧光灯）。无论需要获得何种光色，都必须选择适当的荧光粉对低压汞放电产生的 254nm 紫外线辐射进行转换，转换后的色彩取决于光谱能量分布。

荧光灯问世于 1938 年，它具有发光效率高、亮度分布均匀、发光柔和、热辐射小、寿命长、可以调整光色等优点，是应用最为广泛的室内照明光源。1973 年以前，基本上只有两类荧光灯，一类是高光效（80lm/W）的冷白色和暖白色的标准卤粉荧光灯，其显色性较差；另一类是显色性很好的 Deluxe 灯，但光效低（50lm/W）。这两类荧光灯高光效和高显色性难以兼得。

20 世纪 70 年代初，荷兰科学家依据人眼对颜色三种独立响应的视觉系统的概念推断：只要荧光粉发出的可见辐射位于几个特殊的窄发射带，通过适当选择窄发射带的波长（450nm、550nm 和 610nm）和调整这些发射带强度的比例，选取适当的荧光粉，就可以获得既有高的发光效率又有非常好的显色性的荧光灯，此即三色原理，由此推断了采用窄带发射的红、绿、蓝三基色荧光粉，就可能获得高光效和高显色指数的荧光灯。1974 年荷兰飞利浦公司 Vorstegen 等首先研制成功稀土铝酸盐体系三基色荧光粉（又称稀土窄带发射荧光粉），打破了卤粉荧光灯的局限性，解决了荧光灯发明以来 40 年都未能解决的问题，实现了荧光灯高光效（100lm/W）和高显色性（显色指数 $R_a \geqslant 80$）的统一，因而稀土三基色荧光灯 1977 年获得美国重大技术发明奖。三基色荧光粉的主要成分为发蓝光（峰值 450nm）的铕激活的多铝酸钡镁（$BaMg_2Al_{16}O_{27}:Eu^{2+}$），发绿光

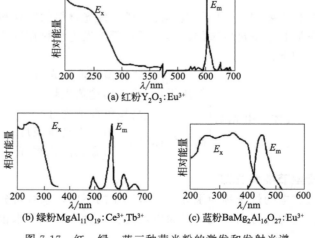

(a) 红粉 $Y_2O_3:Eu^{3+}$

(b) 绿粉 $MgAl_{11}O_{19}:Ce^{3+},Tb^{3+}$

(c) 蓝粉 $BaMg_2Al_{16}O_{27}:Eu^{3+}$

图 7-17　红、绿、蓝三种荧光粉的激发和发射光谱

（峰值 543nm）的铈、铽激活的多铝酸镁（$MgAl_{11}O_{19}$：Ce^{3+}，Tb^{3+}）和发红光（峰值 611nm）的铕激活的氧化钇（Y_2O_3：Eu^{2+}），三种成分按一定比例混合，可以制成色温为 2500～6500K 的任意光色的荧光灯，光效达 80lm/W 以上，平均显色指数达 85。图 7-17 中（a）、（b）和（c）分为三种荧光粉的荧光光谱。卤粉灯与三基色荧光灯的光谱能量分布性能见图 7-18。

其后，日本、荷兰等国又陆续开发出稀土激活的磷酸盐、硼酸盐体系荧光粉。目前，日本主要采用磷酸盐体系，欧洲和美国主要采用铝酸盐体系。中国的铝酸盐体系三基色荧光粉 1980 年由复旦大学研制

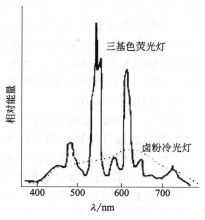

图 7-18　卤粉灯与三基色荧光灯的光谱能量分析

成功，国内主要使用铝酸盐系列，其次是磷酸盐系列。一些厂家使用的稀土三基色灯用荧光粉列于表 7-3。

表 7-3　稀土三基色灯用荧光粉

项　　目	红　粉	绿　粉	蓝　粉
飞利浦公司	Y_2O_3：Eu^{3+}	$MgAl_{11}O_{19}$：Ce^{3+}，Tb^{3+}	$BaMg_2Al_{16}O_{27}$：Eu^{2+}
日立公司	Y_2O_3：Eu^{3+}	$Gd_2O_3 \cdot 3B_2O_3$：Tb^{3+}	$Sr_{10}(PO_4)_8Cl_2$：Eu^{2+}
东芝公司	Y_2O_3：Eu^{3+}	$La_2O_3 \cdot 0.2SiO_2 \cdot 0.9P_2O_5$：$Ce^{3+}$，$Tb^{3+}$ Y_2SiO_5：Ce^{3+}，Tb^{3+}	$(Sr,Ca,Ba)_{10}(PO_4)_6Cl \cdot nB_2O_3$：$Eu^{2+}$
松下公司	Y_2O_3：Eu^{3+}	$MgAl_{11}O_{19}$：Ce^{3+}，Tb^{3+}	$BaMg_2Al_{16}O_{27}$：Eu^{2+}
日亚电子化学公司	Y_2O_3：Eu^{3+}	$LaPO_4$：Ce^{3+}，Tb^{3+}	$(Sr,Ca)_{16}(PO_4)_4Cl_6$：Eu^{2+}
上海特殊灯泡二厂	Y_2O_3：Eu^{3+}	$(Ce,Tb)MgAl_{11}O_{19}$	$(Ba,Mg,Eu)_2Al_{24}O_{24}$
长沙灯泡厂	Y_2O_3：Eu^{3+}	$(Ce,Tb)MgAl_{11}O_{19}$	$(Ba,Mg,Eu)_2Al_{14}O_{24}$

自从 20 世纪 70 年代出现能源危机以来，照明节能引起人们的高度重视，各国竞相发展新一代紧凑型和细直管型荧光灯。三基色荧光粉的开发成功，除了使普通直管形荧光灯的性能获得显著改善（如光效提高、显色性增强、光衰减小），更重要的是，为荧光灯的小型化提供了材料保证，荷兰、日本等研制成功被誉为第三代照明光源的紧凑型节能荧光灯，是荧光灯发展史上的一个重大变革。紧凑型荧光灯克服了普通荧光灯粗而大的缺陷，灯具小巧而美观，光效高，寿命长，可代替白炽灯，达到节能的目的。这种灯管径细，体积小，一方面，单位粉层面积所承受的紫外线辐射强度比普通直管型荧光灯高得多，尤其是 185nm 短波紫

外线辐射的影响大为增加；另一方面，Hg^{2+} 和电子在荧光粉表面的复合也明显增多。这些都是卤粉所不能承受的，前者会在卤粉中产生吸收 254nm 紫外线辐射而不又发光的色心；后者会破坏卤粉的基质结构。高达 150℃ 的管壁温度，也将导致卤粉的发光效率降低。而且，卤粉的量子效率和显色性原本就不及稀土三基色荧光粉，因而稀土三基色荧光粉是目前唯一能应用于紧凑型荧光灯的荧光粉，其良好性能主要在于：

① 耐受 185nm 短波紫外线辐射能力强；

② 粉层表面可抵挡汞原子层的形成，减少光衰；

③ 耐高温性能好，猝灭温度高于 800℃，而且在高温下发射强度的维持率高，在 120℃ 工作仍能保持高的亮度；

④ 与卤粉相比，量子效率提高 15%，达 80% 以上；

⑤ 发射峰带窄，色纯度高；

⑥ 三种发射光谱相对集中在人眼比较灵敏的区域，视觉函数值高，在相同条件下，与发射连续光谱的荧光粉相比，可见光辐射的光效提高约 50%；

⑦ 稀土离子具有丰富的光谱跃迁能级，在 254nm 紫外线辐照下能发出不同颜色的光。

稀土三基色荧光粉的主要缺点是价格昂贵，约为卤粉的 40 倍；另外，三基色荧光粉的各单色粉光衰性能不一致，红粉的光衰最小，100h 的光衰小于 1%；而蓝粉和绿粉的光衰为 5%~10%，从而造成灯在使用过程中光色和显色指数的变化。

低压水银荧光灯具有光效高、寿命长、光线柔和、发热小等优点；主要缺点是功率不易做得很大。低压水银荧光灯除了用于照明的目的外，还可利用不同的荧光粉制成各种色彩的荧光灯和特种用途的荧光灯。

单色粉按一定比例配制成混合粉后制灯，绿粉对灯的贡献最大，而红粉、蓝粉的主要作用是将绿光调为白色的照明光，提高显色指数。下面介绍最常用的三基色荧光粉。

（1）Eu^{3+} 激活的氧化钇红色荧光粉　Y_2O_3：Eu^{3+} 是目前唯一达到实用水平的红粉，性能迄今仍无可匹敌，如果不考虑价格高的缺点，Y_2O_3：Eu^{3+} 几乎是完美的红色灯用发光材料。

Y_2O_3：Eu^{3+} 属于立方晶系，外观为白色晶体。基质 Y_2O_3 为强离子晶体，晶体场的微扰作用显著削弱了原属禁戒跃迁的 4f 电子的禁戒程度，在 200~300nm 附近形成一宽激发带，这个激发带可与低压汞灯 254nm 辐射良好吻合，使其能充分有效地吸收紫外线辐射。图 7-19 为 254nm 紫外线激发下 Y_2O_3：Eu^{3+} 的发射光谱，最大荧光发射峰位于 611nm，半高宽 7nm。其色纯度高；量子效率高，接近 100%；温度猝灭特性良好；不易在 185nm 短波紫外线辐射下形成空位中心；光衰特性好；化学性质稳定。

（2）Tb^{3+}、Ce^{3+} 激活的含氧酸盐绿色荧光粉　在三基色荧光粉中，绿粉对

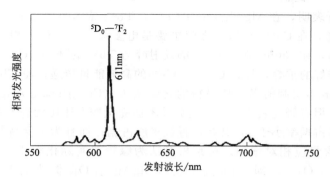

图 7-19　$Y_2O_3 : Eu^{3+}$ 的发射光谱

灯的光通量贡献最大。三基色灯用绿粉均以 Tb^{3+} 作为激活剂，Tb^{3+} 的最大发射峰位于 545nm，归属于 Tb^{3+} 的 $^5D_4 \rightarrow ^7F_5$ 跃迁。绿粉都利用 Ce^{3+} 作敏化剂，这是由于在大多数基质中 Tb^{3+} 的 $4f \rightarrow 5d$ 吸收峰不能与 254nm 汞紫外线辐射相吻合，而 Ce^{3+} 在 254nm 附近具有强吸收，而且在 $330 \sim 400nm$ 的长波紫外区具有强的发射，Ce^{3+} 可以通过无辐射能量传递有效地将所吸收的能量转移给 Tb^{3+}。图 7-20 和图 7-21 为 Tb^{3+}、Ce^{3+} 激活的最常用的四种基质体系（铝酸盐、磷酸盐、硼酸盐和硅酸盐）绿色荧光粉的激发光谱和发射光谱。

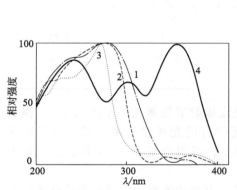

图 7-20　4 种基质的绿色荧光粉的激发光谱图
1—$MgAl_{11}O_{19} : Ce^{3+}$, Tb；2—$LaPO_4 : Ce^{3+}$,
Tb^{3+}；3—$GdMgB_5O_{10} : Ce^{3+}$, Tb^{3+}；
4—$Y_2SiO_5 : Ce^{3+}$, Tb^{3+}

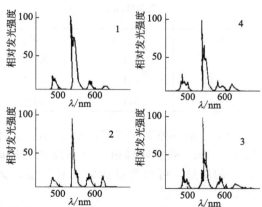

图 7-21　4 种基质的绿色荧光粉的发射图
同图 7-20

① $MgAl_{11}O_{19}$（CAT）：Ce^{3+}，Tb^{3+} 是目前广泛使用的绿色荧光粉。CAT 属于六方晶系，外观为白色晶体。最大荧光发射峰位于 543nm 处，半峰宽 10nm。量子效率约 80%；温度猝灭特性好；耐 185nm 短波紫外线辐射的能力低于 $Y_2O_3 : Eu^{3+}$ 红粉；化学性质稳定。

结构分析表明，在 $MgAl_{11}O_{19}$：Ce^{3+}，Tb^{3+} 晶体中，几乎不存在 $Ce^{3+} \rightarrow$ Ce^{3+} 能量传递，在 $Ce^{3+} \rightarrow Tb^{3+}$ 之间主要是电多极子，多极子相互作用机制决定的能量传递，在 330nm 附近 Ce^{3+} 的发射峰与 Tb^{3+} 的 $^7F_6 \rightarrow {}^5G_2$、$^5D_1$、$^5H_1$ 吸收谱线之间有较好的重叠，导致 $Ce^{3+} \rightarrow Tb^{3+}$ 的高效能量传递，使 Tb^{3+} 发光增强。

Verstegen 等研制的铝酸盐绿粉的化学式为 $(Ce_{0.67}Tb_{0.33})MgAl_{11}O_{19}$，曾被广为引用。但有研究表明，稀土组分并不能完全按上述比例进入晶格，稀土在晶格位置上的占据率小于 1，其余位置被氧所占据；而且为了保持晶体中的电荷平衡，Al 的含量应相对增加。黄京根等认为绿粉的实际化学式表示为 $(Ce_{0.67}Tb_{0.33})MgAl_{12}O_{20.5}$，即 $(Ln_{0.92}O_{0.08})MgAl_{11.13}O_{19}$ 更为合理，并对绿粉 $(CeTb)MgAl_{11}O_{19}$ 组分比例变化对绿粉发光的影响作了深入探讨。

绿粉中 Mg 的含量变化以 $(Ce_{0.67}Tb_{0.33})Mg_xAl_{12}O_{18+x}$ 表示，对发光的影响见表 7-4。可以看到，随着 Mg 量的增大，Tb^{3+} 的 $^5D_4 \rightarrow {}^7F_5$ 跃迁的发射峰蓝移，色度坐标变化不大，但对于 Tb^{3+} 的 540nm（$^5D_4 \rightarrow {}^7F_5$）与 490nm（$^5D_4 \rightarrow {}^7F_6$ 跃迁）发射峰相对强度的比值 I_{540}/I_{490} 影响较大，该值小，有利于提高灯的显色性，故以 $x = 1.0$ 为宜。

表 7-4　Mg 量对 $(Ce_{0.67}Tb_{0.33})Mg_xAl_{12}O_{18+x}$ 发光的影响

x	发射峰/nm	色坐标		I_{540}/I_{490}
		x	y	
0.6	545	0.330	0.594	4.05
0.8	543	0.331	0.592	3.85
1.0	541	0.331	0.590	3.70
1.2	541	0.332	0.592	3.80

Ce^{3+} 是一种变价离子，在 185nm 紫外线辐射下易氧化成 Ce^{4+}，Ce^{4+} 强烈吸收 254nm 汞紫外辐射，但不发光，从而使灯的光通维持率下降。适当减少 Ce^{3+} 的用量，可改善绿粉的光衰特性，例如，可用少量 La^{3+}（小于 10%）取代 Ce^{3+}。

② $LaPO_4$(LAP)：Ce^{3+}，Tb^{3+} 是稀土三基色荧光粉中一类重要的高效绿色发光材料，首先由日本开发，在日本、美国和俄罗斯等国广泛使用。

LAP 属于单斜晶系，晶体颗粒比铝酸盐绿粉 CAT 细。LAP 与 CAT 发射光谱相似，发射峰的相对强度和形状仅存在微小差别；二者的色坐标相近，LAP 发光颜色偏黄，色坐标 x 值高，在构成三基色粉时有利于节省昂贵的红粉；在整个光谱区的量子效率，LAP 比 CAT 高 3%。而且 LAP 的合成温度低。人们估计 LAP 有取代 CAT 的趋势。然而，LAP 在应用上的最大障碍是温度猝灭特别严重，200℃ 时的亮度仅为 20℃ 时的一半。紧凑型节能灯管径小，管壁负荷大，管壁温度高；制灯过程烤管温度高达 550℃，因此必须克服严重的温度猝灭效应。在 LAP 与红粉、磷酸盐蓝粉的混合粉中，它们的相对密度、粒度可以匹配得比较合理，因此制灯后的综合性能优于 CAT。但因制备工艺和生产成本的原因，LAP 的用量在国内受到限制。

在 $LaPO_4$ 中，仍以 Ce^{3+}、Tb^{3+} 共激活，在 254nm 紫外线的激发下，Tb^{3+} 的发射主要依赖 $Ce^{3+} \rightarrow Tb^{3+}$ 的能量传递。Ce^{3+} 的激发光谱位于 200～300nm 范围，发射峰位于 320nm 处，从 300nm 延伸到 400nm。由于 Ce^{3+} 的发射光谱与 Tb^{3+} 的激发光谱相吻合，离子间发生耦合作用。

LAP 最大的缺点是温度猝灭特性差，人们一直致力于寻求解决的途径。LAP 属单斜晶系，具有高度畸变的结构特征，其晶格可以容纳多种价态相同或不同的离子，形成具有独居石结构的固熔体，在灼烧过程中掺杂硼酸和锂盐，可以克服严重的温度猝灭现象。硼酸具有较强的还原性，能将 Ce^{4+} 还原，减少 Ce^{4+} 的形成数量，同时还可抑制 Ce^{3+} 在外界条件影响下的氧化，使 Ce 几乎全部以 Ce^{3+} 的形式存在，从而改善 LAP 的温度猝灭特性。在 LAP 中掺入 Th，可使温度猝灭特性明显改善，其中 Th 以 +4 价态存在，Th^{4+} 半径 102pm，与 Ce^{3+} 半径（103pm）相近，而与 Ce^{4+} 半径（92pm）相差较大，掺入的 Th^{4+} 与晶格中的 Ce^{4+} 缺陷不匹配，而与 Ce^{3+} 缺陷匹配，Th^{4+} 占据 Ce^{3+} 晶格位置，致使 Ce 全部以 Ce^{3+} 存在。在 LAP 中分别掺杂 Al_2O_3、ZrO_2、B_2O_3，都可提高其热稳定性，B_2O_3 的效果尤为明显。

③ $GdMgB_5O_{10}$：Ce^{3+}，Tb^{3+} 属于单斜晶系。其中，Gd^{3+} 在 $Ce^{3+} \rightarrow Tb^{3+}$ 的能量传递过程中起中间体的作用，Ce^{3+} 吸收的紫外线辐射能量并非直接传递给 Tb^{3+}，而是通过 Gd^{3+} 传递给 Tb^{3+}。利用此传递能量机制，可以减少荧光粉中 Tb^{3+} 的用量，降低成本。

$GdMgB_5O_{10}$：Ce^{3+}，Tb^{3+} 的熔点低，合成温度低于铝酸盐和硅酸盐，一般为 1000～1100℃，但在灼烧过程中易熔融结块，为此须严格控制温度。

在 $GdMgB_5O_{10}$ 结构中，以 Mn^{2+} 取代部分 Mg^{2+}，可发生 $Gd^{3+} \rightarrow Mn^{2+}$ 的能量传递，Mn^{2+} 发射 630nm 红光。若在 $GdMgB_5O_{10}$ 基质中同时掺杂 Tb^{3+} 和 Mn^{2+}，能够获得同时具有绿色 Tb^{3+} 发射和红色 Mn^{2+} 发射的荧光粉，可用于低色温和高显色性的荧光灯。

④ $Y_2Si_2O_5$：Ce^{3+}，Tb^{3+} 属于单斜晶系。在 $Y_2Si_2O_5$ 中，Ce^{3+} 的两个激发峰分别位于 300nm 和 350nm 附近，发射峰位于 400nm；Tb^{3+} 的激发光谱包括 245nm 附近的强吸收和在 290～390nm 范围的弱吸收，Tb^{3+} 可以不需要 Ce^{3+} 的敏化而直接被 254nm 紫外线激发。当 Tb^{3+} 摩尔分数超过 5％时，主要表现为黄绿区的 $^5D_4 \rightarrow {}^7F_J$ 发射，蓝区的 $^5D_3 \rightarrow {}^7F_J$ 跃迁很弱。当以 365nm 紫外线激发时，发生 $Ce^{3+} \rightarrow Tb^{3+}$ 能量传递。$Y_2Si_2O_5$：Ce^{3+}，Tb^{3+} 中 Tb^{3+} 的用量大，合成成本高。

（3）Eu^{2+} 激活的铝酸盐蓝色荧光粉　在三基色荧光粉中，蓝粉的作用主要在于提高光效、改善显色性，蓝粉的发射波长和光谱功率分布对紧凑型荧光灯的光效、色温、光衰和显色性都有较大影响。它的光谱功率分布和色度坐标 y 值的大小，决定 R_a 的大小。发射峰在长波区域时，峰的半高宽越大，显色性越好，但光效下降；发射峰在短波区域时，峰的半高宽越小，显色性越差，光效增高。在发射峰不变的情况下，y 值增大，R_a 也增大，但热猝灭作用增强，易出现灯管端头和整体早期发黑。蓝粉的光谱功率分布与其基质成分密切相关。目前实用的主要是 Eu^{2+} 激活的铝酸盐和卤磷酸盐（最大荧光发射峰位于 450nm 左右，温度猝灭特性和耐 185nm 辐射能力不及铝酸盐荧光粉）。

$BaMgAl_{10}O_{17}$：Eu^{2+}（BAM）是目前在紧凑型荧光灯中使用较多的蓝色荧光粉，属于六方晶系，外观为白色晶体。图 7-22 为在 254nm 紫外激发下 BAM 的发射光谱，最大荧光发射峰位于 453nm，半峰宽 50nm。BAM 的量子效率约为 95%；化学性质稳定。

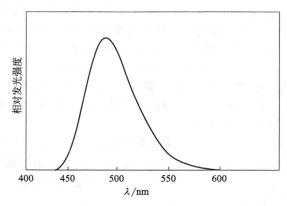

图 7-22　BAM 的发射光谱

在 $BaMgAl_{10}O_{17}$：Eu^{2+} 的发射光谱中，450nm 附近的蓝色发射峰源于取代了位于镜面层的 Ba 位置的 Eu^{2+} 发光中心。520nm 附近的绿色发射峰，归因于取代了位于尖晶石（$Al_{10}MgO_{16}$）内 Mg 位置的 Eu^{2+} 发光中心，其中 Ba—O 键长（约 0.28nm）＞ Mg—O 键长（约 0.18nm），占据 Mg^{2+} 格位的 Eu^{2+} 受 O^{2-} 的共价影响相对明显，故 Eu^{2+} 呈绿色发射。

国外一般认为，蓝粉波长以 440～460nm 为宜，这样可兼顾光效和显色性。黄京根的研究表明，蓝粉主要是 y 坐标值对色温的配制和显色性影响较大，通过实验证明并建议蓝粉的 y 坐标值取在 0.06～0.10 之间。

研究发现，Eu^{2+} 激活的铝酸盐的发射光谱与荧光粉的基质成分有关，基质中阳离子组分的相对含量对蓝粉的发射波长和色度坐标 y 值具有明显影响，应根据灯对光通和显色性的不同要求，适当选择蓝粉的组成。Ba 含量影响的总趋势是随 Ba 量的减少，发射波长和色坐标都减小。

Mg 含量的影响：若以 $BaMg_xAl_{10}O_{16-x}$ 表示 Mg 量的变化，x 在 0～1.0 之间，发射主峰不发生移动，Mg 量的影响主要表现为，决定 Eu^{2+} 发射光谱的绿色发射，主峰右侧长波方向拖尾随 x 的减小而增强，故色度坐标 y 值趋于增大。蓝粉 y 坐标对 320K 以上色温的三基色粉的光效和显色性均有影响，y 值大，三基色粉的光效低，而显色性高；反之亦然。以 $BaMg_{0.2}Al_{10}O_{16.2}$：$Eu^{2+}$ 和 $BaMgAl_{10}O_{17+}$：Eu^{2+} （色度坐标 y 值 0.060）分别配制的 5000K 三基色粉相对比，前者光效下降 2%，R_a 升高 3。表 7-5 为 Mg 量对 $BaMg_xAl_{10}O_{16-x}$：Eu^{2+} 发光性能的影响。

表 7-5 Mg 的含量对 $BaMg_xAl_{10}O_{16-x}$：Eu^{2+} 发光性能的影响

x	发射峰/nm	色度坐标	
		x	y
1.0	452	0.146	0.060
0.8	452	0.149	0.071
0.6	452	0.154	0.088
0.4	452	0.161	0.106
0.2	452	0.170	0.121

此外，激活离子 Eu^{2+} 浓度的增加，可使 BAM 抗 185nm 真空紫外线辐射的稳定性得到大幅度提高。在 185nm 紫外线辐照下，荧光粉表面的氧从晶格中释放出来而产生氧空位，形成色心，扰乱了荧光粉的晶格结构和化学计量比，非对称性增强，使激活离子周围的晶体场增强。提高激活离子的浓度，晶格缺陷和色心对激活辐射的吸收相对减少，以致传导电子与激活离子结合的概率大于传导电子与阴离子空位结合形成色心的概率，这样减少了对 185nm 无辐射吸收，相当于提高了荧光粉的抗 185nm 紫外线辐射的稳定性。

有研究发现，改变 BAM 的组成，如增大 Eu^{2+} 的含量，或以半径较小的离子部分取代半径较大的离子，使 BAM 晶体结构的晶胞参数 c 减少，可以改善其光衰特性，数据见表 7-6。表中 M_x 为 X 射线辐照后的发光强度保持率，它与荧光灯燃点期间发光强度保持率密切相关，呈正向关系。

表 7-6 不同组分铝酸盐蓝粉的发光强度保持率及晶胞参数

组　　成	M_x/%	晶胞参数 a	晶胞参数 c
$(Ba_{0.99}Eu_{0.01})O \cdot MgO \cdot 5Al_2O_3$	70.4	5.636	22.696
$(Ba_{0.95}Eu_{0.05})O \cdot MgO \cdot 5Al_2O_3$	85.0	—	—
$(Ba_{0.9}Eu_{0.1})O \cdot MgO \cdot 5Al_2O_3$	90.0	5.632	22.650
$(Ba_{0.8}Eu_{0.2})O \cdot MgO \cdot 5Al_2O_3$	94.8	5.636	22.643
$(Ba_{0.5}Eu_{0.5})O \cdot MgO \cdot 5Al_2O_3$	97.9	5.628	22.542
$(Ba_{0.8}Sr_{0.1}Eu_{0.1})O \cdot MgO \cdot 5Al_2O_3$	91.5	—	—
$(Ba_{0.7}Sr_{0.2}Eu_{0.1})O \cdot MgO \cdot 5Al_2O_3$	92.0	—	—
$(Ba_{0.5}Sr_{0.4}Eu_{0.1})O \cdot MgO \cdot 5Al_2O_3$	92.7	5.629	22.540

7.3.1.2 高压汞灯

高压汞灯是出现最早的高压气体放电光源。低压汞灯中汞蒸气压极小，不足
133Pa，例如，直径38mm的低压汞灯，获得254nm紫外辐射的最佳汞蒸气压为
0.8Pa；而高压汞灯的汞蒸气压为低压汞灯的数千倍，普通高压汞灯的蒸气压为
0.2～1MPa。高压蒸气下和低压蒸气下的汞原子辐射存在很大差异，低压汞放电
主要产生254nm和185nm紫外辐射，可见光辐射很微弱；在高压汞灯中，原子
密度高，原子间相互作用大，造成所谓压力加宽、碰撞加宽、多普勒效应等现
象，以致汞在可见光区的特征谱线404.9nm（紫）、435.8nm（蓝）、546.1nm
（绿）、577.0～579.0nm（黄）等非常明显。高压汞灯中同样存在254nm和
185nm的紫外线辐射，但由于这些紫外线辐射的能量大，容易被其他或自身汞
原子吸收而产生二次激发，从而产生可见光辐射。这样，在高压放电下汞的
185nm和254nm紫外线辐射相对减弱，光辐射相对增强，可见光辐射的比例相
对提高，可以看作辐射峰值向长波方向移动。图7-23中（a）和（b）分别为低
压汞灯和高压汞灯的光谱能量分布。

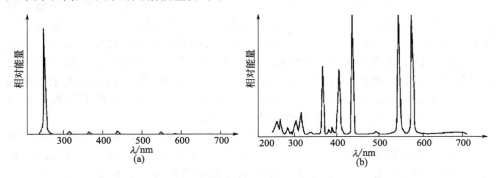

图 7-23　低压汞灯（a）和高压汞灯（b）的相对光谱能量分析

高压汞放电的辐射由两部分构成，其一是线状光谱成分，主要是365.6nm、
407.9nm、435.8nm、546.1nm和557.0～557.9nm的谱线；其二是连续光谱成
分，即特征谱线下的连续背景，主要源自复合发光，以及激发态原子与一般原子
的作用引起的韧致辐射。高压汞蒸气中还存在离子与电子的复合过程，会产生连
续光谱，尽管其比例不大，但对灯的发光性质有较大影响。

在高压汞灯的可见光辐射中，红光成分太少，仅占总可见辐射的1%，与日
光中的红光比例（约12%）相差甚远。因此，高压汞灯的光色显蓝绿，显色指
数低，仅为25，被照物体不能很好地呈现原有的颜色，明显失真，不宜用于对
照明要求较高的场所。为了改善光色、提高显色指数，照明用高压汞灯普遍采取
的一个措施，是在放电管的外面套一玻璃外壳，在外壳的内壁涂以在365nm紫
外线激发下能产生红光的荧光粉，构成荧光高压汞灯。

高压汞灯具有较高的光效，而且发光体小，亮度高，适合于室内外照明、道

路照明、建筑物内照明等；近年来受到发光效率更高的钠灯和金属卤化物灯的挑战和取代。由于高压汞灯还具有较强的紫外线辐射，也可用于晒图、保健日光浴治疗、化学合成、塑料及橡胶的老化试验、荧光分析、紫外线探伤、食物及种子消毒等许多方面。

常用的高压荧光灯用稀土荧光粉介绍以下三种。

(1) 铕激活的钒酸钇　铕激活的钒酸钇 YVO_4：Eu^{3+} 属于立方晶体，具有锆石型结构，外观白色。用 Eu^{3+} 部分取代 Y^{3+} 即得 YVO_4：Eu^{3+} 荧光粉，其中 Eu^{3+} 的含量可在比较大的范围内变化，一般摩尔分数在 5％ 左右。YVO_4：Eu^{3+} 的最大发射峰位于 619nm 处；此外，在 695nm 处还有一个弱峰。其量子效率较高，总光通量高，显色性好；不吸收汞弧所产生的蓝色辐射；在 300℃ 条件下，发光强度几乎不变。但是，光衰特性不够理想，在汞放电紫外线辐射的长期作用下发生分解，荧光粉变色，以致灯的光输出下降。

在 YVO_4：Eu^{3+} 中，主要靠 VO_4^{3-} 基团吸收紫外线，然后将能量传递给 Eu^{3+} 而实现发光，这种传递效率很高。图 7-24 为 YVO_4：Eu^{3+} 的激发光谱和发射光谱，它在整个紫外线区的吸收率都很高，无论是低压汞蒸气放电的 254nm 紫外线，还是高压汞蒸气放电的 365nm 紫外线，都能使其有效激发。表 7-7 列出 YVO_4：Eu^{3+} 和两种非稀土荧光粉制作的高压荧光汞灯的发光特性数据。

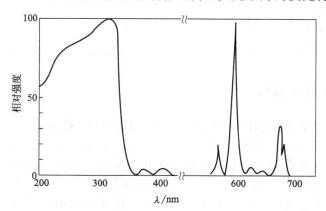

图 7-24　YVO_4：Eu^{3+} 的激发光谱和发射光谱

表 7-7　400W 高压汞灯的发光特性

荧光粉	色坐标		显色指数 R_a	相关色温 /K	光通量/lm	
	x	y			0h	1600h
YVO_4：Eu^{3+}	0.395	0.375	47	3600	23000	20100
$3.5MgO \cdot 0.5MgF \cdot GeO_2$：$Mn^{2+}$	0.385	0.415	43	4100	20500	18570
$(Sr,Zn)_3(PO_4)_2$：Sn^{2+}	0.345	0.395	36	5200	23000	20100

（2）铕激活的钒磷酸钇　YVO₄：Eu³⁺的稳定性欠佳，以 PO₄³⁻取代摩尔分数为 20％的 VO₄³⁻，制得铕激活的钒磷酸钇 Y(V,P)O₄：Eu³⁺，可以改善荧光粉的温度猝灭特性和光输出稳定性。

Y(V,P)O₄：Eu³⁺的激发和发射光谱与 YVO₄：Eu³⁺相同，发射主峰位于619nm。它不吸收汞弧所产生的蓝色辐射；在 400℃下光通量不下降。与YVO₄：Eu³⁺相比，最突出的优点是长期工作后的光衰特性好，其综合性能优于表 7-8 中的非稀土荧光粉和 YVO₄：Eu³⁺。

YVO₄：Eu³⁺的制备方法同 YVO₄：Eu³⁺，只是在原料中加入一定量的(NH₄)₂HPO₄。

（3）铕激活的钒硼酸钇　以硼酸根取代部分钒酸根，可得到铕激活的钒硼酸钇 Y₂(V,B)₂O₈：Eu³⁺，最大发射峰位于 619nm 于 YVO₄：Eu³⁺和 Y(V,P)O₄：Eu³⁺，可以改善高压汞灯的光色。YVO₄：Eu³⁺、Y(V,P)O₄：Eu³⁺和Y₂(V,B)₂O₈：Eu³⁺的性质列于表 7-8。

表 7-8　荧光高压汞灯常用稀土荧光粉的性质

荧　光　粉	基　　质	激　活　剂	发射峰波长/nm	色坐标		最高工作温度/℃
				x	y	
铕激活的钒酸钇	YVO₄	Eu³⁺	619.695			330
铕激活的钒磷酸钇	Y(V,P)O₄	Eu³⁺	619.695	0.661	0.336	400
铕激活的钒硼磷酸钇	Y₂(V,B)₂O₄	Eu³⁺	619			300

7.3.2　PDP 发光材料

7.3.2.1　等离子体显示技术的发展及稀土发光材料的地位

等离子体显示原理等离子体显示板（plasmadisplaypanel，PDP）是利用稀有气体在一定电压作用下产生气体放电（形成等离子体），直接发射可见光或发射真空紫外线（VUV）转而激发荧光粉而间接发射可见光的一种主动发光型平板显示器件。单色 PDP 是利用 Ne-Ar 混合气体在一定电压作用下产生气体放电，直接发射出 582nm 橙红色光而制成的平板显示器件，不能产生多色或全色显示的彩色光。彩色 PDP 中，利用气体放电所产生的电子激发低能电子荧光粉，或利用气体放电所产生的真空紫外线激发光致发光荧光粉，发出彩色光而实现彩色图像显示。目前彩色 PDP 主要采用紫外线激发发光的方式，其发光原理与常见的荧光灯相似，即彩色 PDP 的工作原理包括两部分：①稀有气体放电过程，在一定电压下稀有气体产生放电，发射真空紫外线（波长小于 200nm）；②荧光粉发光过程，在气体放电产生的真空紫外线的激发下荧光粉发射红、绿、蓝三色可见光，三基色经时间和空间调制实现彩色显示。其原理结构示于图 7-25 所示。彩色 PDP 由上百万个发光池组成，每个发光池相互隔开成为荧光单元，池内充有稀有气体，涂有红、绿、蓝三色荧光粉。在驱动电压的作用下发生气体放电，稀有气体变为等离子体状态，辐射紫外线，紫外线激发荧光粉，从而发出各种颜色的光，控制电路中电压和时间就可以得到各种彩色画面。彩色 PDP 按工作方式的不同，可分为交流（AC-PDP）和直流（DC-PDP）两类。可以说，PDP 是将辉光放电数码管平板化了，用排成行、列的矩阵形电极取代了形状固定而重叠的电极，无论是 AC-PDP 还是 DC-PDP，在矩阵形电极结构中，都是将气体放电单元作矩阵排列，每个单元就是一个显示点，由这些单元组合显示出字符或图形，PDP 可以做成单元屏或矩阵屏。在 PDP 中稀有气体辐射的紫外线波长位于真空紫外区，不同的稀有气体的发射波长不同，不同的气体组分、压力对发光亮度均有显著影响。封入平板的稀有气体一般为两种，广泛使用的是 He-Xe 和 Ne-Xe 混合气体，其中以 Xe 为主，其发射主峰在 147nm 处，当加大压强时会出现明显的 170nm 的连续光谱。

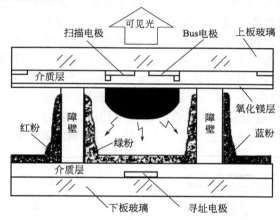

图 7-25 PDP 放电单元的原理结构

作为平板显示器件，PDP 和液晶显示（LCD）器件都已进入市场。与液晶显示板相比，PDP 的驱动电压高、功耗大，驱动电路价格稍贵，但 PDP 的显示板本身制作工艺简单，如存储型彩色 AC-PDP，除荧光粉涂覆须用光刻工艺外，像素的精细制作多采用厚膜印刷技术。这与有源液晶显示板每个像素必须制作一个薄膜晶体管元件相比，要容易得多，因而成品率高，成本较低。尽管液晶显示板本身的功耗比 PDP 低得多，但为了实现彩色显示的液晶器件常需采用荧光灯作背照光源，这时透过彩色滤光膜的光通仅为光源光通的百分之几，因此两者的总功耗相差不多。LCD 也能制成大屏幕，但是批量生产困难很大，因为稍微进一点灰尘就会导致其某一部分不能正常工作，引起画面出现斑点，所以制成 51cm（80 英寸）就已相当不容易，画面尺寸不会逾越 102cm 的准大屏幕水平。并且 LCD 需要昂贵的半导体制造设备，视角、高精细化方面也尚不尽如人意。

7.3.2.2 彩色 PDP 结构

（1）彩色交流 PDP 的基本结构　　AC-PDP 可分为对向放电式和表面放电式两种类型。图 7-26 为两种实现彩色显示的 AC-PDP 结构示意。对向放电式 AC-PDP 与单色结构相同，两个电极分别在相对放置的底板上，在 MgO 层涂敷荧光粉。在放电时，荧光粉受离子轰击发光性能变差，这种结构难于实用化。表面放电式 AC-PDP 避免了上述缺点，其显示电极位于同一侧的底板上，放电也在同侧电极进行。表面放电式 AC-PDP 结构简单，易于制作，放电效率高，是彩色 PDP 发展的主流，大多数的市场商品采用这种结构。表面放电式 AC-PDP 的实际结构有许多种，其中一种实用结构如图 7-27 所示。首先在它的前基板制作透明 ITO 电极（维持电极），每个单元包括一对电极。为降低透明电极的电阻，再在每个 ITO 边缘制作 Cr-Cu-Cr 金属汇流电极。电极上覆盖低熔点玻璃透明介质层，介质表面蒸镀 MgO 保护层。MgO 具有良好的耐离子轰击性能，而且它的次级电子发射系数较高，有助于降低着火电压。在后基板上先制作与前基板电极呈空间正交的选址电极（书写电极），上面覆盖一层白色介质层，起隔离和反射作用。再在白色介质层上电极间隙处制作与选址电极平行的条状障壁阵列。障壁高度控制两基板间隔，其作用是防止光串扰（某一个单元的紫外线激发相邻单元的荧光粉）；防止电串扰（某一个单元的电荷及外加电场作用到不该作用的相邻单元）；障壁增加放电电荷存储的表面积，增加存储能力。红、绿、蓝三色荧光粉依次涂敷在障壁两边和白色介质层上。前、后基板放在一起，板的四周以低熔

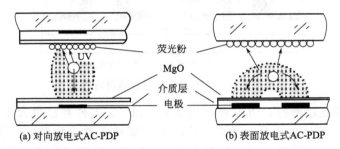

(a) 对向放电式AC-PDP　　　　　(b) 表面放电式AC-PDP

图 7-26　彩色 AC-RDP 的两种电极结构

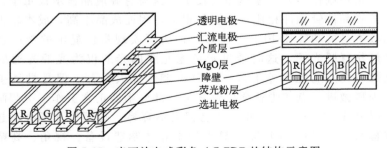

透明电极
汇流电极
介质层
MgO层
障壁
荧光粉层
选址电极

图 7-27　表面放电式彩色 AC-PDP 的结构示意图

点玻璃进行气密性封接，经过 460℃ 左右的焙烧，形成真空密封腔，排气达到一定真空度后充入 Ne-Xe 混合气体，然后把器件封离工作台，即制得显示器件。

（2）彩色直流 PDP 的基本结构　彩色 DC-PDP 的阴极和阳极直接暴露于充气的放电空间，在电极上施加直流脉冲电压时放电发光。它与 AC-PDP 的根本区别是没有存储特性，即只有在单元被施加电压时才发光。这种非存储型彩色 DC-PDP 发光效率低，亮度低，不实用。目前彩色 DC-PDP 的研究主要集中在适于大屏幕显示的脉冲存储型彩色 DC-PDP 方面，图 7-28 为一种已制成 102cm 显示屏的脉冲存储型彩色 DC-PDP 的结构示意。由图可见，在构成 PDP 的两块玻璃板上制作矩阵电极，阴极位于背面玻板上，阳极的排列方向与阴极垂直，它和辅助电极位于面板玻璃的内表面。显示阳极和阴极交叉处被介质材料（如低熔点玻璃料）围成的小单元是显示单元，辅助电极和阴极间构成辅助单元，两单元顶端有缺口相通。红（R）、绿（G）、蓝（B）三色荧光粉分别涂覆在各显示单元面板玻璃内表面上。另外，用在 DC-PDP 中的荧光粉还必须具有导电性，否则直流驱动时电子不被带走，单元不能工作。在 PDP 中，电子能量低，不能采用 CRT 中在荧光粉层表面敷铝膜的方法。在 PDP 的结构和工作方式上，AC 和 DC 截然不同，然而荧光粉材料和荧光面的结构几乎相同。

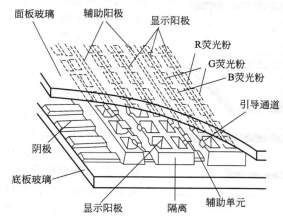

图 7-28　脉冲存储型彩色 DC-PDP 的结构

（3）荧光粉涂层　荧光粉涂敷在后基板的障壁之间，涂敷方法有两种：丝网印刷法和光刻法。丝网印刷法适于大面积涂敷，一般采用丝网印刷，将荧光粉和溶剂、树脂以及相关助剂等混合均匀，红、绿、蓝荧光粉印刷 3 次即形成荧光屏，然后在 400～450℃ 的温度下进行焙烧。与光刻法相比，丝网印刷法的缺点是难以精确重复对位。菲利浦电子有限公司的 AC 型 107cm（42 英寸）彩色 PDP 电视采用丝网印刷法，Thomson 公司的 AC 型 48cm（19 英寸）彩色 PDP 显示器采用光刻法。

在 PDP 器件的制作过程中，荧光粉一般要经历如图 7-29 所示的过程。

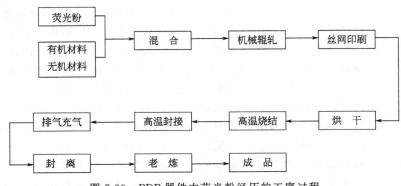

图 7-29　PDP 器件中荧光粉经历的工序过程

　　荧光粉涂层面积和厚度是影响彩色 PDP 亮度和光效的重要因素。增大放电单元中荧光粉涂层面积是提高彩色 PDP 亮度和光效的有效措施之一，图 7-30 表示采用透射、反射和透射反射混合涂敷方式的涂层剖面，显然，混合型的荧光粉

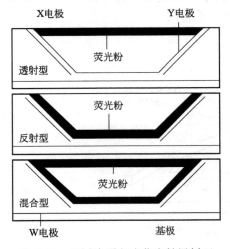

图 7-30　不同涂覆方式荧光粉层剖面

涂敷面积最大，因而这种涂敷方式具有最高的亮度和光效；然而，有两方面的问题需要解决：①由于混合涂敷方式在前玻璃板也涂有荧光粉，若前板涂层太厚，将对可见光有很大的吸收，反而造成亮度和光效降低，因此必须选择最佳前板粉层厚度，以 $10\mu m$ 为宜。②有一部分荧光粉位于放电空间，离子轰击将导致荧光粉的劣化，一般采用 MgO 保护层。如果 MgO 层厚度小于 40nm，它自身易被离子轰击破坏，起不到保护作用；然而厚度增加又会造成 147nmVUV 透过率下降，而且当厚度达到 200nm 时，透过率接近于零。解决此矛盾的方法是，先在粉层上沉积 500nm 厚的 MgF_2（对 VUV 具有高透过率）层，然后再在 MgF_2 层上沉积 40nm 厚 MgO 层，这样 PDP 的亮度和光效将比仅采用 MgO 层增大一倍。

　　为了制作均匀的涂层，荧光粉粒径不宜过大；但是粒径也不能过小，因为荧光粉经研磨后，晶体或多或少地会遭到一定程度的破坏而使发光效率降低。为了同时兼顾荧光粉的发光效率和涂层的质量，彩色 PDP 荧光粉的平均粒径以 $1\sim3\mu m$ 为宜。目前粒径一般在 $6\mu m$，希望能在 $3\mu m$ 以下。

　　受 CRT 荧光粉的启发，PDP 采用球形荧光粉，它的充填性好，用薄膜可获得足够高的发光效率。目前使用的荧光粉是白色的，它的涂层面积越大，画面对比度越差。解决这一问题的方法是在前基板内侧设置滤色膜，滤色材料为无机材料。一般的丝网印刷可能会出现图像重叠。

7.3.2.3 彩色 PDP 荧光粉

PDP 的光效对屏的亮度、对比度、功耗具有决定性的作用，光效不仅与单元结构、工艺和驱动电路有关，同时也与 PDP 荧光粉的性能密切相关。而且，在 PDP 中的发光材料要承受比普通荧光灯中更强的 VUV 辐射，因而对荧光粉的性能提出更高的要求。

(1) 对 PDP 三基色荧光粉的性能要求

① 在真空紫外线区发光效率高。PDP 荧光粉发光效率是 PDP 实现高分辨率和高亮度显示的关键。至少要使彩色 PDP 在环境光下达到 $150cd/m^2$ 的白光亮度，目前亮度水平在 $200 \sim 300cd/m^2$ 之间，对于电视显示期望的目标是 $700cd/m^2$。这就要求提高荧光粉发光效率，由目前的平均 $0.4 \sim 1lm/W$ 提高到 $5lm/W$ 以上。

② 在同一放电电流时，通过三基色发光混合获得白色光。

③ 余辉时间满足电视显示的要求，人眼对运动图像的视觉残留时间约为 5ms，因此荧光粉的余辉时间不应超过 5ms，否则当显示运动图像时会产生拖尾现象。目前，绿色 $ZmSiO_4：Mn^{2+}$ 的余辉偏长。

④ 具有较高的耐受气体放电环境中真空紫外辐照和离子轰击的稳定性，不发生劣化，使用寿命至少要达到 10000h。目前荧光粉的光衰较大。

⑤ 在显示器的制作工艺（涂浆和热处理）中不发生劣化，保持良好的稳定性。

⑥ 荧光粉发光效率受放电单元工作状态温度的影响小。在器件工作时，相当一部分输入能量会转化为热量而导致器件温度升高，因而会对荧光粉性能造成影响。

(2) 常用的几种三基色荧光粉 等离子平板显示器（PDP）是继阴极射线管显示器（CRT）和液晶显示器（LCD）之后一种新颖的直视式图像显示器件。近年来，随着图像技术的发展，立体图像媒体技术应运而生。由于三维（3D）PDP 显示器不存在偏振光问题，其自发光技术可以产生逼真的 3D 影像并且能 $360°$全视角观看，预计将逐渐占据平板显示的主流地位。

荧光粉是决定 PDP 显示质量的关键因素，关系到器件的亮度、色度和分辨率等重要性能指标，只有在真空紫外（VUV）147nm 和 172nm 处存在良好的吸收才能满足 PDP 显示应用的要求。目前商用 PDP 三基色荧光粉主要为红粉（Y，Gd）BO_3 或 $Y_2O_3：Eu^{3+}$，绿粉 $Zn_2SiO_4：Mn^{2+}$、$BaAl_{12}O_{19}：Mn^{2+}$（BHA）或（Gd，Y）$BO_3：Tb^{3+}$，蓝粉 $BaMgAl_{10}O_{17}：Eu^{2+}$（BAM）。

① （Y，Gd）$BO_3：Eu^{3+}$ PDP 用红色发光材料 图 7-31 为几种红粉的激发

光谱，它们位于 $100\sim200nm$ 波长范围激发峰，以 $(Y,Gd)BO_3$：Eu^{3+} 最强和最宽，而且从表 7-9 的数据也可以看到，$(Y,Gd)BO_3$：Eu^{3+} 的相对发光效率最高，色度坐标接近 NTSC 基色坐标，因此目前它是性能最好的红粉（图 7-32）。在常用的两种红粉中，$(Y,Gd)BO_3$：Eu^{3+} 的效率比 Y_2O_3：Eu^{3+} 高，但其发射主峰在 593nm 处（相应于 Eu^{3+} 离子的 $^5D_0\rightarrow{}^7F_1$ 跃迁），Y_2O_3：Eu^{3+} 主峰在 611nm 处，前者偏橙色，色纯度不高。

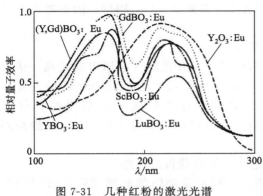

图 7-31 几种红粉的激光光谱

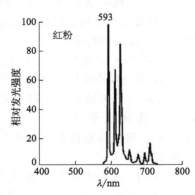

图 7-32 $(Y,Gd)BO_3$：Eu^{3+} 材料
发射光谱图

② $(Gd,Y)BO_3$：Tb^{3+} PDP 用绿色发光材料 由图 7-33 的 Tb^{3+} 激活的稀土硼酸盐绿粉的激发光谱（图 7-34）。可见，它们在 $100\sim200nm$ 波长范围有较高的量子效率，其中以 YBO_3：Tb^{3+} 为最高。

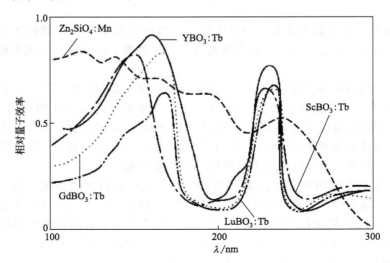

图 7-33 Tb^{3+} 激活的稀土硼酸盐绿粉的激发光谱

③ $BaMgAl_{10}O_{17}$：Eu^{2+} （BAM）PDP 用蓝色发光材料。

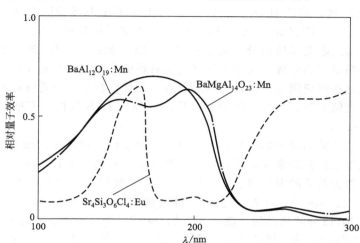

图 7-34 Mn^{2+} 激活铝酸盐和 $Sr_4Si_3O_6Cl_4$：Eu^{2+} 绿粉的激发光谱

7.3.3 长余辉发光材料

长余辉发光材料简称长余辉材料，又称夜光材料。它是一类吸收太阳光或人工光源所产生的光发出可见光，而且在激发停止后可继续发光的物质。具有利用日光或灯光储光，夜晚或在黑暗处发光的特点，是一种储能、节能的发光材料。长余辉材料不消耗电能，但能把吸收然光等储存起来，在较暗的环境中呈现出明亮可辨的可见光，具有照明功能，可以起到指示照明和装饰照明的作用，是一种"绿色"光源材料。尤其是稀土激活的碱土铝酸盐长余辉材料的余辉时间可达 12h 以上，具有白昼蓄光、夜间发射的长期循环蓄光、发光的特点，有着广泛的应用前景。

长余辉材料是研究和应用最早的发光材料，有关它的研究已有 140 多年的历史。常用的传统长余辉材料主要是硫化锌和硫化钙荧光体。稀土掺杂的长余辉发光材料主要有几个大体系。

（1）稀土激活的硫化物长余辉发光材料　Sidot 在 1866 年首先制备出了 ZnS 长余辉发光光材料，但其中并不含有稀土离子，原因是稀土离子与基质硫化物价态不同及化学性质的巨大差异，使得稀土离子很难以较高浓度掺入。随着研究的不断进展，稀土硫化物长余辉发光材料已逐渐成为一种众所周知的长余辉材料，目前已实用的稀土硫化物长余辉发光材料有 CaS：Eu 或 CaS：Eu，Tm。这类发光材料的亮度和余辉时间为传统硫化物材料的几倍，但是由于稀土硫化物长余辉材料较稀土铝酸盐仍然有发光亮度低，余辉时间短以及化学性质不稳定等缺点，所以限制了其使用范围。

稀土硫化物长余辉材料的研究主要集中于碱土金属硫化物体系，主要以 Eu^{2+} 作为激活剂，或添加 Dy^{3+}、Er^{3+} 等稀土离子作为辅助激活剂，例如红色长余辉 $CaS：Eu，Cl、SrS：Eu，Er$。在 CaS 为基质研究的基础上，20 世纪 90 年代以后又通过改变基质组分获得了 $CaSrS：Eu$、$MgSrS：Eu$ 等体系的长余辉材料，它们的亮度和余辉时间为传统硫化物材料的几倍。但是稀土硫化物体系的长余辉发光材料在应用方面仍存在许多缺点，如稳定性差，发光强度低，余辉时间短，在日光照射下，会和空气中的水反应，释放 H_2S 气体，不能很好地满足实际应用的要求。

（2）稀土激活的碱土铝酸盐长余辉材料　除了硫化物之外，稀土激活的碱土铝酸盐是近年来研究最多和应用最广的一类长余辉材料。早在 1946 年，Froelich 发现以铝酸盐为基质的发光材料 $SrAl_2O_4：Eu^{2+}$ 经过太阳光的照射后，可发出波长为 $400\sim520nm$ 的可见光。进入 20 世纪 90 年代，对 $SrAl_2O_4：Eu^{2+}$ 的研究集中在添加 Eu 以外的辅助稀土激活剂，如 Dy、Nd 等，希望通过引入微量元素构成适当的杂质能级，达到延长余辉时间的目的。1997 年前后，Sugimoto 等以 Dy^{3+} 作为辅助激活剂，熔入 $SrAl_2O_4：Eu^{2+}$ 体系，制备了发绿光的 $SrAl_2O_4：Eu^{2+}$，Dy^{3+}，获得特长余辉的发光，使稀土激活的碱土铝酸盐长余辉材料的研究发生了又一次巨大飞跃。

与硫化物长余辉材料相比，铝酸盐长余辉材料具有如下优点：

① 发光效率高；

② 余辉时间长，其发光亮度衰减到人眼可辨认水平的时间超过 2000min（人眼能辨别的亮度为 $0.32mcd/m^2$）；

③ 化学性质稳定（耐酸、耐碱、耐候、耐辐射），抗氧化性强，温度猝灭特性好，可以在空气中和某些特殊环境中长期使用；

④ 无放射性污染，在硫化物体系中需要通过添加放射性元素提高材料的发光强度和延长其余辉时间，因而可能对人体和环境造成危害，在铝酸盐体系中不需要添加这类物质。铝酸盐长余辉材料的主要缺点是发光颜色单调，发射光谱主要集中在 $440\sim520nm$ 范围内；遇水不稳定。

目前，已实现工业化和商品化的铝酸盐长余辉材料有发黄绿光的 $SrAl_2O_4：Eu^{2+}$，Dy^{3+}、发蓝绿光的 $Sr_4Al_{14}O_{25}：Eu^{2+}$，$Dy^{3+}$ 和发蓝紫光的 $CaAl_2O_4：Eu^{2+}$，Nd^{3+}。可将其制成发光涂料、发光油墨、发光塑料、发光纤维、发光纸张、发光玻璃、发光陶瓷和搪瓷等，还可用于建筑装潢、道路交通标志、军事设施、消防应急、仪表、电气开关显示以及日用消费品装饰。

（3）稀土激活的硅酸盐长余辉材料　由于以硅酸盐为基质的发光材料具有良好的化学和热稳定性，且其原料 SiO_2 价廉、易得，长期以来一直受到人们的重视，广泛地应用在照明和显示领域，但这些材料都是短余辉的。1975 年日本首先开发了硅酸盐长余辉材料 $Zn_2SiO_4：Mn，As$，其余辉时间为 30min。从 20 世纪 90 年代初开始，我国肖志国研究组针对铝酸盐体系长余辉材料的耐水性差，耐化学物质稳定性差，对原料纯度要求高，生产成本高，以及发光颜色较单调等缺点，另辟新径，相继开发了数种耐水性强，耐紫外线辐照特性好，余辉性能良好，发光颜色多样的硅酸盐体系长余辉材料，其中铕、镝激活的焦硅酸盐蓝色发光材料性能优于铕、钕激活的铝酸盐蓝色材料。

硅酸盐系列长余辉材料有下列特点。

① 化学性质稳定，尤其是耐水性好。同样在室温下用 5% NaOH 溶液浸泡，铝酸盐材料 $2 \sim 3h$ 后便不发光，而硅酸盐长余辉材料 $Sr_2 MgSi_2 O_7$：Eu^{2+}，Dy^{3+} 在 20 天后仍可保持发光性能不变。

② 在发光陶瓷方面的应用性能优于铝酸盐材料。目前，硅酸盐体系长余辉材料的发光性能尚未达到铝酸盐材料的水平，能够达到应用水平的暂时只有焦硅酸盐体系，但这是一个很有发展潜力的研究方向。

从整体来看，稀土激活的碱土铝酸盐的余辉特性最为优越，在长余辉材料的研究、开发和应用中占据着主导地位，本章的内容以介绍稀土激活的碱土铝酸盐和硅酸盐长余辉材料为主。

7.3.3.1 稀土激活的碱土铝酸盐长余辉材料

稀土激活的碱土铝酸盐长余辉材料，是指以碱土金属（主要是 Sr，Ca）铝酸盐为基质，Eu^{2+} 为激活剂，Dy^{3+} 和 Nd^{3+} 等中重稀土的离子为辅助激活剂的发光材料，主要有 $SrAl_2 O_4$：Eu^{2+}、$SrAl_2 O_4$：Eu^{2+}，Dy^{3+} 和 $Sr_4 Al_{14} O_{25}$：Eu^{2+}，Dy^{3+}，另外，$CaAl_2 O_4$：Eu^{2+}，Nd^{3+} 也是较好的长余辉材料。它们发射从蓝色到绿色的光，峰值分布在 $440 \sim 520nm$ 范围，发光亮度高，余辉时间长，有文献报道样品在暗室中放置 50h 后仍可见清晰的发光。表 7-9 列出几种铝酸盐长余辉材料的发光性能，同时也给出了典型的硫化物长余辉材料的相应数据，以便对照。

表 7-9 几种长余辉材料性能比较

长余辉材料的组成	发光颜色	发射波长 /nm	余辉强度/(mcd/m²)		余辉时间 /min
			10min 后	60min 后	
$CaAl_2 O_4$：Eu^{2+}，Nd^{3+}	青紫	440	20	6	>1000
$SrAl_2 O_4$：Eu^{2+}	黄绿	520	30	6	>2000
$SrAl_2 O_4$：Eu^{2+}，Dy^{3+}	黄绿	520	400	60	>2000
$Sr_4 Al_{14} O_{25}$：Eu^{2+}，Dy^{3+}	蓝绿	490	350	50	>2000
$SrAl_4 O_7$：Eu^{2+}，Dy^{3+}	蓝绿	480	—	—	约 80
$SrAl_{12} O_{19}$：Eu^{2+}，Dy^{3+}	蓝绿	400	—	—	约 140
$BaAl_2 O_4$：Eu^{2+}，Dy^{3+}	蓝绿	496	—	—	约 120

在铝酸盐材料中，研究最多、应用最普遍的是黄绿色荧光粉 $SrAl_2O_4$：Eu^{2+}，Dy^{3+}。由日亚公司开发的蓝绿色荧光粉 $Sr_4Al_{14}O_{25}$：Eu^{2+}，Dy^{3+}，其发射主峰在 490nm，具有目前最长的余辉时间，为 $SrAl_2O_4$：Eu^{2+}，Dy^{3+} 的两倍（见图 7-35）。而且由于含氧量较高，Al-O 之间的配位数大，在 600℃时的耐热性能比 $SrAl_2O_4$：Eu^{2+}，Dy^{3+} 高 20%。铝酸盐材料具有良好的耐紫外线辐照的稳定性，可在户外长期使用，经阳光暴晒 1 年 $SrAl_2O_4$：Eu^{2+}，Dy^{3+} 与 ZnS：Cu，Co 两类材料的涂覆面进行 0~1000h 光辐照实验的耐光性对比实验数据见表 7-10。

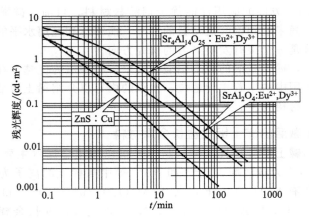

图 7-35　各种长余辉材料的余辉特性

表 7-10　$SrAl_2O_4$：Eu^{2+}，Dy^{3+} 与 ZnS：Cu，Co 材料耐光性数据

材　　料	相对余辉/%				
	未曝光	10h	100h	300h	1000h
$SrAl_2O_4$：Eu^{2+},Dy^{3+}	100	98	98	97	97
ZnS：Cu,Co	100	86	35	0	0

铝酸盐材料的最大缺点是耐水性较差，遇水发生分解，导致发光性能下降，甚至完全丧失发光功能。对材料表面进行包膜处理，可提高其耐水性。

就长余辉材料发光机制而言，其解释多种多样，对于不同类型的材料，人们提出各种不同的理论模型。对稀土激活的碱土铝酸盐长余辉材料发光机制的研究，从 20 世纪 90 年代初至今一直是一个热点课题，针对目前最有发展前途的具有辅助稀土激活离子的碱土铝酸盐长余辉材料 MAl_2O_4：Eu^{2+}，RE^{3+}（M 为碱土金属，RE^{3+} 为起辅助激活作用的稀土离子）的长余辉发光，存在多种解释，比较一致的看法是，由于 Dy^{3+} 的引入，在基质中产生了一种新的能级——陷阱能级。但是，围绕这个观点，又存在各种不同的理论模型。刘应亮将其大致归纳为两类。

（1）空穴转移模型　Matsuzawa 认为当 $SrAl_2O_4$：Eu^{2+} 中不掺杂 Dy 时，Eu^{2+} 在光照的作用下发生 4f→5d 跃迁，光电导测量表明，在 4f 基态产生的空穴通过热激发释放到价带。与此同时，假设 Eu^{2+} 转变为 Eu^+。光照停止后，空穴与 Eu^+ 复合，电子跃迁回低能级放出能量，此复合过程就是发光的过程。掺杂 Dy^{3+} 后，Eu^{2+} 所产生的空穴通过价带迁移，被 Dy^{3+} 俘获，从而假定 Dy^{3+} 被氧化为 Dy^{4+}。当光照的激发停止后，由于热扰动的作用，Dy^{4+} 将俘获的空穴又释放回价带，空穴在价带中迁移至激发态的 Eu^+ 附近并被其俘获，这样电子和空穴进行复合，于是产生了长余辉发光。这个过程如图 7-36 所示。Eu^{2+} 的长余辉发光实际上是空穴的产生、转移和复合过程。

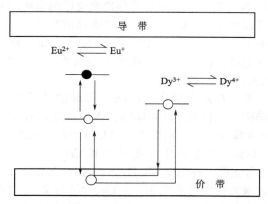

图 7-36　空穴的产生、转移和复合过程

Jiawei Yi 等提出了如图 7-37 的 $SrAl_2O_4$：Eu^{2+}，Dy^{3+} 的发光动力学模型，他们认为，在基质晶体中作为激活剂的 Eu^{2+} 的 $4f^6 5d \rightarrow {}^8S_{1/2}$ 的态间跃迁是发光的主要原因，Dy^{3+} 在材料中充当陷阱中心。当 Eu^{2+} 被激发到 4f5d 状态（跃迁 1）后，迅速弛豫到介稳态（跃迁 2）。然后，电子返回基态（跃迁 3），或者从价带中俘获 1 个电子而成为 Eu^+，这个过程在价带中产生 1 个空穴，该空穴被 Dy^{3+} 俘获，

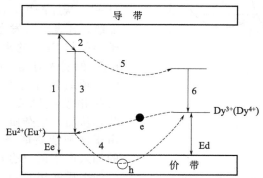

图 7-37　$SrAl_2O_4$：Eu^{2+}，Dy^{3+} 的发光动力学模型

Dy^{3+} 变为 Dy^{4+}（跃迁 4）。空穴的产生和其后的被俘获过程，可能被认为是一个简单的通过价带电子从 Dy^{3+} 到 Eu^{2+} 的转移过程。俘获过程极其迅速，与 Eu^{2+} 的激发态寿命相近。也可以说，由于在 Eu^{2+} 的寿命时间内空穴被 Dy^{3+} 俘获，因而大量的被激发的 Eu^{2+} 可以变成介稳态，这个过程将使 Eu^{2+} 的寿命变短。从 Eu^{2+} 的介稳态到 Dy^{3+} 的能量转移（跃迁 5）可以忽略不计。实际上，长余辉发光与热致发光相似，光照停止后，通过热激活而发生脱离陷阱的过程，Dy^{4+} 释放其俘获的空穴成为 Dy^{3+}；或者说，Eu^{1+} 释放它所俘获的电子而恢复为 Eu^{2+}，从而产生长余辉发光。被俘获的空穴脱离陷阱的过程是一个热激活和空穴传递的组合过程，可归纳为 3 个状态：①被俘获的空穴通过热激活从 Dy^{4+} 释放到价带；②空穴在价带中转移；③空穴与 Eu^{1+} 发生复合。空穴的迁移速率会影响余辉的衰减过程。

张中太等认为可以将 Dy^{3+} 看作是一种"缓释剂"，Dy^{4+} 释放空穴需要热扰动，这实际上是减少了价带中存在的空穴数，Dy^{3+} 的加入使空穴和电子的复合过程减慢，延长了荧光持续时间。如果体系中不含有 Dy^{3+} 时，价带中的空穴迅速与 Eu^{1+} 复合，荧光持续时间较短。

（2）位型坐标模型　按照上述模型，Dy^{3+} 等辅助激活离子 RE^{3+} 提供空穴陷阱，Eu^{2+} 提供电子陷阱，并且只要这些陷阱的深度合适，由 RE^{3+} 俘获的空穴在室温下就能以合适的速度释放出来，从而产生高亮度特长余辉发光。但是人们提出质疑：至今没有证据可以说明在基质中存在 Eu^+ 和 Er^{4+}、Ho^{4+}、Dy^{4+} 等异常价态离子。而且，吸收光谱证明，在 Eu^{2+} 和 Dy^{3+}、Nd^{3+} 等稀土离子共掺杂的碱土铝酸盐中，在 X 射线和激光辐照前后的 Eu 和 Dy、Nd 等离子的吸收光谱没有差别，这些离子的价态并未发生变化。上述模型认为，Dy^{3+} 产生的空穴与 Eu^{2+} 的从高能级跃迁回低能级的电子在基态能级发生复合（即空穴俘获电子），导致长余辉现象的发生。但是发光是由于跃迁产生的，既然 Eu^{2+} 的电子已经从高能级跃迁回低能级，发光现象就已经发生了。那么，电子在低能级的行为，即电子在低能级是否与空穴复合，也就应该与 Eu^{2+} 的发光现象没有关系。

苏锵研究组创建了如图 7-38 所示的另一类理论模型：发光由 Eu^{2+} 的 $4f \rightarrow 5d$ 跃迁产生，图中 A 表示其基态能级，B 表示激发态能级。Eu^{2+} 的离子半径与 Sr^{2+} 的离子半径比较接近，Eu^{2+} 的引入对基质晶格的形状影响不大。辅助激活离子 RE^{3+} 的加入使基质晶格发生畸变，改变了晶格的形状，从而产生杂质能级即陷阱能级 C。由于这种杂质能级主要是由于 RE^{3+} 的加入产生的（合成条件的影响所产生的杂质能级相对较少），而且 RE^{3+} 取代 Sr^{2+} 导致空穴的形成，故此杂质

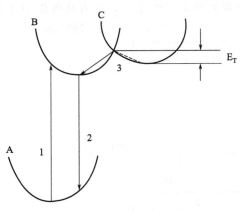

图 7-38　热释光可能的机制模型
A—基态能级；B—激发态能级；C—杂质能级

能级是相对均匀的由空穴产生的施主能级。C 位于 Eu^{2+} 的基态能级 A 和激发态能级 B 之间。当电子受到激发从基态跃迁到激发态（过程 1），一部分电子跃迁回低能级发光（过程 2），而另一部分电子则通过弛豫过程储存在杂质能级 C 中（过程 3）。当杂质能级 C 中的电子吸收能量时，重新受激发回到激发态能级 B 中，跃迁回基态能级 A 而产生发光。余辉时间的长短与储存在杂质能级 C 中的电子数量及吸收的能量（热能）有关，杂质能级 C 中的电子数量多，则余辉时间长；吸收的能量多，使电子容易克服陷阱能级 C 与激发态能级 B 之间的能量间隔 E_T，从而产生持续发光。但是并非吸收能量的增加就会使余辉时间延长，如果有足够的能量使陷阱能级中的电子全部一次性返回激发态能级，并不会有助于余辉时间的延长；反之，吸收的能量小，不足以使电子返回激发态能级，也观察不到长余辉现象。余辉持续时间的长短决定于杂质能级中电子的数量和它们返回激发态能级的速率；余辉发光的强度决定于杂质能级中电子在单位时间内返回激发态能级的数量。

（3）稀土激活的碱土铝酸盐的余辉衰减　"余辉"是指发光材料在激发停止后发出的光，一般认为发光衰减到初始亮度 10% 的时间为余辉时间。稀土激活的碱土铝酸盐长余辉材料与传统的 ZnS 类长余辉材料相似，衰减过程是由一个快过程和一个极慢过程组成，长余辉特性就是由这个极慢过程引起的。

图 7-39 为铝酸锶钡 $Sr_4Al_{14}O_{25}$：Eu^{2+} 的衰减曲线，首先是在激发光停止后的一个 e 指数曲线拟合的快速衰减过程。这个过程主要是由 Eu^{2+} 激发态引起的。在一个迅速的衰减后，余辉仍持续很长时间，人眼能辨的亮光长达数小时，余辉衰减过程非指数型，为平坦的缓慢变化的曲线。松尺隆嗣详细地研究了 $SrAl_2O_4$：Eu^{2+} 的长余辉特性，得到其衰减规律为 $I = ct^{-n}$（I 为余辉强度，t 为衰减时间，$n = 1.10$）。唐明道等对 $SrAl_2O_4$：Eu^{2+} 的长余辉特性进行了研究，发现材料的发光衰减也符合 $I = ct^{-n}$ 的规律，并且由初始的 1~5min 的较快地衰减和 5min 以后的缓慢地衰减两个过程组成（两个过程的 n 不同）。

图 7-40 表示掺杂镁的 $SrAl_2O_4$：Eu^{2+} 呈双曲线式衰减（$I = ct^{-n}$，$n = 1.10$）的余辉发光。

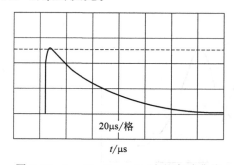

图 7-39　$Sr_4Al_{14}O_{25}$：Eu^{2+} 的衰减曲线

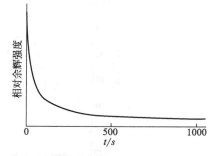

图 7-40　掺 Mg 的 $SrAl_2O_4$：Eu^{2+} 的余辉衰减曲线

7.3.3.2 稀土激活的硅酸盐长余辉材料

近年来，肖志国等开发了一系列稀土激活的硅酸盐长余辉发光材料，化学式为

$$a\mathrm{MO} \cdot b\mathrm{M'O} \cdot c\mathrm{SiO_2} \cdot d\mathrm{R} : \mathrm{Eu}_x, \mathrm{Ln}_y$$

式中，M、M′为碱土金属，R为助焙剂 $\mathrm{B_2O_3}$、$\mathrm{P_2O_5}$ 等，Ln 为稀土元素或过渡元素；a、b、c、d、x、y 为摩尔系数，$0.6 \leqslant a \leqslant 6$，$0 \leqslant b \leqslant 5$，$1 \leqslant c \leqslant 9$，$0 \leqslant d \leqslant 0.7$，$0.00001 \leqslant x \leqslant 0.2$，$0 \leqslant y \leqslant 0.3$。材料的发射光谱分布在 $420 \sim 650\mathrm{nm}$ 范围内，峰值位于 $450 \sim 580\mathrm{nm}$，通过改变材料的组成，发射光谱峰值在 $470 \sim 540\mathrm{nm}$ 范围内可连续变化，从而获得蓝、蓝绿、绿、绿黄和黄等颜色的长余辉发光。

作为稀土长余辉材料基质的焦硅酸盐，主要是三元的焦硅酸盐和含镁正硅酸盐，发光材料的制备工艺在文献[1]中有报道。焦硅酸盐材料 $\mathrm{Sr_2MgSi_2O_7}$：$\mathrm{Eu^{2+}}$，$\mathrm{Dy^{3+}}$ 和 $\mathrm{Ca_2MgSi_2O_7}$：$\mathrm{Eu^{2+}}$，$\mathrm{Dy^{3+}}$ 具有良好的余辉特性，余辉亮度大大超过传统的 ZnS：Cu 材料。图 7-41 和图 7-42 分别为 $\mathrm{Sr_2MgSi_2O_7}$：$\mathrm{Eu^{2+}}$，

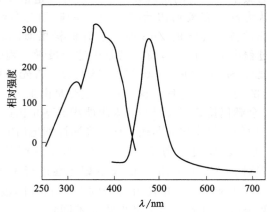

图 7-41 $\mathrm{Sr_2MgSi_2O_7}$：$\mathrm{Eu^{2+}}$，$\mathrm{Dy^{3+}}$ 的激发和发射光谱

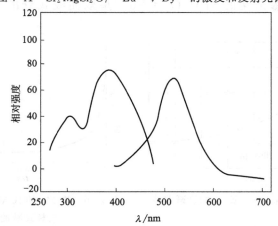

图 7-42 $\mathrm{Ca_2MgSi_2O_7}$：$\mathrm{Eu^{2+}}$，$\mathrm{Dy^{3+}}$ 的激发和发射光谱

Dy^{3+} 和 $Ca_2MgSi_2O_7$：Eu^{2+}，Dy^{3+} 的激发和发射光谱，它们与 ZnS：Cu 的相对余辉亮度对比数据列于表 7-11。

表 7-11 稀土激活的硅酸盐材料与 ZnS：Cu 余辉亮度对比

发光材料	激发波长/nm	最大发射波长/nm	相对余辉亮度/%	
			10min	60min
$Sr_2MgSi_2O_7$：Eu^{2+}，Dy^{3+}	250～450	469	1658	3947
$Ca_2MgSi_2O_7$：Eu^{2+}，Dy^{3+}	250～450	535	1914	1451
$Sr_3MgSi_2O_8$：Eu^{2+}，Dy^{3+}	260～450	460	300	579
$Ca_3MgSi_2O_8$：Eu^{2+}，Dy^{3+}	275～480	480	67	146
ZnS：Cu			100	100

7.3.3.3 稀土长余辉发光材料的应用

长余辉材料具有将吸收的光能储存起来，在夜晚或较暗的环境中呈现出明亮可辨的可见光的功能，可以起到指示照明和装饰照明的作用，如图 7-43 中所示的荧光粉的明处和暗处的对照图。将长余辉材料制成发光涂料、发光油墨、发光塑料、发光纤维、发光纸张、发光玻璃、发光陶瓷、发光搪瓷和发光混凝土等，也可用于安全应急、交通运输、建筑装潢、仪表、电气开关显示以及日用消费品装饰等诸多方面。

长余辉材料及其制品用于安全应急方面，如消防安全设施、器材的标志，救生器材标志、紧急疏散标志、应急指示照明和军事设施的隐蔽照明。据报道，在美国"9.11"事件中长余辉发光标志在人员疏散工程中起了重要的作用，如图 7-44 所示的安全出口的标识图。利用含长余辉材料的纤维制造的发光织物，可以制成消防服、救生衣等，用于紧急情况。

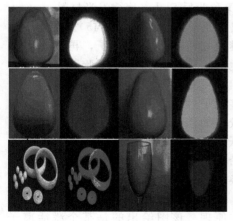

图 7-43 稀土长余辉荧光粉的明处和暗处的对照图

图 7-44 安全出口的标识图

在交通运输领域，长余辉材料用于道路交通标志，如路标、围栏、地铁出口、临时防护线等；在飞机、船舶、火车及汽车上涂以长余辉标志，目标明显，可减少意外事故的发生。美国利用发光纤维制造发光织物，制成夜间在道路上执勤人员的衣服。

长余辉材料用在建筑装潢保温方面，可以装饰、美化室内外环境，简便醒目，节约电能，英国一家公司将发光油漆涂于楼道，白昼储光，夜间释放光能，长期循环以节省照明用电。还可用于广告装饰、夜间或黑暗环境需要显示部位的指示，如暗室座位号码、电源开关显示。

长余辉材料还可用于仪器仪表盘、钟表表盘的指示，日用消费品装饰，如发光工艺品、发光玩具、发光渔具等。德国利用发光油墨印刷夜光报纸，在无照明的情况下仍然可以阅读。

7.3.4 上转换发光材料

7.3.4.1 上转换发光现象及其应用

一般的发光现象都是吸收光子的能量高于发射光子的能量，即发光材料吸收高能量的短波辐射，发射出低能量的长波辐射，服从 Stokes 规则。然而，还有一种发光现象恰恰相反：激发波长大于发射波长，这称为反 Stokes 效应或上转换现象。上转换现象最初发现于 20 世纪 40 年代，有关稀土离子的上转换研究开始于 50 年代初，迄今为止，上转换发光材料绝大多数都是掺杂稀土离子的化合物，这是稀土的另一种发光本领，利用它们的能级特性，可以吸收多个低能量的长波辐射，经多光子加和后发出高能量的短波辐射。

上转换材料（upconversion materials）是一种红外线激发下能发出可见光的发光材料，即将红外线转换成可见光的材料。其特点是所吸收的光子能量低于发射的光子能量，这种现象违背 Stokes 定律，因此又称为反 Stokes 定律发光材料。

上转换材料的发光机理是基于双光子或多光子过程（见图 7-45）。发光中心相继吸收两个或多个光子，再经过无辐射弛豫达到发光能级，由此跃迁到基态放出一可见光子。为了有效实现双光子或多光子效应，发光中心的亚稳态需要有较长的能级寿命。稀土离子能级之间的跃迁属于禁戒的 f-f 跃迁，因此有长的寿命，符合此条件。迄今为止，所有上转换材料只限于稀土化合物。

图 7-45 简略地表示出上转换过程的基本原理。该图给出的是某个激活离子的能级结构图，其中 A 为基态能级，B

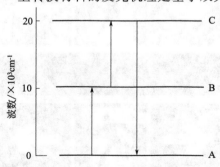

图 7-45 上转换原理红外辐射激发射线
（10000cm⁻¹）被转化为绿色和
发射（20000cm⁻¹）

和 C 为激发态能级。能级 C 和 B 之间能量差与能级 B 和 A 之间的能量差相等。若某一辐射的能量与上述能量差一致，则会产生激发，离子会从 A 激发到 B。如果能级 B 的寿命不是太短，则激发辐射将进一步将该离子从 B 激发到 C。最后就发生了从 C 到 A 的发射。如果我们假定 B-A 和 C-B 之间的能量差为 $10000cm^{-1}$（对应于红外激发），那么所产生的上转换发射的能量为 $20000cm^{-1}$，即在绿色光波段范围。这确实是反 Stokes 发射。很清楚，通过这种方式，我们将能够直观地检测出人眼看不见的红外辐射，可作为红外线的显示材料、红外量子计数器或发光二极管等。

上述介绍的是一种最为简单的、理想化的情况，实际上，存在着多种类型的上转换过程，只是它们各自的转换效率差别很大，在一个非常宽的范围内变化。图 7-46 给出了这些上转换过程的能级图。从左到右，对上述各图所表示的过程说明如下。

① 能量传递机理。有时称作 APTE 作用。在这里，离子 A 连续不断地将它们的激发能量传递给离子 B，从而能从一个较高能级产生发射。

② 两步吸收机理（见图 7-46 所示例子）。该吸收仅由 B 一个离子来完成。

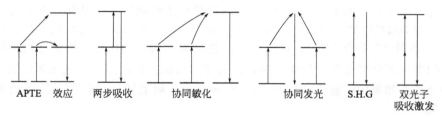

APTE 效应　两步吸收　协同敏化　协同发光　S.H.G　双光子吸收激发

图 7-46　Auzel 给出的几种上转换过程

③ 协同敏化机理。两个 A 离子同时将它们的激发能量传递给 C 离子，在 A 的激发能级位置上 C 没有能级。最后，由 C 的激发能级产生发射。

④ 光机理。将两个 A 离子的激发能量结合，形成一个产生发射的光量子（应当注意，此处没有真正发射能级）。

⑤ 二阶谐波（倍频）机理。辐射光频率被加倍（没有发生任何吸收跃迁）。

⑥ 双光子吸收激发机理。在完全不借用任何中间能级的情况下，双光子同时被吸收。然后一个光子从其激发能级产生发射。

7.3.4.2　掺杂 Yb^{3+} 和 Er^{3+} 的上转换发光材料

在 1966 年，Auzel 首次报道了 Yb^{3+} 和 Er^{3+} 的双掺杂 $CaWO_4$，这是第一个上转换材料研究的实例。图 7-47 给出了相关的能级图。Yb^{3+}（$^2F_{7/2} \rightarrow {}^2F_{5/2}$）吸收近红外辐射，并将其传递给 Er^{3+}，因而 Er^{3+} 的 $^4I_{11/2}$ 能级上的粒子被积累。在 $^4I_{11/2}$ 能级的寿命期内，又一个光子被 Yb^{3+} 吸收，并将其能量传递给 Er^{3+}。使 Er^{3+} 离子从 $^4I_{11/2}$ 能级跃迁到 $^4F_{7/2}$ 能级。从这里产生非常快的衰减，无辐射跃迁到 $^4S_{3/2}$。最后由 $^4S_{3/2}$ 能级产生绿色发射（$^4S_{3/2} \rightarrow {}^4I_{15/2}$）。通过这种方式，可

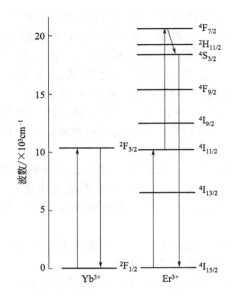

图 7-47 Yb^{3+} 和 Er^{3+} 双掺杂的上转换过程同 Yb^{3+} 吸收激发能，发射产生于 Er^{3+} 的 $^4S_{3/2}$ 能级

以实现以近红外线激发得到了绿色发射。

由于产生一个绿色量子需要两个红外量子，因此可以预见，绿色发射强度将随着红外激发的密度的平方成线性递增关系。在光谱实验中的确观察到了这种关系，并且也作为激发的双光子机制的一个证明。因此，只有在给定了激发密度的条件下，转换效率才是有效的。

红外激发下，掺杂有 Yb^{3+}，Er^{3+} 的基质晶格的绿色发射光强度的效率示于表 7-12。表中数据是在激发密度与激活剂浓度保持恒定的条件下测得的。由此可见，转换效率在很大程度上依赖于基质晶格的种类。$\alpha\text{-}NaYF_4$ 是一种非常有效的上转换材料的基质。在氧化物系统中，由于发光离子与其周围配位环境之间具有较强的作用，使氧化物中稀土

能级的荧光寿命要比氟化物中的短，因此作为转换材料的基质，氟化物比氧化物更为合适。如果中间能级 $^4I_{11/2}$ 的荧光寿命变短，则上转换过程的总效率也将随之降低。

表 7-12　在红外激发下，Yb^{3+} 和 Er^{3+} 双掺杂的基质材料的绿色发射强度

基质晶格	强度	基质晶格	强度
$\alpha\text{-}NaYF_4$	100	La_2MoO_8	15
YF_3	60	$LaNbO_4$	10
$BaYF_3$	50	$NaGdO_2$	5
$NaLaF_3$	40	La_2O_3	5
LaF_3	30	$NaYW_2O_6$	5

这些材料能将红外线转化为绿色光。举例说明，若将掺杂 Yb^{3+} 和 Er^{3+} 的氟化物薄层与 GaAs 二极管配合，则可使产生红外发射的 GaAs 二极管呈现绿色发射。而对于 GaP 二极管，这种配合系统并没任何优点，因为 GaP 二极管本来就可直接产生绿色光。虽然 GaAs 二极管的效率很高，但上转换过程的效率还是如此之低，以至于它们的配合系统无法与 GaP 二极管竞争。目前，在市场上已经见到在 Si-GaAs 二极管上涂有上转换材料的红、绿和蓝色发光二极管产品。

7.3.4.3 掺杂 Yb^{3+} 和 Tm^{3+} 的上转换发光材料

图 7-48 给出了这类上转换材料的能级示意。通过三光子上转换过程，可以将红外辐射转换为蓝色发射。在第一步传递之后，Tm^{3+} 的 $^3H_5$ 能级上的粒子数被积累。它又迅速衰减到 $^3F_4$ 能级。在第二步传递过程中，Tm^{3+} 从 $^3F_4$ 能级跃迁到 $^3F_2$ 能级，并又快速衰减到 $^3H_4$。紧接着，在第三步传递中，Tm^{3+} 从 $^3H_4$ 能级跃迁到 $^1G_4$ 能级，并最终由此产生蓝色发射。上述蓝色发射强度也是随着红外激发的密度的三次方成线性递增关系。

Auzel 在文献 [3] 中描述了利用相当于 5 个光子的累积来实现 Er^{3+} 的上转换发光。通过这种方式，能将 970nm 的辐射转变为 410nm 的发射。几个传递步骤不会发生共振，因此在能量传递过程中，能量被损失在光子上。在 Yb^{3+} 和 Tm^{3+} 的双掺的材料中的第一步传递就是一个很好的例子（见图7-48），通过 Yb^{3+} 连续产生三步能量传递后，实现了 Tm^{3+} 的 $^1G_4$ 能级的发射。

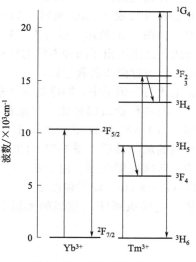

图 7-48 Yb^{3+}、Tm^{3+} 双掺材料的上转换能级示意

7.3.4.4 掺杂 Er^{3+} 或 Tm^{3+} 上转换发光材料

通过以上发现仅掺杂有一种离子的材料，是通过两步或更多步的光子吸收实现上转换过程（图 7-45），可以表现出相当好的转换效率。图 7-49 中给出了两个

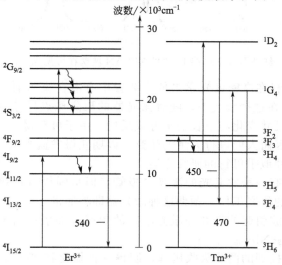

图 7-49 单掺 Er^{3+} 或 Tm^{3+} 的材料中的上转换能级图

例子。左边是单掺 Er^{3+} 的材料，它将 800nm 的辐射转化为 540nm 发射；右边是单掺 Tm^{3+} 的材料，它能将 650nm 辐射转化为 450nm 和 470nm 的两个发射。

在某些应用中，用激光二极管辐射掺杂离子，例如 Er^{3+} 从一个 AlGaAs 激光二极管吸收 800nm 辐射；Tm^{3+} 可从新近开发的激光二极管中吸收 650nm 辐射。如图 7-49 所示，通过连续吸收两个光子，Er^{3+} 跃迁至可产生绿色发射的 $^4S_{3/2}$ 能级。此图给出了两种不同的路径，具体哪一种占主导地位取决于不同跃迁速率的比值。通过两步吸收过程，Tm^{3+} 被激发到可产生蓝色发射的 $^1D_2$ 能级和 $^1G_4$ 能级。在上述两个例子中，同样能够观察得到发射强度与激发功率的平方成线性关系。

与硅酸盐玻璃相比，在氟化物玻璃中，这些稀土离子显示出很高的上转换效率。ZBLAN（$53ZrF_4$，$20BaF_2$，$4LaF_3$，$3AlF_3$，$20NaF$）是一种适合作上转换材料的玻璃基质。图 7-50 给出了掺杂 Er^{3+} 的 ZBLAN 玻璃材料在 800nm 激发下的上转换发射光谱。由于从 $^2G_{9/2}$ 能级到较低能级发生快速的无辐射衰减，这使得 $^2G_{9/2} \rightarrow ^4I_{15/2}$ 发射强度很弱（见图 7-50）。较弱的 $^4F_{9/2} \rightarrow ^4I_{15/2}$ 发射是由于少量从 $^4S_{3/2}$ 能级到 $^4F_{9/2}$ 能级的无辐射衰减引起的。

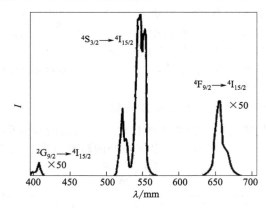

图 7-50　红外激发下单掺 Er^{3+} 的 ZBLAN 玻璃在可见光区的发射光谱

这种玻璃材料在高密度光学录放音装置中有潜在应用前景（例如，用于制造随身听光碟）。在这种装置中，随着激光器的聚焦斑点尺寸减小，存储信息密度将会增加。该尺寸变化与波长的平方成反比。由于可获得的二极管激光器的发射处于近红外，因而人们进行大量的研究，以期获得发蓝光的二极管激光器。目前看来有以下三种似乎可行的研究方案。

① 目前尚没有一种发蓝光的激光二极管，但是围绕硫化锌在这一领域的应用已开展了大量的研究工作。预期这种激光器即将面世。

② 由二阶谐波引起的近红外激光辐射的频率被加倍；用于此目的的材料是 $KNbO_3$ 和 $K_3Li_{1.97}Nb_{5.03}O_{15.06}$。

③ 基于前面提到的两步吸收机理，制得一种氟化物-玻璃纤维，起到上转换激光器的作用，并用一个激光二极管泵浦。

7.4 阴极射线发光材料

7.4.1 CRT 显示原理

阴极射线管（cathode ray tube，CRT）是传统的信息显示器件，是将电信号转换为光学图像的一类真空型电子束管的总称，在显示技术中泛指显像管、示波管、雷达指示管、存储管等。CRT 管壳形成了电子束工作的真空环境，电子枪产生的电子束经聚焦偏转后以较高的能量轰击荧光屏，使荧光粉产生光输出，完成电信号向光信号的转换。

CRT 的发展历史最长，也是目前制造工艺最成熟、光电性能最优良和应用最广的显示器件。20 世纪初，CRT 的发明，使图像的显示成为可能，其后，它一直是活动图像的主要显示手段，用于直观显示和投影显示。近 100 年来，CRT 材料的种类不断增多，性能不断完善，制造技术不断改进，使得阴极射线管技术得到很大发展，尤其是在扩大尺寸和改善分辨率方面取得显著进展。当然，它也有十分突出的缺点：体积庞大、笨重，工作电压高，辐射 X 射线。由于是真空器件，本身不耐冲击，特别是自从集成电路技术问世以来，阴极射线管已远远不能适应电子产品小型化、低功耗和高信息密度的发展趋势。从大屏幕显示方面来看，100cm 以上 CRT 质量要超过 100kg，不能适应高清晰度电视和大屏幕显示器的要求。

20 世纪 60 年代以来相继出现了各种新型平板显示器件，与 CRT 相比，它们在体积、功耗、全固体、低电压驱动以及与集成电路匹配等方面具有明显的优势，因而备受重视、各国竞相发展，力图取代 CRT；但是在光电性能方面一时还难以与 CRT 匹敌。CRT 技术至今仍然在显示领域占据着主导地位，CRT 的市场占有量仍然稳居各类显示器件的第一位，且逐年增长，目前绝大多数电视接收机和计算机显示终端都仍然使用 CRT。说明 CRT 还保持着巨大的生命力，原因是它的显示质量优良：发光效率高，颜色鲜艳，亮度高，分辨率高，工作可靠，寿命长，其响应速度是任何其他器件都无法比拟的；而且制作和驱动比较简单。这些特点使它依然是最受欢迎的显示器件。从目前的技术水平看，CRT 每个像素的性能价格比要比其他显示器件高得多，每当 CRT 采用新技术，就能提高其附加值，因此它不会在短期内消失。今后，CRT 和平板显示器件将长期共存，CRT 仍将是高清晰度电视的主流产品。同时，CRT 如能在扁平型设计、结构工艺、线状阴极方面取得突破性进展，也能制成高质量的壁挂电视和大屏幕显示板。

彩色显像管实际上就是一支阴极射线管，分别将发红光、绿光和蓝光的三种荧光粉以线状或点状涂覆在荧光屏的内表面。涂覆上的荧光粉点极为微细（每面屏上点的总数超过 100 万个），且有规则地排列。管内设有三支静电聚焦的电子枪，每支恰好对应一种颜色的荧光粉点。由电子枪发射出的三束电子通过阴罩

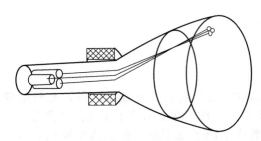

图 7-51　彩色显像管的工作原理示意

后，有选择地照射在荧光屏的荧光粉点上，使其分别发出红、绿和蓝色光，再通过混色显示出彩色图像（如图 7-51 所示）。

虽然，近年来显像技术已有了巨大的发展，比如液晶、电致发光板（electroluminescentpanels），但在阴极射线管性能不断提高过程中，并未出现突破性的进展。这是由多种因素造成的，其中之一是现代阴极射线荧光粉已具有较高的辐射效率，它在显像管中显示出较高的亮度和较长的使用寿命，以及易于进行大面积均匀涂层。

由于显像管内需要保持高真空度，因而，目前利用现代科技手段制得的荧光屏的尺寸最大不超过 75cm。而直径为 2m 的影像可由大屏幕投影电视机（PTV）获得。它是利用红、绿和蓝三基色原理显示彩色图像的。红、绿和蓝三色光分别由三支小的单色阴极射线管射出，再通过镜头系统将影像叠合和投放到屏幕上，从而可在屏幕上获得一张色彩丰富的合成图像（见图 7-52）。

直接投射型是把红、绿、蓝三路发光画面投到屏幕上的同一尺寸范围内，进行叠合呈现彩色图像。光阀投射型是用三路潜像分别控制红、绿、蓝三种颜色的投射光在屏幕上叠合。后者中的三色投射光是从单一白光源经分色镜分色而获得的，所以不需要荧光粉。

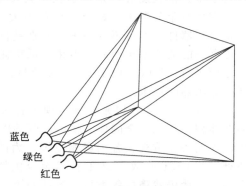

蓝色
绿色
红色

图 7-52　投影式电视机原理图

为了实现大屏幕、高质量的图像效果，在 PTV 中应采用比直观式阴极射线管中更高的电压和更大的电流密度。PTV 用的阴极射线管上的荧光粉承受功率很强而且斑点很小的阴极射线束激发。通常射束斑点直径仅是直观式阴极射线管的 1/10，最大激发密度约为 $2W/cm^2$，约为直观式阴极射线管的 100 倍。在如此大功率电子束激发下，外屏温度可超过 $100℃$，进而使荧光粉产生严重的温度猝灭以及亮度电流饱和效应。因此要求所用的荧光粉在高密度激发下应具有尽可能高的能量转换效率、亮度呈线形、良好的电流饱和特性、较高的猝灭温度以及能耐大功率电子束长期轰击，性能稳定，使用寿命长。

可惜的是，与低激发密度条件不同，高激发密度荧光粉的光输出不再同电流密度成线性关系，而是出现了饱和状态。实际上，很难找到一种满足上述所有条件的材料。目前在 PTV 技术中使用的红色粉和绿色粉分别是 Y_2O_3：Eu^{3+} 和 $Y_3Al_5O_{12}$：Tb^{3+} 材料，但蓝色粉尚没有合适的稀土激活材料，使用的是 ZnS：

Ag 材料。性能较好的 (La,Y)OBr：Ce^{3+} 和 (La,Gd)OBr：Ce^{3+} 等稀土发光材料尚在研制中。电视摄像机的取景器与复印机的阴极射线管所用的是同一种成分的荧光粉，即 Y_2O_2S：Tb^{3+}，它能够同时发射出红、绿和蓝三种线状光谱，并混合成白色光。用粒径均匀的微粒可制得高清晰度荧光屏。此外，还有许多领域也在使用各类阴极射线管，例如：示波管，这种管具有较短的衰减时间；雷达管，这种管具有较高的分辨率。如此等等。

阴极射线荧光粉是应用最广泛的发光材料之一，主要用于电视、示波器、雷达、计算机等各种荧光屏和显示器，荧光粉产量高，经济效益大，其中以彩色电视荧光粉发展最快。对于阴极射线荧光粉，除了发光材料通常的技术要求（如激发和发射光谱的波长分布、发光强度、发光效率、余辉时间等）之外，作为图像显示材料，在性能上还有更为具体的要求。

阴极射线管的荧光屏上有荧光粉涂层，荧光粉受电子束轰击将电能转换成可见光信号，CRT 发光材料由作为主体的化合物（基质）和少量作为发光中心的掺杂离子（激活剂）所组成，稀土激活元素有 Ce、Pr、Nd、Sm、Eu、Tb、Dy、Ho、Er、Tm 等。有些发光材料还加入共激活剂，共激活剂具有协同激活作用，对共激活剂的协同作用的机制有各种不同的解释。

很多稀土离子具有丰富的能级和独特的 4f 电子跃迁特性，稀土 CRT 材料吸收能量的能力强，转换效率高，在可见光区有很强的发射能力，色纯度高，物理化学性质稳定。稀土为信息显示提供了许多性能优良的发光材料，在 CRT 显示技术，尤其是彩色电视的发展进程中，稀土发光材料起着举足轻重的历史性作用。

彩色电视机是大量应用发光材料的领域。一提起图像显示，人们马上想到电视接收机，目前民用的电视接收机中显示图像的核心器件绝大多数是真空型显像管，显像管是一种最常见的典型的阴极射线管，其基本构造包括电子枪、偏转系统、管壳和荧光屏等。

彩色显像管利用三基色图像叠加原理实现彩色图像显示。荫罩式彩色显像管是目前占主导地位的彩色显像管，这种显像管的原始设想是德国 Fleshsig 在 1938 年提出的。

荫罩式彩色显像管有三大类。第一类是三枪三束显像管，由美国无线电公司（RCA）于 1950 年研制成功，其原理如图 7-53 所示。荧光屏内涂有发光颜色为红、绿、蓝的荧光粉点，一组红（R）、绿（G）、蓝（B）荧光粉点排成品字形，组成一个彩色像素。通常再现一幅清晰的彩色图。

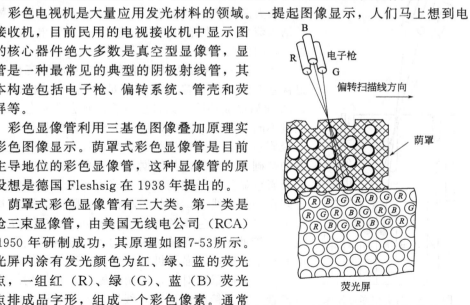

图 7-53　三枪三束彩色显像管原理示意

像需 40 万～50 万个像素，即需要 120 万～150 万个彩色荧光粉点，这些粉点的直径很小（几微米到几十微米），在红、绿、蓝 3 个电子枪的激发下，红、绿、蓝荧光粉点产生对应颜色的光点。在适当的距离外，人眼分辨不出单色小点，而只是看到一个合成的彩色光点。在荧光屏后约 2mm 处有一荫罩板，其上有规律地排列小孔，一个小孔与荧光屏上一个像素对应。荫罩的作用是选色，由红、绿、蓝 3 个电子枪发射 3 个电子束在荫罩上的小孔处会聚，穿过小孔后打在相应的红、绿、蓝荧光粉点上。

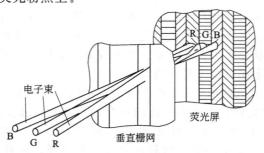

图 7-54　单枪三束彩色显像管原理示意

第二类是单枪三束彩色显像管，由日本 Sony 公司于 1968 年研制成功，其基本原理与三枪三束彩色显像管相似，但结构有重大改进，如图 7-54 所示。单枪三束彩色显像管有 3 个阴极，但发射出的 3 束电子束共用同一电子枪聚焦。3 条电子束在同一水平面内呈一字排列，大大简化了会聚的调节。用条状结构荧光屏代替点状结构荧光屏，荫罩也做成栅缝状，提高了电子束的透过率，图像亮度高。

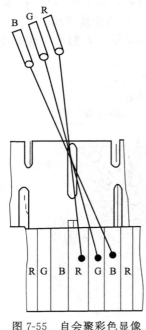

图 7-55　自会聚彩色显像管原理示意

第三类是自会聚彩色显像管，它克服了三枪三束显像管和单枪三束显像管的不足之处。美国 RCA 于 1972 年研制成功第一只自会聚管，自会聚彩色显像管经过不断的改进，已成为目前主要生产的显像管。自会聚彩色显像管是在三枪三束显像管和单枪三束显像管的基础上产生的，其依据是电子光学像差理论。自会聚彩色显像管采用精密直列式电子枪，3 个电子枪排列在一水平线上，彼此间距很小，因而会聚误差也很小；自会聚彩色显像管采用开槽荫罩，是综合了三枪三束管的荫罩和单枪三束管的条状栅网的利弊而采取的折中方案，增强了机械强度，提高了图像的稳定性。与开槽荫罩相对应，荧光屏做成条状结构。这种显像管配置了精密环形偏转线圈，3 条电子束能在整个荫罩上良好会聚。其结构如图 7-55 所示。

近年来，彩色电视的红色荧光粉普遍采用 $Y_2O_2S：Eu^{3+}$。蓝色和绿色荧光粉仍然以价格便宜而且效率高的非稀土激活硫化物为主，如蓝色荧光粉 $ZnS：Ag$ 和绿色荧光粉（Zn，Cd）$S：Cu$，Al。这 3 种荧光粉存在的主要问题是需要进一步提高纯度，以提高显示色彩的质量。尽管已出现了 $ZnS：Tm^{3+}$ 和 $Sr_5(PO_4)_3Cl：Eu^{2+}$ 稀土蓝粉，但其发光效率和价格成本都不及 $ZnS：Ag$。表 7-13 列出了几种蓝色荧光粉的主要数据。

表 7-13　几种蓝色荧光粉的主要数据对比

荧　光　粉	色度坐标		相对亮度/%	相对能量/%	相对色域/%
	x	y			
$ZnS：Ag$，Al	0.148	0.060	100	100	100
$Sr_5(PO_4)_3Cl：Eu^{2+}$	0.151	0.028	14.9	27	118
$ZnS：Tm^{3+}$	0.115	0.107	74	76	82

目前主要使用的硫化锌型绿粉（Zn,Cd）$S：Cu$，Al 的光衰比蓝粉和红粉快，电视机需要设置彩色调节，这是彩电荧光粉所面临的一个问题，因此，亟待开发新型的绿色荧光粉。稀土绿粉的光谱特征优于传统的硫化物荧光粉，电流饱和特性也比传统的硫化物好，但仍存在一些问题，例如，$La_2O_2S：Tb^{3+}$ 的性能较好，但发光效率偏低；$CaS：Ce^{3+}$ 的发光效率高，而色饱和度又较差，且材料性能不稳定。

7.4.2　阴极射线荧光粉

7.4.2.1　红色荧光粉

随着稀土分离、提纯技术的发展，在 20 世纪 60 年代中期成功地合成了 3 种彩色电视用红色荧光粉：$YVO_4：Eu^{3+}$、$Y_2O_3：Eu^{3+}$ 和 $Y_2O_2S：Eu^{3+}$。$Y_2O_2S：Eu^{3+}$ 是 1966 年发现的，$Y_2O_2S：Eu^{3+}$ 在电子激发下产生鲜艳的红色荧光，使当时的彩色电视屏幕亮度提高了 1 倍。$Y_2O_2S：Eu^{3+}$ 色纯度高，色彩不失真，亮度-电流饱和特性好，在使用条件下稳定性高，以 Y_2O_2S 为基质的荧光粉的亮度要比以 YVO_4 为基质的荧光粉高 40%。但 $Y_2O_2S：Eu^{3+}$ 价格稍贵。综合各种因素，迄今彩电显像管普遍使用 $Y_2O_2S：Eu^{3+}$ 红粉，显示器中也广泛使用这种红粉。近 40 年来，曾出现了许多红色发光材料，而 $Y_2O_2S：Eu^{3+}$ 因其优异的性能仍然是 CRT 不可替代的红色荧光粉。全世界 $Y_2O_2S：Eu^{3+}$ 红粉每年的市场总值达数亿美元，我国正在成为世界上第一大生产国和消费国。随着彩色显像管，尤其是显示管生产能力的急剧增长，我国对红粉的需求也急剧增加，而且显示器正在向高清晰度、大屏幕的方向发展，生产 $3\mu m$ 以下的小颗粒荧光粉已成为必然趋势。然而我国的生产规模和技术水平还不能满足显示器生产的需要。

Y_2O_2S：Eu^{3+} 为白色晶体，具有六方晶体结构，不溶于水，熔点高（2000℃以上），化学性质稳定。图 7-56 为 Y_2O_2S：Eu^{3+} 的阴极射线发射光谱。

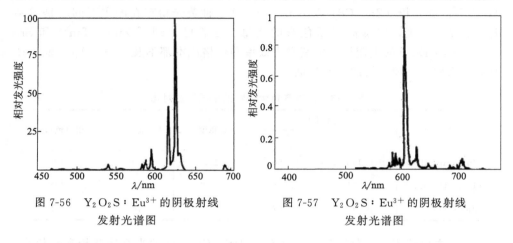

图 7-56　Y_2O_2S：Eu^{3+} 的阴极射线
发射光谱图

图 7-57　Y_2O_2S：Eu^{3+} 的阴极射线
发射光谱图

源自 Eu^{3+} 的 $^5D_0 \rightarrow {}^7F_2$ 跃迁发射的主峰位于 626nm。Eu^{3+} 的较高能级 $^5D_1$ 和 $^5D_2$ 产生的跃迁发射蓝光和绿光，会影响荧光粉的色度。由于 Y_2O_2S：Eu^{3+} 采取较高的 Eu^{3+} 浓度，产生交叉弛豫过程，致使 Eu^{3+} 较高能级的蓝光和绿光发射发生猝灭，从而得到较纯的鲜红颜色和高的发光强度。图 7-57 为 Y_2O_2S：Eu^{3+} 的阴极射线发射光谱图。从图可以看出 611nm 处最高的峰为 Eu^{3+} 离子的特征发射峰，$^5D_0 \rightarrow {}^7F_2$ 跃迁，发射红色光。从图中可以清晰地发现，峰值质检单差距较大，即这种情况下，Y_2O_2S：Eu^{3+} 的红色光纯度很高，其他杂峰的发光强度与 $^5D_0 \rightarrow {}^7F_2$ 跃迁相比，很弱。

7.4.2.2　绿色荧光粉

在全色视频显示中，绿光亮度的贡献最大，占 60% 左右，因此对绿粉的选择尤为重要。曾经出现过的几种绿粉，都不同程度地存在不足，例如 Y_2O_2S：Tb^{3+} 和 Gd_2O_2S：Tb^{3+} 的温度特性不好，Y_2SiO_4：Tb^{3+} 的色纯度不高，Zn_2SiO_4：Mn^{2+} 和 $InBO_4$：Tb^{3+} 的余辉太长，$LaOCl$：Tb^{3+} 化学稳定性不好。最后认定钇铝石榴石比较符合要求，在彩色直视电子束管及投影管中表现出较好的性能。

（1）$Y_3Al_5O_{12}$：Tb^{3+}　　Tb^{3+} 激活的钇铝石榴石发光材料 $Y_3Al_5O_{12}$：Tb^{3+}（YAG：Tb），是投影电视普遍使用的绿色荧光粉，它表现良好的温度猝灭特性、电流饱和特性和老化特性。

YAG：Tb 的猝灭温度较高，在 200℃ 时亮度只下降大约 5%，如此微小的变化不会对白场造成不良影响。这可能是由于在 YAG 中能掺杂较多的激活剂 Tb^{3+}，使 Tb^{3+} 的 $^5D_4 \rightarrow {}^7F_J$ 跃迁在较大范围内不因温度的升高而衰减。

YAG：Tb 的老化特性好。Sony 公司在 8 英寸涂有 YAG：Tb 的投影管中

用 $5\mu A/cm^2$ 阴极射线预先照射半个屏面 5h 后的亮度作为基准，以排除屏温度效应和管子老化等因素，然后再轰击另一半屏 1000h。YAG：Tb 的劣化不超过 5%；在同样条件下，其他绿粉中最好的是 $ZnSiO_4$：Mn^{2+}，劣化 9%，最差的是 LaOCl：Tb^{3+}，为 16%。这种耐老化特性可能与石榴石晶体结构致密、熔点高（大于 2000℃）、键能大、硬度大等因素有关。

YAG：Tb 的发光源自 Tb^{3+} 的 4f 电子跃迁，即电子从 $^5D_3$ 和 $^5D_4$ 返回 ^7F_J 发出的光（能级示意于图 7-58），图 7-59 为其发射光谱，其中 $^5D_3 \rightarrow {}^7F_5$ 和 $^5D_3 \rightarrow {}^7F_4$ 跃迁分别对应于 416～418nm 和 430～450nm 蓝光发射，$^5D_4 \rightarrow {}^7F_5$ 和 $^5D_4 \rightarrow {}^7F_6$ 跃迁分别对应于 542～550nm 和 470～490nm 绿光发射。研究表明，$^5D_3$ 和 $^5D_4$ 跃迁概率与激活剂 Tb^{3+} 的浓度有关，当 Tb^{3+} 的摩尔分数 <0.013，$^5D_3 \rightarrow {}^7F_J$ 跃迁显著，发蓝光；随着 Tb^{3+} 浓度的增加，$^5D_4$ 发射从弱到强，当 Tb^{3+} 的摩尔分数为 1% 时，$^5D_4 \rightarrow {}^7F_5$ 跃迁最显著，绿光最强，人眼也最敏感。从实用考虑，为了加大绿光色调和提高亮度，应适当增加 Tb^{3+} 的浓度。以典型组分 YAG：0.05Tb 为例，在阴极射线激发下的色坐标 $x = 0.365$，$y = 0.539$，余辉时间 $\tau(1/10)$ 为 $7\mu s$。

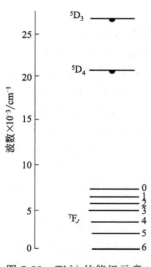

图 7-58　Tb^{3+} 的能级示意

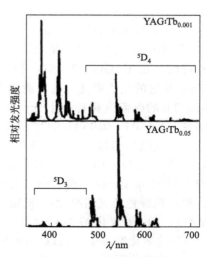

图 7-59　YAG：Tb 的发射光谱

YAG：Tb 的发光效率与激活剂 Tb^{3+} 浓度的关系见图 7-60。

YAG：Tb 通常是采用高温固相反应制备的，然而即使是在 1500℃ 的高温下，晶体中仍然不可避免地有 $YAlO_3$、$Y_4Al_2O_9$ 和残余的 Al_2O_3 存在，影响荧光体的纯度。而且所得到的产物易成为块状，需经研磨方可使用，难以得到均匀和分布合理的粒度。这些都直接影响荧光体的颜色和亮度，影响荧光屏的分辨率。为了获得发光性能优异的 YAG：Tb，人们对它的合成进行了比较广泛的研究。

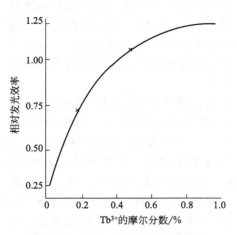

图 7-60　YAG：Tb 的发光效率与
Tb^{3+} 浓度的关系

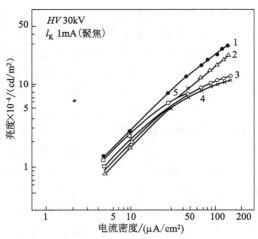

图 7-61　几种投影电视用绿色荧光粉亮度-
电流密度性能的比较

1—YAGaG：Tb；2—Y$_2$SiO$_5$：Tb；3—YAG：Tb；
4—Zn$_2$SiO$_4$：Mn；5—LaOCl：Tb

　　(2) Y$_3$(Al，Ga)$_5$O$_{12}$：Tb^{3+}　　以 Ga 取代部分 YAG 石榴石中的 Al，得到的 Y$_3$(Al，Ga)$_5$O$_{12}$：Tb^{3+}（YAGG：Tb）是一种新型的绿色荧光粉，可改善电流饱和特性。在 YAGG：Tb 中，Tb^{3+} 离子^{5}D$_4$→^{7}F$_6$ 跃迁的 490nm 发射猝灭，使 545nm 发射的光色更纯，这可能是 Y$_3$Al$_{5-x}$Ga$_x$O$_{12}$ 对 Tb^{3+} 的晶场影响所致。YAGG：Tb 的电流饱和特性十分优越，在 30kV，50μA/cm^2 时 YAG：0.05Tb 出现饱和，YAGG：0.05Tb 的饱和点超过了 100μA/cm^2。YAGG：Tb 是一种耐高能量密度激发的材料，当 2/5 的 Al 被 Ga 取代后，在 5μA/cm^2 电子束的激发下，Y$_3$Al$_3$Ga$_2$O$_{12}$：0.05Tb 的亮度是 Y$_3$Al$_5$O$_{12}$：0.05Tb 的 1.2 倍；当电流密度增大到 150μA/cm^2，前者亮度可达后者的 2.3 倍。图 7-61 为 YAG：Tb 与其他投影电视绿色荧光粉亮度-电流密度性能的比较。

　　YAG：Tb 在老化特性方面比 YAG：Tb 稍差，在前述的 Sony 公司对 YAG：Tb 的老化实验中，也以相同条件对 YAGG：Tb 的老化特性进行了测试，YAG：Tb 的劣化不超过 5%，而 YAG：Tb 的劣化不超过 14%。可能是 Ga 取代部分 YAG 石榴石中的 Al 后，YAG：Tb 的晶体结构有些改变。

　　熊光楠研究组发现，掺杂稀土离子（Gd^{3+}、Ce^{3+}、Tm^{3+}、Nd^{3+}、Pr^{3+}）对 YAGG：Tb 的发光性能有明显的影响，共掺杂前后的激发和发射光谱形状相似，但谱峰的强弱有所不同，其中 Gd^{3+} 对发光有增强作用（见表 7-14 所列的共掺杂 YAGG：Tb 在阴极射线束激发下的相对发光强度数据）。激发光通过 Gd^{3+} 转移到 Tb^{3+}，图 7-62 为 Gd^{3+} 和 Tb^{3+} 的能级结构图，可以看到 Gd^{3+} 的 ^{6}P$_{7/2}$ 能级与 Tb^{3+} 的 ^{5}D$_4$ 能级有重叠，因而有可能产生 Gd^{3+}→Tb^{3+} 的能量传递。

表 7-14 **激发电压 35kV，电流密度 1μA/cm² 下材料的相对发光强度**

材料	YAGG：Tb	YAGG：Tb,Pr	YAGG：Tb,Tm	YAGG：Tb,Ce	YAGG：Tb,Nd	YAGG：Tb,Gd
相对发光强度	42.2	29.2	23.0	37.7	22.1	45.0

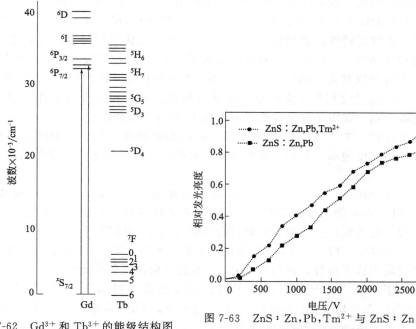

图 7-62 Gd^{3+} 和 Tb^{3+} 的能级结构图

图 7-63 ZnS：Zn,Pb,Tm^{2+} 与 ZnS：Zn，Pb 在阴极射线下的相对发光亮度

对 YAG：Tb 进行着色，并混以 7％ 的 Zn_2SiO_4：Mn^{2+}，作为 18cm 投影管的绿色成分，可使管子的亮度在高分辨率下得到提高。有报道介绍，在 YAGG：Tb 中混入少量色纯度高的其他绿色荧光粉可以改善其色度，如由 0.65YAG：Tb＋（0.30$InBO_3$：Tb^{3+},＋0.05Zn_2SiO_4：Mn^{2+}）混合而成的绿色荧光粉。

大屏幕投影电视的激发密度远远大于传统的普通电视，大约要提高 100 倍，在这种情况下一般的荧光粉会严重地饱和和衰退。衰退特性体现了显示系统的寿命，衰退特性也成为选择荧光粉的重要指标。熊光楠研究组对 YAGG：Tb 的衰退进行了研究，证明 YAGG：Tb^{3+} 的衰退并非发生在浅层，而是发生在整个浸透深度，见图 7-63。用 X 射线能谱仪对样品的成分进行分析，发现其中有微量的 Ba^{2+} 存在。Ba^{2+} 的半径与 Y^{3+} 的半径相近，Ba^{2+} 有可能取代 Y^{3+}、Al^{3+} 和 Ga^{3+}，其结果造成氧空位。以衰退后的样品与未衰退的样品相饱和效应明显增强，这就是由于在灼烧过程中晶粒缺陷的增多，如氧空位的形成，并且这种变化是发生在整个浸透深度，结果导致晶场的轻微改变，使发光中心受到影响。因此，可以认为电子束激发产生的电子空穴对的一部分被缺陷所捕获，传递效率减小；传递到发光中心 Tb^{3+} 的电子空穴对也因 Tb^{3+} 无辐射跃迁的增加而导致能量损失增加，即量子效率减小。为了抵消 Ba^{2+} 的作用，根据电荷补偿原理，在样品制备过程中引入适量的 Sr^{2+}，发现抗老化特性有了明显的改善。这可能是由于 Sr^{2+} 的电荷补偿作用，在一定程度上抵消了不纯离子的作用，抑制了氧空位的形成，因而可以增强荧光粉的抗轰击能力，改善它的衰退特性。

（3）$LaOBr：Tb^{3+}$ 和 $LaOCl：Tb^{3+}$ $LaOBr：Tb^{3+}$ 和 $LaOCl：Tb^{3+}$ 具有良好的温度猝灭特性，能量效率达 10%；其缺点是化学稳定性较差，遇水易分解；为片状晶体，使用困难。刘行仁研制了 Tb^{3+} 和 Dy^{3+} 共激活的 $LaOBr$ 荧光粉，其阴极射线发光效率比 $LaOBr：Tb^{3+}$ 有显著提高，同时减少了 Tb 的用量。在 Tb^{3+} 和 Dy^{3+} 之间发生无辐射共振能量传递。从实验和理论上都证明这种能量传递源于偶—偶极子交叉弛豫机制，Dy^{3+} 发挥中间介质作用。

在 $LaOCl：Tb^{3+}$ 中加入微量杂质，可以抑制晶粒生长，减少高电流密度激发下发生的亮度饱和，有利于提高投影电视的亮度和分辨率，但是杂质的加入会产生色心。

（4）$Y_2SiO_5：Tb^{3+}$ Tb^{3+} 激活的硅酸钇 $Y_2SiO_5：Tb^{3+}$ 的亮度优于 $YAG：Tb$，而且能承受大功率激发，温度猝灭特性好，能量效率高达 10%，也被用作投影电视绿色荧光粉，但是其合成温度高于 1600℃。

（5）$InBO_3：Tb^{3+}$ Tb^{3+} 激活的硼酸铟 $InBO_3：Tb^{3+}$ 具有很高的发光效率和良好的温度猝灭特性，常与 $YAGG：Tb$ 混合用作绿色荧光粉。

人们正在致力于开发新型的阴极射线绿色发光材料，最近，有关于合成 Tb^{3+} 激活的硼酸盐 $(LaO)_3BO_3：Tb^{3+}$ 的报道，Tb^{3+} 的摩尔分数为 0.006，在加速电压为 10～20kV，电流密度为 1～5μA/cm^2 范围内，发光亮度与电压和电流密度可成线性关系。

7.4.2.3 蓝色荧光粉

目前投影电视用的蓝色荧光粉是 $ZnS：Ag$，它受高密度电子束激发产生强的亮度饱和，表现明显的非线性，尽管采用 Al^{3+} 共激活的 $ZnS：Ag,Al$，可在一定程度上有所改善，但 $ZnS：Ag$ 的亮度饱和仍然是限制投影显示亮度的主要因素。而且 $ZnS：Ag$ 的发射光谱为带状光谱，经投影的光学系统后，易于出现色差，影响图像质量。由于稀土发光材料大多为窄带发射，人们非常重视稀土蓝色荧光粉的研究，Tm^{3+} 是三价稀土离子中最为理想的蓝色荧光粉激活剂，其特点是在基质中发射的谱带尖锐。尖锐谱带有利于减小色差，但是其能量效率低于 $ZnS：Ag$。下列荧光粉主要是以 Eu^{2+} 和 Ce^{3+} 激活的稀土蓝色荧光粉，为宽带发射，在大电流密度的激发下几乎不产生电流饱和现象，温度猝灭特性较好。这几种荧光粉在长时间电子束轰击下都不够稳定，颗粒呈片状。

（1）$M_5(PO_4)_3Cl：Eu^{2+}$（$M=Sr,Ca,Ba$） $Sr_5(PO_4)_3Cl：Eu^{2+}$ 在高电流

密度下几乎没有饱和现象，即使在屏面温度升高时，光强也不衰减，其图像具有良好的白场平衡特性和高质量的发光强度。

（2）$M_3MgSi_2O_8$：Eu^{2+}（M＝Sr,Ca,Ba） 这些材料受大电流密度激发，几乎不产生亮度饱和，而且具有较好的温度猝灭特性，它的图像具有良好的白场平衡特性，但发光效率远低于 ZnS：Ag。

（3）LaOBr：Ce^{3+} LaOBr：Ce^{3+} 是用于投影电视的高效蓝色荧光材料，能量效率 5％。用 Y 或 Gd 取代 LaOBr：Ce^{3+} 部分 La，可以使能量效率大大提高，如 $(La_{0.5}Y_{0.5})OBr$：Ce^{3+} 和 $(La_{0.7}Y_{0.3})OBr$：Ce^{3+} 的能量效率分别为 8.55％和 11％。$(La,Y)OBr$：Ce^{3+} 和 $(La,Gd)OBr$：Ce^{3+} 的发光效率也与 Y、Gd 含量有关，最高分别为 3.3lm/W 和 51m/W。其缺点是化学性质不稳定，遇水分解。

人们对新型稀土阴极射线蓝粉材料进行不断的探索，熊光楠研究组在 ZnS：Zn，Pb 中掺杂 Tm^{2+}，使 ZnS：Zn，Pb 阴极射线发光亮度进一步提高，并获得较好的电流饱和特性，随着 Tm^{2+} 浓度的增加，光谱的主峰从 468nm 蓝移到 460nm，相对亮度有所提高（见图 7-64），非线性得到改善。

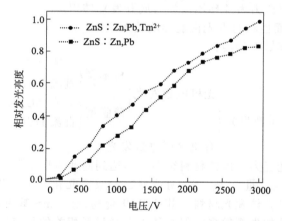

图 7-64　ZnS：Zn,Pb,Tm^{2+} 与 ZnS：Zn，Pb 在阴极射线下的相对发光亮度

7.5　稀土电致发光材料

发光材料在电场的作用下的发光称为电致发光（electroluminescence，EL）。电致发光是在直流或交流电场作用下，依靠电流和电场的激发使某种固体材料发光的现象。又称场致发光。电致发光是把电能直接转变为可见光而不产生热的少数实例之一。电致发光不产生热，它是直接将电能转换成光能的一种发光形式，电致发光属于主动发光。早在 1901 年人们在研究碱卤化物时就发现了电致发光现象，1936 年法国学者又发现了 ZnS 粉末的电致发光现象。此后，由于导电玻璃的发明，20 世纪 50 年代世界各国竞相研究电致发光显示板，用于制作面光

源、显示板和试制平板电视，但始终因存在亮度低、效率低、寿命短等问题而进展不大。随着电子学和材料科学的进步，到 70 年代电致发光板的研制又进入一个高潮。由于薄膜技术的发展，EL 在亮度、效率、寿命和信息存储等方面的缺点都得到不同程度的克服。在众多平板显示技术中，电致发光器件由于其全固体化、体积小、质量轻、响应速度快、视角大、适用温度宽、制作工序简单等优点，已引起广泛关注，发展迅速，但它也面临着液晶显示和等离子体显示的强有力竞争。随着各类电致发光显示研究的不断深入，稀土发光材料在电致发光领域占有越来越重要的地位。

电致发光显示具有如下特点。

① 器件结构中没有电流流过，功率消耗全部用于发光；但同时带来的问题是难以通过增大输入功率来提高发光亮度，因此将电致发光器件做成亮度很高的显示器件比较困难。

② 响应时间可满足一般的显示应用；可制成任意形状、尺寸很大的面光源或显示器件；使用寿命长，可超过 10000h。

③ 电致发光器件厚度薄而且牢固，适于用在飞机等使用空间受限制的场合，也适于在受冲击或压力大的环境（如海底开发）使用。

④ 发光层表面性状对发光性能影响较大。

电致发光可作如下分类：

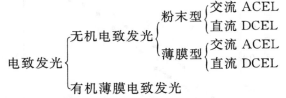

具有电致发光能力的固体材料很多，但达到商业应用水平的主要是半导体材料。其中有Ⅱ-Ⅸ族、Ⅲ-Ⅴ族、Ⅳ-Ⅵ族的二元或三元化合物。Ⅲ-Ⅴ族和Ⅳ-Ⅵ族化合物是典型的半导体发光材料。Ⅱ-Ⅳ族化合物是以 ZnS 基质材料为代表。

电致发光元件的类型较多，但与稀土发光材料相关的是交流薄膜电致发光和粉末直流电致发光两类，前者属于内窠发光，后者属于电荷注入发光。交流薄膜电致发光器件的结构，是在粘有透明导电薄膜的玻璃基片上依次层叠绝缘层、发光层、绝缘层和背面电极（见图 7-65）。

直流电致发光材料与交流电致发光材料有所不同，它要求电流通过发光颗粒，因此发光体与电极要求有良好的接触。例如颗粒表面含有 Cu_2S 相的 ZnS：Mn，在直流电场激发下可发出很强的光。稀土激活的直流电致发光荧光粉正在研制中，如绿色的 CaS：Ce,Cl，红色的 CaS：Eu,Cl 和蓝绿色的 SrS：Ce,Cl 等等。

根据所施加的电压的高低，可分为低场电致发光和高场电致发光两类。发光二极管把其能量注入一个 p-n 结，这是一种典型的低场电致发光，它的外加电压

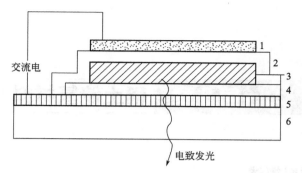

图 7-65 交流薄膜电致发光器件的结构
1—背面电极；2，4—绝缘层；3—荧光粉；5—透明导电薄膜；6—玻璃基片

一般为几伏。高场电致发光需要的电场约为 $106V/cm^{-1}$，在这类电致发光的应用中，使用最为普遍的材料就是 ZnS。低场电致发光通常在直流电场下工作，而高场电致发光一般在交流电下工作。在本节中，首先讨论低场电致发光以及它们的应用，其中包括：发光二极管和激光二极管，后者也称为半导体激光器 (semiconductor lasers)。然后，再讨论高场电致发光，它在薄膜型电致发光显示应用中，表现出很大的潜力。

第8章 稀土储氢材料

8.1 储氢材料概述

能源是社会发展和人民生活水平提高的重要物质基础之一。20世纪以来，一方面，煤、石油、天然气等化石能源的日益枯竭使人类面临"世界能源危机"；另一方面，化石能源所造成的环境污染问题如酸雨、温室效应等，严重影响了人类的生存与发展，而且有愈演愈烈的趋势。因此，寻找一种可替代传统碳氢化合物能源的新能源已成为各国科学家为之奋斗的目标。在此形势下，氢能源的开发和利用引起了人们极大的兴趣。基于能源发展的现状，美国能源部提出了"氢经济"的概念，其根本目的就是使能源从传统意义上以碳燃料为基础的能源经济形态转变到以氢能源为基础的能源经济形态。

氢是宇宙中分布最广的元素，具有许多优点。如，燃烧热值高；每千克氢燃烧后能放出142.35kJ的热量，约为汽油的3倍，酒精的3.9倍，焦炭的4.5倍。含量丰富：氢构成了宇宙质量的75%，并主要以化合物的形态贮存于水中，而水是地球上最广泛的物质。本身无毒：与其他燃料相比，氢燃烧时最清洁，除生成水和少量氮化氢外不会产生诸如一氧化碳、二氧化碳、碳氢化合物、铅化物和粉尘颗粒等对环境有害的污染物质。能循环使用：燃烧生成的水还可继续制氢。不难想象，随着科学技术的不断进步，氢能将代替化石能源走进千家万户，承担起主体能源的角色。

氢能系统主要包括氢源开发、制氢、储氢、输氢和氢的利用技术等，其中，储氢和输氢是能源有效利用的关键所在。一般情况下，储氢过程中所希望能达到的目标有两个：其一，贮存的氢气越紧密越好，比如添加尽量少的其他材料以获得氢气的最大体积、质量密度，因为常温常压下，1kg氢气的体积达到11m³，这在实践应用中是不利的；其二，储氢的一个重要标准是可逆性，也就是相对于一次能源而言，使氢气可以成为二次能源进行利用。到目前为止，储氢可采用物理方法和化学方法。物理方法有：液氢储存、高压氢气储存、活性炭吸附储存、碳纤维和碳纳米管储存、玻璃微球储存、地下岩洞储存等。化学方法有：金属氢化物储存、有机液态氢化物储存、无机物储存、铁磁性材料储存等。表8-1列出了部分储氢材料的储氢密度、储氢能力和能量密度。可以看出，采用厚重的耐压钢瓶来储存氢气的传统手段，笨重且不方便，同时要消耗很多的氢气压缩功，还由于氢气密度小,在有限的容积内只能储存少量的氢气(氢气的质量只占容器质量的 1%~2%),且处于高压下,在经济上和安全上均不可取。液态储氢是在常压、低温(约 21.2K)或常温、高压条件下储存,但是液化过程中所需要的高能量以及氢的沸点限制,使得液态储氢技术也难以广泛应用。物理吸附储氢的吸附材料主要有分子筛、活性炭、高比表面积活性炭、新型吸附剂等,常说的碳纳米管就是一种新型吸附剂,物理吸附的优点是可以在低压下操作、储氢系统相对简单以及材料的耗费也比较低,但是其存在的明显缺点是质量和体积密度低,并且须在低温下操作。

表 8-1 某些储氢材料的储氢密度、储氢能力和能量密度

储氢介质	氢密度 D_v /(×10^{22}H 原子/cm³)	储氢能力		能量密度		储氢相对密度	含氢量/% (质量分数)
		重量/%	容积 /(g/mL)	重量 /(cal/g)	容积 /(cal/mL)		
标准状态下的氢气	5.4×10^{-3}	—	—	—	—	—	100
高压氢(100atm)	—	100	0.008	33900	271	—	100
−263℃液态氢	4.2	100	0.07	33900	2373	778	100
MgH_2	6.6	7	0.101	2373	3423	1222	7.65
Mg_2NiH_4	5.6	3.16	0.081	1071	2745	1037	3.6
VH_2	10.5	3.81	0.095	701	3227	—	—
$TiFeH_{1.95}$	5.7	1.75	0.096	593	3254	1056	1.85
$LaNi_5H_6$	6.2	1.37	0.089	464	3017	1148	1.37

在众多不同的储氢介质中,某些金属和储氢合金与氢反应后,以金属氢化物形式储存氢,具有储氢密度大、安全、不需要复杂容器就可以长时间储存以及可获得高纯度氢等优点,被认为是一种经济、有效的储氢方法。此外,储氢合金储氢,还具有将化学能转换为热能或机械能的能量转换功能。储氢合金的上述效应已被应用于氢气的固态存储、氢的提纯和同位素分离、热泵、化学催化、制备稀土永磁材料、镍-金属氢化物(Ni/MH)二次电池等领域。储氢合金的多功能用途,特别是储氢合金在二次电池领域的工业化、商业化使用,激起了国内外研究者对储氢合金研究的极大热情和高度重视。

储氢合金产品属于高科技的绿色能源材料,符合我国国家技术政策和高新技术产业政策。在我国,国家重点基础研究发展规划(即"973")和"S-863"中已将其列为前沿研究项目课题。由国家发展计划委员会和科学技术部共同组织编制的《当前优先发展的高技术产业化重点领域指南》中也把储氢材料列为重点发展的产业化方向之一。

8.2 稀土储氢电极合金的基本物理和化学性质

20世纪60年代，荷兰Philips实验室和美国的Brookhaven实验室先后发现$LaNi_5$和Mg_2Ni等合金具有可逆吸放氢的性能。进一步研究发现，这类储氢金属材料在吸氢过程中伴有热效应、机械效应、电化学效应、磁性变化、催化作用等多种功能。自此以后，世界各国都在竞相研究开发不同的金属储氢材料。新型储氢合金层出不穷，性能在不断提高，应用领域也在不断扩大。储氢合金的多功能作用，特别是储氢合金在电池领域的工业化，更激起了人们对储氢合金的高度重视。对储氢合金的基础理论研究虽然尚不十分成熟，但仍取得了不少进展。

金属氢化物作为一种多功能材料，根据不同用途有不同要求。一般作为储氢（包括电池用）和蓄热用金属，应具备下列条件：

① 容易活化，单位质量、单位体积吸氢量较大；

② 吸、放氢速度快，氢扩散速度大，可逆性好；

③ 有较平坦和较宽的平台区，平衡分解压适中，作储氢用时，室温附近的分解压为0.2～0.3MPa，作电池材料用时为10^{-4}～10^{-1}MPa；

④ 吸收、分解过程中的平衡氢压差，即滞后性小；

⑤ 氢化物生成焓，作储氢材料或电池材料时应该小，作蓄热材料时则应大；

⑥ 寿命长，反复吸放氢后，合金粉碎量小，而且衰减小，能保持性能稳定，作电池材料时能耐碱液腐蚀；

⑦ 有效热导率大、电催化活性高；

⑧ 在空气中稳定，安全性好，不易受N_2、O_2、H_2O、H_2S等杂质气体毒害；

⑨ 价格低廉、不污染环境、容易制造。

对于气态储氢材料，国际能源协会（International Energy Agency）的期望目标是在低于100℃的条件下，材料的放氢容量达到5%（质量分数）；日本的"世界能源网络"（World Energy Network）研究计划的目标是在低于100℃，1.0MPa的条件下，有效放氢量达到5%；经5000次吸放氢循环后，其容量应保持在90%以上。为满足电动汽车的实用要求，美国能源部提出了容量为6.5%的更高要求。

8.2.1 储氢合金的化学和热力学原理

什么是储氢合金，储氢合金又如何具有储氢特性呢？顾名思义储氢合金是一种能够贮存氢的金属材料，称的上"储氢合金"的材料应具有像海绵吸水那样能可逆地吸放大量氢气的特性。原则上说这种合金大都属于金属氢化物，其特征是由一种吸氢元素或与氢有很强亲和力的元素（A）和另一种吸氢量小或根本不吸氢的元素（B）共同组成。

我们知道，周期表中所有金属元素都能与氢化合生成氢化物。不过这些金属元素与氢的反应有 2 种性质，据此可分为两类元素：一类元素容易与氢反应，能大量吸氢，形成稳定的氢化物，并放出大量的热，这些金属主要是 I A～V B 族金属，如 Ti、Zr、Ca、Mg、V、RE（稀土元素）等，它们与氢的反应为放热反应（$\Delta H < 0$），这些金属称为放热型金属，或者叫 A 类元素；另一类金属与氢的亲和力小，但氢很容易在其中移动，氢在这些元素中溶解度小，通常条件下不生成氢化物，这些元素主要是 VII B～VIII B 族过渡金属，如 Fe、Co、Ni、Cr、Cu、Al 等，氢溶于这些金属时为吸热反应（$\Delta H > 0$），称为吸热金属，或者叫 B 类元素。实际工程应用的储氢合金都是由 A、B 两类元素组成，其中 A 与氢的亲和力强，与氢生成的氢化物为强键合氢化物，B 与氢的亲和力很弱，与氢生成的氢化物为弱键合氢化物，对合金的氢化反应起催化等作用。前者控制着储氢量，是组成储氢合金的关键元素；后者控制着吸放氢的可逆性，起着调节生成热与分解压力的作用。通过两者的合理配比，就能制备出在室温下具有可逆地吸放氢的储氢合金。但合金的最终性能则还与合金的制备工艺和后续处理有关。如熔炼方法、凝固制度、热处理工艺、纳米化、非晶化等。

氢与金属、合金或金属间化合物的可逆吸放反应是储氢材料应用的最主要的特征。氢能很好地固溶于许多金属，在一定温度和压力下，许多金属、合金和金属间化合物（以 M 表示）与气态 H_2 可逆反应生成金属固溶体 MH_x 和氢化物 MH_y。反应可分为以下步骤进行：

（1）开始吸收少量氢后，形成合氢固溶体（α 相），合金结构保持不变，其固溶体的溶解度 $[H]_M$ 与其平衡氢压 p_{H_2} 的平方根成正比，即：

$$p_{H_2}^{1/2} \propto [H]_M \tag{8-1}$$

（2）固溶体进一步与氢反应，产生相变，生成氢化物相（β 相），反应式如下：

$$\frac{2}{y-x}MH_x + H_2 \rightleftharpoons \frac{2}{y-x}MH_y + \Delta H \tag{8-2}$$

式中，x 为固溶体中的氢平衡浓度；y 为合金氢化物中氢的浓度，一般 $y \geqslant x$，MH_y 为金属氢化物；ΔH 为生成热。

（3）再提高氢压，金属中的氢含量略有增加。

以上反应可以用总反应式（8-3）表示：

$$M(s) + \frac{x}{2}H_2(g) \underset{p_2, T_2}{\overset{p_1, T_1}{\rightleftharpoons}} MH_y(s) + \Delta H \tag{8-3}$$

式（8-3）为可逆反应，其中 p_1、T_1 为正反应吸氢时，体系所需的压力和温度；p_2、T_2 为逆反应放氢时，体系所需的压力和温度。正向反应吸氢，为放热反应；逆向反应解吸氢，为吸热反应。正逆反应构成了一个吸放氢的循环，改变体系的温度和压力条件，可使反应按正逆反应方向交替进行。

热力学性能主要是指焓变、熵变等基本物理量的变化，对反应过程的实际影响。储氢合金不论是吸氢反应还是放氢反应，都可用压力、合金中氢含量和温度（p-c-T 曲线）来很好地反映热力学特性。

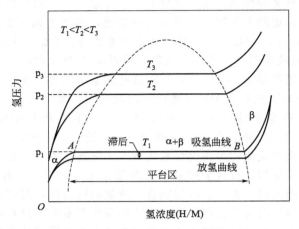

图 8-1　储氢合金 p-c-T 曲线

图 8-1 为储氢合金平衡氢压-氢浓度等温曲线（p-c-T 曲线）。横坐标表示合金中的氢与金属原子比，纵坐标为氢压。温度不变时，从 O 点开始，随着氢压的增加，氢溶于金属的数量使其组成变为 A，OA 段为吸氢过程的第一步，金属吸氢，形成含氢固溶体（通常称 α 相），氢在固溶体中的分布是随机分布的，固溶体的溶解度与氢的平衡压的平方根成正比。点 A 对应于氢在金属中的极限溶解度。达到 A 点时，α 相与氢反应，形成金属氢化物（通常称 β 相），氢在 β 相中基本上是均匀分布的，在某些储氢合金中还可进一步形成第二种氢化物相（通常称 γ 相）。当继续加氢时，系统的压力不变，而氢在恒压下被金属吸收。当所有的 α 相都变成 β 相时，组成达到 B 点。AB 段为吸氢的第二步，此区为氢气、固溶体、金属氢化物三相共存区，其对应的压力为氢的平衡压力，也就是金属氢化物的分解压，达到 B 点时，α 相最终消失，全部金属都变成金属氢化物。这段曲线呈平直状，称为平台区，相应的压力为平台压（力）或者平衡压（力）。在全部组成变成 β 相后，如再提高氢压，则 β 相组成就会逐渐接近化学计量组成。氢化物中的氢仅有少量增加，B 点以后为第三步，氢化反应结束，氢压显著增加。

对 AB 段的平台区，可以根据吉布斯相律进行解释。设该体系的自由度为 F，组分为 C，相数为 P，则

$$F = C - P + 2 \tag{8-4}$$

该体系的组分为金属和氢，即 $C = 2$，则

$$F = 4 - P \tag{8-5}$$

图 8-1 中，在 OA 段，即氢的固溶区内，P 为固溶体和氢气，为 2。所以 $F = 4 - 2 = 2$。也就是说，即使温度不变，压力也要发生变化。在平台区内，即 AB 段内，$P = 3$（氢气、固溶体、金属氢化物），因此 $F = 4 - 3 = 1$。在温度不

变时，压力也不随组成变化。即在图中表现为一条平坦的直线。（实际测试的 $p\text{-}c\text{-}T$ 曲线往往有一定的倾斜，这与金属氢化物晶体结构及相偏析有关）在 B 点以后，$P=2$（金属氢化物和氢气）。所以 $F=4-2=2$，压力随温度和组成变化。

　　$p\text{-}c\text{-}T$ 曲线是衡量储氢材料热力学性能的重要特性曲线。通过该图可以了解金属氢化物中的氢含量（%）和任一温度下的分解压力值。$p\text{-}c\text{-}T$ 曲线的平台压力、平台宽度和倾斜度、平台起始浓度和滞后效应，既是常规鉴定储氢合金吸放氢性能的主要指标，又是探索新的储氢合金的依据。同时利用 $p\text{-}c\text{-}T$ 曲线也可以求出热力学函数。其温度与分解压的关系为：

$$\lg p_{\mathrm{H}_2}=\frac{\Delta H^{\ominus}}{RT}-\frac{\Delta S^{\ominus}}{R} \tag{8-6}$$

该热力学函数关系式又称作范特霍夫（Van't Hoff）等温方程式。

　　式中，$\Delta H^{\ominus}$、$\Delta S^{\ominus}$ 分别表示为氢化反应的标准焓变化量和标准熵变化量；p_{H_2} 为氢化物分解压；R 表示气体常数；T 表示热力学温度。可见，$\ln p_{\mathrm{H}_2}$ 与 $1/T$ 成线性关系。

8.2.2　储氢合金主要性能

　　储氢合金用途多种多样，对其性能的要求也不同，本节主要介绍储氢合金的一些基本性能，这也是比较一种储氢材料好坏的主要指标。

　　储氢合金的基本性能包括：平台压特性、压力滞后系数、饱和吸氢量、平台斜率因子、反应热、活化特性、导热率、粉碎性、中毒性、合金寿命、反应速度、成本等。评价合金储氢性能优劣，就必须对其某些特性进行测试。这些特性基本上属于化学热力学和动力学范畴。

　　本节将以典型储氢合金 $LaNi_5$ 为例（图 8-2）进行说明。

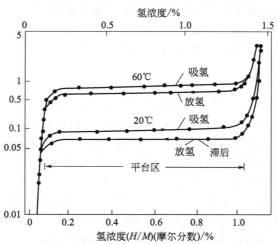

图 8-2　$LaNi_5$ 储氢合金 $p\text{-}c\text{-}T$ 曲线

（1）饱和吸氢量　从 p-c-T 曲线可以看出其饱和吸氢量的大小。如图为典型的 $LaNi_5$ 合金 p-c-T 曲线。一般取该曲线平台末端对应的氢浓度或原子比作为饱和吸氢量。

（2）平台压特性　合金 p-c-T 曲线中部平缓的部分称为平台区。一般情况，我们把平台区中部所对应的压力为合金在此温度下的平台（衡）压力。合金在某一温度下的平台压是反映合金性能的重要指标，实际应用合金的平台压必须适中。平台压太高会导致氢无法在合金中储存，太低致使储存在合金中的氢无法顺利释放。平台压可由测定的 p-c-T 曲线上直接读出，同时从前面的几个公式也可看出，得知合金的 $\Delta G^{\ominus}$ 反过来也可以计算出其平衡分解压 p_{H_2}。

（3）压力滞后系数 H_f 与平台斜率因子 S_f　通常，金属在吸放氢过程中，虽在同一温度下，但压力不同，吸氢曲线总是比放氢曲线高，即吸氢生成氢化物时平衡压力一般高于该氢化物解离放出氢时的平衡压力，两者平衡压力差称为压力滞后或滞后效应。产生滞后效应的原因，目前存在一定争议，但一般认为，与合金氢化过程中金属晶格膨胀引起的晶格间内应力有关。滞后大小程度因金属和合金而异。滞后大，意味着吸放氢操作时，需以更大温差对合金或氢化物进行加热、冷却，或以更大压差用氢气加压或减压。这样，其储氢能力和氢化反应热就不能得到有效利用。在热泵等金属氢化物的利用系统中，滞后严重影响其使用性能。从能量利用角度来讲，吸放氢滞后越小越好，可减少能量损失。对电池来说，较小的滞后可提高放电电位，提高电池的功率。衡量滞后大小可用滞后系数 H_f 表示：

$$H_f = \lg(p_{abs}/p_{des})_{H/M=0.5} \tag{8-7}$$

式中，p_{abs} 为 H/M=0.5 时的吸氢压力；p_{des} 为 H/M=0.5 时的放氢压力。

另外，从 p-c-T 曲线可以看出其饱和吸氢量的大小。一般取 p-c-T 曲线平台末端对应的氢浓度或原子比作为饱和吸氢量。通常储氢合金吸放氢平台总有一定的倾斜。金属氢化物平衡压力线发生的倾斜现象与晶体结构和相偏析有关，与铸造合金的冷却速度也有关，热处理或快淬合金可使平台变平坦。平台的倾斜用斜率因子 S_f 表示：

$$S_f = \frac{\lg(p_{0.5}/p_{0.25})}{(H/M)_{0.5} - (H/M)_{0.25}} \tag{8-8}$$

其中 $(H/M)_{0.5} = 50\% (H/M)$ 可逆放氢，$(H/M)_{0.25} = 25\% (H/M)$ 可逆放氢，$p_{0.5}$、$p_{0.25}$ 分别为 $(H/M)_{0.5}$、$(H/M)_{0.25}$ 时的放氢压力。

（4）中毒性　在储氢合金吸氢过程中由于气源不纯如工业用氢（纯度为 98%）中含有气体杂质 CO、CO_2、O_2、H_2O 等，或由于操作失误或发生事故，杂质可能输入气体或进入系统，使合金表面中毒，中毒的表现特征即是吸氢（或放氢）速度变慢和吸氢容量受损失。Sandrock 等人认为吸氢金属表面中毒是由于形成的表面结构抑制催化 $H_2 \longrightarrow 2H$ 离解和氢的渗透。F. Schweppe 等人发现 1 个或 2 个单原子层的 CO 即可使储氢合金的 1 个粒子毒化，8～12 个单原子层

的 O_2 可使储氢合金的 1 个粒子毒化。可见，气体杂质对储氢合金的毒化严重，因此研究储氢合金的中毒性具有极其重要的意义。

(5) 粉碎性与热导率　金属氢化物作储氢材料用时，合金吸氢，金属晶格发生体积膨胀，放氢时体积收缩。由于储氢合金本身很脆，吸氢后的体积急剧膨胀使其产生无数微细裂纹。在反复吸放氢操作下，合金就会变成粉末。其粒度变化，可以通过测量吸放氢反应前后的粒度变化来评价。合金吸放氢粉化特性会给其应用带来不利影响。如将粉末合金装在容器里氢化，就会产生高的气阻，使容器膨胀、破损。所以应尽量减少合金的粉化。合金吸放氢过程既是一个反应过程，又是一个热交换过程，合金吸氢时要放出热量，放氢时又必须由外界供给热量，为保证反应和热交换的顺利进行，氢化物的热传导性至关重要。尤其是合金通过反复吸放氢使粒度变细，其热导率更差，使吸收和释放氢所用的时间增长。因此，应尽量改善氢化物层的热导率。

(6) 合金寿命　储氢合金寿命是衡量合金吸放氢能力的重要指标。一般用反复吸放氢次数来衡量，即吸放氢循环至吸氢量小于最大吸氢量的 10% 时的次数。实际往往以循环至 n 次时的吸氢量 (S_n) 与最大吸氢量 ($S_{最大}$) 之比的百分数来衡量，即 $S_n/S_{最大}$，n 为吸放氢循环次数。

(7) 活化特性　活化特性的好坏是影响储氢合金能否应用的重要因素之一。即使储氢材料与氢平衡时的各种特性都很好，但如果氢的吸收与释放速度不快，或吸、放循环导致合金性能恶化等，则这种储氢材料仍然难以获得实际应用。

储氢合金表面由于有氧化膜及吸附其他气体分子，一般在初次使用时几乎无吸氢能力，或者要费很长的时间。因此，通常要进行活化处理，其工艺是将储氢合金在高真空中加热到 300℃后，通以高纯氢气，如此反复数次。由于表面氧化膜被破坏，表面吸附的氧扩散到合金内部，使表面净化，这时可以获得很好的反应活性。

储氢材料种类不同，吸、放氢的机制及反应活性也不同。例如 $LaNi_5$ 合金活化非常容易，而 $FeTi$ 合金则很难活化处理。但在许多情况下，合金即使必须经过活化处理，但尔后因与不纯氢或空气接触，以致又失掉活性。

另外，上节讲到通过范特霍夫等温方程式从 p-c-T 图中确定出不同温度下吸放氢平台压力曲线的中值，以 $\ln p_{H_2}$ 对 $1/T$ 作图，从图中直线的斜率和截距可求出合金 $\Delta H^{\ominus}/R$ 和 $-\Delta S^{\ominus}/R$ 值。这样，对于任一设计成分的合金都可以通过此方法解出其吸放氢的焓变 ($\Delta H^{\ominus}$) 和熵变 ($\Delta S^{\ominus}$)。

储氢合金形成氢化物的反应焓和反应熵不但有理论意义而且对储氢材料的研究、开发和利用都有极其重要的意义。生成熵表示形成氢化物反应进行的趋势，在同类合金中若数值越大其平衡分解压越低生成氢化物越稳定。生成焓就是合金形成氢化物的生成热，负值越大氢化物越稳定。$\Delta H^{\ominus}$ 值的大小对探索不同目的金属氢化物具有重要意义。做储氢材料用时，从能源效率角度讲 $\Delta H^{\ominus}$ 值应尽量小，做储热材料用时该值又应该大。

在选择氢化物时，通常把氢的释放条件，即根据分解压力为 0.1MPa 时的温度和任一温度时的平衡分解压力的高低来设定氢释放条件的评价标准。对目前开发的储氢合金中，几乎所有的金属 $\Delta S^{\ominus}$ 为 $-125J/(mol \cdot K)$ 左右。因此，反应的平衡压力基本取决于 $\Delta H^{\ominus}$。

从图 8-3 可以看出，在 T 很大的范围内，$\ln p_{H_2}$ 与 $1/T$ 成较为严格的直线关系。根据直线斜率求出 $\Delta H^{\ominus}$，根据截距 y 求出 $\Delta S^{\ominus}$。

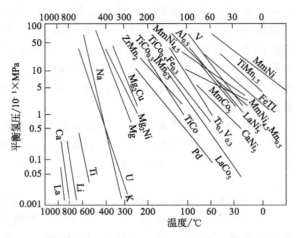

图 8-3　各种金属氢化物的分解压与温度关系

一般情况下，所有金属的 $\Delta S^{\ominus}$ 均为 $-126J/(mol \cdot K)$，如果储氢用金属氢化物的分解压力为 $0.01 \sim 1MPa$，则 $\Delta H^{\ominus}$ 的范围为 $-30 \sim -50KJ/mol$。从上式可以看出，在 p_{H_2} 一定的情况下，如果 $\Delta H^{\ominus}$ 越大，则温度 T 也越高，即越是在高温下释放氢。为了使金属氢化物作为有效的储氢材料用，应尽量降低 $\Delta H^{\ominus}$，使之能在常温常压下吸释氢。

从以上叙述中，我们可以看出，储氢合金 p-c-T 曲线是表示合金氢化物的热力学特性最为直观、恰当的方法。大部分的合金氢化的平衡特性都包括在 p-c-T 图上，只要测试出 p-c-T 曲线，那么该金属氢化物中的可逆吸放氢量以及在不同温度下吸收与放出氢的平台（衡）压力。还有平台压的倾斜度、吸收与放出的压力差，即滞后的大小也就一目了然了，这对掌握金属氢化物的评价上是不可缺少的。要绘出 p-c-T 曲线，必须测定平衡压、温度和金属中的含氢量。特别是氢含量测定较困难。目前主要采取下述 4 种方法。

① 高压热天平法。这是在氢气气氛中用天平测定试料的质量变化的方法。试料置于高温高压下，直接测定金属中的含氢量，但天平的精度不太高。试料温度按程序设定进行，容易自动测定 p-c-T 曲线。

② 用 Sievelts 装置进行定组成测定。将已知氢含量的试样，与小容积气体一道密封，然后改变试料温度，测定气体压力。在定组成条件下测出温度-压力

特性。这种方法也是按程序控制温度，容易实现自动化。主要缺点是由于微量漏泄，造成误差大。另外为改变组成，要用手动操作，故要仔细地改变组成就不合适了。

③ 电化学法。电化学方法测试 $p\text{-}c\text{-}T$ 曲线的原理是根据能斯特方程将电极的平衡电位转换成平衡氢压，即：

$$E = E_{H}^{\ominus} - E_{Hg}^{\ominus}/HgO + \frac{RT}{2F}\ln\left(\frac{\alpha_{H_2O}}{\gamma_{H_2}p_{H_2}}\right)$$

式中，$E_{H}^{\ominus} - E_{Hg}^{\ominus}/HgO$ 为氢电极的标准电极电位与氧化汞电极的标准电极电位差值，α_{H_2O} 为水的活度，γ_{H_2} 为氢气的逸度系数，p_{H_2} 为氢气的分压，这些系数均与电解液浓度及温度有关。当电解液浓度为 6mol/LKOH 和温度为 298K 时平衡电极电位（E）和平恒氢压 p_{H_2} 关系式为：

$$E = 0.9293 - 0.0296\lg p_{H_2}$$

电化学测试 $p\text{-}c\text{-}T$ 曲线时，首先要将将试料制作成电极，然后进行充放电，测定这时的电量与平衡电位，得到 $p\text{-}c\text{-}T$ 图。如何制作电极后面章节中将会详细介绍。从实验角度讲电化学方法具有能测试 10^{-3}Pa 左右的低压范围，容易自动化，操作简单、易行，只要求将合金制成电极即可。而固-气反应法设备相对复杂些。就实验的准确度而言，电化学方法可能会受到电极制备方法的差异、氧化电流的大小以及三电极系统的状况的影响。所以在实验时应尽量控制实验条件使每一合金电极尽量保持相同的实验环境。同时测定温度也受电解质的制约，只限于室温附近的测量。

④ 用 Sievelts 装置进行定温测定。这是测定压力-组成等温线的最普遍的方法。在一定容积中使气体与恒温的金属试料接触，放置至达到平衡。这时，从气体压力变化，算出吸收气体量，再把那时的压力测定值，作为其平衡压数据，这样，为求得含氢量的增减值与平衡压，反复进行这一过程，就能得出全部等温线。由于含氢量是从氢气的压力、温度、体积，用状态方程式求得的，产生误差的因素多，所以减少这些误差，是测定技术中的主要任务。而且，测定的只有氢含量的变化量，其原点如何确定也是问题，还有氢含量的误差，伴随着测定点数的增加而累积增大，也是缺点。

上述 4 种方法各有优缺点，但总的来讲，还是第 4 种最好，也是目前各国普遍测试 $p\text{-}c\text{-}T$ 曲线使用的方法。图 8-4 为 $p\text{-}c\text{-}T$ 装置简单示意图。主要由供氢系统（高纯氢或普氢提纯）、真空排氢系统、测试部分主要包括反应器、恒温器、压力表（一般由两块量程不同的压力表组成）、气体流量以及记录系统（包括压力传感器、应变仪、计算机）组成。

为配合金属氢化物热力学及动力学研究，我国从 20 世纪 70 年代开始研制了不少 $p\text{-}c\text{-}T$ 测定装置，从手动简易式发展到目前半自动，自动计算机程控装置，发展十分迅速。

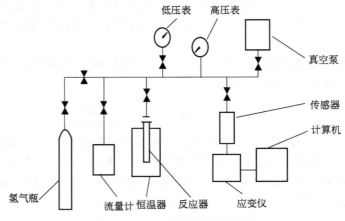

图 8-4 *p-c-T* 测试装置示意图

8.2.3 储氢合金的吸氢反应机理

储氢合金吸放氢反应机理可用图 8-5 的模式表示。氢分子与合金接触时首先吸附于合金表面上，氢分子在合金催化作用下 H-H 键解离，成为原子状的氢（H），氢原子从合金表面向内部扩散，侵入比氢原子半径大得多的金属原子间隙

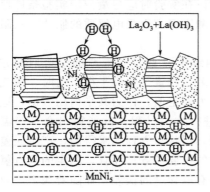

图 8-5 储氢合金吸放氢反应机理

中形成固溶体。固溶体已经被氢饱和，过剩氢原子与固溶体反应生成氢化物，产生溶解热。

一般来说，氢与金属或合金的反应是个多相反应过程。这个多相反应主要由下列基础反应组成的：①H_2 传质；②化学吸附氢的解离；③表面迁移；④吸附的氢转化为吸收氢；⑤氢在 α 相的稀固态溶液中扩散；⑥α 相转变为 β 相；⑦氢在氢化物（β 相）中扩散。因此，计算氢在合金体中扩散系数的大小有助于掌握金属中氢的吸收/解吸国中动力学参数。

8.2.4 储氢合金中氢的位置

由于金属或金属间化合物的晶格中有很多间隙，可以吸收大量的氢。金属形成氢化物后，氢化物的金属晶格结构或者和金属相具有相同结构，或者变为与金属相完全不同的另一种结构，前者称为溶解间隙型，后者称为结构变异型，通常金属氢化物为溶解间隙型。储氢合金中间隙的大小、种类及周围配位的化学元素对合金中间隙的储氢均有很大的影响。在金属晶格中常见的间隙主要有四面体间隙与八面体间隙。可通过中子衍射或离子沟流实验来探索氢的位置与金属原子半径间的关系从而确定氢的占位。关于氢原子进入哪些间隙，根据研究应遵循以下经验规则：①氢原子占据的间隙应有氢稳定性元素，而且氢原子优先占据最大程度被氢稳定性元素所包围的间隙；②由于氢原子之间的排斥力作用，同时被氢原子占据的两间隙之间的距离应大于 2Å（即满足 2Å 法则）；③遵循填充不相容规则，即两个共面的四面体或和八面体间隙不能同时被氢原子占据；④M-H 原子间隙的半径应大于 0.40Å；⑤金属原子间的距离，当大于相应金属的半径之和则更容易储氢。

金属或合金中的氢主要以原子形式存在，部分带有负电荷。氢进入晶格间隙位置后，常伴随有晶格的膨胀，储氢后晶格体积膨胀率（$\Delta V/V\%$）与氢浓度成正比，其比例系数因合金种类与结构而有所差异。

8.2.5 储氢合金电化学原理

储氢合金目前常用于 Ni/MH（镍-金属氢化物）电池，作为其电池负极材料。早在 20 世纪 70 年代，E. W. Justi 等人首先将 LaNi$_5$ 型储氢合金作为二次电池负极材料的研究，但存在合金表面形成了氧化物钝化膜及随后合金分解成为 La（OH）$_3$ 和 Ni 使合金容量显著下降，电极的循环寿命很短的问题。1984年 Willem 采用 Co 替代 LaNi$_5$ 合金 B 端部分 Ni，成功解决了 LaNi$_5$ 合金在充放电过程中容量衰减迅速的问题，从而实现了利用储氢合金作为负极材料制造 Ni/MH 电池的可能，也导致了储氢合金和镍氢电池的研究热潮。中国、美国和日本竞相研究开发储氢合金材料和镍氢电池，为了降低材料成本，在研究中人们又将 LaNi$_5$ 型化合物中的 La 用成本较低的稀土混合物 Mm 替代，在合金替换和制造工艺方面，人们又做了大量的工作，并得到了一系列性能很好的储氢电池，用 MmNi$_5$ 型储氢合金，在这些研究工作的基础上，美国于 1987 年率先建成镍氢电池生产线，日本也于 1989 年实现了镍氢电池的产业化。由于资源优势，我国从 20 世纪 80 年代开始进行储氢材料及镍氢电池的研究和开发，并在"九五"期间把镍氢电池的研究和产业化作为我国的重点开发项目，在"八五"和"九五"期间，通过国家"863"计划的支持及国内科研人员的努力，在 20 世纪 90 年代初我国研制并开发出了自己的储氢材料和镍氢电池，并于 1993 年开始陆续建立了自己的镍氢电池生产厂。迄今为止，在国家相关部门的大力扶持和国内各有关单位的共同努力下，我国在稀土储氢合金材料、电池制造技术及装备、仪器检测装置、电池的技术性能及应用开拓等方面已获得了很大的成就。目前已经开发出了一系列 MmNi$_5$ 型储氢合金，产品性能已有了很大的提高。从只注重材料的克容量到材料综合性能的全面提高，科研工作者作了大量的研究工作。在镍氢电池的产业化方面，经过多年的曲折迂回，不仅电池性能有了很大的提高，电池产销量也显著增长。目前我国以成为世界上镍氢电池产销量的第一大国。

　　但是同美日相比，我国 Ni/MH 电池工业还存在这产品性价比低、发展不平衡，小型电池如在家用电器、照相机器材、音响、办公室设备等的应用发展较快，但在交通工具用大功率如电动汽车、自行车、摩托车和三轮车等的动力电池应用发展较慢，尚处在开发阶段，除电池的市价较高和某些性能还未达到要求外，大功率高容量电池的研制开发工作尚未跟上是主要原因。

　　目前在国际上，发展大功率大容量 Ni/MH 电池技术是该领域的研究热点，这主要是近年来为了在手机和笔记本电脑中与锂电池竞争市场，此外，高功率 Ni/MH 电池的另一个应用目标是混合动力车。例如，日本丰田公司开发的一种商品电池混合动力车（Toyota prius）已上市，并已开始批量生产。

　　储氢电极合金是决定 MH/Ni 电池物理化学性能的关键材料，深入研究和开发新型高性能和低成本的储氢合金电极材料对推动我国 MH/Ni 电池产业化发展和提高 MH/Ni 电池生产技术水平具有重要的意义。

　　Ni/MH 电池的充放电机理相对比较简单的，仅仅是氢在金属氢化物电极和氢氧化镍电极之间在碱性电解液中的运动，在充放电时像摇椅子一样在电池正负极中摇来摇去，与锂离子电池的反应机理相似，所以又称为"摇椅"机理。如图 8-6所示。

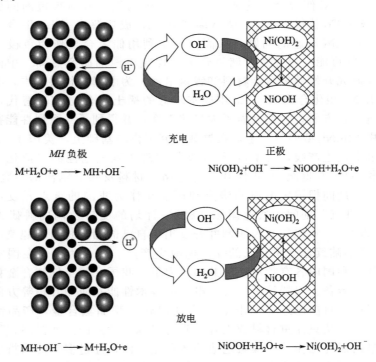

图 8-6　镍氢二次电池充放电反应原理示意图

Ni/MH 电池是以储氢合金作负极，高容量 $Ni(OH)_2/NiOOH$ 作正极，6mol/L KOH 水溶液作电解质的碱性蓄电池。（一般来说，Ni/MH 电池多采用 KOH 水溶液作为电解液，有的为了阻止电池在长期使用过程中 $Ni(OH)_2$ 晶粒长大聚集，从而造成充电困难，还加入少量 LiOH 和 NaOH 溶液作为电解液）这种蓄电池是利用储氢合金在电位变化时具有吸氢或释放氢的功能，实现电池充放电，其电化学式为：

$$(-)M/MH\,|\,KOH(6mol/L)\,|\,Ni(OH)_2/NiOOH(+)$$

MH/Ni 电池工作原理如图 8-6 所示。研究表明，在 MH/Ni 电池充放电过程中，正、负极上发生的电化学电极反应分别为：

正极：
$$Ni(OH)_2 + OH^- \underset{放电}{\overset{充电}{\rightleftharpoons}} NiOH + H_2O + e$$

负极：
$$M + xH_2O + xe \underset{放电}{\overset{充电}{\rightleftharpoons}} MH_x + xOH^-$$

电池总反应：
$$M + xNi(OH)_2 \longrightarrow MH_x + xNiOOH$$

式中，M 及 MH 分别为储氢合金和其氢化物。

由以上反应步骤可以看出，充电时由于水的电化学反应生成的氢原子（H），立刻扩散进入到合金中，形成了氢化物，实现负极储氢，而放电时氢化物分解出的氢原子又在合金表面氧化为水，不存在气体状的氢分子（H_2）。从上述电池的总反应中可以看出，发生在 Ni/MH 电池正、负极上的反应均属于固相转变机制，只是氢原子在正负极之间移动，合金本身并不作为活性物质进行反应，同时该反应也不涉及生成任何可溶性金属离子的中间产物，因此电池的正、负电极都具有较高的结构稳定性。由于电池工作过程中不额外消耗电解液组分（包括 H_2O 和 KOH），因此 Ni/MH 电池可实现密封和免维护。所以，高密度的填充金属氢化物也可使电极反应顺利进行，并能确保活性物质的高效利用。

由于 Ni/MH 电池一般采用负极容量过剩的配置方式，因此在电池过充电时正负极发生如下反应：

正极：
$$2OH^- \overset{过充}{\longrightarrow} H_2O + \frac{1}{2}O_2 + 2e$$

负极：
$$2MH + \frac{1}{2}O_2 \overset{过充}{\longrightarrow} 2M + H_2O$$

总反应：
$$M + H_2O + e \overset{过充}{\longrightarrow} MH + OH^-$$

当电池过放电时，正、负极发生的反应为：

正极：
$$2H_2O + 2e \overset{过放}{\longrightarrow} H_2 + 2OH^-$$

负极：
$$H_2 + 2OH^- \overset{过放}{\longrightarrow} 2H_2O + 2e$$

总反应为：
$$xH_2 + 2M \overset{过放}{\longrightarrow} 2MH_x$$

由以上反应可以看出，因负极容量高于正极，在过充时，正极上析出的氧在氢化物电极表面被还原成水（消氧反应）；而过放时，正极上析出的氢在氢化物电极被氧化成水（消氢反应），故 Ni/MH 电池具有良好的过充、过放能力。

测量储氢合金的电化学性能时，首先需要制作合金电极，合金电极的制作如下：将合金粉与一定量 Ni 粉混匀，加入 3% 左右的 PTFE（聚四氟乙烯）或 PAV（聚乙烯醇）乳液调浆，涂覆于 2×2 的泡沫镍基板上，干燥后以一定压力压制成片，在泡沫镍基板上连接电极引线，作为负极。实验室中有时为了减少制作步骤，节约时间，直接将合金粉与羰基 Ni 粉按照一定的比例均匀混合，以一定压力压制成负极片。

其次将制作好的负极片夹于两块烧结镍正电极之间，正负极之间用聚丙烯无纺布或多孔有机玻璃隔开，放入盛有电解液的容器中，电解液为 6mol/L 的氢氧化钾以这样形成的模拟电池进行电化学性能测试。实验室中多采用在 H 型开口玻璃三电极系统中进行电化学性能测试如图 8-7 所示。其中研究电极（WE）为储氢合金，辅助电极（CE）为高容量烧结式氢氧化镍电极（Ni(OH)$_2$/NiOOH），参比电极（RE）为 Hg/HgO，电解液为 6mol/L KOH。在三电极系统中正极与负极之间设置聚丙烯无纺布或多孔有机玻璃隔膜，以防止正极上产生的氧气扩散至储氢合金表面。

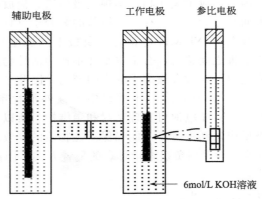

图 8-7　镍氢二次电池 H 型开口玻璃三电极系统示意图

8.3　储氢合金分类及研究现状

基于 MH/Ni 电池的工作原理，作为负极活性物质的储氢电极，其性能应符合下述条件：①平台压力适中，一般在 0.01～0.1MPa；②高的储氢能力；③平台区较宽，充放电性能稳定；④具有较好的抗蚀性，表面不易氧化，不易粉化；⑤稳定的构型和化学组成，在碱性电解质中化学性质稳定；反复充放电时容量衰减小，循环寿命长；⑥吸放氢速度快，快速充放电阻力（过电位）小；⑦活化容易；⑧在较宽的温度范围内充放电性能变化不大；⑨材料便宜，成本适宜，易实现工业化生产。

根据材料成分和结构的不同，目前研究和开发应用中的储氢电极合金主要可分为四种类型：稀土系 AB_5 储氢合金，AB_2 型 Laves 相合金，Mg 基合金和 V 基固溶体型合金。根据晶体结构的特点，目前开发较多的金属储氢材料可分为：以 $LaNi_5$ 为代表的稀土系 AB_5 型（$CaCu_5$ 结构）；锆、钛系 Laves 相 AB_2 型（$MgCu_2$ 或 $MgZn_2$ 结构）；钛系 AB 型（CsCl 结构）以及镁系 A_2B、AB_3 型等几种。其中 AB_5 和 AB_2 型储氢合金作为 Ni/MH 电池用负极材料已实现商业化生产。然而，AB_5 型储氢电极合金因受到其 $CaCu_5$ 型晶体结构的限制，本征储氢量不高（<1.4% 质量分数），目前商品电极合金的放电容量一般只有 $300\sim320mAh/g$，已接近其理论极限，无法适应进一步提高 Ni/MH 电池能量密度的发展要求。AB_2 型合金储氢容量比 AB_5 型合金要高，为 $1.8\%\sim2.4\%$，理论电化学容量最高可达到 $1018mAh/g$，但存在电化学循环稳定性差，初期活化较困难等问题。各类储氢合金性能如表 8-2 所示。

表 8-2　各类储氢合金性能

类　型	代表合金	吸氢量/%（质量分数）	理论容量/(mAh/g)	有效电容量/(mAh/g)
AB_5	$LaNi_5$	1.3	348	330
AB_2	$TiMn_{1.5}/ZrMn$	1.8	482	420
AB	TiFe/TiNi	2.0	536	350
Mg 基(A_2B)	Mg_2Ni	3.6	965	500
V 基	V(Ti、Cr)	3.8	1018	500

8.3.1　稀土系 AB_5 型储氢合金

AB_5 型储氢合金具有 $CaCu_5$ 型六方晶体结构，其典型代表为 $LaNi_5$。空间群为 P6/[mmm]。$LaNi_5$ 在室温和几个大气压下即与氢反应，生成 $LaNi_5H_6$ 金属氢化物，其结构类型未发生改变，仍为 $CaCu_5$ 六方晶体结构。氢化反应可用下式表示：

$$LaNi_5+3H_2 \Longleftrightarrow LaNi_5H_6$$

$LaNi_5$ 吸氢产物 $LaNi_5H_6$，储氢量约为 1.4t%（质量分数），室温下的放氢平衡压力约为 0.2MPa。分解热 $-30.1kJ/molH_2$，十分适合室温环境操作。

早在 1969 年 Philips 公司发现了 $LaNi_5$ 合金具有较高的储氢能力 [1.4%（质量分数）]，合适的吸放氢平台压力，良好的动力学反应性能，且易活化、不易中毒。但该合金致命的缺点是由于 $LaNi_5$ 合金在吸放氢前后晶胞体积变化达 25%，在反复吸放氢过程中，引起合金持续粉化、比表面增大、表面能升高，从而增大了合金在碱性介质中的氧化腐蚀速度，使合金电极放电容量在充放电循环过程中迅速衰减，无法满足 Ni/MH 电池的工作要求。

1984 年，荷兰 Philips 实验室 Willems 采用多元合金化的方法以 Co 元素部分替代合金 B 侧的 Ni，使 LaNi$_5$ 基合金在充放电循环稳定性方面取得突破，储氢合金为电极材料的 MH/Ni 电池终于开始进入实用化阶段。

为了进一步改善储氢电极合金的综合电化学性能，日本及我国采用廉价的混合稀土 MI（富镧）或 Mm（富铈）代替 LaNi$_5$ 合金中成本较高的纯 La，同时对合金 B 侧实行多元合金化，相继开发了多种 AB$_5$ 型混合稀土系合金，其中比较典型的合金有 Mm（NiCoMnAl）$_5$ 和 Ml（NiCoMnTi）$_5$ 等，其最大放电容量可达 280～320mAh/g，并具有较好的循环稳定性和综合电化学性能，现已在国内外 MH/Ni 电池中得到广泛的应用。

虽然 AB$_5$ 型稀土系储氢电极合金已在 MH/Ni 电池生产中得到广泛应用，但目前 AB$_5$ 型合金的综合电化学性能（包括电化学容量、循环稳定性、动力学性能等等）距 MH/Ni 电池的发展需求仍有较大差距，同时 AB$_5$ 型合金由于受到单一 CaCu$_5$ 型结构的限制，合金的本征储氢量（≈1.4%）偏低，使 MH/Ni 电池在提高能量密度方面受到制约。因此，研究开发新型稀土系储氢合金成为当前的一个重要研究方向。

近年来，国内外为提高电池的能量密度和充放电性能，主要从以下方面进行了大量的试验，并取得了很好的成果。

8.3.1.1 合金成分优化

自从 1984 年 Willems 采用多元合金化方法提高 LaNi$_5$ 合金的循环稳定性以来，合金成分优化已经成为国内外学者运用最为广泛的一种改善储氢合金性能的方法。一般来说，合金 A 侧通常用 La、Ce、Pr、Nd 等稀土元素；B 侧可以用 Al、Co、Fe、Mn、Sn 等一种或多种合金元素代替。大量的研究表明，不同元素替代后对合金电极性能产生不同影响。但是，取代后合金晶体结构一般保持不变，仍为 CaCu$_5$ 型六方结构，但其晶胞参数值随合金元素替代后有不同程度的变化。

（1）A 侧优化　具有不同物理和化学性质的 La、Ce、Pr、Nd 4 种元素将对合金的电化学性能产生复杂的影响。由于 Ce、Pr、Nd 元素的原子半径均小于 Ni 原子半径，单独替代 La 时会使合金晶胞体积减小；当以多种稀土元素（混合稀土）同时替代时，由于各元素之间的交互作用，合金晶胞体积变化比较复杂。对于 La 元素在合金中的作用，人们普遍认同其有助于提高合金的电化学容量，但当 La 元素含量较高时合金的耐蚀性差对循环寿命不利；Ce 元素加入可明显改善合金循环使用寿命，但其最大放电容量以及高倍率放电性能有所降低；Pr 对高容量有利，也可改善合金的循环稳定性，但有一适当含量；Nd 适当加入也可降低电台平压，但过多对性能不利。如，郭靖洪等对 ML（NiCoMnAl）$_5$ 中的 Ce 和 Nd 对电池性能影响进行了研究。结果表明，随 Nd 含量增加，含量 Ce 下降，容量上升，随 Ce 和 Nd 增加，晶胞体积下降，容量下降，Ce 增加 Nd 下降可提高高倍率放电能力，但氢平衡压上升。马建新通过对 Re(NiCoMnAl)₅ 电极合金的研究发现，元素替代没有改变合金的晶胞结构，但其晶胞体积随着 Ce，Pr，Nd 等稀土元素替代 La 含量的增加而减小。其电化学性能也有一定的影响，当 A 侧为纯 La 时，Re(NiCoMnAl)₅ 合金的电化学容量最大为 329.3mAh/g，倍率放电性能和充放电循环寿命较差；用少量的 Ce，Pr，Nd 等元素替代 La 后合金电化学容量降低，倍率放电性能和循环寿命改善，作者认为这与替代后导致合金的晶胞结构变化有关。

（2）B 侧优化　B 侧元素的主要替代元素为 Al，Co，Mn，Cu，Fe 等。对于 B 侧替代元素的原子半径均大于 Ni 原子，所以替代后会引起合金晶胞体积膨胀，且随替代量增加，晶胞体积呈线性增加。Al 的加入，能有效降低氢平衡压力，提高氢化物稳定性和在碱液中的耐蚀性，减少合金的吸氢膨胀及粉化速率，改善合金的循环寿命，但会导致储氢电极合金容量显著下降，高倍率放电性能降低。Co 是减少吸氢时体积膨胀增加抗粉化能力提高循环寿命的有效元素。Co 的加入能够降低合金晶胞体积膨胀，增加合金韧性，减轻合金粉化，防止合金元素的分解和溶出，保持合金成分稳定，降低合金腐蚀速度，明显改善合金的循环寿命，但合金活化性能、最大放电容量和高倍率放电性能却有所降低。Mn 是调整平衡氢压的有效元素，它可以调整合金吸放氢平台压力，降低滞后，减小密封 MH/Ni 电池的内压，Mn 的加入使合金最大放电容量和高倍率放电性能略有上升，但过量的 Mn 引起容量下降，循环寿命降低。Fe 代替可使合金的点阵常数和晶胞体积增大，吸氢后体积膨胀比降低，平台氢压下降，循环稳定性增强，但是随着替代量的增加，储氢容量下降。另有研究表明，Fe 替代会使合金的活化性能显著下降，Fe 的存在不同程度地降低了合金的高倍率放电性能。在合金中加适量的 Cu 能降低合金的显微硬度和吸氢体积膨胀，并增大合金的点阵常数和晶胞体积，能有效地改善和提高合金的循环寿命。Sn 是改善循环寿命的有效元素之一，而且用其代可降低合金成本。Sn 部分替代能降低合金的平衡氢压，提高合金的吸放氢的速率，改善动力学性能，并能减小合金氢化时的体积膨胀，使合金的循环稳定性得到改善，但不同程度地降低了合金的放电容量。人们还常常采用 Cr 元素来替代合金 B 端的 Ni 元素，研究发现少量的 Cr 元素能改善有助于合金的循环寿命，但随着合金中 Cr 含量的增加合金的循环寿命及容量均随之大幅度降低。除此之外，还采用 Ti、Zr 取代部分稀土元素，研究表明，Ti、Zr 的加入都能改善合金的循环寿命，提高合金的高倍率放电能力。Zr 能够改善合金循环稳定性是由于产生具有网状分布第二相 ZrNi₅，出现晶界处起包覆作用，增强了合金抗粉化和氧化的能力，从而极大地降低了合金的循环容量衰减率，而 Ti 的加入使合金表面形成致密的钛氧化膜改善电极的循环稳定性。人们目前对上述两种元素属于 A 端元素还是 B 端元素，还存在异议。目前研究比较成熟并商品化的合金是 Mm(NiCoMnAl)₅ 系和 Ml(NiCoMnAl)₅ 系合金，现已在国内外 MH-Ni 电池中得到广泛的应用，但是其合金成分中都含有 Co，虽仅占 10%（质量）。但因 Co 价昂贵，成本却占合金原材料总价格的 $40\% \sim 50\%$，因此，开发低钴和无钴的合金，降低合金成本是目前储氢电极合金研究方向的重要内容之一。

目前开发低钴无钴储氢合金主要有以下几种思路：①调节 B 侧元素的比例，使构成元素的组成比、稀土成分的配比最优化，从而部分或完全替代 Co；②化学计量比制备低 Co 无 Co 储氢合金；③采用快速凝固、结合热处理及表面处理等制备技术控制合金组织及相结构。如，厉海艳等人采用多元合金和单一 Cu 元素部分取代 Co 时发现，采用单一铜取代钴时，合金的放电容量下降、循环稳定性差，而采用铜、铬、铁、锌同时取代钴时，4 种稀土系储氢合金的放电容量下降不明显，且循环稳定性好，说明用多元合金联合替代 Co 很有效。罗永春等人采用退火＋淬火处理和快凝非平衡方法制备无 Co 稀土系储氢合金 $La(NiM)_{5+x}$ 发现合金化元素、退火温度及合金化学计量比对获得单相组织合金具有重要影响。退火＋淬火处理得到的单相组织合金具有电化学容量高、活化容易、电极寿命长的特点。快凝合金具有良好的电极稳定性，但其活化性能和电极容量不太理想。郭靖洪等人研究了不同生产工艺制造的低钴非化学计量储氢合金对 Ni/MH 电池性能的影响，并与高 Co 合金进行了比较。结果认为，普通浇铸的低钴热处理合金电化学放电容量高于快淬低 Co 储氢合金，低于高 Co 合金；冷却速度越快，容量越低，高倍率放电性能越差；采用低 Co 合金的 Ni/MH 电池高倍率放电能力和荷电保持率均优于高 Co 合金电池，而采用普通浇铸的低 Co 热处理合金的 Ni/MH 电池高倍率放电能力和荷电保持率均优于快淬低 Co 合金电池。快淬工艺可提高低 Co 合金的化学组成的均一性，改善合金的循环寿命。

上述表明，综合运用多元合金化替代 Co 元素、调整制备工艺、合理设计热处理工艺、选择适当表面处理工艺是开发长寿命、高容量、价格低廉电极用低 Co 储氢合金的有效途径。但目前低 Co 或无 Co 稀土系储氢电极合金材料研究开发还存在明显的不足，其主要问题仍然是如何兼顾放电容量、高倍放电率和循环寿命这三方面的性能。对低 Co 或者无 Co 基 AB_5 型合金来说，虽然目前离工业化应用尚有一定距离，但从国内外的研究进展来看，开发商业用低 Co 或无 Co 储氢合金是极有希望的。

8.3.1.2 控制合金的组织结构

合金的组织结构（凝固组织，晶粒尺寸及晶界偏析）对合金的电极性能有较大的影响。研究发现，合金慢速冷却得到的等轴结构的结晶颗粒较大（约为 $50\mu m$），其循环寿命较差。而快速凝固得到的柱状晶组织的合金，具有较好的循环寿命。同时发现，采用快速凝固所得到纳米晶晶胞结构与其合金表现出来的优异高倍率放电性能有很大的关系。

如黄莉丽等对快淬法制备 $Mm(NiCoAlMn)_x (4.6 < x < 5.5)$ 储氢合金的高倍率放电性能进行了研究。结果表明，该储氢合金呈均匀的单一 $CaCu_5$ 型相结

构,晶粒尺寸小于 50nm,为柱状晶结构,7C 放电比容量不低于 260mAh/g,高倍率放电率不低于 90%,循环寿命大于 600 次。李传健等人采用快淬法制备 $MLNi_{3.8}Co_{0.6}Mn_{0.5}Ti_{0.1}$ 和 $MLNi_{3.5}Co_{0.75}Mn_{0.55}Al_{0.2}$ 储氢合金,其电化学循环稳定性明显优于铸态合金,放电电压平台性能也较好,但快淬导致起始活化速度慢,放电容量也有所降低(图 8-8)。张羊换等人在研究快淬工艺对无钴 AB_5 型储氢合金循环稳定性的影响中发现与真空熔炼相比快淬处理显著改善合金的成分均匀性,使晶粒细化,并显著提高合金的循环稳定性。

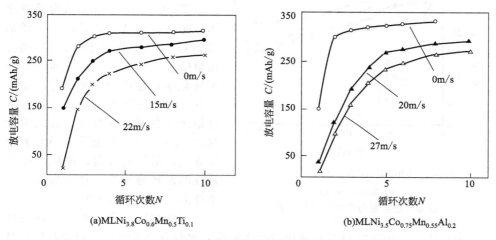

(a)$MLNi_{3.8}Co_{0.6}Mn_{0.5}Ti_{0.1}$　　　　　　　(b)$MLNi_{3.5}Co_{0.75}Mn_{0.55}Al_{0.2}$

图 8-8　合金电极的活化性能曲线

合金快速凝固制备方法目前主要有单辊快淬法和气体雾化法,其中气体雾化快凝合金的制备因将合金熔炼和制粉过程二者合一而特别引人注目。目前研究工作的重点是使快速凝固形成均匀细小的柱状晶,提高合金循环寿命。如快淬法制备 $MLNi_{3.8}Co_{0.6}Mn_{0.5}Ti_{0.1}$ 和 $MLNi_{3.5}Co_{0.75}Mn_{0.55}Al_{0.2}$ 储氢合金,其电化学循环稳定性明显优于铸态合金,放电电压平台性能也较好,但快淬导致起始活化速度慢,放电容量也有所降低。王国清等人在研究制备工艺对 AB_5 型储氢合金的相结构和电化学性能的影响中发现与真空熔炼相比采用快淬工艺制备,使合金的放电容量降低,但提高了合金的循环稳定性。

可见,采用快速凝固制备合金可以细化合金的晶粒,抑制第二相析出,使合金元素分布均匀化,合金成分偏析则得到抑制,从而改善储氢电极合金的电化学性能,尤其是循环稳定性。但快速凝固过程提高了合金中晶格缺陷的密度,同时也可能生成储氢性能较差的非晶相,对合金的电化学性能不利,使合金的最大放电容量降低,活化性能和高倍率放电性能变差。

8.3.1.3　非化学计量比的研究

非化学计量比 $LaNi_{5\pm x}$ 合金一般由双相组成,其第二相起主要作用。在 La-Ni二元体系相图中,$LaNi_5$ 在高温区存在相当大的均相区域,当 x 偏差不大时，AB_5型合金仍能保持$CaCu_5$的六方结构，但当Ni含量过贫或过富时，超出这个区域，将发生偏析现象，产生第二相。第二相的成分、数量、形态、大小和分布常常对合金的组织结构、相组成、平衡氢压、放电容量、活化性能及高倍率放电性能、循环寿命等产生影响。当具有特定组成的第二相均匀分布在合金的主相中时，将表现出良好的电催化活性和高倍率放电性能。如，宋佩维等对$Ml(Ni_{0.78}Co_{0.08}Al_{0.06}Mn_{0.08})_x$（$4.8 \leqslant x \leqslant 5.2$）合金相结构及电化学性能的研究结果表明合金出现第二相$LaNi_3$，而且合金中$LaNi_3$的析出量随着x值的增大而减少，四种不同化学计量比合金的活化性能都较好，合金的最大放电容量随化学计量比x的增大而增加，过化学计量比（$x=5.4$）合金具有最大的放电容量，最优的放电，电压特性及最佳的循环稳定性，且其高倍率放电性能也较好（图8-9）。

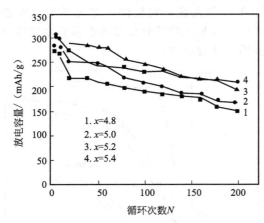

图8-9　$Ml(Ni_{0.78}Co_{0.08}Al_{0.06}Mn_{0.08})_x$

（$4.8 \leqslant x \leqslant 5.2$）

合金放电容量与循环次数的关系

非化学计量合金非化学计量比可明显改变合金的比容量及其氢化物的稳定性，提高合金的电化学容量和循环稳定性。所以目前人们对各类合金的非化学计量比研究颇多。

8.3.1.4　复合合金的研究

通过人为的控制，使不同类型的储氢合金进行复合，利用其优点克服其缺点，或者通过复合处理使其优良性能产生协同效应，从而制备出优于单一类型合金的综合性能的负极材料，比如吸/放氢动力学性能，吸氢量、吸氢速度和电化学性能都有了明显的提高。目前有关复合储氢合金的研究相对较少，主要集中在AB_5-AB_2型复合储氢合金和镁基-AB_5型复合储氢合金两种复合合金上，多采用机械合金法、熔炼法、粉末烧结法和机械混合法制备。

（1）AB_5-AB_2型复合储氢合金　主要是根据AB_2型$Laves$相合金电极的理论放电容量和循环寿命优于AB_5型稀土合金，而AB_2型合金的活化性能和高倍率放电性能却不如AB_5合金的性质，同时注意到稀土基合金不仅本身具有储氢性能，而且也对氢化和氢化物分解过程具有催化作用。通过这两种不同类型合金的复合，力图达到优点互相补充以克服单一合金的固有缺点。这一构想首先是被Seo等提出，研究表明，制备出来的合金不但提高了吸氢速度，而且表现出比单相AB_5合金更特异的电极性能。韩树民等采用机械球磨将AB_2型$Laves$相合金$Zr_{0.9}Ti_{0.1}(Mn_{0.35}Ni_{0.65})_2$与$AB_5$型混合稀土合金复合，结果表明：在$AB_5$-$AB_2$

复合合金中，AB_5 粒子与 AB_2 粒子在表面处相互镶嵌在一起，并仍保持原来的晶体结构。复合合金电极的活化周期从 AB_2 合金的 11 周减少到 4 周，最大放电容量从 141mAh/g 增加到 218mAh/g，而且在活化初期表现出协同效应（如图 8-10）。

（2）镁基-AB_5 型复合储氢合金 主要利用镁及某些镁基储氢合金如 Mg_2Ni，La_2Mg_{17} 等储氢量大、重量轻、资源丰富、价格合理等优点，而其脱氢温度较高、

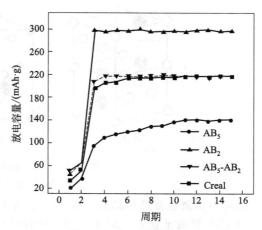

图 8-10 合金放电容量与循环次数的关系

动力学性能以及电循环寿命远不如 AB_5 合金的性质，通过适当的制备工艺在是纯镁或镁基储氢合金中掺入动力学性能良好、循环寿命优良的 $LaNi_5$ 型储氢合金，在实际的吸/放氢过程中起到催化剂的作用，通过这两种不同类型合金的复合，打破了 AB_5 型合金理论最大放电容量的限制，明显改善了镁基储氢材料的动力学性能较差以及充放电循环中容量衰减快等缺点。该类合金因具有 $PuNi_3$ 型结构，故也称其为稀土镁基 AB_3 型储氢合金，或 La-Mg-Ni 系合金。由于其高储氢量以及相对较低的成本，显示出良好的应用前景，引起了国内外学者的广泛关注，并取得了大量的研究成果。另外，也有人用一些催化剂如 CoO、MoO_3、Bi_2O_3 等进行复合制成混合合金电极，如，Liu J 等将 AB_5 型合金 $MlNi_{3.75}Co_{0.55}Mn_{0.42}Al_{0.27}$ 与催化剂 $Bi_2(MoO_4)_3$ 或 P_2O_5-MoO_3-Bi_2O_3-SiO_2 制成混合合金电极。电化学测试表明，合金电极的放电容量提高了约 40mAh/g，且高倍率放电性能也得到明显改善。此外通过表面处理技术改善合金性能也是一种常用方法，本章 8.4 中将进行详细介绍。

近年来，国内外在储氢合金成分优化、表面处理、复合合金等方面都进行了大量研究，得到了迅速发展，制作的氢镍电池性能不断提高。现在，最先进的纳米晶技术也被应用于储氢合金粉的研究。但是储氢合金电极性能距 MH-Ni 电池的发展需求仍有较大差距，进一步研发高性能低成本的储氢合金对于世界氢镍电池产业具有重大意义。

8.3.2 AB_2 型 Laves 相储氢合金

AB_2 型合金典型代表为 ZrM_2、TiM_2（M 代表 Mn、V、Cr 等），最早是由 Pebler 在 1966 年首先将二元锆基 Laves 相合金用于储氢目的研究的。AB_2 型储氢合金有 Zr 基和 Ti 基两大类，因其 A、B 原子的半径比接近于 1.2 左右而形成一种密堆排列的 Laves 相结构（见图 8-11），故称为 AB_2 型 Laves 相合金。

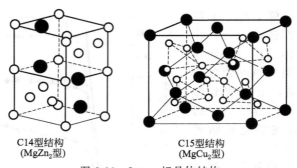

C14型结构
(MgZn₂型)
　　　　　　　C15型结构
(MgCu₂型)

图 8-11　Laves 相晶体结构

● A 原子；○ B 原子

AB_2 型储氢合金晶体结构为 Laves 相结构，主要为 C14 型密排六方（$MgZn_2$型）和 C15 型密排立方（$MgCu_2$型）两种结构，Laves 相结构具体由何种晶体结构类型构成是由组成元素原子半径比（r_A/r_B）大小和电子密度大小（价电子/原子）决定，Laves 相结构储氢合金的 A、B 金属原子半径比值可在 1.05～1.68 范围内变化，C14 型结构的电子密度为 2.0、C15 型电子密度为 1.7。由于 Laves 相可存处氢的四面体较多，与 AB_5 型储氢电极合金相比，AB_2 型合金具有放电容量高（其理论容量为 482mAh/g）、循环寿命长等优点。大量研究表明，虽然 AB_2 型 Laves 相储氢电极合金在碱性电解质溶液中具有较好的抗腐蚀性能，电极合金显示出较高的循环稳定性，但由于 Zr、Ti 等元素的表面钝化等原因，此类合金活化较为困难，一般需要几十次充放电循环才能达到合金的最大放电容量，尽管通过多元合金化等方法可以在一定程度上改善合金的活化性能，但与 AB_5型稀土系储氢合金相比仍有很大差距。此外，AB_2 型 Laves 相合金的高倍率性能低于 AB_5 型稀土系储氢合金，合金成本较高，也是此类合金目前尚未得到大规模应用化的重要因素。为了把 Laves 相储氢合金用作 Ni/MH 电池的负极材料，从 20 世纪 80 年代开始，国内外学者在 $ZrMn_2$、$TiMn_2$ 二元合金基础上进行了大量研究，主要是通过 Ni、Co、Cr、V 及其他元素部分替代形成多元合金，来调整合金氢化物的平衡氢压以提高其综合电化学性能。如主相为 C15 Laves 相Zr-V-Ni系合金，Zr-Mn-Ni 系合金，Zr-Cr-Ni 系合金。除合金优化外，研究表明，改变合金 A、B 两端的化学计量比（原子比）对于合金电极性能也有重要的改善作用。目前，对 AB_2 型合金的进一步研究开发工作将着重如以下几个方面。

（1）合金的表面状态与表面改性处理的研究　由于此类合金表面的含 Ni 量偏低并为 Zr、Ti 的致密氧化物所覆盖，是影响合金电极活化、导电性、交换电流密度以及氢的扩散过程的主要原因，必须进一步深入研究合金表面（包括合金与电解质界面）的组成与结构及其对合金电极性能的影响规律，在此基础上寻求更简便有效的合金表面改性处理方法。

（2）合金成分与相结构的综合优化研究　针对 AB_2 型合金的多相结构的特

点，应进一步研究合金中 C14 和 C15 型 Laves 相以及各种非 Laves 相的成相规律及其与合金成分的关系，并查明各种合金相的结构及丰度对合金电极性能的影响规律，使合金成分与相结构得到综合优化。

（3）降低合金的生产成本　AB$_2$ 型合金中的 Zr 和 V 纯金属原材料的价格昂贵，因此应加强对低价 Zr 和 V 原材料的研究开发，降低合金生产成本，进一步提高合金的性能价格比以满足产业化应用的需要。

目前仅有日本松下公司和美国 Ovonic 公司研究得比较多，并生产出各种型号的电池。美国 Ovonic 公司是进行 AB$_2$ 型 Laves 相储氢电极合金研究开发的重要厂家之一，1996 年，他们就研制成功多元 Ti-Zr-V-Ni-Cr 系 Laves 相储氢合金，其电化学最大放电容量高达 $380 \sim 420 mA \cdot h/g$，采用这种合金制备的4/3AF型电池重量比能量密度和体积比能量密度分别达 $95W \cdot h/kgT$ 和 $330W \cdot h/L$，显示出良好的应用前景。日本松下电气公司开发的 $ZrMn_{0.3}Cr_{0.2}V_{0.3}Ni_{1.2}$ 合金主相为 C15 型结构，合金电极的电化学容量达 $363mA \cdot h/g$，并且已用于研制 Cs 型 Ni/MH 电池。

我国浙江大学、南开大学也作了大量的研究工作。近年来，采用各种不同的表面处理方法改善 AB$_2$ 型电极合金的活化性能和高倍率放电性能取得了较大的进展，随着研究工作的不断深入展开，AB$_2$ 型合金的大规模产业化进程将进一步加快。

8.3.3　AB 型储氢合金

AB 型储氢合金的典型代表是 TiFe 合金，是 1974 年美国布鲁克海文（Brookhaven）国家实验室的 Reilly 和 Wiswall 发现的，其结构为立方晶 CsCl 型结构。它与氢反应生成四方结构的 $TiFeH_{1.04}$（β 相）和立方结构的 $TiFeH_{1.95}$（γ 相），反应可以用下式表示：

$$2TiFe + 1.04H_2 \rightleftharpoons 2TiFeH_{1.04}$$
$$2TiFeH_{1.04} + H_2 \rightleftharpoons 2TiFeH_{1.95}$$

在氢化物中氢原子占据晶格的八面体间隙。由于有两个阶段的反应，T1Fe 合金的 p-c-T 曲线上有两个平台。该合金活化后在室温附近可与常压到几十个大气压可逆地大量吸放氢，理论储氢容量为 1.86%（质量），平衡氢压为接近实用的 0.3MPa，接近工业应用，且此二元素在自然界含量丰富、价格便宜，作为储氢合金具有很大实用价值。其最大缺点是难活化，需要高温、高压氢（450℃，5MPa），长时间与氢接触才能完全活化；抗杂质气体中毒能力差，在反复吸氢后性能下降，如氢气中若含有 1% 的氧就会使 TiFe 合金的吸氢能力降低 25%。且滞后效应大（吸放氢平台压力差大）。为了克服上述缺点，改善 TiFe 的储氢性能，特别是活化性能，人们在 TiFe 二元合金的基础上，采用过渡族金属、稀土元素部分代替 Fe 或 Ti，制备出 $TiFe_xM_y$（M＝Ni、Cr、Mn、Co、Cu、Mo、V）等三元或多元合金。这些合金在低温条件下容易活化，滞后现象小，而且平台斜率小，适于用作储氢材料。如 $TiFe_{0.8}Mn_{0.18}Al_{0.02}Zr_{0.05}$ 合金在 80℃ 的滞后系数为 0.29，氢分解压力 0.55MPa，储氢量为 1.9%（质量分数），平台斜率为 0.63。此外，人们还用 HCl、NaOH、$NiSO_4$、MnC_{12} 或 $MnCl_3$ 溶液处理进行表面改性，有效地改善了 TiFe 合金的表面性能，使其在常温下能够活化。研究表明，经处理后的 TiFe 合金表面分别发生了不同程度的腐蚀、充氢、置换和离子交换，除去了 TiFe 表面的氧化膜，使表面的成分发生了改变，形成了新的催化中心，从而促进了合金的活化。另外，TiFe 合金还易于发生歧化，即：

$$2TiFe + H_2 \Longrightarrow TiH_2 + Fe_2Ti$$

由于 TiH_2 十分稳定，Fe_2Ti 不吸氢，发生歧化显然会损坏合金的储氢特性，适当降低 Ti 含量有利于降低发生歧化的倾向。

8.3.4　Mg 基 A_2B 型储氢合金

Mg 基 A_2B 型储氢合金的典型代表是 Mg_2Ni，是 1968 年美国 Brookhaven 国家实验室的 Reilly 和 Wiswall 发现的。Mg_2Ni 的理论储氢量 3.6%（质量分数），253℃ 下的离解压为 0.1MPa。作电极材料 Mg_2Ni 使用时其理论容量为 1000mA·h/g，远高于其他几类储氢合金，且镁在自然界资源丰富、价格低廉，因此被认为是极具应用前景的一类储氢材料。但是镁基合金只有在 200～300℃ 下才能吸放氢，吸放氢条件比较苛刻，吸放氢动力学性能较差，而且难以活化，反应速度十分缓慢；当作电极材料使用时会产生过高放氢电位和导致放氢量被大大降低，因而限制了其在电化学储氢领域内的应用。表 8-3 为几种典型的镁基储氢合金及其特性。

表 8-3　典型镁基储氢合金

合金组成	储氢量/%	分解温度/℃（分解压为 1.01325MPa）	$\Delta H^{\ominus}/(kJ/mol)$
Mg_2Ni	3.6	253	−64.37
Mg_2Cu	2.7	239	−72.73
$LaMg_{12}$	4.5	—	—
$CeMg_{12}$	6	325(30.3955MPa)	—
Mg_5Al_8	3.2	233	—

导致 Mg 基储氢合金电化学性能差的原因有：①Mg 的表面容易形成一层氧化物或氢氧化物，阻碍氢的扩展；②洁净的 Mg 表面不利于氢分子的离解；③氢在已经形成的 Mg 的氢化物层内的扩散非常缓慢。而 Mg-Ni 储氢合金电极充放电过程中容量的迅速衰退是由于合金中 Mg 在电解液中腐蚀造成的，所形成的 Mg(OH)$_2$ 腐蚀产物包围在合金颗粒周围，使其不能参与吸放氢过程。

为了克服 Mg_2Ni 合金存在的明显缺点，近年来，人们试图通过多元合金化、复合合金化、制备方法上的机械合金化、表面改性等方法来改善合金的综合性能，使 Mg_2Ni 合金能满足作电极负极材料的要求。如 Macland 等人通过添加少量 Fe、Ni、Co 等元素将 V 合金化，可提高其吸放氢速率。J. Chen 等人对 $Mg_{2-x}M_xNi(M=Ti,Ce,x=0,0.1,0.2)$ 及 $Mg_2Ni_{1-y}N_y(N=Mn,Co,y=0,0.1,0.2)$ 烧结合金做了部分研究。研究表明，Ti 和 Ce 部分取代合金中的 Mg 极大地提高了合金的放电容量及循环寿命；Mn 和 Co 部分替代 B 端的 Ni 提高了合金的放电容量，但循环寿命随之有所下降。对合金加 Ni 粉或不加 Ni 粉球磨均可极大的提高 Mg 基电极合金的性能。因为球磨有利于合金形成非晶结构及特殊的表面区域。$Mg_{1.8}Ti_{0.2}Ni$ 合金加 Ni 粉球磨后放电容量可达 720mA·h/g(50mA/g current density)，经 42 个循环后容量衰减至 100mA·h/g。这表明 Ti 部分替代及球磨的工艺可极大的提高合金的动力学性能。到目前为止，人们对在对 Mg-Ni 系合金进行系列合金化过程中，合金的放氢能力和电化学性质得到了一定提高，但合金的放电容量衰减快、循环寿命短等方面的缺点，并没有得到根本改善。利用机械合金化方法制备 Mg-Ni 系合金可以合金性能得到显著改善。研究表明：由于机械合金化制备的合金具有纳米晶结构，甚至形成非晶结构，因此机械合金化过程增加了合金表面积及晶格缺陷，从而使合金放氢动力学性能得到改善。通过机械合金化方法制备 Mg-Ni 非晶合金的放电容量可达 $750\sim1086mA·h/g$，而且循环寿命也得到增加。目前采用机械合金化使合金非晶化，达到了合金在较低温度下工作的目的，虽然能应用于输氢容器，但仍无法满足 Ni/MH 电池的工作要求。

8.3.5 V 基固溶体型储氢合金

所谓固溶合金是指一个或一个以上的元素溶入一个基本元素中的固体互溶物。与金属间化合物不同，溶质不必对溶剂以整体或接近整体的化学计量关系存在，而是以随意的替换物或间隙分布在基体晶体结构内而存在。有几种固溶合金可形成可逆氢化物，特别是那些以 Pd、Ti、Zr、Nb 和 V 为溶剂的固溶体。

固氢化物的最大家族是由面心立方 Pd 基合金组成，虽然很多 Pd 固溶体氢化物的性质是有用的，但通常它们的质量或体积氢容量很低，即很少有超过的 1%（质量分数）的氢。另外，它们的价格过贵。Ti 和 Zr 基固溶体合金形成的氢化物太稳定，难以放氢。

V 基固溶体型合金典型代表是 V-Ti，具有 BCC 结构，并有很高的储氢容量（3.8%），当钒基固溶体合金吸氢时，首先形成 β_1 相（V_2H 的低温相），随着氢的不断充入，形成了 β_2 相（V_2H 高温相或 VH 相），最后，当完全充氢时，形成了相 γ（VH_2）。因此，在 p-c-T 曲线上，有两个平台，第一个平台是下面从 $\alpha \rightarrow \beta_1$ 的转变。β_1 相是稳定相，因为从 $\alpha \rightarrow \beta_1$ 转变的压力约为 0.1Pa（368K）。因而在室温下很难发生第一平台的充放氢。

$$2V(\alpha)+1/2H_2 \Longleftrightarrow V_2H(\beta_1) \tag{1}$$

另一方面，第二平台发生 $\beta_2 \rightarrow \gamma$ 的相变，

$$VH(\beta_2)+\frac{1}{2}H_2 \Longleftrightarrow VH_2(\gamma) \tag{2}$$

由于 γ 相是不稳定的，它的充放氢在接近常温和常压的情况下即可进行。因此，在钒基固溶体中，只有大约一半的氢可以进行充放氢。因此，实际上可以利用的放氢反应 $VH_2 \rightarrow VH$ 的放氢量只有 1.9% 左右，但仍然高于现有的 AB_5 和 AB_2 型储氢合金。图 8-12 显示的就是钒基固溶体合金 $Ti_{1.0}V_{1.1}Mn_{0.9}$ 在 298K 下的 p-c-T 曲线图。由于添加 Mn 元素提高了合金的平台压，使得我们可以观测到第一平台压。从图中可以看出，$Ti_{1.0}V_{1.1}Mn_{0.9}$ 合金具有两个平台。在 $0.001 \sim$ 0.01MPa 之间有第一平台，吸氢按公式（1）进行；在 1MPa 附近，出现第二平台，吸氢按公式（2）进行。

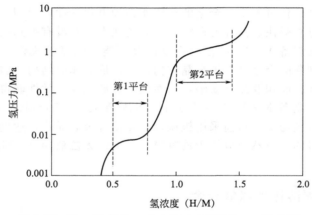

图 8-12　$Ti_{1.0}V_{1.1}Mn_{0.9}$ 合金在 298K 下的 p-c-T 曲线

钒与氢反应的特点是温度低，室温下就可达到很大的吸氢量。与其他储氢材料不同的是，钒基固溶体合金吸氢前后一般发生结构的转变，钒基及钒基固溶体合金都有基于单一体心立方晶体结构，而它们的氢化物通常形成面心立方结构。

图 8-13 显示的是钒基固溶体合金 $Ti_{1.0}V_{1.1}Mn_{0.9}$ 吸氢前后的结构转变示意图。合金未吸氢时，具有单一体心立方结构（BCC），其空间群结构类型为 Im3m；当合金吸氢进行到第一步时，合金与氢反应生成 MH，体心立方结构转变为伪面心立方结构，其空间群结构类型为 Fm3m；而当合金进一步吸氢生成 MH_2，其一般具有面心立方结构（FCC），其空间群结构类型为 Fd3m。每个单元包含四个 BCT（BCC）结构，其晶胞参数为 a 和 c，伪面心立方的图形由阴影部分表示，其晶胞参数为 a' 和 c'，其中 $a'=\sqrt{2}a$，$c'=c$。图中较大的原子为金属原子，较小的原子为氢原子。

钒（V）基固溶体合金包括 Ti-Cr、Ti-V、V-Ti-M（M 代表 Cr，Mn，Fe，Ni 等）等能够贮存大量的氢，同时具有抗粉化性能好等优点，因此受到人们的

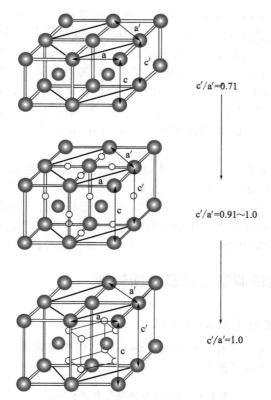

图 8-13　Ti$_{1.0}$V$_{1.1}$Mn$_{0.9}$合金在充氢的过程中晶体结构转变

普遍重视，已在氢化的精制和回收、运输和储存、热泵等方面较早的运用。但由于 V 基固溶体合金在碱液中缺乏电极活性，不具备可充放电的能力，因而一直未能作为 MH/Ni 电池的负极材料得到应用。直到 1995 年 Tsukahara 等人研究了 V$_3$TiNi$_x$（x＝0～0.75）合金，发现当合金中 Ni 含量 x 大于 0.25 时，合金晶界上析出电催化活性良好的 TiNi 等第二相，可改善合金表面的电催化活性，从而使 V 基固溶体合金作为 MH-Ni 电池负极材料成为可能。进一步的研究表明，在 V$_3$TiNi$_{0.56}$中添加 Zr 和 Hf，合金中出现六方结构的 C14 型 Laves 相（第二相），也可使合金的循环稳定性及高倍率性能得到明显提高。

　　在 V 基固溶体型储氢合金中，最有希望得到应用的是 Ti-V-Fe 合金，因 Ti-V-Fe可以使用比较便宜的钒铁做钒源。Nomura 等研究了 Ti［33％～47％（摩尔分数）］－V（42％～67％）－Fe（0～14％）合金，发现合金的 p-c-T 曲线上表现出两个平台（M＋MH$_{0.5}$ 和 MH$_{1.0}$＋MH$_{2.0}$），Ti$_{49.0}$V$_{43.5}$Fe$_{7.5}$具有最大的吸氢量，该合金的最大吸氢量达到 3.9％（H/M＝1.90），可逆吸氢量达到 2.4％，而用 Co、Ni、Cr、Pd 替代 Fe，合金的容量都会大大降低。同时，还研究了利用 Fe$_{0.2}$V$_{0.8}$合金作为 V 源的 Ti$_{40.0}$V$_{48.8}$Fe$_{11.2}$Al$_{3.5}$合金（Ⅰ）和 Ti$_{40.0}$V$_{47.3}$Fe$_{7.5}$Al$_{3.6}$合金（Ⅱ），其

中，合金（Ⅰ）吸氢量达到 3.5%，有效吸氢量达到 2.2%，而合金（Ⅱ）的吸氢容量仅为 2.2%，有效吸氢量为 0.2%。分析认为，可能是 $Fe_{0.2}V_{0.8}$ 钒源中 Al、Si、O 等杂质影响了的储氢性能。Park 等研究了 $(V_{0.53}Ti_{0.47})_{0.925}Fe_{0.75}$ 合金的性能，该合金也表现两个吸氢平台，在室温（27℃）下的吸氢容量可达 2.0(H/M)，在 1×10^5Pa 室温至 600℃ 之间循环 400 次后，容量衰减 40%。研究发现，在合金循环过程中出现了 BCT 相和非晶相，由于在温度升高的过程中出现 BCC 相向 BCT 相的转变，这导致合金的低平台区减少，而具有 BCC 结构的非晶相的出现使得高平台区的宽度减小。

从目前研究结果看，V 基固溶体合金的主要优点是电化学容量高（理论容量 800mA·h/g，实际放电容量达 420mA·h/g）、活化容易，但最大的缺点是循环寿命太短，这主要与合金中 V 的氧化溶出及催化第二相在充放电循环过程中逐渐消失，导致合金丧失电化学吸放氢能力有关。另外，如何降低金属钒的成本也是使 V 基合金实用化的重要问题，这还需要我们进行深入的研究和探索。

8.4 储氢合金的制备方法及表面处理

8.4.1 储氢合金的主要制备方法

储氢合金的制备工艺有：高频感应熔炼法、气体雾化法、熔体淬冷法、定向凝固法等。表 8-4 列出了各种制造方法及特征。

表 8-4 储氢合金的制造方法及特征

制 造 方 法	合金组织特征	方 法 特 点
电弧熔炼法	接近平衡相,偏析少	适于实验及少量生产
高频感应熔炼法	缓冷时发生宏观偏析	价廉,适于大量生产
熔体急冷法	非平衡相,非晶相,微晶粒柱状晶组织,偏析少	容易粉碎
气体雾化法	非平衡相,非晶相,微晶粒等轴晶组织,偏析少	球状粉末,无需粉碎
机械合金化法	纳米晶结构,非晶相,非平衡相	粉末原料,低温处理
还原扩散法	热扩散不充分时,组织不均匀	不需粉碎,成本低
燃烧合成法	高浓度缺陷和非平衡相结构,复杂相和亚稳相	工艺简单,点燃后不需提供任何能量

（1）电弧熔炼法 所谓电弧熔炼就是利用电能在电极与电极或电极与被熔炼物料之间产生电弧来熔炼金属的电热冶金方法。电弧可以用直流电产生，也可以用交流电产生。当使用交流电时，两电极之间会出现瞬间的零电压。在真空熔炼

的情况下，由于两电极之间气体密度很小，容易导致电弧熄灭，所以真空电弧熔炼一般都采用直流电源。对于一些易氧化金属原料的容量一般采用在真空环境下进行。真空电弧熔炼杜绝了外界空气对合金的玷污，降低了合金中的含气量和低熔点有害杂质，从而提高了合金的纯净度，还可以克服粉末法不致密的缺点，得到致密的、杂质少、含量小的铸锭。

按照加热方式不同，电弧熔炼又分为直接加热式电弧熔炼和间接加热式电弧熔炼两类。直接加热式电弧熔炼的电弧产生在电极棒和被熔炼的炉料之间，炉料受电弧直接加热，电弧是熔炼得以进行的唯一热量来源。直接加热式电弧熔炼主要有非真空直接加热式三相电弧炉熔炼法和直接加热式真空电弧炉熔炼法两种。①非真空直接加热式三相电弧熔炼法。这是炼钢常用的方法。炼钢电弧炉就是非真空直接加热式三相电弧炉中最主要的一种。人们通常说的电弧炉，就是指的这一种炉子。②直接加热式真空电弧炉熔炼法。它主要用来熔炼钛、锆、钨、钼、钽、铌等活泼和高熔点金属以及它们的合金，也用来熔炼耐热钢、不锈钢、工具钢、轴承钢等合金钢。这种电炉的坩埚呈半球形，是用被熔炼的材料制造的，外面通水冷却。采用直流电源，设有一根或几根电极。按熔炼需要，可以采用自耗的或非自耗的电极。自耗电极用被熔炼材料制造，非自耗电极通常是用钨等高熔点材料制成。有一个或几个加料装置，用来把炉料加到坩埚内。炉内设有锭模，供浇注金属用。

间接加热式电弧熔炼的电弧产生在两根石墨电极之间，炉料被电弧间接加热。这种熔炼方法主要用来熔炼铜和铜合金。间接加热式电弧熔炼由于噪声大、熔炼金属质量较差，正逐渐被其他熔炼方法所取代。

实验室制备储氢合金一般用具有含铈钨电极和铜水冷纽扣盘的直接加热式真空非自耗电弧炉熔炼，该制备方法的优点是加热快、升温迅速、带入杂质少、微观偏析小、晶粒细小、组织致密等优点。其缺点也是明显的，由于加热温度高（可达 2973K），导致活性易挥发组元大量挥发，合金成分难于控制；熔池上下受热不均匀，容易引起合金成分不均匀，需要用均质化退火处理来消除；熔炼温度难于准确控制，不同熔炼批次试样存在差别。正是由于上述特点，非自耗电弧炉熔炼法完全可以满足锆系、钛系和钒基储氢合金的制备要求。虽然镧系储氢合金中的稀土元素熔点低、挥发性较强，但熔炼操作得当仍然可以满足试样制备要求。

（2）感应熔炼法　目前工业上最常用的是高频电磁感应熔炼法，设备如图 8-14 所示。用感应熔炼法制取合金时，一般都在惰性气氛中进行。它是利用高频感应电源产生的高频电流流经感应水冷铜线圈后，由于电磁感应使金属炉料内产生感应电流，感应电流在金属炉料中流动时产生热量，使金属炉料被加热熔化，同时熔体由于电磁感应的搅拌作用，溶液顺磁力线方向翻滚，使熔体得到充分混合而均质地熔化，易于得到均质合金。感应加热过程原理如下。

① 交变电流产生交变磁场　当交变频率的电流通过螺旋型水冷线圈时，在

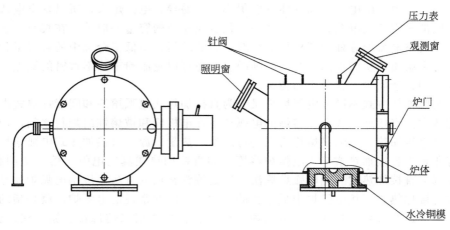

图 8-14　高频感应熔炼炉

线圈所包围的空间产生交变磁场，其磁力线可以穿透金属炉料和坩埚。该交变磁场的极性、强度、磁通量变化率取决于通过水冷线圈的电流强度、频率以及线圈的匝数和几何尺寸。

② 交变磁场产生感应电流　当穿透金属炉料的磁力线的极性强度产生周期形变化时，磁力线被炉料所切割，在坩埚内的炉料之间所构成的闭合回路内产生感应电动势，其大小可表示为：

$$E = 4.44 f\varphi \text{(V)}$$

式中，φ 为交变磁场的磁通量，Wb；f 为交变电流的频率，Hz。

在感应电动势 E 的作用下，金属炉料中产生了感应电流 I，其大小服从欧姆定律：

$$I = \frac{4.44 f\varphi}{R} \text{(A)}$$

式中，R 为金属炉料的有效电阻，Ω。

③ 感应电流转化为热能　金属炉料内产生的感应电流在流动中要克服一定的电阻，从而电能转化为热能，使金属炉料加热并熔化。感应电流产生热量的多少服从焦耳楞次定律：

$$Q = 0.24 I^2 Rt \text{(J)}$$

式中，I 为通过金属导体的电流，A；R 导体的有效电阻，Ω；t 为通电时间，s。

交变感应电流密度在金属导体中并不是均匀分布的，而是由金属表面向中心逐渐减弱，产生集肤效应。集肤效应使感应电流主要聚集在金属导体表层，对感应电炉炉料的熔化、频率选择及熔体的运动等一系列问题产生重要影响。对于实验室熔炼少量金属合金来说，由于炉料直径较小（大约 20mm），一般选择频率在 10kHz 以上的高频感应电流。

感应炉熔炼法方法制备合金操作简单，生产效率高，加热快，温场稳定且易于控制，合金成分准确、均匀、易于调节等特点，不仅广泛应用于实验室制备各种合金，也是工业生产中的比较适用熔炼方法。其熔炼规模几公斤至几吨不等。因此它具有可以成批生产成本低等优点。熔炼通常可选用电熔 MgO 和 Al_2O_3 坩埚或炉衬，坩埚法不足之处在于熔炼活性金属时不可避免地引入一些坩埚材料杂质。因此，采用随炉冷却方法的合金，可能产生明显的宏观偏析，合金组织难控制。同时耗电量较大。以目前市场上常用的 $LaNi_5$ 型储氢合金为例，选用 Al_2O_3 坩埚熔炼，合金杂质含量不大于 0.08%。因此在杂质成分含量允许的条件下，感应炉熔炼法方是制备钛、锆、钒及稀土类活性金属储氢合金的最佳选择。如果制备纯度更高的储氢合金，可采用水冷坩埚感应熔炼法。冷坩埚是由一些彼此分隔的水冷弧形铜片或铜管组合而成，在感应线圈的磁场中坩埚不形成环路，这种组合式坩埚的最大特点是可以强化坩埚内磁场，并通过磁压缩效应将熔体推向中心引起强烈搅动，与电弧炉熔炼相比冷坩埚感应熔炼法无需制作电极，熔区大，熔体成分瞬间可达平衡，是熔炼多元储氢合金的一种理想工艺。为了减少或消除合金凝固后易出现的组织偏析现象，可以采用把熔炼注入一定形状的水冷锭模中，使熔体冷却固化，最早采用的锭模为炮弹式不水冷的，后来发现随冷却速度加大，合金组织结构不一样，电化学特性也有所改善，便采用了水冷铜模或钢模，而且为使冷却速度更大，采用了一面冷却的薄层圆盘式水冷模，后来又发展为双面冷却的框式模。框式模是目前大规模生产常用的、较合适的方法。锭模铸造法对多组元的合金而言，因锭的位置不同，合金凝固时的冷却速度不一样，容易引起合金组织或组成的不均质化，p-c-T 曲线的平台变倾斜，为了减少或消除合金凝固后易出现的组织偏析现象，常常采取气体雾化法、熔体淬冷法等方法。

（3）气体雾化法　气体雾化法可直接制取球形合金粉，它将合金熔炼和制粉过程二者合一而特别引人注目，采用气体雾化法制取储氢合金能防止组分偏析，均化细化合金组织，并可缩短工艺，减少污染。气体雾化就是用亚音速或超音速的气体射流去分散金属流，使之成为金属液滴。雾化作用是借助于雾化介质的功能而产生的。常用介质为氮气、氩气或空气。气体雾化技术是生产金属及合金粉末的主要方法，雾化粉末具有球形度高、粉末粒度可控、氧含量低、生产成本低以及适应多种金属及合金粉末的生产等优点，已成为高性能及特种合金粉末制备技术的主要发展方向。此外，还有不少文献报道，普遍认为气体雾化可直接制取球状粉末，提高电极中储氢合金的充填量，避免（熔炼-破碎制备储氢合金粉末）不规则颗粒对隔膜的刺破，而且减少表面缺陷，从而减少粉末粉化的裂纹来源，有利用提高电极的循环寿命。气体雾化合金的显微组织，呈细小枝状晶组织，晶粒显著细化，使氢气扩散通道增加，同时在吸放氢过程中，减少晶胞的膨胀与收缩，使合金不易粉化，提高合金的吸氢量和循环寿命。如 Züttel 等人用传统感应熔炼和气体雾化法制备 $LmNi_{4.3-x}Al_{0.4}Mn_{0.3}Co_x$ 和 $LmNi_{3.8}Al_{0.4}Mn_{0.3}Co_{0.3}Fe_{0.2}$ 合金样品，发现气体雾化产生的粉末平均粒径约 $100\mu m$ 的球形颗粒。氢化时的体积膨胀率要比传统熔炼样品小 6%，而且雾化粉的循环稳定性较好，气体雾化的 $LmNi_{3.8}Al_{0.4}Mn_{0.3}Co_{0.3}Fe_{0.2}$ 样品在 40℃下每循环的容量损失仅为 4%。郭宏等人采用真空熔炼和气雾化技术制备 $MnNi_{3.55}Co_{0.75}Mn_{0.3}Al_{0.4}$ 合金，发现采用气雾化制备的合金具有良好的电压平台。大电流充放电特性亦较好，但电池的循环稳定性不理想，有待进一步改进。

工业上使用的雾化装置的几何形状是多种多样的，常见的是两个或两个以上的喷嘴，或是一个以金属流的轴线为中心的环形喷嘴。气体喷嘴的轴线倾斜于金属流的轴线，其交叉点即是几何图形上的撞击点。气体雾化法制取金属及合金粉末时，整个雾化过程及雾化效果受一系列相互联系的工艺参数的支配，包括雾化气体的压力、喷嘴的几何形状、液体金属流的直径、液态金属的表面张力及黏性等。适当调整这些因素可以改变粉末的粒度分布和形状。

（4）熔体淬冷法　熔体淬冷法是在很大的冷却速度下，使熔体固化的方法。就是将熔融合金喷射在旋转冷却的轧辊上（有单辊和双辊），冷却速度为 102～106K/s，由急冷凝固制成薄带。该法制备的合金组织均匀，晶粒细化，可有效抑制宏观偏析，从而使合金的特性得以改善。

单辊法是目前用得最多的。用这种方法制作急冷薄带时，与辊的回转速度、材质、喷嘴的直径、喷射压，喷嘴前端与辊间距离有很大关系。这种方法具有抑制宏观偏析、析出物微细化、电极寿命长；组织均匀，电极耐腐蚀性优良、容量高，吸放氢特性好；晶粒细化，微晶晶界增多，氢扩散加快，吸放氢速度变快，高倍率放电特性优良，合金特性改善等优点。如快淬法制备 $MLNi_{3.8}Co_{0.6}Mn_{0.5}Ti_{0.1}$ 和 $MLNi_{3.5}Co_{0.75}Mn_{0.55}Al_{0.2}$ 储氢合金，其电化学循环稳定性明显优于铸态合金，放电电压平台性能也较好，但快淬导致起始活化速度慢，放电容量也有所降低。王国清等人在研究制备工艺对 AB_5 型储氢合金的相结构和电化学性能的影响中发现与真空熔炼相比采用快淬工艺制备，使合金的放电容量降低，但提高了合金的循环稳定性。李传健等人用熔体淬冷法制取稀土基合金，淬冷率为 10m/s、15m/s、20m/s、23m/s 和 27m/s。结果发现合金容量随淬冷率增加而减小，认为淬冷率不应大于 20m/s。循环稳定性随淬冷率增加而增大，容量衰减率随淬冷率增加而减小。同时他们还对用这种方法制备的合金的晶体结构进行了测试，发现，常规浇铸合金有较大的偏析，晶粒度大于 50μm，引起迅速粉碎和氧化，而熔体淬冷合金中未发现明显的偏析，晶粒很小，可抑制粉碎并防止合金氧化。淬冷率越高晶粒越小。在高速淬冷下 27m/s，微晶、纳米晶和非晶共存，有助于抑制氧化。但在共存区内组分波动，降低了循环稳定性。认为利用熔体快淬可有效地增加循环稳定性，有可能生产出低 Co 或无 Co 合金。

（5）机械合金化法　机械合金化法就是将欲合金化的元素粉末按一定配比机械混合，在保护性气氛（如氩气）下，于高能球磨机等设备中长时间运转，欲合金化的粉末在频繁的碰撞过程中被捕获，发生强烈的塑性变形，冷焊形成具有层片状结构的复合粉末，这种复合粉末因加工硬化而发生碎裂，碎裂后粉末露出的新鲜原子表面又极易发生焊合。粉末如此不断重复着冷焊、碎裂、再焊合的过程，其组织结构则不断细化，最终达到原子级混合而实现合金化的目的。一般认为机械合金法可分为四个阶段：

① 初期　粉末粒子是原组分的层状复合物，复合粒子的尺寸可为几个微米到几百个微米，复合粒子内原来的组分可辨认，粒子内部成分很不均匀，这一阶段主要是强烈的冷焊起作用。

② 中间　粉末复合颗粒细化粒子内部层状结构相互缠绕，溶质元素开始熔解，严重的冷变形导致粉末温度升高，高密度缺陷造成的短程扩散有利于固溶体的形成，弥散相分布更均匀。

③ 最后　粉末颗粒的硬度上升到稳定值，为冷焊和断裂的稳定阶段。

④ 完成　粉末的层状结构已不再可分辨，弥散相质点随机构均匀分布，粒子内部成分均匀。

关于机械合金化的基本原理，1988 年，日本的新宫秀夫提出了压延和反复折叠模型，当一次压延的压下率为 $1/a$ 时，n 次压延后其尺寸由原来的 d_0 变为 $d_n = d_0 \times (1/a)^n$，如压下率为 1/3 时，10 次压延后 $d_{10} = d_0 \times (1/3)^{10} = d_0 \cdot 10^{-5}$，即用 MA 将两种元素的粉末混合压延 10 次，其粉末厚度将被减薄到原厚度的十万分之一，形成非常微小的双层重叠，粉末经更多次的压延可达到毫微米级别的微细组织结构，机械合金化法使粉末在固态下也可能合金化，原子的相互扩散距离 $X = (Dt)^{1/2}$，假设取 $t = 10^3$ s，$D = 10^{-19}$ m^2/s，则原子的相互扩散距离 $X = 10^{-8}$ m。MA 过程中，几种金属元素或非金属元素粉末的混合物在球磨过程中会形成高密度位错，同时晶粒逐渐细化至纳米级，这样为原子的相互扩散提供了快速通道利于合金相的形成。

一般 MA 所用设备有行星式、振动式、搅拌式、高能球磨机（振动＋搅拌）。球磨介质为磨球，而磨球主要有淬火钢球、玛瑙球和刚玉、碳化钨球等。MA 的强度与所选用的球磨机的种类、磨球的种类和球磨工艺（球磨机功率、球磨时间和球料比）有关。一般高能球磨机的 MA 效果最佳，对行星式球磨机，可采用增加转速，适当减少粉末投放量来增加机械合金化功率。以淬火钢球作为球磨介质的 MA 强度最大。一般来说，球料比大球磨能量高，但如果球料比过大磨球没有足够的空间加速，则影响碰撞时的能量；而磨球太少，磨球能量过低，球磨能量也低。因此选择必须适当，一般情况下球料比为 5∶1～10∶1，也有达到 40∶1 甚至更高的。

这样使得 MA 具有以下特点：①可制取熔点或密度相差较大的金属的合金。如 Mg-Ni，Mg-Ti，Mg-Co，Mg-Nb 等系列合金；②机械合金化生成亚稳相和非晶相；③生成超微细组织（微晶、纳米晶）等；④金属颗粒不断细化，产生大量的新鲜表面及晶格缺陷，并有效地降低活化能；⑤工艺设备简单，无需高温熔炼及破碎设备。

机械合金化（MA）技术在储氢合金制备上的应用开始于 20 世纪 80 年代中

期，当时用此方法成功制备了 Mg_2Ni 储氢合金，而后便在全世界范围内形成了机构合金化制备储氢合金的研究热潮。用机械合金化制备的 MH-Ni 电池用储氢合金与传统方法制备的储氢合金相比具有活化容易、吸放氢动力学性能好、高倍率放电能力强、循环寿命长和放电容量大等优点，是制备新型储氢合金、提高储氢合金性能的有效方法。

关于其用于储氢合金方面的研究颇多，特别是对 Mg 系储氢材料应用较多，MA 过程增强了合金的表面积及晶格缺陷，从而使其吸放氢动力学性能得到改善。球磨后的纳米 Mg_2Ni 合金在 200℃ 下无需活化，吸氢一小时后吸氢量达到 3.4%，而未磨的 Mg_2Ni 合金在此条件下无吸氢迹象。此外比如在 Ti-Fe 系中应用时，用传统的熔炼法制取的该合金的活化条件比较苛刻，初期活化必须在 450℃ 和 5MPa 的氢压下反复多次才能成为可提供使用的储氢合金；而用 MA 合成的 Ti-Fe 只需在 400℃ 真空下加热 0.5h 就足够了。

王志兴等人研究了机械球磨对 $La(NiSnCo)_{5.12}$ 储氢合金性能的影响，发现机械球磨后的合金与未球磨的合金相比，合金的活化性能及放电速率明显改善，球磨合金在第一次周期活化后，其容量就可达到最大容量的 92%，而未经球磨的仅能达到 75%；球磨合金在 1000mA/g 放电电流密度下，其容量仍可达到 234mA·h/g，比未球磨的合金（144mA·h/g）大得多。其原因在于球磨减小了合金颗粒，增大了反应的比表面积，从而提高了电极反应的交换电流密度；同时，合金颗粒的减小，也提高了氢原子在合金相的扩散速度，降低合金在高电流密度下的极化电位，增强合金的高倍率放电能力。机械合金化法将合金制成纳米晶合金，由于晶界的无序态、界面的各向同性以及在界面附近很难有位错塞积发生，大大地减少了应力集中，使微裂纹的出现与扩展的概率大大降低，也使合金颗粒的粉末化程度大大降低。

陈朝晖等人将纳米晶 $MmNi_5$ 和 ZrCrNi 合金一起机械球磨，使细小的 $MmNi_5$ 粒子镶嵌 ZrCrNi 颗粒表面，从而改善了 ZrCrNi 合金电极的活化性能。这种改善被认为细小纳米晶 $MmNi_5$ 能穿透 ZrCrNi 合金表面氧化膜而为电化学吸附氢提供了有效通道有关。此外，将 $LaNi_5$ 和钒进行机械合金化，来改善难以活化的钒的动力学特性，也获得了较好的效果。

（6）还原扩散法　还原扩散法是将元素的还原过程与元素间的反应扩散过程结合在同一操作过程中，直接制取金属间化合物的方法。还原扩散法一般采用钙或氢化钙作还原剂与氧化物进行反应来制备所需合金。我国的申绊文院士在 20 世纪 80 年代就开始了储氢合金的化学法制备研究，成功地用还原扩散法制出 $LaNi_5$，TiNi，TiFe 等合金。将氧化物、Ni（Fe）粉、钙屑或氢化钙粉，按比例混合压成坯块，在惰性介质气氛下，在钙的熔点温度（1106K）以上加热并保温一定时间使之充分反应和进行扩散。反应可表示为：

$$AO_{x(s)} + xCa_{(l)} = A_{(l\&s)} + xCaO_{(s)}$$
$$A_{(l\&s)} + yB_{(s)} = AB_{y(s)}$$

总反应为：　　$AO_{x(s)} + xCa_{(l)} + yB_{(s)} = AB_{y(s)} + xCaO_{(s)}$

为降低成本，还开展了直接从钛铁矿制取 TiFe 合金的研究，制备过程与制备永磁材料相似。用置换扩散法合成了 Mg_2Ni，Mg_2Cu 合金，在有机溶剂中用镁粉置换 Ni^{2+}，使镍镀在镁上，在惰性气氛中进行扩散反应，便制得了具有较物理和化学性能的 Mg_2Ni。与冶炼法相比还原扩散法制得的合金比表面积大，活性较高，因而表现出良好的催化活性和电化学性。如用还原扩散法制出的催化剂用 $LaNi_5$ 合金在 0℃ 就可使乙烯在加氢反应中完全转化为乙烷，而冶炼法制得的 $LaNi_5$ 合金催化活性很差，用它作催化剂在 1500℃ 时乙烯的转化率也只有 17%；用还原扩散法制出的储氢合金制成的电极比用熔炼法制备的电极放电时间长得多。

还原扩散法制备的储氢合金具有许多优点：还原产物为金属粉末，不需破碎；原料为氧化物，成本低；金属间合金化反应通常为放热反应，能耗低。其缺点是杂质含量高，成分均匀性差。

（7）燃烧合成法　燃烧合成法（简称 CS 法），又称自扩散蔓延高温合成法，是 1967 年由苏联科学家 A. G. Merzhonov 等研制钛和硼粉末压制样品的染烧时发明的一种合成材料的高新技术。用燃烧合成法制造的钒基固溶体合金，有利于提高吸氢能力，具有不需要活化处理和高纯化，合成时间短，能耗少等优点。因此，美、日、俄等国竞相开发和研究，发展非常迅速。到目前为止，世界上用 CS 法生产了包括电子材料、超导材料、复合材料、储氢材料等数百种材料。

自蔓延高温合成（self-propagating high-temperature synthesis，简称 SHS），美、日又称为燃烧合成（combustion synthesis），是制备无机高温材料的一种新方法。自蔓延高温合成是在高真空和介质气氛中点燃原料引发化学反应，化学反应放出的热量使得邻近的物料温度骤然升高而引起新的化学反应，并以燃烧波的形式蔓延至整个反应物。燃烧引发的反应或燃烧波的蔓延相当快，一般为 0.1～20cm/s，最高可达 25cm/s，燃烧波的温度或反应温度通常都在 2100～3500K 以上，最高可达 5000K，SHS 以自蔓延的方式实现粉末间的反应。与制备材料的传统工艺比较，工序减少，流程缩短，工艺简单，一经点燃就不需要对其进一步提供任何能量。燃烧波通过试样时产生的高温，可将易挥发杂质除掉，提高产品纯度，燃烧过程中有较大的热梯度和较快的冷凝速度，用一种较便宜的原料生产另一种高附加值的产品，产生良好的经济效益。可用于镁基合金的直接合成，也可用于钒基合金的还原合成。如 Akio Kawabata 等将 V_2O_5，Nb_2O_5 和 Al 混合物热反应制备了高性能 V 基固溶体合金，反应原理如下：

$$3V_2O_5 + 10Al \longrightarrow 16V + 5Al_2O_3$$
$$3Nb_2O_5 + 10Al \longrightarrow 6Nb + 5Al_2O_3$$

用自蔓延高温合成法制造储氢合金，有利于提高合金吸氢能力，具有不需要活化处理和高纯化合成时间短、能耗少等优点。但由于反应难于控制，反应温度过高，容易引起镁的大量挥发损失，容易造成高浓度缺陷和非平衡相结构，得到复杂相和亚稳相。

8.4.2　储氢合金的表面处理

　　储氢合金电极的合金化学成分、组织结构对电极的电化学性能有较大影响，但合金的表面状态也是影响电极电化学性能的一个重要因素。对合金粉进行表面改性处理，是一种提高电极循环稳定性、电化学容量和高倍率放电性能的有效的手段，其目的在于基本不改变储氢合金整体性质的条件下，改变合金的表面状态，从而改变合金的有关动力学性能，使合金的潜在性能得以充分发挥。

　　一般认为储氢合金性能的恶化主要有两种模式：一种是储氢合金的微粉化及表面氧化扩展到合金内部；另一种是在储氢合金表面形成钝化膜，使合金失去活性。对合金粉进行表面改性处理是提高合金或电极性能的一种有效手段。其优点是不改变储氢合金整体性质的条件下，改变合金的表面状态而提高合金或电极的性能。

　　合金表面层在吸放氢过程中充当着重要的作用。在固气反应中，由于储氢合金的表面催化作用，气体在合金表面解离成氢原子，氢原子向合金内部扩散，并吸藏在金属原子间隙中。当体系升温时，氢又被释放出来。反复吸放氢，合金体积发生反复膨胀和收缩，最终导致微粉化，这时合金的热传导性能降低，反应热的扩散就成了控制反应的步骤，因此表面导热性也就很重要了。另一方面，当储氢合金用作电池电极时，在回路中施加电压、电流下，电解液中的水在合金表面分解成氢原子，氢原子向表面内部扩散并被吸收。当通以反电流时，氢释放出来并被氧化成水。由于电子是通过合金表面这一传播媒介传导给电解液。因此，具有良好电子传导性的表面，就成为制约电极反应的重要因素。另外，在碱性电解液中，合金表面易被腐蚀，因此，合金表面的抗腐蚀能力也就决定了合金的使用寿命。综上所述，改善合金表面的导电性、催化活性、氢扩散性、耐腐蚀性以及热传导性等是制得优秀合金的重要因素。

　　常见的表面处理方法有：①碱溶液处理；②酸处理包括无机酸处理和有机酸处理；③氟化处理；④合金表面包覆膜处理（化学镀 Cu，Ni 等）；⑤电极表面的高分子修饰。其作用如表 8-5 所示。

表 8-5　常见的表面处理方法对 AB_5 储氢合金电极性能的影响

表面处理方法	作　用
合金表面包覆膜处理（化学镀 Cu，Ni 等）	在合金表面化学镀一层金属膜，使其成为一种微膜合金颗粒，从而改善合金的导电导热性能，增强合金的抗氧化能力，减少充放电循环过程中合金细粉的产生
碱溶液处理	在表面形成一富镍层使得合金电极的电催化、活性传导性、放电容量以及快速放电能力得到提高，同时改善了合金电极的循环寿命
氟化物溶液处理	提高合金的吸氢的速率，改善动力学性能，增强合金抗毒性，在表面形成一富镍层使得合金的活化性能和电催化性能也有极大地提高
酸处理（有机酸、无机酸）	能激活合金的初始放电反应，在储氢合金表面形成富镍、富钴层，提高合金微粒电导率，改善合金的电催化活性和快速充、放电性能，提高循环寿命

（1）碱处理 为了改善合金的电化学性能和动力学性能，人们采用了很多表面处理的方法，碱处理就是其中重要手段之一。碱处理时，碱液浓度、温度和处理时间是影响处理效果的重要参数，而碱液中掺入还原剂、氧化剂、螯合剂和氢氧化物等也为碱处理带来不同的效果。一般认为，通过浓碱高温处理可以改善合金的动力学性能，提高高倍率放电能力，改善合金电极循环寿命。

碱处理操作比较简单，通常是指在高温碱性溶液中浸泡合金电极，不定期搅拌，浸渍一定时间后用去离子水洗净碱液，然后干燥即行。合金碱处理过程中碱液缓慢腐蚀表面元素，使表面形成富镍层，提高合金电极的放电容量、快速放电能力等。实际上碱处理是一个合金表面元素的氧化溶解和表面化学修饰过程。储氢合金在平衡氢电位下，合金构成元素中的一部分有被氧化的倾向，而 Ni、Co、Cu 等由于再生能力强仍保持金属状态。其中 La、Ce 等元素以难溶性氢氧化物 $La(OH)_3$ 形成表面层；Al、Si、V 等被氧化溶解，从表面消失或再沉淀；Ni、Co、Cu 等以金属态存于表面。如，陈卫祥等人采用次亚磷酸钠和硼氢化钾为还原剂热碱处理和碱性还原处理 AB_5 型储氢合金表面处理，显著地改善了合金高倍率放电性能。M. Ikoma 等人对 $Mm(NiMnAlCo)_5$ 合金在相对密度为 1.3KOH 溶液，温度 80℃ 下进行碱处理。发现碱处理后，在合金表面形成棒状和鳞片状颗粒。分析证明，棒状颗粒是 La 或 Ce 的化合物，而鳞片状颗粒是 Mn 的化合物。碱处理后，由于 Mn 和 Al 首先溶解并黏附于合金表面。处理后的合金稀土氢氧化物和锰氧化物大量存在于表面而形成厚层，Ni 和 Co 在表层附近仅以金属态少量存在，从而导致合金表面 Mn 和 Al 量增加，而 Co 量减少。在碱处理的开始阶段侵蚀反应迅速进行，侵蚀至一定深度后便停止。碱处理后形成的稀土氧化物可以起着防止进一步腐蚀的屏障作用。试验证明，虽然 Co 含量高的合金抑制了粉碎，如果不进行碱处理的话，其循环寿命还是很短。这表明，碱处理在合金表面引起的结构变化增强了抗腐蚀性，并抑制了负极容量的变化。而通过碱处理时，随合金中 Co 含量增加，合金的循环寿命明显增加。

潘洪革等人研究了在含 KBH_4 的碱液处理对 $MLNi_{3.7}Co_{0.6}Mn_{0.4}Al_{0.3}$ 储氢合金电极动力学性能的影响。发现用含 KBH_4 碱液处理合金粉末可有效地提高氢化物电极的高倍率放电能力，并且硼氢化钾的浓度越高，高倍率放大能力越大。另外，实验还证明合金通过含 KBH_4 的 6mol/LKOH 碱液处理，能有效地提高氢化物电极的交换电流密度、极限电流密度和 α 相中氢的扩散系数等各项动力学性能。而且硼氢化钾的浓度越高，动力学性能提高得也越大。KBH_4 碱液处理对储氢合金电极动力学性能的改善导致合金的阴、阳极极化明显减小。

N. Kuriyama 等人用含 1%（质量分数）的 H_2O_2 的碱液处理 $LaNi_{4.7}Al_{0.3}$ 合金，发现处理后增强了合金电极的电化学活性，在合金表面上金属 Ni 浓度增加而 La 减少，认为这是一种在储氢合金亚表面层上富集金属 Ni 的表面处理，Ni 颗粒在表面区内的不同分散态导致合金表面电荷传输反应的催化活性得以改善。

D. Y. Yan 等人对密闭电池中的储氢合金进行了碱处理。研究发现碱处理 AB_5 型合金能加速富 Ni 催化层的形成，避免了合金粉在处理以后的干燥过程中催化剂 Ni 的氧化。陈卫祥等人通过正交试验，发现对于 KBH_4 为还原剂处理 $Mm(NiMnAl)_5$ 电极，还原剂浓度、处理温度对放电容量的影响特别显著。吴来磊等用碱复合处理 $Ml(Ni-Mn-Co-Al)_5$ 合金粉末表明，处理以后合金电极的初始放电容量达到了 $300mA \cdot h/g$，达到了最大放电容量的近 90%。

总的来说，在提高储氢合金的综合电化学性能方面，碱洗这种表面处理工艺是可行的。

(2) 酸处理　储氢合金酸处理也是表面改性的主要手段之一。经过酸处理以后，除去了合金粉表面的稀土类浓缩层，表面化学成分、结构和状态均会发生变化，使得合金粉表面变得疏松多孔，比表面积增大，并引入新的催化活动中心。这对早期活化和提高容量十分有利，有利于提高电极的循环寿命。而且，表面除去富稀土层的合金，在充放电循环时，很少生成不导电的稀土类氧化物，有利于提高电极的循环寿命。

储氢合金的酸处理包括有机酸处理和无机酸处理。目前常用的酸有盐酸、HAc-NaAc 缓冲溶液、甲酸、乙酸及氨基乙酸等。

酸处理的优点是温度低，在常温下就可以迅速反应；时间短，十几分钟就可完成；设备简单、操作方便；酸浓度极低，不污染环境，是一种很有前途的表面处理方法。

郭靖洪等人用甲酸和甲酸与氨水混合体系处理储氢合金。结果发现在合金表面形成富金属 Ni 和 Co 催化层，富镍层有利于催化电池充电后期正极所产生的氧气趋于离子化的反应，这种离子化氧原子较易与水反应生成 OH^- 离子，不会深入到储氢合金内部去氧化合金中其他金属元素，从而提高了合金的耐蚀性，同时也增加了合金比表面积，提高了合金电极在碱液中的电化学反应速度和抗氧化能力，促进了氢原子在合金本体中的扩散，改善了储氢合金高倍率放电能力，提高了 Ni/MH 电池的充放电循环寿命、放电能力。T. Lmoto 等人分别采用感应熔炼后退火和迅速淬冷后退火，制备 $Mm(Ni_{0.64}Co_{0.20}Al_{0.04}Mn_{0.12})_{4.76}$ 合金，用 HCl 处理后的显微结构和电化学性质进行了研究，发现对活化性能而言，用盐酸处理的大于不处理的，淬冷合金大于浇铸合金。在放电容量和抗氧化性上，处理与不处理无差别。处理前后不影响 p-c-T 性质及晶粒大小，但处理后比表面积是处理前的 3.5 倍。HCl 处理过的合金表面有微孔，不处理的无微孔，且浇铸退火样品微孔大于快淬合金微孔。

(3) 氟化处理　在合金颗粒形成氟化物的方法是 1991 年发现的。氟化处理是指合金在氢氟酸或者含氟溶液中被处理，从而使合金表面能形成氟化物的元素之间的反应的原理。

氟化过程中的重要现象之一就是在处理液中发生氢化反应，形成氢化物，并在表面层发生微细的裂纹，在其周边也形成氟化物。氟化物层具有复杂形状，有利于比表面积的增大和颗粒细化，促进氢透过点的增加。另外，这层氟化物也担负着保护表面，防止水、空气、碳酸气及一氧化碳等杂质的侵害，对分子和离子态氢有选择性透过的性质，发挥促进位于其下层的富镍层上的单原子化的效果。

F. J. Liu 等研究发现，经 HF 等氟化物溶液处理后，合金微粒表面覆盖了一层厚度 $1 \sim 2\mu m$ 的氟化物层，在氟化物层下的亚表面则是一层电催化活性良好的富 Ni 层，直接影响到合金电极的活化性能、氢吸附性与电催化性能。经氟化物溶液处理后，合金的活化、高倍率放电性能及循环稳定性均能得到一定改善。张继文等以 $La_{1.8}Ca_{0.2}Mg_{14}Ni_3$ 为研究对象，系统地研究 NH_4F 溶液处理对合金的吸放氢性能的影响，发现氟处理对 $La_{1.8}Ca_{0.2}Mg_{14}Ni_3$ 合金的初次吸氢性能有很大的影响，处理的合金在 300K、4.0MPa 下能部分吸氢，在 20min 内就能达到 1.92%（质量分数）。H. Y. Park 等人对掺有金属 La 的 $Zr_{0.7}Ti_{0.3}V_{0.4}Mn_{0.3}Ni_{1.2}$ 合金进行氟化处理。研究发现，处理以后在合金颗粒表面形成了稳定的 La-F 化合物保护层和具有活化特性的富 Ni 亚层，改善了电极的充放电极化曲线，抑制了电极的粉化，提高了循环寿命。

总的来说储氢合金的氟化处理可以增大其储氢反应比表面积，改善其表面电负性，是一种可行的表面处理方法。

（4）表面包覆处理 合金表面包覆处理通常称为表面镀膜处理，就是在合金粉粒表面用化学镀方法镀上一层多孔的金属膜，以改善合金粉的电子传导性、耐腐蚀性和热导率，包覆的材料一般为 Ni、Cu 或 Co 等。包覆后的合金对改进合金电极的性能非常有效。应用于密封可充电池中有以下作用：①表面包覆层作为微电流集流体，改善了合金表面的导电和导热性，提高了合金的充放电效率，加快了储氢电极的初期活化；②作为阻挡层对合金起保护作用，防止合金的粉化和氧化，提高合金的循环寿命。如，许剑轶等人以 A_2B_7 型储氢合金 $La_{1.5}Mg_{0.5}Ni_{6.5}Co_{0.5}$ 为对象，在不同反应温度下对合金粉末进行化学镀镍。所用试剂及浓度为：硫酸镍 40g/L；柠檬酸钠 45g/L；氯化铵 40g/L；次亚磷酸钠 25g/L。在中速搅拌下，pH＝7.5 时进行反应。用次磷酸钠作还原剂的化学镀镍包括以下过程：

$$H_2PO_2^- + H_2O \longrightarrow HPO_3^{2-} + H^+ + 2H$$
$$Ni^{2+} + 2H \longrightarrow Ni + 2H^+$$
$$2H \longrightarrow H_2$$
$$H_2PO_2^- + H \longrightarrow H_2O + OH^- + P$$

次磷酸钠被催化分解放出原子氢，氢原子再将 Ni^{2+} 还原为金属镍并沉积在合金粉表面上。但储氢材料也会同时发生吸放氢过程，合金可能继续粉化，造成镀层不匀。研究发现，储氢合金镀铜后抗粉化能力加强，因此在镀镍时虽有吸放氢过程发生，但基本上克服了粉化现象，使合金颗粒增大。与未包覆相比，包覆后合金电极合金电极循环寿命在一定程度均好于未包覆的合金，同时包覆后合金电极的活化性能、高倍率放电性能、交换电流密度和氢的扩散速率均得到明显的提高,且随着反应温度的升高而增大。而后他们采用酸性浸镀包覆铜法对该合金表面化学镀 Cu,探讨了在浸蚀镀铜的镀液中,通过加入不同摩尔浓度硫酸溶液得到的合金电极对其吸放氢过程动力学的影响。结果表明,与未包覆 Cu 相比,包覆后合金电极的交换电流密度增大且随着 H_2SO_4 浓度的增加而增大。其极限电流也逐渐增大,从 H_2SO_4 浓度为 $M=0.025mol/L$ 时的 2166.01mA/g 增加到 $M=0.1mol/L$ 时的 2681.93mA/g。合金电极中氢的扩散速率得到不同程度的提高。表明化学镀铜能有效地提高储氢合金电极吸、放氢过程的动力学性能。其高倍率放电性能的改善是源于电极表面的电子迁移速率和氢在合金体相中扩散速率这两方面共同作用所引起的。康龙等人以 $La_{1.5}Mg_{0.5}Ni_7$ 合金为研究对象,研究未包覆和表面包覆 Cu 以及对包覆铜的储氢合金进行再包覆 Ni、Co 处理的合金电极电化学性能. 实验结果表明,表面包覆 Cu 和 Cu_2Ni 后的储氢合金电极循环稳定性有所提高,而包覆 Cu_2Co 的合金电极稳定性较差,但电极容量有所提高。线性极化扫描和电化学阻抗图谱分析结果表明,包覆 Cu、Cu_2Co 及 Cu_2Ni 处理改善合金电极的交换电流密度 I_0,降低电化学阻抗,说明包覆处理改善合金表面的电催化活性,加快合金表面电荷的迁移速率,从而提高高倍率放电能力。C. Iwakura 等人研究了化学镀铜、Ni-P、Ni-B 对 $MmNi_{3.6}Mn_{0.4}Al_{0.3}Co_{0.7}$ 合金放电容量、电催化活性和快速放电能力的影响。发现,合金包覆后容量增加,尤以包 Cu 最佳,Ni-P 也较好,Ni-B 次之。包覆后交换电流密度增加,快速放电能力亦有增加。他们用 SEM 观察了镀层表面形貌,发现化学镀层以半球形部分地包覆在储氢合金的表面,储氢合金靠化学镀层相互联系在一起,说明化学镀层主要作为微集流体,改善了储氢合金的活性物质利用率。张允什等研究发现稀土金属易于集聚在铜、钴、铬包覆的合金表面,从而降低了合金粉的储氢能力,如用 Ni、Ni-Co、Ni-Sn 和 Ni-W 来包覆,可有效地抑制稀土金属在合金表面的积累,从而延长合金的寿命。杨凯等人采用真空蒸镀法在 AA 型 MH/Ni 电池储氢合金电极上镀覆一层厚约 $0.1\mu m$ 的 Ni 膜,研究了镀层对 MH/Ni 电池循环寿命以及充电时内压的影响。实验结果表明,镀覆在极片表面的 Ni 膜能够抑制合金的粉化和氧化,提高电池的循环寿命,显著降低了电池在充电时的内压,提高了电池的充电效率。夏同驰等研究了微包覆铜和钴对电池性能的影响。结果表明,在放电末期电极表面电化学阻抗的急剧增大是引起储氢合金电极放电终止的主要因素;微包覆铜和钴可促进氢的扩散并显著降低电化学反应阻抗,推迟阻抗增大的时间,因而提高了电极的放电性能。桑革等人对 $LaNi_5$ 和 $LaNi_{4.7}Al_{0.3}$ 合金进行了化学镀 Pd 的表面处理,发现化学镀 Pd 后的储氢合金与未镀 Pd 的合金相比,吸氢性能得到改善,平台区域相对变平,吸氢孕育期缩短、循环次数增加,抗 CO 毒化性能提高。包覆后的合金改善了合金表面的导电性和导热性,提高合金的充放电效率,防止合金的粉化和氧化,提高合金的循环寿命,成为一种有效的表面处理方法。

　　总之，以上这些研究表明化学镀对储氢合金的实际应用有很多优点，但是在实际生产也带来了一些不可克服的问题。如，采用化学镀处理工艺，过程增加不少工序、设备，还要使用一些昂贵的试剂及对人体和环境不利的试剂，相对成本较高，操作也较麻烦。包覆时，从还原剂上发生氢气，使镀液溢出，同时发生镀液冒烟，在有着火源的场合有爆炸之危险，必须有特殊的排气设备。另外，还原的铜不但镀在合金粒上，还可能镀在容器内壁及搅拌器具等接触部分，因此这种方法对吸氢合金镀量不易控制，消耗多余试剂，从容器及器具上清除镀层也很杂。

　　（5）表面高分子修饰处理　储氢合金的表面高分子修饰处理，主要就是指对电极所用黏合剂的选择以及在电极表面涂覆高分子有机物质层的处理过程。

　　潘颖辉等人将制好的 MH 电极干燥后再在表面涂敷一层聚四氟乙烯（PTFE）。试验结果表明，在适当的压力温度下，MH 电极表面涂敷的聚四氟乙烯能较好地分散到合金周围，避免了储氢合金粉在循环充放电时的脱落，提高了活性物质的利用率。2%PVA 和 15%PTFE 联合使用制得的极片在大电流放电条件下具有较高的放电容量。亲水性黏合剂如聚氯乙烯（PVC）等，可以使电化学反应的有效面积增加，降低充放电电流密度，减小电极内阻和极化，但是这种黏合剂在碱液中易发生溶胀，使黏结力下降出现粉化现象，降低电池容量和循环寿命。憎水性黏合剂则恰恰相反如聚四氟乙烯（PTFE），它使电解液对负极的湿润性差，导致电极充放电时极化增大，电极放电平台和大电流放电性能降低，但其耐碱性较好，电极循环过程中不会因黏合剂性能变差导致电极粉化，且充电过程中产生的氧气能顺利通过憎水层在负极进行复合反应。

　　（6）其他表面处理方法　以上所述几种方法均是对储氢合金粉体进行表面处理的方法。在实际应用中人们也常采用对负极进行处理，即直接对已成型的储氢合金负极实施表面处理。

　　D. Y. Yan 等人对用含联氨（$N_2H_4 \cdot H_2O$）的碱液处理 $LaNi_{4.7}Al_{0.3}$ 合金电极进行了研究。将该合金粉用 5%（质量分数）的聚四氟乙烯粉（PTFE）和 25% 的 Ni 粉混合，将混合粉压于 2 片 Ni 丝网之间制成电极，然后将电极浸入含联氨的 KOH 或 NaOH 溶液内。如含 5%（体积）$N_2H_4 \cdot H_2O$ 的 6mol/L 溶液中，50℃下处理 2h，然后用纯水洗涤至 pH＝7 后干燥。结果认为，碱液中联氨浓度、温度和处理时间都明显地影响合金电极的起始活化过程。在最佳处理条件下，电极的放电容量第 1 个循环就达 271mA·h/g，为最大容量的 96.1%，第 2 个循环的放电容量已达最大；不同温度的试验表明，在高于室温下处理，如 50℃下可得到较好的结果；在浓碱液中 1～2h 处理是合适的，但在稀碱液中处理时间需长一些；更高的 $N_2H_4 \cdot H_2O$ 溶液不能促进活化过程；用含 N_2H_4 的 6mol/LKOH 溶液比单一 KOH 溶液处理的容量要高；在 N_2H_4 处理过程中，合金大量吸氢，因为 N_2H_4 在合金的催化作用下，分解成气态 N_2 和原子氢，化学吸附于电极表面上，原子氢穿过表面层并扩散入合金晶格的间隙位置，形成金属氢化物。处理后 La 以 La(OH)$_3$ 形式存于合金表面，Ni 以金属态存在于亚层。强还原剂联氨在一定程度上可保持细 Ni 原子团的活性。因此，N$_2$H$_4$ 处理的合金电极具有高起始容量和在快速充放下的低极化。该法可用于 AB$_5$、A$_2$B、AB$_2$ 以及几乎所有的储氢材料。

Dong-Myung Kim 等人报道了 AB$_2$ 型 Zr$_{0.7}$Ti$_{0.3}$Cr$_{0.3}$Mn$_{0.3}$V$_{0.4}$Ni$_{1.0}$ 合金的热充电处理。将电极浸在 30% KOH 溶液中，控制温度在 50~80℃ 范围内，同时以 50~300mA/g 的充电电流密度充 2~8h。当处理的电极冷却后，以 25mA/g 电流放电测定热充处理时的充电量。为了使热充条件优化，对不同温度和充电电流密度、时间进行了比较。结果认为，最佳条件为 80℃、50mA/g、8h。在这种条件下处理后合金电极，在第 1 个充放电循环后就被完全活化，起始放电容量随处理时间逐渐增加，处理 8h 后达最大容量。另外还对未处理电极、80℃ 下热碱处理 8h 的电极以及 80℃、50mA/g 下热碱中充电处理 8h 的电极进行了比较。结果表明，未处理电极和热碱处理的电极分别在 30 个循环和 20 个循环下才完全活化。而热充处理的电极，在第 1 个循环后就显示出 350mA·h/g 的高容量。由此可见，充电和溶液温度对活化起着关键作用。

电极的热充处理，不仅导致因体积膨胀而形成新表面，而且由于组成元素的部分溶解，在合金表面形成富 Ni 区，以及电位向负方向偏移而形成还原气氛，因此 Zr$_{0.7}$Ti$_{0.3}$Cr$_{0.3}$Mn$_{0.3}$V$_{0.4}$Ni$_{1.0}$ 电极的活化性质大大改善，而且表现出很高的高倍率放电容量。

在实际应用中，大多数采取两种以上方法进行复合表面处理，从而改变诸如活化、动力学和循环稳定性等方面的性能。邓超等人在 HF 和 CuSO$_4$ 的混合溶液中对 Ni/MH 电池负极材料 LaNi$_5$ 系储氢合金进行表面处理，发现表面修饰后合金电极具有较高的活化速度和更好的高倍率放电能力以及循环稳定性可以更好地满足动力型 Ni/MH 电池的高功率性能要求。结果表明，表面处理可以有效提高合金的电化学性能。吴来磊等人采用在有机酸中添加金属离子 Ni^{2+}、Co^{2+}、Cu^{2+} 及还原剂的方法，对商品 AB$_5$ 型储氢合金粉末进行表面复合处理，实现了有机酸处理和表面微包覆一步完成，显著改善了合金电极高倍率放电性能和低温放电性能。

上述表面处理方法虽然不同程度地改善了电极电化学性能。但是这些处理方法又都各有弊端，如酸处理过程中合金有所损失，成分改变较多；热碱还原处理过程中还原剂并不能完全还原合金表面的氧化物（氢氧化物），因此开发更为廉价实用，条件温和，简捷便利的表面处理工艺将仍是今后研究的重点。

8.4.3 在储氢材料的实际应用中的问题

（1）储氢合金的粉化 由于储氢材料在吸氢时晶格膨胀，放氢时晶格收缩，如反复吸收氢，则材料可因反复形变而逐渐变成粉末。细粉末状态的储氢材料在放氢时，不仅将导致氢气流动受阻，而且还可能随氢气流排到外部而引起公害。

同时储氢合金的粉化也会引起材料热导率降低的问题，必须引起人们关注。

（2）储氢合金的传热问题　从储氢材料中放出氢或进行氢化，其速度比较快，温升较高 $1W/(m \cdot ℃)$，与玻璃接近，不易使热效应有效地传导。但由于储氢材料的导热性很差，因此有必要从技术上给予解决。

（3）滞后效应　在氢吸留与放出时存在滞后作用，有时 p-c-T 曲线的水平段不平直，这些都是有效率下降的原因。

8.5　储氢合金的其他应用

氢与金属间化合物在生成金属氢化物和释放氢的过程中，可以产生以下功能：

①　有热的吸收和释放现象，氢可作为一种化学能加以利用；

②　热的释放与吸收也可作为一种热力功能加以利用；

③　在一密封容器中，金属氢化物所释放出氢的压力与温度有一定关系，利用这种压力可做机械功；

④　金属氢化物在吸收氢过程中还伴随着电化学性能的变化，可直接产生电能，这就是充分利用这化学、机械、热、电四大功能，可以开发不少新产品，同时，吸、放氢多次后，金属氢化物会自粉碎成细粉，表面性能非常活泼，用作催化剂很有潜力，这种表面效应功能也很有开发前途。

储氢合金除了作为镍-氢化物二次电池负极材料之外，在其他的应用领域很多，而且还在不断发展之中，下面介绍储氢材料应用的几个主要方面。

（1）氢的贮存、运输　氢的贮存与运输是氢能利用系统的重要环节。与以往的方法相比，用储氢合金进行氢的贮存和输送具有很多优点：①储氢密度大（高于液氢），容器体积小，可长期贮存；②无需高压（<4MPa）及液化，安全可靠，无爆炸危险并且可长期贮存而少有能量损失；③可得到高纯度氢。

利用储氢合金制成的氢能贮运装置实际是一个金属-氢气反应器，分为定置式和移动式，它除要求其中的储氢合金储氢容量高等基本性能外，还要求此装置具有良好的热交换特性，以便合金吸放氢过程及时排出和供给热量，其次还要求装合金的容器气密性好、耐压、耐腐蚀、抗氢脆。目前试验开发的储氢合金有 $MmNi_{4.5}Mn_{0.5}$、TiFe 系合金、Mg 系合金等。如德国奔驰公司制造的可储氢 $2000m^3$ 的钛系储氢合金氢容器，已投放市场。镁系合金因重量轻、储氢容量大在汽车等用的移动式储氢装置中具有特别的优势，但镁系合金属于高温型储氢合金，必须解决合金吸放氢过程中大量的热量交换问题。

（2）氢的回收、分离和净化　高纯及超纯氢是电子工业、冶金工业、建材工业以及医药、食品等工业中必不可少的重要原材料。目前这些部门所用高纯及超纯氢均采用电解水生产并附加低温吸附净化处理的方法，不仅耗能巨大，而且投资费用也大。另一方面，石油化工等行业经常有大量的含氢尾气作为废气白白浪费，如合成氨尾气中含有 $50\%\sim60\%$ H_2，在我国仅合成氨厂每年放空的氢气达 10 亿立方米。采用储氢合金从这些含氢废气中回收氢，简单易行。目前国内已采用储氢量达 $50\sim70m^3$ 的储氢合金集装箱在合成氨厂或氯碱厂进行氢的回收和净化，具有能耗低和投资少的优点。1989 年中国电力和三菱重工成功地利用储氢合金在氢冷却的火力发动机内维持机内氢的纯度；1991 年又在杭州应用 $MmNi_{4.5}Mn_{0.5}$ 从一合成氨厂的含氢气的吹洗气中回收并高纯净化氢。美国国家航天局已把储氢合金用于宇航器吸收火箭逸出的氢气。美国空气产品与化学产品公司和 MPD 公司联合开发的用 $LaNi_5$ 合金做成的回收装置，回收合成氨尾气，氢回收率达 $75\%\sim95\%$，产品氢纯度达 98.9%。该储氢合金还可用于氢的提纯，如利用 $MmNi_{4.5}Mn_{0.5}$ 合金可将工业普氢纯度提高到 99.9999%。

在同一温度下氢 H_2 与氘 D_2、氚 T 等氢同位素与储氢合金反应的平衡压存在足够大的差异，在核工业中，利用这个特性，用于氢同位素的分离。例如，$TiNi$ 合金吸收 D_2 的速度为 H_2 的 1/10。将含 $7\%D_2$ 的 H_2 气导入到充填合金的密闭容器里，并加热到 150℃，每操作一次可使 D_2 浓缩 50%。这样，通过多次压缩和吸收，或通到过料柱，氚的浓度可迅速提高。目前氢同位素分离使用的合金有 $V_{0.9}Cr_{0.1}$、$TiCr$ 等。

市售氢气一般含 $(10\sim100)\times10^{-6}$ 的 N_2、O_2、CO_2 以及 H_2O 等不纯物，但经储氢合金吸收后再释放出来，该氢气的纯度可达 6 个 9 以上。这就是储氢合金的低能耗超纯净化作用。此项技术已在仪器、电子、化工、冶金等工业中广泛应用。目前深圳特摩罗公司和浙江大学已生产销售小型贮气罐和超纯净化装置。

用于氢的回收、分离、净化的储氢合金要求有良好的抗毒性能，氢气中杂质气体种类、含量成了选择此类储氢合金的重要基准之一。研究表明，稀土系储氢合金抗 O_2、H_2O 毒害能力较强，而钛系储氢合金抗 CO_2、CO 毒害能力较强。

（3）蓄热装置、热泵　储氢合金与氢反应时伴随着能量转换与热量传递，这种反应的可逆性好，反应速度快，利用储氢合金吸放氢过程的热效应，可将储氢合金用于蓄热装置、热泵（制冷、空调）等。储氢合金储热能是一种化学贮能方式，长期储存毫无损失。将金属氢化物的分解反应用于蓄热目的时，热源温度下的平衡压力应为 1 至几十个大气压。储氢合金蓄热装置一般可用来回收工业废热，用储氢合金回收工业废热的优点是热损失小，并可得到比废热源温度更高的热能。日本化学技术研究所试验开发的蓄热装置主要由两个相互联通的蓄热槽 A 和 B 组成，蓄热槽内填充约 10^3 的 Mg_2Ni 合金，废热源来的热加热蓄热槽 A 内的 Mg_2Ni 合金，放出的氢流向蓄热槽 B 并储存起来，实现蓄热，氢反向流动则放热，其蓄热容量约 4360kJ，可有效利用 $300\sim500$℃的工业废热。利用储氢合金蓄热关键是根据废热温度、合金吸放氢压力及热焓等选择合适的储氢合金。储氢合金热泵工作原理是：已储氢的合金在某温度下分解放出氢，并把氢加压到高于其平衡压然后再进行氢化反应，从而获得高于热源的温度，热泵系统中同样有两个填充储氢合金的容器，但两个容器内填充的储氢合金的种类不同。

P. P. Turillon 开发的热泵使用的储氢合金是 $LaNi_5$ 和 $LaNi_{4.7}Al_{0.3}$，输入 60℃温水或 25℃冷水，循环 10min，可得到 95℃温水或 100℃蒸汽。用储氢合金热泵制冷或做空调效率高、噪声低、无氟里昂污染。

储氢合金氢化物热泵是以氢气作为工作介质，以储氢合金作为能量转换材料，由同温度下分解压不同的两种氢化物组成热力学循环系统，使两种氢化物分别处于吸氢（放热）和放氢（吸热）状态，利用它们的平衡压差来驱动氢气流动，从而利用低级热源来进行储热、采暖、空调和制冷。它具有升温或降温热效率高，系统工作范围大，工作温度可调，无磨损、无噪声且不存在氟里昂对大气臭氧层的破坏作用等优点。因此氢化物热泵成为近年来的开发热点。目前已开发的氢化物热泵按其功能分为升温型、增热型和制冷型三种，按系统使用的氢化物种类可分为单氢化物热泵、双氢化物热泵和多氢化物热泵三种。氢化物热泵作用储氢合金材料主要有 AB_5（$LaNi_5$、$MINi_5$、$MmNi_5$ 为代表），AB_2（$ZrMn_2$、$ZrCr_2$ 多元合金化为代表），AB（$TiFe$ 及其合金化为代表）型合金。

（4）热压传感器　利用储氢合金有恒定的 p-c-T 曲线的特点，可以制作热压传感器。它利用氢化物分解压和温度的一一对应关系通过压力来测量温度。它的优点在于，有较高的温度敏感性（氢化物的分解压与温度成对数关系），探头体积小，可使用较长的导管而不影响测量精度，因氢气分子量小而无重力效应，等等。它要求储氢材料有尽可能小的滞后以及尽可能大的 $\Delta H^{\ominus}$ 和反应速度。美国 System Donier 公司每年生产 8 万只这样的传感器用在飞机上。

储氢材料的氢平衡压随温度升高而升高的效应可以用作温度计。从储氢材料的曲线找到的对应关系，将小型储氢器上的压力表盘改为温度指示盘，经校正后即可制成温度指示器。这种温度计体积小，不怕震动，而且还可以通过毛细管在较远的距离上精确测定温度。这种温度计已广泛用于各种飞机。

储氢材料的温度压力效应还可以用作机器人动力系统的激发器、控制器和动力源，其特点是没有旋转式传动部件，因此反应灵敏、便于控制、反弹和振动小，还可用于控制温度的各种开关装置。

（5）反应催化剂　储氢材料可用作加氢和脱氢反应的催化剂，如 $LaNi_5$、$TiFe$ 用作常温常压合成氨催化剂、电解水或燃料电池上的催化剂。它可降低电解水时的能耗，提高燃料电池的效率。

此外，金属氢化物储氢材料还可用于制备金属粉末、吸气剂、绝热采油管、微型压缩致冷器、温度传感器、控制器静态压缩机等。

第9章　稀土催化材料

　　稀土元素的实际应用是从催化剂开始的，这也是人们将稀土称为"工业味精"或"工业维生素"的重要原因之一。1885 年，C. A. V. Welsbach 率先将含有 99%ThO_2 和 CeO_2 的硝酸溶液浸渍在石棉上制成催化剂，用在汽灯罩制造工业中，开创了稀土在催化领域应用的先河。所谓催化剂，又叫触媒，是可使化学反应物在不改变的情形下，经由只需较少活化能的路径来进行化学反应，而通常在这种能量下，分子或者无法自发完成化学反应，或者需要较长时间来完成化学反应。有了催化剂的介入，化学反应改变了进行途径，而新的反应途径需要的活化能较低，这就是催化作用可以提高化学反应速率的原因。催化作用是自然界普遍存在的重要现象，几乎遍及化学反应的各个领域，研究催化作用不仅具有重要的理论和实际意义，而且有助于揭示物质及其变化基本性质。

　　稀土元素可形成具有高的氧化能和高电荷的大离子，很容易获得和失去电子，促进化学反应。稀土氧化物的顺磁性、晶格氧的可转移性、阳离子可变价以及表面碱性等与许多催化作用有本质联系。因此，稀土催化材料具有较高的催化活性，几乎涉及所有的催化反应，无论是氧化还原型的，还是酸碱型的，均相的还是多相的。相对传统催化材料，稀土催化材料具有催化活性高、比表面积大、稳定性好、选择性高、加工周期短的特点。稀土元素的催化活性不如与 d 型过渡元素的催化作用，但在大多数反应中，各个稀土元素的催化活性变化不大，不超过 1～2 倍，尤其是重稀土元素之间，几乎没有活性变化，而 d 型过渡元素之间的活性有时可相差几个数量级，存在着明显的选择差异。稀土元素的催化活性基本上可以分为两类：与 4f 轨道中的电子数（1～14）相对应呈单调变化，如加氢、脱氢、酮化学；与 4f 轨道中电子的排布（1～7，7～14）相对应呈周期变化，如氧化。与传统的贵金属催化剂相比，稀土催化材料在资源丰度、成本、制备工艺以及性能等方面，都具有较强的优势。现行工业催化剂中，稀土一般作为助催化剂或混合催化剂的一种活性成分。目前稀土催化剂在能源环境领域主要用于石油裂化、化学工业、汽车尾气净化、工业废气及人居环境净化、催化燃烧和燃料电池等几个方面。尤其在工业废气、人居环境净化方面，具有巨大的应用市场和发展潜力，成为研究和开发的热点。自 20 世纪 90 年代末以来，发达国家的环保催化剂市场一直以 20% 的速度增长。我国在催化方面的稀土用量也比较大，国民环保意识逐渐增强，尤其是 2008 北京奥运会及 2010 年上海世博会成功申办后，稀土催化材料在环保方面，如汽车尾气净化、天然气催化燃烧、餐饮业油烟净化、工业废气净化及挥发性有机废气的消除等方面的需求和应用都有了大幅度的增长。

稀土催化材料的研究和应用，既可提高生产效率，又能节约资源和能源，减少环境污染，符合可持续发展的战略方向。目前能够在工业中获得应用的稀土催化材料主要有 3 类：分子筛稀土催化材料、稀土钙钛矿催化材料、铈锆固溶体催化材料等。本章主要介绍已经在工业中应用的稀土催化剂及其催化原理。

9.1　稀土裂化催化剂

石油是复杂的烃类混合物，其炼制的主要目的有提高原油加工深度以得到更多数量的轻质油产品，增加品种以提高产品质量等。通常原油经过一次加工（常减压蒸馏）只能从中得到 $10\% \sim 40\%$ 的汽油、煤油和柴油等轻质油品，其余只能作为润滑油原料的重馏分和残渣油。减压蒸馏剩下的重质馏分油须在高温、高压下或催化剂存在条件下将其裂化，以进一步得到汽油等轻质油品。按裂化过程是否应用催化剂或者加氢，可分为热裂化、催化裂化和加氢裂化三类。热裂化得到的产品质量低，而加氢裂化的费用高，故目前主要采用催化裂化加工。催化裂化技术是重油轻质化和改质的重要手段之一，已成为当今石油炼制的核心工艺之一。重质油通过催化裂化加工可再由裂化原料中获得大约 80% 的汽油、柴油及 15% 气体。催化裂化所产汽油辛烷值高，气体中所含有的丙烯和丁烯是发展石油工业的宝贵原料，可用以进一步生产聚丙烯、丙烯腈、合成橡胶和其他化工产品。

原油的催化裂化是规模最大的催化过程，石油裂化催化剂也是需求最多的催化剂之一。在石油炼制中，稀土主要用来制成含稀土的沸石裂化催化剂，这种稀土催化材料具有化学活性高、选择性能好、热稳定性高、抗金属污染能力强、使用寿命长等优点，它可以改进炼油工艺，提高石油产品的性能等，目前我国 90% 炼油装置使用稀土催化材料。

9.1.1　催化裂化工艺及裂化催化剂

柴油和汽油等是工业和交通运输中的重要动力来源，这些产品是通过原油加工炼制而得。采用蒸馏的方法可把原油分离为不同沸点的馏分，如低于 $200℃$ 为汽油馏分，$200 \sim 300℃$ 为煤油馏分，$300 \sim 350℃$ 为柴油馏分，$350 \sim 500℃$ 为减压馏分等。通过蒸馏只能得到约 30% 的汽油和柴油，剩下的重质馏分油还可进一步加工，大分子的烃类通过热裂化、催化裂化和加氢裂化可进一步获得轻质油品。但热裂化所得产品质量低，加氢裂化费用高，只有催化裂化符合发展，因而得到了广泛应用。催化裂化是炼油工艺中用重油制取汽油等的重要二次加工过程，裂化催化剂也是世界上催化剂生产中数量最多的一类催化剂。

催化裂化是烃分子在酸性固体催化剂存在下进行催化反应的过程。烃类原料经加热后在反应器中与裂化催化剂接触，大分子的重质油发生催化裂化反应而生成汽油、柴油以及气体等小分子的烃类。在进行裂化反应的同时，还进行烃类分子的异构化和芳构化反应生成异构烃和芳香烃，伴随着氢原子的氢转移反应和少数分子脱氢生成焦炭，原料中的胶质、沥青质缩合变成焦炭（生焦反应）。生成汽油、柴油的反应是期望发生的反应，生成气体和焦炭的反应则是非期望的。通过工艺参数的调整、选用性能良好的裂化催化剂，可获得最佳的结果。

催化型化是 20 世纪 30 年代中期实现工业化的，至今仍显示出持续的发展势头，所用工艺、装置设备及催化剂均在不断改进中。在催化裂化工艺方面，已由馏分油催化裂化发展为重油催化裂化。随着裂化工艺的发展，催化裂化装置设备和催化剂均在不断改进。最早的裂化设备是固定床，即催化剂床层是固定的，每反应 10min 后需要再生一次，裂化与再生操作需要频繁更替。后来裂化设备经历了由固定床到移动床、流化床的发展历程，流化床装置结构简单、操作容易、灵活性大，逐渐取代其他形式的装置而处于主导地位。随着催化裂化工艺的发展，在装置形式上又由床层式反应器发展为提升管反应器，后者又继续发展为同高并列式、高低并列式、同轴式、带烧焦罐式和两段再生式等提升管催化裂化装置。

9.1.2 裂化催化剂中的发展及应用

裂化催化剂的发展与裂化催化工艺的发展是相辅相成的。早期使用的催化剂是天然白土催化剂，后发展为无定形硅酸铝催化剂。自 20 世纪 60 年代沸石裂化催化剂开发成功以来，稀土作为一个重要组分引入到裂化催化剂中，开创了稀土在裂化催化剂中应用的新局面。

（1）天然白土催化剂 天然白土催化剂中以酸处理膨润土催化剂性能最好，其主要成分是蒙脱土，分子式为 $4SiO_2$-Al_2O_3-H_2O。未经处理的膨润土裂化活性很低，需用无机酸处理，脱除层间吸附离子，并从蒙脱土骨架上脱除铝、铁等离子，形成强的酸性 H^+，才能表现出较高的裂化活性。

（2）硅酸铝裂化催化剂 无定形硅酸铝裂化催化剂是由化工原料制得，因而也称合成硅酸铝催化剂。硅酸铝催化剂中铁、钠等杂质的含量比天然白土催化剂少，有良好的孔隙结构，故具有催化活性高和热稳定性好等特点，其主要成分为 SiO_2 和 Al_2O_3，是硅和铝的复合氧化物。是由胶态 SiO_2 凝胶后在其表面覆盖含铝化合物，再制成 SiO_2-Al_2O_3 凝胶，最终形成无定形 SiO_2-Al_2O_3。制备方法和工艺参数不同时，制得的无定形硅酸铝催化剂的裂化活性和孔隙结构也不一样，其裂化活性同样来自于催化剂的酸性中心。它的酸性是硅酸铝骨架结构中 Al 取代 Si-O-Si 中的 Si 而形成含有 Si-O-Al 结构而形成。为保持电中性，Al^{3+} 取代 Si^{4+} 后，Al 须带一个负电荷，就通过临近的正离子，如质子 H^+ 来稳定，由此形成了质子酸的酸性中心。工业上早期使用的是低铝硅酸铝催化剂（含 10%～13% Al_2O_3），由于市场对汽油的辛烷值要求日益提高，又发展了高铝硅酸铝催化剂（含 $24\%\sim26\%Al_2O_3$）。采用高铝硅酸铝催化剂除提高辛烷值外，还有助于降低催化剂的补充量，减少随烟道气逸出的催化剂的量。硅铝催化剂除主要用于石油裂解外，还用于分子内或分子间脱水、烯烃聚合、异构化等反应。

（3）沸石裂化催化剂 自然界存在的沸石最早是用来分离混合物的，20世纪60年代末人工合成沸石成功，称之为分子筛。1962年莫比尔石油公司的C. J. Plank 和 E. J. Rosinzki 发现，将沸石结合到硅铝酸盐基体内，能够明显改善催化性能，提高汽油出油率，减少气态产品数量和造渣量。沸石裂化催化剂很快在石油精炼工艺应用并使之产生了根本性的变化，大大推动了炼油业的发展。

沸石是晶体铝硅酸盐矿物，由不同含量的 SiO_2 和 Al_2O_3 组成，其基本单元是硅氧四面体和铝氧四面体，由共有顶点的氧原子连接成链状、环状、层状成笼形骨架，因其骨架排列的不同而形成不同的笼和孔窗。反应分子经由孔窗进入沸石骨架内的空腔（即笼）从而进行催化反应。裂化催化剂中采用的沸石为八面体沸石，八面沸石笼的直径为 $1.3\sim1.4nm$，孔窗的直径为 $0.9\sim1.0nm$。合成八面沸石是用不同比例的活性 SiO_2（通常包括硅酸钠、硅胶、硅溶胶等）和活性 Al_2O_3（如偏铝酸钠、硫酸铝、铝胶或氢氧化铝）加入氢氧化钠混合，$82\sim100℃$ 下反应而成。八面沸石按其中 SiO_2 的含量不同，又可分为 X 型沸石和 Y 型沸石。X 型沸石中 SiO_2 与 Al_2O_3 的物质的量的比（通称硅铝比）一般为 $2\sim3$，Y 型沸石的硅铝比为 $3\sim6$，后者更为稳定。早期使用的是 X 型沸石，后改用 Y 型沸石。

合成所得的沸石是钠型的，无论是 NaX 型的还是 NaY 型的沸石均需要采用离子交换的方法将 Na^+ 交换成其他阳离子才会具有裂化活性，通常可选择的阳离子为 Ca^{2+}、Mn^{2+} 和 Re^{3+}。有时为了引入更多质子到催化剂中以提高催化活性，也可在上述阳离子中添加铵离子或单独用铵离子去交换钠离子。这些阳离子中以稀土离子交换的效果最好，所得的沸石活性最高，稳定性最好，因而稀土在裂化催化剂中得到了广泛应用。采用的沸石类型不同，沸石中的稀土含量也不相同。近年来裂化催化剂中的沸石有一部分改用超稳 Y 型沸石，稀土用量有所降低，但稀土元素仍然是必不可少的一部分。

9.1.3 稀土裂化催化剂的应用及发展

含沸石的裂化催化剂与无定形硅铝裂化催化剂相比，前者所含质子酸数量比后者约多 70 倍，因此活性更高。由 Ca^{2+}、Mn^{2+} 交换的沸石制成的催化剂活性约为硅铝催化剂活性的 30 倍，而稀土交换的沸石制成的催化剂活性则可达到硅铝催化剂活性的 100 倍，且稳定性更高。裂化催化剂多使用混合氯化稀土，可从独居石中提炼，也可从氟碳铈镧矿中提炼得到。我国采用不同分离流程得到的稀土为原料制成稀土 Y 型沸石催化剂，并测定其微反应活性。结果表明，各种混合稀土原料制成的催化剂活性都较好。国外测定的单一稀土对催化剂影响结果表明，Y，La，Ce，Pr，Sm 等单一稀土均具有较好活性，其中 La，Sm 活性更高些。催化剂中稀土氧化物的含量在 $1.5\% \sim 5.0\%$，多数在 $2.0\% \sim 3.5\%$ 之间，单一稀土的分布以 La 和 Ce 为主，两者合占约 70%，见表 9-1。随着沸石剂用量的发展，稀土在催化裂化催化剂中的用量也迅速增长。由于采用的沸石类型的不同，所需要的稀土含量也会有所差异。近年来裂化催化剂中的沸石有一部分改用超稳 Y 型沸石，稀土用量降低了一些，但稀土仍占据着重要的位置。

表 9-1　几种沸石裂化催化剂的稀土含量　　　　　　单位:％

催化剂牌号	REO	单一稀土含量				
		La_2O_3	CeO_2	Nd_2O_3	Pr_6O_{11}	Sm_2O_3
CBZ-1	3.5	21.0	50.3	19.7	5.7	3.2
CBZ-2	2.0	28.1	43.5	20.5	5.7	3.2
CBZ-3	2.5	44.1	25.8	20.7	7.2	2.2
CBZ-4	1.5	55.9	12.4	22.0	8.3	1.4
Super-D(E)	3.9	34.3	36.8	20.2	6.5	2.2
Super-D(M)	5.0	22.5	49.4	19.6	5.7	3.1
CCZ-220	2.6	29.3	42.2	21.0	4.9	2.6
MZ-3	2.3	57.4	13.5	21.3	7.3	1.0
MZ-6	2.1	59.0	12.0	21.3	6.6	1.0
MZ-79	3.4	50.3	16.7	29.1	3.7	0.2
HEZ-55	2.6	58.0	11.8	22.0	7.4	0.8
EKZ-4	4.0	65.7	21.2	11.1	2.0	
Y-7-15(中)[1]	4.0	34.0	47.4	12.5	5.2	0.9
Y-7-15[1]	3.2	25.6	51.4	16.8	6.1	0.1
CGY-1[1]	2.5	28.9	48.9	16.0	5.2	1.0

① 为国产催化剂,其余为国外生产的催化剂。

　　稀土在裂化催化剂中主要有如下功能：其一是通过建立强的静电场使催化剂活化，并使表面的酸度适合形成正碳离子中间体以利于裂解为汽油等轻质产品；其二是保护催化剂免遭集聚的炭燃烧时被产生的高温气流破坏。从所起的作用来看，稀土提高了催化活性、裂解的选择性、催化剂的稳定性、原油的饱和度、催化剂金属的允许含量，减少了汽油中烯烃含量，并减少了裂化气造气量。而高的稀土含量对于加工处理有高沸点残留物的重质油尤为有效。稀土元素在沸石裂化催化剂中除具有前述功能外，还有对沸石的亲和力大，离子交换容易，能提高沸石骨架稳定性等特点。用稀土离子交换 NaY 型沸石后，可提高 Y 型沸石的酸性，使其催化活性提高 100 倍以上。表 9-2 列出了稀土裂化催化剂与其他裂化催化剂的性能比较。由表 9-1 可知，稀土裂化催化剂的汽油产率和总转化率都大幅度提高，极大地推动了炼油工业的发展。

表 9-2　稀土裂化催化剂与其他裂化催化剂的性能比较

催化剂裂化效果	催化剂					
	普通硅铝（不含稀土）	混合稀土 X 型分子筛（REX）	氢型 Y 型分子筛（HY）	稀土 Y 型分子筛		
				混合稀土	La	Ce
汽油产率/%	11.8	36.9	33.2	47.8	47.7	46.0
总转化率/%	45.2	70.1	60.4	87.1	82.1	80.7

　　自 1962 年催化裂化加工过程采用稀土沸石裂化催化剂后，由于其具有的特异催化性能，各国都投入大量人力物力发展该项工艺技术，使催化裂化工艺得到了迅猛发展。国外的沸石裂化催化剂在工业上的应用经历了以下发展阶段，20世纪 60～70 年代中期沸石催化剂开始得以迅速推广使用，催化裂化的加工水平也大大提高，如汽油产率增加了 7%～10%，焦炭产率降低约 40%，被称为炼油工业的一次重大技术革新，同时，沸石由 X 型向 Y 型转变发展。据报道，美国1964 年生产的裂化催化剂中沸石类的数量达到 15%，1969 年已经达到了 95%以上。20 世纪 70 年代至 80 年代，沸石催化剂继续改进完善，载体的制备及催化剂的组分均有较大的改进，催化剂的磨损强度提高了约 3 倍，轻质油回收率也增加了 3%以上，催化剂的品种及牌号也显著增加。80 年代初期，随着人们对环境保护的重视，提出汽油铅含量减少或无铅化，因此发展了超稳 Y 型沸石。所谓超稳 Y 型沸石是一种改性的 Y 型沸石，是将 NaY 型沸石用 NH_4^+ 交换，经高温焙烧使晶格收缩，晶格骨架趋于稳定，故称之为超稳 Y 型沸石。目前这一类型的催化剂已经成为主要催化剂品种之一。因超稳化采用的是 NH_4^+ 交换，所以随着超稳 Y 型沸石的推广，稀土在裂化催化剂中的用量有所减少。

　　我国沸石裂化催化剂的研制工作始于 1964 年，1970 年建成稀土 X 型沸石实验性生产装置，随之生产的稀土 X 型沸石小球和微球裂化催化剂，具有活性高、选择性好等优点，成为我国最早采用的稀土沸石催化剂。1973 年研究成功 Y 型沸石的合成与 REY 型沸石的制备工艺，并于 1976 年建成我国首套 REY 型沸石生产装置。70 年代中后期，催化剂的制备工艺流程逐渐多样化，生产的产品满足国内催化剂加工要求，催化剂质量达到国外同类产品水平。这一阶段的发展均为由全合成硅铝基质添加 REY 型沸石制成的裂化催化剂。随后，在 20 世纪 80年代初期，我国充分利用丰富的高岭土资源，先后开发出了半合成基质和全白土基质添加 REY 型沸石的裂化催化剂。这类催化剂虽然活性组分仍为 REY 型沸石，但在基质方面比全合成硅铝基质有较大改进，而且不但可以降低成本，同时具有耐磨性好、堆积密度大、结构稳定、选择性好、抗重金属污染性能高、再生性能好等优点。80 年代后期我国开发了超稳 Y 型沸石（USY），以满足掺炼渣油和提高汽油的辛烷值的需要。其特点是生焦率低，汽油辛烷值高。该阶段成为我国采用超稳 Y 型沸石催化剂的开端。近年来，我国裂化催化剂的开发成果包括：采用稀土氢 Y（REHY）和稀土超稳 Y（REUSY）沸石为催化剂的活性组分，制成含 REHY 和 REUSY 的裂化催化剂。其性能比含纯 REY 和含纯 USY 的沸石裂化催化剂的性能均有所改进。比采用 REY 型催化剂的汽油和轻质油的回收率均有提高，比采用 USY 型催化剂的裂化性能有提高，产品的质量也有较大改进。因此，我国用于制备稀土沸石裂化催化剂所消耗的稀土量也随之迅速增长。其使用情况如表 9-3 所示。

表 9-3 我国生产具有代表性的沸石裂化催化剂

项目	全合成基质稀土 X 型 13X	全合成基质稀土 Y 型					半合成基质稀土 Y 型			全白土基质稀土 Y 型 LB-1	全合成基质超稳 Y 型		半合成基质稀土氢 Y 型 LCS-7
		Y-4	Y-5	偏-Y	偏-Y-3	共-Y	Y-7	CRC-1	KBZ		ZCM-7	CHZ	
工业化年份	1974	1975	1975	1975	1975	1979	1981	1983	1983	1984	1986	1988	1990
化学组成													
REO	8.5	2.6	2.7	3.0	2.6	2.1	1.8	3.0	2.6	4.0	<1.0	2.0	2.6
Al_2O_3	8.9	27.9	27.2	25.8	23.6	27.5	51.9	50	52	49.6	42.2	41	32.3
Na_2O	0.10	0.08	0.13	0.16	0.16	0.16	0.23	0.15	0.13	0.4	0.27	0.16	0.25
Fe_2O_3	0.08	0.15	0.15	0.14	0.06	0.07	0.66	0.51	0.36		0.25	0.33	0.14
物理性质													
表面积 /(m²/g)	672	572	598	592	592	423	120	135	200	306	225	295	259
孔面积 /(mL/g)	0.71	0.82	0.64	0.72	0.72	0.67	0.25	0.25	0.15	0.28	0.32	0.16	0.39
堆积密度 /(g/mL)						0.5	0.81	0.8	0.85	1.0	0.72	0.71	0.68
磨损指数 /%	3.2	4.1	4.2	4.1	4.1	4.4	1.8	1.5~2.0	2.6	2.1	0.9~1.5	1.6~4.3	2.6
微反活性													
800℃, 4h 老化	47~52	66	61	63	63	75	70	77	78	81	64~68	61~67	72
800℃, 17h 老化						61	54	67	65~70	68			

9.1.4　金属钝化剂

原油在催化裂化过程中，很容易引起重金属与焦炭沉积在催化剂表面上，造成催化剂中毒，其中重金属主要为镍和钒。高沸点的渣油和重油中的 V^{5+} 离子对沸石催化剂的骨架结构起破坏作用，使催化剂失活。而金属镍所具有的强脱氢活性，使催化剂的选择性受到影响，促使不饱和烃进行缩聚反应而生焦，表现为干气或富气中氢含量及 H_2/CH_4 增加，催化剂上积炭量上升，造成积炭污染，汽油产品收率下降。钒不仅能促进焦炭的生成，而且能破坏催化剂分子筛的晶格结构，使催化剂失活，造成目的产品选择性变差，转化率降低，干气和焦炭产率上升。

为减轻重金属污染，除对原油进行预处理脱金属外，通常还采取一系列防止重金属污染的措施。例如，改进催化剂本身的抗重金属污染能力，对受到污染的平衡催化剂进行再生，提高催化剂的置换速率，添加钝化剂等。其中，使用钝化剂是最简单廉价和行之有效的方法。钝化剂作用原理是基于钝化剂有效组分随原料油一起沉积在催化剂表面，并和金属镍、钒等发生作用，或是形成金属盐或是以膜的形式覆盖在污染金属表面，其结果是改变污染金属的分散状态和存在形式，使其转变为稳定的、无污染活性的组分，抑制其对催化剂活性和选择性的破坏。目前我国广泛使用的油溶性和水溶性钝镍剂主要有锑剂、铋剂以及锡剂，表9-4 及表 9-5 为国内外在研发并在工业中普遍使用的主要钝镍剂。因为目前工业上应用的这些钝化剂均有毒性，在钝化剂的生产及其在催化剂使用过程中对环境产生污染，被美国环保署（EPA）列入化学危险品清单。开发无毒高效的新型钝化剂成为人们的研究热点。

表 9-4　国内外工业使用钝镍剂的主要类型

名　　称	形　　态	使 用 年 代	技术开发公司
Ni 钝化剂（锑基）	液态	1977	Betz,Chemlindn,Nako,Philips
Ni 钝化剂（铋基）	液态	1985	Chevron,Intecat
Ni 钝化剂（锑基）	液态	1988	NalcoBetz
Ni 钝化剂（锑基）	液态	1991	Betz

表 9-5　国内研制并工业使用钝镍剂的主要类型

名　　称	形　　态	所用年代	技术开发公司
二异丙基二硫代磷酸锑	液态	1980	石油化工科学研究院等
MP-85（锑基,溶于乙醇和酯）	液态	1985	石油化工科学研究院等
MP-25（锑基,溶于乙醇和酯）	液态	1985	石油化工科学研究院等
LMP-1,2（锑基,油溶性）	液态	20 世纪 80 年代	石油化工科学研究院等
LMP-4（锑基,水溶性）	液态	1992	石油化工科学研究院等

研究表明，稀土元素既能钝化镍，又对钒和钠具有显著的捕获效果，是一种高效无毒钝化剂，从而有望取代上述有毒钝化剂。Davison 公司最早开始了对稀土钝化剂的研究，他们开发了 RV^{4+}（钒捕集剂），该剂对抗钒污染、装置设计形式以及操作方案均有良好的适应性。Mobil 公司开发了一种含稀土氧化物的烃裂化金属钝化剂，使反应转化率和汽油产率都得到提高，氢气产率有所下降。法国 CIE 公司开发的镧基金属钝钒剂，对克服催化裂化过程中钒的不良影响也有一定的作用。我国是世界上最早从事稀土钝化研究的国家之一，石油大学开发的稀土与非金属的复配型无毒钝化剂，已经在炼油厂进行了中试。

研究表明，适量的稀土钝镍剂具有较明显的钝化效果，能明显降低催化裂化反应的比氢气量和比积炭量，提高汽油回收率。在裂化再生温度（约 700℃）下，稀土和沉积在催化剂表面上的高价镍反应生成 $RENiO_3$ 晶相，$RENiO_3$ 中的 Ni 在 FCC 反应温度（约 500℃）下不易被氢气还原，因为有效封闭了 Ni，抑制了 Ni 的脱氢生炭活性。当稀土与镍的摩尔原子比为 0.3～0.4 时，钝镍效果最佳。对于稀土在钝钒方面的研究表面，稀土优先与钒起作用，生成高温稳定的稀土钒酸盐，抑制了钒对催化剂的结构破坏和钒的催化脱氢活化，从而降低结炭量。目前对稀土钝化剂研究的深度和广度较为有限，特别是稀土元素的筛选、稀土制剂的确立、提升管试验、工业应用试验和推广等方面都有待于进一步深入。

9.2 稀土化工催化材料

20 世纪 60 年代以后，稀土最先在石油加工过程中的催化作用得到了普遍重视，如烃类氧化、氨氧化、氧氯化、含氧化合物的转化等过程。70 年代则出现了许多使用稀土催化剂的化工过程，如氨氧化、合成氨、除硫、汽车尾气净化等。稀土离子具有高的氧化能和高电荷，很容易获得和失去电子，促进化学反应的进行。因此，稀土具有较高的催化活性，作为催化剂适用的范围相当广泛，几乎涉及所有的催化反应，无论是氧化-还原型的还是酸-碱型的，均相的还是多相的。稀土催化剂还具有稳定性好、选择性高、加工周期短的特点，许多化工过程中使用了稀土催化剂，特别是在石油化工和化肥工业中，充分显示了稀土催化剂性能的多样性。为提高催化剂的选择性和多样性，稀土催化剂的选择方面已从早期的混合稀土化合物转为单一稀土化合物。

9.2.1 稀土在化工催化材料中的作用

稀土催化剂中，稀土元素一般以氧化物、复合氧化物、盐类、金属间化合物等形式在化工中作为合成催化剂、助催化剂及催化剂的载体等，其中以稀土氧化物的形式作为助催化剂比较常见。稀土元素在催化剂中的作用具有多样性，其既可以作为催化剂的主要成分，即作为直接活性点起催化作用；另一方面，也可以作为助催化剂或混合催化剂中的次要成分，起到载体或助催化剂稳定点阵的组成部分并控制活性成分原子价而起间接作用。

当稀土作为载担型金属催化剂的助催化剂时，主要功能是通过提高活性组分在表面上的分散度，从而提高催化剂的活性或选择性；通过防止活性组分的烧结，从而提高催化剂的稳定性；通过调变表面酸碱性，从而提高催化剂的抗结炭性能。如在镍系催化剂中添加稀土后，稀土氧化物与镍相互作用，可提高反应的选择性，同时改变载体的表面性质，细化了镍晶粒，增大了镍的分散度，从而提高了反应活性，同时，由于稀土富集与镍晶粒的晶界面上，在多相催化反应中稀土可充分发挥助催化剂作用；在铂系催化剂（如 Pt、Pt-Sn、Pt-Re-Al$_2$O$_3$ 等）中添加稀土后，由于稀土的引入使金属原子集合体变小，有利于铂粒子的分散均匀，使活性提高。

在氧化物催化剂中，稀土氧化物和其他过渡金属氧化物合成新的复合氧化物，得到一系列适用于高温氧化的催化剂；对于某些稀土氧化物的特有的非化学计量性，在反应中可以起到储氧和输氧的作用，从而可以提高催化剂的反应活性。在氧化物催化剂中添加稀土氧化物也可以调节表面酸碱性，起到防止结炭的作用。

由于稀土氧化物具有高熔点且呈碱性等化学特点，其作为助催化剂大都用于烃类高温水蒸气转化和重整的镍系列以及铂系催化剂中，达到提高这些金属的分散度和活性以及防止其表面烧结和提高稳定性的目的。

图 9-1 为 NiO-Al$_2$O$_3$ 系催化剂中添加不同稀土后的催化剂活性和稳定性比较。由图可见，与无稀土氧化物的催化剂相比，添加稀土氧化物的催化剂活性明

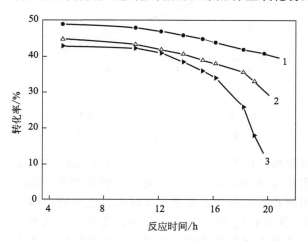

图 9-1　常压下 CH$_4$ 水蒸气转化催化剂活性和稳定性试验数据
1—NiO-Ga$_2$O$_3$/Al$_2$O$_3$；2—NiO-CeO$_2$/Al$_2$O$_3$；3—NiO/Al$_2$O$_3$

显保持稳定。通过 X 射线衍射分析结果表明，添加稀土氧化物的催化剂影响催化剂不同组分之间的作用程度，导致催化剂性能不同。稀土氧化物与镍相互作用，改变载体表面性质，细化镍晶粒，增大了镍的分散度，提高反应的选择性。

由于稀土富集于镍晶粒的晶界面上，在多相催化反应中稀土可充分发挥助催化的作用。

图 9-2 为铂和铂铥催化剂稳定性比较试验。由图可见，添加稀土的催化剂活性明显增大，铂铥催化剂的芳构率下降比铂催化剂明显缓慢，在试验时间内，铂铥催化剂的芳构率已经趋于稳定，而铂催化剂的芳构率仍处于下降趋势。在含有 Tm0.2％的催化剂中，铂的分散情况比单铂催化剂均匀；由于稀土的引入，使金属表面原子集合体变小，有利于铂原子的分散，对芳构化反应有利。

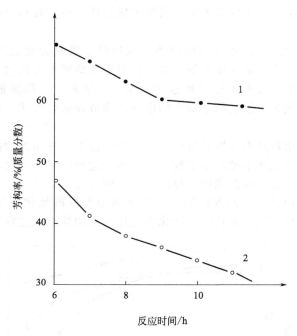

图 9-2 铂和铂铥催化剂稳定性比较试验
1—Pt-Tm(0.2)/γ-Al₂O₃；2—Pt/γ-Al₂O₃

添加稀土氧化物的镍系催化剂，不仅生成物中 CO/CO_2 的比值要高于其他镍催化剂，且积炭量极少，表面稀土氧化物与镍的相互作用提高了反应的选择性，而且还有消除积碳的作用，如表 9-6 所示。其中的一种解释是由于某些稀土氧化物如 CeO_2 具有氧化-还原性，可以加速建立水的吸附离解平衡，释放出足够的氧，以提高稀土氧化物中晶格氧向 Ni 表面的迁移速率和镍表面的氧化能力，从而加速在 Ni 表面上含碳物质的氧化，起到了抑制炭积累的作用。在此研究基础上，提出"双中心氧交换，氧反应循环模型"，认为稀土氧化物起到了氧存贮器的作用，其机理如图 9-3 所示。而对另外一些稀土氧化物，例如 La_2O_3，其抗积炭性能认为和稀土的碱性有关，通过表面酸碱的调变，改善了水煤气的活性。

表 9-6　Ni 催化剂与 RE-Ni 催化剂积炭速率比较

催化剂		积炭速率 $r/[\mathrm{mg}/(\mathrm{g}\cdot\mathrm{min})]$	$R_{\mathrm{Ni}}/r_{\mathrm{CeO_2\text{-}Ni}}$
共沉淀	Ni	84.00	16.00
	CeO₂-Ni	5.25	
浸渍	Ni	4.00	9.76
	CeO₂-Ni	0.41	

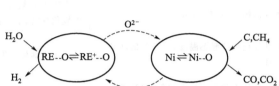

图 9-3　双中心氧交换、氧反应循环模型

　　开发的与化工催化剂相关的众多新催化材料中，如层状硅酸盐分子筛、杂多化合物、复合氧化物、固体碱等，含稀土的这些材料受到了极大重视。稀土化合物具有广泛的催化性能，且还有许多待开发的领域。利用稀土化合物可以制成功能各异的催化剂材料，满足不同的反应使用。特别是氧化物，具有相对高的热稳定性和化学稳定性，为广泛使用这类催化剂原料提供了可能性。表 9-7 列出了在化工催化反应中的主要作用及实例。

表 9-7　稀土催化剂的主要作用

反 应 名 称	稀土催化剂的主要作用	应用实例及效果
甲烷化	稀土氧化物使催化剂活性、耐热性、寿命、抗积炭性能、抗硫性能提高	在 Ni-Al₂O₃ 中加入 La₂O₃，有利于 Ni 的分散与稳定
水蒸气转化	提高催化剂活性、稳定性、耐热性和抗结炭性能	在 α-Al₂O₃ 中加入 La₂O₃，CeO₂ 和活性组分 Ni，大大改善催化剂活性、稳定性和抗结炭性能
中温水煤气变换	稀土作为助剂替代多种调变助剂和结构助剂，提高活性和耐热性，稀土氧化物可起到电子助剂作用	在铁-铬催化剂中添加适量的 CeO₂，可以减少甚至不用有害元素铬，减少炭的沉积
烃类重整	有较好的活性，能降低裂解率，提高产物的回收率和芳化率，提高反应的稳定性	在 Pt/Al₂O₃ 上添加稀土元素 Ce，能促进 Pt 的分散
甲烷氧化偶联	稀土氧化物具有碱性，能提高乙烯、乙烷的回收率和选择性	La₂O₃＋BaCO₃（含少量碱土的稀土催化剂）
甲烷选择氧化	使用稀土催化剂后能由甲烷直接合成甲醛、甲醇	含稀土的磷酸盐和钼酸盐

续表

反应名称	稀土催化剂的主要作用	应用实例及效果
烃类氧化和氨氨氧化	添加稀土氧化物能提高催化剂选择性活性,具有防止结炭的作用	在 Mo-Fe 系催化剂中加入 CeO_2,提高催化剂活性、稳定性和使用寿命
甲醇氧化	提高催化剂活性、热稳定性	稀土钼酸盐提高活性和稳定性
甲醇转化	提高催化剂活性、热稳定性	稀土杂多酸
氨氧化	提高活性、耐硫性、稳定性	含稀土的复合氧化物具有优异的高温氧化性能,节省贵金属
二氧化硫氧化	降低催化剂的起燃温度,提高其活性和热稳定性	稀土钙钛矿型催化剂
水解	直接用稀土化合物作催化剂,提高催化活性	稀土磷酸盐
酯化	稀土化合物催化剂的活性高、选择性好、副反应少,产品质量稳定,催化剂易分离再生	稀土固体超强酸对酯化反应的催化作用显著,活性高,转化率高,连续催化性能好
氨合成	添加稀土氧化物可提高还原性能和低温活性、热稳定性、抗毒性	$Fe-CeO_2-Al-K-Ca$ 系稀土氨合成催化剂在较低温度下具有较高活性,抗毒性强
甲醇合成	提高催化剂活性	稀土金属间化合物 $LaNi_5$,载在 La_2O_3 上的 $Cu-Zn-Cr-Al$ 系具有较好的活性
电化学反应	提高电极催化反应的催化活性和稳定性	在 KOH 溶液中使用 $3Y_2O_3 \cdot 2ZrO_2$ 烧结体作为电极对氢氧化和氧还原,催化活性较高

9.2.2　稀土有机化工催化材料

有机化工中的氧化、重整、芳化、加氢、脱氢、脱水、水解、酯化等许多反应都可以采用稀土氧化物或复合氧化物做催化剂,不但催化效果好,而且可部分或全部取代贵金属。

(1) 烃类重整　重整是有机加工中仅次于裂解的重要工艺,通常使用的是担载型贵金属催化剂 Pt/Al_2O_3,如何防止贵金属烧结而失活,以及如何提高这类催化剂的热稳定性一直是重点研究内容。稀土氧化物具有高熔点、显碱性等化学特性,在用于重整的镍系或铂系催化剂中可以提高金属的分散性和活性,同时还可以防止其表面烧结和提高稳定性。因此,在开发双金属如 Pt-Re、Pt-Sn 等基础上,进一步通过添加稀土氧化物等耐高温助催化剂,从而提高其抗热性已经成为重整催化研究的热点。

（2）烃类氧化和氨氧化　由丙烯氧化制丙烯醛以及氨氧化制丙烯腈是重要的石油化工过程。20世纪50年代末由美国Sohio公司开发成功后，一直被认为是由石油化工原料直接合成含氧、含腈和烯烃、双烯烃的重要工艺。稀土氧化物作为这类反应中所用催化剂的助剂，具有提高选择性、防止结炭等作用。

例如，在由P-Mo-Bi-Fe组成丙烯氨氧化合成丙烯腈的催化剂中添加CeO_2后，由于在体相中生成了$Ce_2(MoO_4)_3$等新相，防止了MoO_3的升华，使活性相获得了稳定。稀土-磷钼钒杂多酸盐类是异丁烷、异丁酸、异丁烯（叔丁醇）氧化制甲基丙烯醛和甲基丙烯酸及其酯的有效催化剂。在异丁烯选择氧化的钼-碲催化剂中添加稀土氧化物（CeO_2），可使催化剂的晶体结构及表面结构和酸度都发生明显变化，从而提高其选择氧化的选择性。在Mo-Fe系催化剂中加入CeO_2不仅可以提高催化剂的活性，还可提高其稳定性和寿命。在苯氧化制顺丁烯二酸酐的磷-钒系催化剂中加入少量稀土（除Gd、Dy、Tm外）氧化物，均能提高所需产物的回收率。含稀土的钙钛矿型复合氧化物还是烃类（包括直链烃和芳烃）完全氧化的催化剂，可以取代铂、钯等贵金属。例如，由La-Ce-Fe组成的钙钛矿型催化剂可以很好地使丁烷、反2-丁烯以及顺2-丁烯深度氧化成H_2O和CO_2。稀土-锰系催化剂和稀土复合物都是苯和甲苯的完全氧化催化剂。

（3）甲烷氧化偶联和选择氧化　甲烷氧化偶联可将蕴藏丰富的甲烷直接合成C_2化合物，因此引起了人们的普遍重视。稀土氧化物特有的碱性（与碱土金属氧化物的碱性相当）使其碱性中心能活化甲烷的C—H键，生产CH_3—，从而提高C_2—的选择性；另一方面，碱性主要与在碱性表面上生成氧种有关，在强的碱性表面上易于生成O^-、O_2^{2-}等活性氧，因此在甲烷氧化偶联反应中，稀土氧化物表现出较高的活性。

除简单的稀土氧化物外，由碱、碱土、稀土、过渡金属组成的一些复合氧化物也具有很好的催化活性。如Li-Ln-MgO复合物中，碱土金属氧化物是较好的活性组分，若加入Li和Ln组成的催化剂，对乙烯及乙烷的回收率和选择性就会大大提高；由碱-稀土和ⅣA元素Sn组成的Li-Sm-Mn-Sn催化剂及由稀土组成的复合氧化物也有很好的活性；含有少量碱土的稀土催化剂，如La_2O_3—$BaCO_3$（BaO）在C_2（C_2H_4＋C_2H_6）回收率和C_2的选择性相对都比较高。

采用含稀土的磷酸盐和钼酸盐（稀土和磷、钼配比合适时还可能形成相应的复合氧化物）作为催化剂，可催化甲烷直接合成含氧化合物的选择氧化反应，含稀土的复合氧化物$La_{1-x}Sr_xMnO_3$（$x=0\sim0.4$）等也是甲烷完全氧化的催化剂。

（4）甲烷化稀土催化剂　甲烷化反应是油品分离和化肥生产以及城市煤气转化为甲烷而增热的重要反应，所用催化剂为担载型镍，但这类催化剂的稳定性和使用寿命问题尚未解决，这与催化剂中活性组分镍的分散度和易烧结性有关，而这两种特性是互相矛盾的，因此要防止高分散的镍烧结相当困难。在这类催化剂中添加稀土氧化物后，可使催化剂活性、耐热性、寿命甚至抗磁性都有了提高，对改善这类催化剂的催化性能有明显效果。

（5）轻质油、天然气和水蒸气转化催化剂　在由轻质油或天然气经水蒸气转化制合成气（$CO+H_2$）的反应中，使用的也是镍催化剂，不同的只是反应温度比甲烷高得多。这里，如果在镍催化剂中加入稀土，同样也能提高镍催化剂的催化性能，除了催化剂的活性、稳定性、耐热性外，最重要的是提高了催化剂的抗结炭性能。

（6）甲烷氧化和转化　以往广泛应用的通过甲烷氧化制甲醛的催化剂，除了银之外，还有钼酸铁。前者较贵，后者则生产能力低。正在开发应用的稀土钼酸盐催化剂是一种新型催化剂，在各种稀土钼酸盐中，催化剂 $\frac{2}{3}$Ce-$\frac{1}{3}$MoO$_4$ 和 $\frac{2}{3}$Eu-$\frac{1}{3}$MoO$_4$ 中的 Ce 和 Eu 易于发生氧化-还原反应，要比不易变价的 La 活性高很多。稀土杂多酸催化剂还是甲烷转化成低级烯烃的很有开发前景的一种催化剂。由磷钨、硅钨杂多酸制得的 $H_{13}[Ln(SiW_{11}O_{39})_2]$ 稀土杂多酸在此反应中有很好催化活性，而且其变化规律符合斜 W 规则，即具有稳定 f-电子配体的 La^{3+}、Gd^{3+} 和 Lu^{3+} 的活性最高，热稳定性随原子量的增加而提高。

（7）水解和酯化稀土催化剂　在上述稀土催化剂中，稀土只是作为助催化剂使用。稀土化合物本身也可以直接使用作为催化剂的，如水解和酯化催化材料。

① 稀土水解催化剂　稀土磷酸盐直接作为卤化芳香烃气相水解制酚的催化剂早在 20 世纪 70 年代初就已开发应用。在由间氯苯常压气相水解制间甲酚的反应中发现，由镧盐、铈盐及工业混合稀土氧化物为原料，均可制成间氯甲苯水解用的稀土磷酸盐催化剂。在 360～400℃ 常压下测得了间氯甲苯在 $LaPO_4$-Cu 和 $LaPO_4$ 催化剂上水解的动力学，发现氯化氢和间甲酚对反应均有抑制作用。

② 稀土酯化催化剂　稀土氧化物也可直接作为（酸）-碱催化剂用于酸类的酯化反应。例如 La_2O_3、Nd_2O_3、Er_2O_3 等稀土氧化物在邻二甲酸二辛酯的合成反应中都具有催化活性。Nd_2O_3 和 Er_2O_3 的催化效果优于 La_2O_3。在对稀土氧化物的系统研究中发现，在这一反应中，轻稀土氧化物的活性优于重稀土，其中以 Sm_2O_3 和 Nd_2O_3 的活性最高。

9.2.3　稀土无机化工催化材料

无机化中的氨氧化、硝酸及硫酸的制备、中温水煤气变换等反应中常常采用稀土氧化物或盐类作为催化剂组分或助催化剂来提高催化剂的活性及稳定性。

（1）氨氧化稀土催化剂　稀土复合氧化物具有优异的高温氧化性能，不但可用作烃类完全氧化、汽车尾气净化的催化剂，而且可用作氨氧化制硝酸的催化剂。目前，用于这一反应的催化剂主要是贵金属铂，稀土复合氧化物若能在这一领域中获得应用，就可节省贵金属资源，带来显著的经济效益。中国科学院长春应用化学研究所系统地研究了组成为 $La_{1-x}A_xBO_3$（A 为碱金属 Ca 或 Sr；B 为过渡金属）的钙钛矿型复合氧化物在氨氧化制硝酸的反应中的催化作用。研究发现，组成为 $La_{1-x}Ca_xMnO_3$ 的催化剂在 $700\sim900℃$ 范围内，NO 的产率随 x 的增加而提高，在 $x=0.8\sim0.9$ 处时达到最大值。试验证明，制备催化剂时的焙烧条件对催化剂的催化性能有很大影响。组成为 $La_{1-x}Sr_xCoO_3$ 的催化剂和含锰的相比，活性和耐硫性更佳，且比具有尖晶石结构的 Co_3O_4 更为稳定。将这类催化剂担载在合适的载体上，例如浮石、$AlPO_4$、Al_2O_3 等，不仅可以达到相同的活性，而且稳定性还可以有所提高。含镍的稀土复合氧化物在这一反应中也具有相当的活性。

（2）水煤气变换稀土催化剂　合成氨和制氢工业中的一个重要过程是在中温（$300\sim500℃$）通过 Fe-Cr 系催化剂的作用，使 CO 和 H_2O 反应生成 CO_2 和 H_2 以除去 CO。在这一变换过程中，稀土作为 Fe-Cr 催化剂的助催化剂，起到了 K_2O、MgO、ZnO、CaO 等多种调变助剂和结构助剂的作用，以避免多种助剂对结构和活性带来的不良影响。例如在 Fe-Ni 系催化剂中添加适量的 CeO_2，采用共沉淀工艺可以制得性能良好的水煤气变换稀土催化剂。通常使用的 Fe-Cr 系催化剂中的铬是对人体和环境有害和污染的毒物，添加稀土（CeO_2）便可减少甚至避免使用这种成分。优于稀土氧化物还可以起到电子助剂的作用，有助于 CO 的解离，因此，添加稀土后的 Fe-Cr 系催化剂还可以减少炭的沉积。

近年来，稀土作为耐硫水煤气变换催化剂 Co-Mo-K/Al_2O_3 的助催化剂的研究工作也获得很大的进展。研究表明，由于稀土（如 La_2O_3）的加入，可促进 Mo 向表面的偏析作用和防止 Mo 向高价转变的结果，因此，这种稀土助催化剂不仅可以明显提高催化剂的活性，而且可以改善催化剂的耐热性。此外，在硫酸的生产中，可用硫酸铈及铈组混合稀土硫酸盐作氧化硫的催化剂。

9.3　稀土合成橡胶催化剂

橡胶可分为天然橡胶与合成橡胶两种，天然橡胶是从橡胶树、橡胶草等植物中提取胶质后加工制成；合成橡胶则由各种单体经聚合反应而得。目前，合成橡胶的产量及应用范围都大大超过了天然橡胶。1900 年至 1910 年间，化学家 C. D. 哈里斯（Harris）测定了天然橡胶的结构是异戊二烯的高聚物，从而为人工合成橡胶开辟了途径。1910 年俄国化学家 SV 列别捷夫（Lebedev，1874—1934）以金属钠为引发剂使 1，3-丁二烯聚合成丁钠橡胶，后来又陆续出现了许多新的合成橡胶品种，如顺丁橡胶、氯丁橡胶、丁苯橡胶等等。橡胶可制成具有弹性、绝缘性、不透水和空气的具有特殊功能的材料，为人们提供了日常生活不可缺少的日用、医用等轻工橡胶产品，而且在采掘、交通、建筑、机械、电子等重工业和新兴产业中都起着重要作用，橡胶工业成为国民经济的重要基础产业之一。目前，合成橡胶的产量及应用范围都大大超过了天然橡胶，成为重要的合成材料品种并发展迅速。

在石油炼制和催化裂化过程中，产生大量有价值的单体，如乙烯、丙烯、丁二烯和异戊二烯等，通过聚合方法将单体合成高分子化合物得到橡胶。催化剂在合成橡胶工业中扮演着重要角色。20 世纪 50 年代研究开发的 Ziegler-Natta 催化剂，是一种优良的定向聚合催化剂，可使许多单体进行定向聚合，获得结构规整的聚合物，顺丁橡胶、异戊橡胶和乙丙橡胶等新胶种相继问世并实现大规模工业化生产。Ziegler-Natta 催化剂通常是由 ⅣB～ⅦB 族过渡金属盐同 ⅠA～ⅢA 族金属烷基化合物组成，其中应用较广的是含有 3d 电子的过渡金属（Ti，Co，Ni，Cr 等）盐和铝的金属烷基化合物。经过各国科学家的不懈努力，稀土催化剂的活性不断得到提高，催化剂应用范围不断扩大。20 世纪 60 年代开始将含有 4f 电子的稀土元素应用于合成橡胶催化剂中。我国最先将稀土催化剂用于丁二烯定向聚合，合成出具有高顺 1,4-结构的聚二丁烯，为合成顺丁橡胶找出了新的催化体系，随后又首次公开报道了稀土催化剂定向聚合异戊二烯，从而形成一系列具有特色的稀土合成橡胶催化剂体系。

9.3.1 合成橡胶稀土催化剂的组成及影响因素

（1）催化剂的组成 与其他元素构成的 Ziegler-Natta 催化剂的组成相似，由稀土元素构成的 Ziegler-Natta 催化剂也是由两种重要组分组成，一种是稀土盐，另一种是金属烷基化合物，一般使用的是 AlR_3 烷基铝化合物。根据组分数的不同，可分成二元和三元体系。其组成及获得的双烯聚合物微观结构见表 9-8。

表 9-8 双烯聚合稀土催化剂的组成及其对聚合物结构的影响

催 化 体 系	聚合物中顺-1,4 链节含量/%	
	聚丁二烯	聚异戊二烯
$REX_3 \cdot 3ROH\text{-}AlR_3$	96～98	90.5～96
$REX_3 \cdot 3TBP\text{-}AlR_3$	96～98	约 94
$RECl_{3-n} \cdot (OR)_n\text{-}AlR_3$	97	约 94
$RE(naph)_3\text{-}AlR_3\text{-}Al_2Et_3Cl_3$	97	94～97
$REL_3\text{-}AlR_3\text{-}Al_2Et_3Cl_3$	97	约 94

注：RE 为稀土元素，ROH 为醇类或醚类、胺类化合物；TBP 为磷酸三丁酯或其他中性膦酸酯；naph 为环烷酸基或其他羧酸基团；L 为酸性膦酸酯基团；RE 为稀土元素。

由表 9-8 可见，二元催化剂体系是由无水稀土卤化物与醇类、醚类、胺类及磷酸酯类形成配合物后再同烷基铝组成的催化体系。三元催化体系是由稀土的羧酸盐或酸性膦酸酯形成的盐同烷基铝及其他含卤素试剂所组成的催化体系，加入第三组分的主要作用是提供与稀土环烷酸盐进行交换的卤素离子，以形成活性中心。作为第三组分的卤化物不一定是烷基卤化铝，其他卤化物如 $SnCl_4$、$SbCl_5$ 等也是有效的第三组分。三元体系中研究比较多的是环烷酸稀土盐催化体系 $RE(naph)_3\text{-}AlR_3\text{-}Al_2Et_3Cl_3$。该体系催化聚合丁二烯和异戊二烯时，聚合活性较高，催化剂制备比较容易，催化剂各组分溶解在汽油中，因此使用比较方便。

（2）催化剂的影响因素

① 稀土元素的影响 在稀土橡胶催化剂中，不同稀土元素的催化活性有很大差异，轻稀土的催化活性高于重稀土，无论是二元体系还是三元体系，对于丁二烯和异戊二烯聚合的活性顺序为：$Nd>Pr>Ce>Gd>Tb>Dy>La\sim Ho>Y>Er\sim Sm>Tm>Yb>Lu\sim Sc\sim Eu$。即钕的催化活性最高，而镥则几乎无催化活性。这种活性差异可能同催化剂形成过程中稀土离子的价态及 4f 电子的特性有关。例如，Sm 和 Eu 比较容易形成二价的化合物，所以在烷基铝作用下使这两种离子容易还原为低价态，导致催化活性降低。

从实验得知，稀土元素虽处于元素周期表中同一位置，但催化聚合活性有较大差异。而从原子序数的顺序来看，活性大小的变化又极为相似，说明稀土元素的活性差异变化是客观存在且遵守一个共同规律。王佛松等通过对稀土元素的价态和价电子能量的变化，研究提出三价稀土离子的 f 轨道参与络合物形成（成键）的假说，并通过计算三价稀土离子与单体形成络合物时能量变化来说明不同稀土催化活性的差异。通过对稀土价态及卤化物在聚合中作用的研究，提出活性催化剂可能是含有稀土烷基化合物的双金属双核或多核络合物的假说。

② 卤素的影响 在稀土催化体系中，不同卤素对其活性及聚合物的结构也都存在一定影响。在二元催化体系中，REX_3 中不同卤素对聚合物活性及聚合物的结构影响如表 9-9 所示。活性顺序为 $Cl>Br>I>F$。对聚合物顺-1，4 结构含量，除 I 对异戊二烯的影响较大以外，其他卤素对聚合物的结构影响不大。

表 9-9　不同 NdX_3 对双烯聚合的影响

NdX_3 中的卤素	丁二烯		异戊二烯	
	转化率/%	聚合物顺-1,4 结构含量/%	转化率/%	聚合物顺-1,4 结构含量/%
F[①]	2	95.7	1	95.2
Cl	94	96.2	84	96.2
Br	80	96.8	42	93.7
I	24	96.7	5	90.5

① 催化剂用量是其他卤素的 2.5 倍。

三元体系中各种卤素的催化活性顺序为 $Br>Cl>I\gg F$。由于 Br 同 Cl 相比，催化活性相差不大，聚合物的微观结构也没有变化，因而使用的第三组分大都是氯化物。

③ 烷基铝的影响 不同烷基铝对聚合活性有较大影响，但不同烷基铝对聚合物的结构影响不大。二元体系 $NdCl_3 \cdot C_2H_5OH\text{-}R_3Al$ 催化双烯聚合反应中，其活性顺序为 $Al(C_2H_5)_3>Al(i\text{-}C_4H_9)_3\gg Al(i\text{-}C_4H_9)_2H$。不同烷基铝对三元体系催化活性和聚合物结构的影响见表 9-10。由表可见，在 $RE(naph)_3\text{-}AlR_3\text{-}Al_2(C_2H_5)_3Cl_3$ 三元催化体系中，烷基铝的活性不同于二元体系，活性顺

序为 Al $(i\text{-}C_4H_9)_2H$>Al $(i\text{-}C_4H_9)_3$>Al $(C_2H_5)_3$>Al $(CH_3)_3$。在三元催化体系中，经常使用 Al$(i\text{-}C_4H_9)_3$ 或 Al$(i\text{-}C_4H_9)_2H$ 作为催化剂组分。

表 9-10 不同烷基铝对催化活性和聚合物结构的影响

烷 基 铝	转化率/%	聚异戊二烯微观结构/%		
		顺-1,4	反-1,4	3,4
Al(CH$_3$)$_3$	20	94	0	6
Al(C$_2$H$_5$)$_3$	41	95	0	5
Al(i-C$_4$H$_9$)$_3$	60	94	0	6
Al(i-C$_4$H$_9$)$_2$H	>70	294	0	～6

注：催化体系为 RE(naph)$_3$-AlR$_3$-Al$_2$(C$_2$H$_5$)$_3$Cl$_3$。

烷基铝用量对催化剂活性及聚合物的分子量有较大影响，当烷基铝与稀土的摩尔比在 20 以上时具有较高的催化活性。烷基铝用量的增加可提高聚合活性并降低聚合物的分子量，是调节聚合物分子量的重要手段。使用 Al(i-C$_4$H$_9$)$_2$H 可使聚合物分子量降低，应用于合成适宜分子量的稀土顺丁橡胶。

④ 配位体的影响　在三元催化体系中，各种配位体的稀土盐活性顺序为 Nd(P$_{507}$)$_3$>Nd(P$_{229}$)$_3$>Nd(P$_{204}$)$_3$>Nd(naph)$_3$>Nd(oct)$_3$>Nd(C$_{5\sim9}$COO)$_3$>Nd(acac)$_3$·2H$_2$O。在聚合异戊二烯时，酸性磷酸酯的稀土盐活性高于羧酸稀土盐。各种配位体的稀土盐对聚丁二烯和聚戊二烯微观结构影响不大，均可获得较高的顺-1，4 结构聚合物。

⑤ 第三组分的影响　三元体系中，第三组分与稀土离子含量之间的物质的量比值 X/RE 将影响聚合活性和催化剂的相态。X/RE 摩尔比值小于 2.0 时，催化剂呈现均相透明状态；X/RE 摩尔比值为 3.0 时催化剂活性最高，催化剂为非均相状态，当 X/RE 摩尔比值大于 4.0 时，催化剂活性下降。因此，三元体系的 X/RE 摩尔比值一般选择在 2.5～3.0 之间。

⑥ 组分加料顺序和陈化时间影响　催化双烯聚合的稀土催化剂，组分之间的加入方式及催化剂配制后放置时间都将影响聚合活性。不同的加料顺序对聚合活性的影响不同，催化剂配置后需要放置一段时间，如停放时间过短则会降低聚合活性。

⑦ 添加剂的影响　早期研究表明，芳烃（如甲苯、二甲苯等）无论作为聚合溶剂或在聚合溶剂中引入反应体系中均导致催化活性的降低，催化剂的活性随着芳烃的碱性增强或聚合溶剂中芳烃的含量的提高降低幅度越大。而随着研究的进一步深入，研究人员发现在稀土催化剂配制时加入甲苯、乙苯、异丙苯等芳烃时，芳烃可降低催化剂用量，同时可以提高稀土催化异戊二烯的聚合活性，并在一定程度上降低聚合物的相对分子质量。

稀土催化双烯聚合工艺通常采用溶液聚合方式，将稀土催化剂加入单体和汽油的溶液中进行聚合反应，单体浓度一般为 0.1～0.15kg/L。实践证明，稀土催化双烯聚合反应平稳，长时间运转过程中无挂胶堵塞现象，反应容易控制。根据催化剂用量和组分配比以及聚合条件的变化，可以合成出性质优良的高质量橡胶。稀土催化剂不仅可以使丁二烯和异戊二烯定向聚合，还可聚合 1，3-戊二烯及己二烯等。丁二烯和异戊二烯共聚和可制得丁二烯-异戊二烯共聚橡胶，这种共聚橡胶主链两种单体单元均为高顺式结构（＞95％），具有优异的低温性能。随着橡胶合成工艺的发展，20 世纪 90 年代德国拜耳公司首先开发了气相聚合法生产聚丁二烯橡胶技术，成为了橡胶生产工艺的一项重大改革。该技术采用新型钕系催化剂取代传统的钛催化剂，聚合过程中不使用溶剂，降低了能耗，缩短工艺流程，操作简便，无副产物，从而降低成本及减少环境污染。

9.3.2 稀土催化合成橡胶的结构与性能

材料的结构与性能有着密切的关系。催化体系的不同，合成出的聚合物结构会有很大的不同。由于稀土催化的双烯聚合物产物具有很多结构特点，因此其也具有很多特殊性能。

（1）稀土顺丁橡胶（RE-BR）　随着国民经济的发展，轮胎工业对合成橡胶的品种和质量提出了越来越高的要求。与广泛使用的镍系顺丁橡胶相比，稀土顺丁橡胶可减少轮胎滞后损失和内生热、降低滚动阻力，提高轮胎耐磨性和抗湿滑性，改善轮胎胎冠胶老化崩花掉块、胎侧胶老化龟裂现象，提高轮胎使用耐久性能和高速性能。20 世纪 70 年代，锦州石化公司与中科院长春应用化学研究所合作率先进行了稀土充油顺丁橡胶的研究与开发，随后，一些国家在借鉴我国技术的基础上进行了稀土顺丁橡胶的研制工作。1988 年，意大利埃尼公司和德国拜尔公司先后实现了稀土顺丁橡胶的工业化生产，并迅速把产品推向世界。稀土顺丁橡胶开始在汽车原配胎的胎侧与胎面上得到大量应用，其优异性能引起了全世界的关注。

稀土顺丁橡胶又称钕系顺丁橡胶，是以稀土金属钕为主体的催化体系聚合的一种顺丁橡胶，是目前不同催化系列顺丁橡胶中最具特色且性能最全面的橡胶品质。稀土顺丁橡胶产品具有强度高、耐屈挠、低生热、抗湿滑及滚动阻力低等特点，是发展高性能轮胎和节能轮胎的优选胶种。稀土顺丁橡胶与传统的顺丁橡胶的结构性能比较列于表 9-11。

表 9-11　稀土顺丁橡胶与传统顺丁橡胶的结构性能比较

橡胶品种	Buna 系列[①]						Ni-BR[②]
	CB22	CB23	CB24	CB55	CB11	CB10	
催化剂	Nd	Nd	Nd	Li	Ti	Co	Ni
微观结构							
顺-1,4 含量/%	98	98	98	38	93	95	96
顺-1,2 含量/%	<1	<1	<1	11	4	2	2
宏观结构							
$M_w/\times 10^4$	60	59	100	29	71	51	70

续表

橡 胶 品 种	Buna 系列[①]						Ni-BR[②]
	CB22	CB23	CB24	CB55	CB11	CB10	
$M_n/\times 10^4$	8.5	11.5	7.8	10	13	11	5.0
$M_{支链}/\%$	5	5	3	3	10	15	20
玻璃化温度/℃	−109	−109	−109	−83	−105	−107	−107
结晶温度/℃	−67	−67	−67		−51	−54	−65
熔融温度/℃	−7	−7	−7		−23	−11	−10

① Buna 系列为德国拜耳公司生产的稀土催化的顺丁橡胶。

② Ni-BR 为国产镍系顺丁橡胶。

由表可见，与传统的镍系顺丁橡胶相比，稀土顺丁橡胶的顺-1，4 结构含量高，支化度低，分子量高，生胶的玻璃化温度和结晶温度低，熔融温度高。稀土顺丁橡胶的分子链有较高规整性及线型分子和高分子量使其生胶强度大，黏性高，这些特点有利于提高硫化胶的性能及轮胎加工过程的工艺行为。同时，稀土顺丁橡胶具有"应力结晶"作用，即在拉伸应力作用下有较强的结晶倾向，使其具有更好的物理力学性能。

利用稀土催化剂可以很容易制备出分子量较高的顺丁橡胶，具有高分子量的顺丁橡胶可以作为充油橡胶的基础胶。将石油炼制中的残渣油填充到基础胶中，一方面可以改善橡胶的加工行为，另一方面则可以使炭黑等配合剂在橡胶中均匀分布，从而提高橡胶的硫化胶性能。由于分子量的大小决定着充油量的大小，油品的种类也会影响充油胶的性能，因此稀土充油橡胶要根据基础胶的分子量大小，选择合适的充油量和油品，使其硫化胶性能达到或超过普通顺丁橡胶水平。因为稀土充油顺丁橡胶是将价格低廉的渣油填充到橡胶中，使得橡胶的性能得到提高的同时，还会降低成本和增加产量等，所以是一种效益较好的合成橡胶品种。

（2）稀土异戊橡胶　异戊橡胶（IR）又称合成天然橡胶，是异戊二烯单体在催化剂作用下聚合生成的以顺-1，4 结构单元为主的聚合物。其结构和性能最接近于天然橡胶，可以部分或全部代替天然橡胶使用，应用于轮胎、胶带、胶管等橡胶加工领域。稀土异戊橡胶是由中国首先开发出来的，继中国之后，美国、意大利、德国、俄罗斯、日本及法国等都在研究和开发稀土异戊橡胶。俄罗斯是世界异戊橡胶的主要生产国，一直致力于合成异戊橡胶的研究工作，其异戊橡胶产量占世界橡胶产量的 82%。俄罗斯采用了一系列自动化控制手段，提高了产品质量，降低了能耗，生产出低凝胶的稀土异戊橡胶。目前，国际上最先进的异戊橡胶生产技术都采用稀土催化体系，各国都在积极进行稀土催化合成异戊橡胶的研究工作，致力于开发高顺式结构、窄相对分子质量分布为特征的新型稀土异戊橡胶。

研究表明，稀土异戊橡胶通过降低聚合温度的方法可提高顺-1，4 含量，从而提高其硫化胶的拉伸强度，性能上比其他催化体系异戊橡胶优越。随着近年来我国乙烯工程的不断发展,乙烯中的碳五馏分(主要成分是环戊二烯和异戊二烯)大量富集,而碳五馏分中的异戊二烯又是制备异戊橡胶的原料。

稀土催化剂合成橡胶技术,不仅解决了我国天然橡胶资源短缺的问题,为合成橡胶的产业化发展奠定了基础,而且有力地带动了碳五馏分的综合利用,其经济和社会效益巨大。但是,目前合成聚异戊二烯橡胶技术还不完善,通过稀土催化合成的异戊橡胶与天然橡胶在性能上相比还有一定的差距。因此,合成异戊橡的研究重点应是选择合适的催化体系及国际先进的催化技术,进一步提高顺-1,4结构的含量,使异戊橡胶产品在结构上具有高的链规整性(高的顺式含量和序列分布)、可控的相对分子质量(的相对分子质量分布)和极性化的高分子链(末端改性)等特性,降低黏度,改善橡胶的综合性能,以便进一步实现工业化生产。

9.3.3 合成橡胶用稀土体系的特点

与一般合成橡胶的催化剂相比,稀土催化体系具有诸多特点,引起各国的重视和竞相研发,我国则一度成为世界稀土橡胶的研发中心。

(1)催化体系溶剂 与传统催化剂需要使用芳烃或者部分芳烃为溶剂相比,稀土催化剂可使用价格低廉且毒性小的脂肪烃溶剂,且在使用完毕后又易于脱出回收溶剂。因此对于改善橡胶工业合成环境、减少污染、降低成本等方面都有独特的优势。

(2)聚合温度 稀土催化体系在高温下具有较好的活性,且聚合温度不影响合成橡胶的微观结构,因此省去了昂贵的冷却设备,更具有意义的是稀土催化体系使橡胶合成实现了本体聚合工艺。

(3)催化剂残留影响 传统催化剂如 Ti、Ni、Co、Fe 等催化体系合成橡胶后,如果橡胶中有残留催化剂,会影响到聚合物的性能。而由于稀土元素不是氧化催化剂,稀土催化剂的残留不影响聚合物的性能,该特点可以免除水洗凝聚工艺,而可以采用直接闪蒸、干燥的干法凝聚工艺。

(4)独特的定向效应 传统催化剂仅能对丁二烯或异戊二烯选择性聚合成高顺式均聚物。而同一稀土催化体系可使丁二烯、异戊二烯都能聚合成高顺式均聚物,又能使这两种烯烃工具为高顺式链节结构的共聚物。稀土催化剂所具备的这种独特的定向效应不受催化剂组分配比变化、温度、溶剂及稀土元素种类的影响。

(5)具有准活性 沈琪等人对稀土催化双烯烃聚合时的分子量与聚合转化率的关系进行了详细研究,从聚合物分子量随转化率而增加,分子量分布也随转化率增加而向高分子量方向移动,分布宽度指数几乎不变,加入新单体继续聚合且分子量增加等一些实验结果,提出稀土催化剂是按"活性"聚合机理进行,基本上不存在动力学的终止反应和链转移反应。国外则称这种活性聚合为"准活性"聚合。

目前制约我国橡胶工业发展的瓶颈主要是天然橡胶供应紧张，价格高等。受地理条件的限制，我国天然橡胶增速缓慢。据估计，我国天然橡胶年产量最多可增加 70 多万吨，难以满足国内橡胶工业高速发展的需求，但合成橡胶产量可随着石油工业的发展而持续增长。近年来，合成橡胶产业的发展态势让人欣喜。随着生产规模的不断扩大，合成橡胶产业将在我国产业经济中将占据更加重要的地位。通过几年的发展，国内合成橡胶产业取得了长足的进步。无论是年产量和消费量，都已经挤入世界前列。

9.4　稀土催化剂在汽车尾气催化剂中的应用

随着 21 世纪的到来，汽车已经成为我们生活中不可缺少的一部分，各种车辆与日俱增，并已成为人们生产、生活和社会运行不可或缺的基本用具。汽车工业的迅猛发展推动了经济的繁荣，是现代文明和人类的重要标志。但随着汽车数量的不断增加，汽车尾气也造成了严重的空气污染。科学研究表明，汽车尾气中含有上百种不同的化合物，其中的污染物有固体悬浮微粒、一氧化碳（CO）、二氧化碳（CO_2）、碳氢化合物（HC）、氮氧化合物（NO_x）、铅及硫氧化合物等，对人体的危害极大，增加大气污染的同时，也破坏了生态平衡。另外，这些污染物在一定条件下还会生成二次污染物——光化学烟雾，对环境造成更大的危害，一辆轿车一年排出的有害废气比自身重量大 3 倍。交通部信息表明，2020 年我国的汽车保有量将超过 1450 万辆，1998 年世界卫生组织列出的"世界十大污染严重城市"中我国占了 7 个，与国外相比，这些城市的汽车保有量不大，但 CO，HC，NO_x 等对大气污染的分担率却达到了发达国家水平。许多城市将控制机动车尾气作为改善空气质量的重要措施。例如，自 2008 年北京市开始实行的机动车上路限号的措施即是控制尾气排放，从而提高空气质量的一种措施。从根源上治理汽车尾气污染办法就是安装催化净化转化器，使得汽车尾气在排放前就得到了净化。目前，用于汽车尾气净化的催化剂种类繁多，其中贵金属（Pt、Pd、Rh）活性高，净化效果好，但是价格昂贵，使用起来成本高。含稀土的催化剂具有价格低，化学和热稳定性好、活性高、抗毒性强、寿命长等优势，是一种很有实用价值和发展前景的汽车尾气净化催化剂。

从 20 世纪 90 年代后期开始，国家采取了多项措施治理汽车的尾气排放，开展了广泛的研究。汽车尾气净化主要分为机内净化和机外净化两类。机内净化是通过对汽车发动机、曲轴箱设计的改进和燃油精制，利用尾气再循环、延迟点火时间等措施改善发动机燃烧状况以降低有害物质的生成，但机内净化只能减少有害物质生成，不能从根本上消除有害气体。机外净化是通过安装催化净化器，通过催化作用让有害物质转为无害物质，是目前尾气净化最有效的方法，被世界各国广泛研究和使用。

9.4.1 汽车尾气净化催化剂的研究和发展

目前尾气净化的主流技术是电子控制燃油喷射技术（EFI）和三元催化转化器（three-way catalyst，TWC）组成的闭环控制系统，催化剂是其核心部分。催化剂由载体、高比表面涂层、活性组分和助催化剂四部分组成。

汽车尾气催化剂多为负载型催化剂，载体是催化剂的重要组成之一，因汽车运行工况复杂，故对催化剂载体提出了很高的要求。早期的载体主要是以活性氧化铝、硅氧化镁、硅藻土为原料制得的颗粒物，表面积大，使用方便，但存在压力降和热容大、耐热性差、强度低和易破碎等缺点，故 20 世纪 80 年代后逐渐被蜂窝整体式载体所取代。目前，蜂窝状整体式载体的材质分为陶瓷和金属两种。

载体的比表面积通常无法满足催化剂的要求，因此通常在载体的表面涂敷一层高比表面积涂层，从而使催化剂有合适的接触比表面积和孔结构，改善催化剂的活性和选择性，保证助剂活性组分的分散度和均匀性，提高催化剂的热稳定性，同时还可以节省活性组分的用量，降低成本。目前多选用活性 $\gamma\text{-}Al_2O_3$，可使催化剂的内表面积提高到 $20000m^2/L$，大大提高催化的效率。此外，汽车在工作状态下排气温度很高，要求 Al_2O_3 涂层有较高的耐热性。所以它的技术关键在于维持在高温服役时高的比表面积，保持与蜂窝载体较好的结合，减少涂层对载体的弱化作用。

催化剂活性组分有贵金属活性物、贱金属活性物以及稀土金属活性物，是催化剂中起主要作用的物质。助剂一般由金属氧化物组成，起到辅助催化的作用。合适的加入量可以改善催化剂的性能，提高催化剂活性、选择性和寿命，减少贵金属的用量。通常助剂分为两种，一种为电子型助剂，起改变催化剂的电子结构、表面性质和对反应物分子的吸附能力，降低反应的活化能，提高反应速度；另一种为结构助剂，增加催化剂的结构稳定性，以提高催化剂的寿命和稳定性。近年来选用的助剂材料多为 CeO_2、ZrO_2、La_2O_3、CaO、BaO、SiO_2、ThO_2 等氧化物。

催化净化器的原理是利用催化剂表面发生的氧化和还原反应，将汽车所排放尾气中的 CO 和 HC 等有害物质转化为 CO_2 和 H_2O，将 NO_x 转化为 N_2。汽车尾气的成分很复杂，温度较高，因此对催化剂的要求也很高。三元催化剂的工作原理是在一定的空燃比（A/F）和排气温度条件下，尾气中残余的氧和有害物质 CO、HC 和 NO_x 等同时在催化剂表面进行氧化还原反应，转化为无害的 CO_2、H_2O 和 N_2。在催化剂的作用下，汽车在行驶中释放的 CO、HC、NO_x 等污染物发生以下反应：

（1）氧化反应：$2CO + O_2 \longrightarrow 2CO_2$

$$2H_2 + O_2 \longrightarrow 2H_2O$$

$$4HC + O_2 \longrightarrow 4CO_2 + 2H_2O$$

（2）还原反应（以 NO 为例）：$CO + 2NO \longrightarrow 2CO_2 + N_2$

$$2HC+4NO \longrightarrow 2CO_2+2N_2+H_2$$
$$4H_2+2NO \longrightarrow 2H_2O+N_2$$

（3）水蒸气重整反应：$2HC+2H_2O \longrightarrow 2CO+3H_2$

（4）水煤气变换反应：$CO+H_2O \longrightarrow CO_2+H_2$

从上述反应可以看出，汽车尾气的催化反应包括氧化和还原等多种反应，因此需要使用一种能使两类反应同时进行的三元催化剂，以达到同时净化 CO，HC 和 NO_x 的目的。

汽车尾气净化催化剂自 20 世纪 70 年代以前主要使用三元贵金属（Pt、Pd、Rh）催化剂，这类催化剂具有催化活性高、净化效果好和使用寿命长等特点，但价格昂贵，尤其是 Rh 仅在南非和俄罗斯具有有限矿藏，因此资源相对匮乏。另外，贵金属对燃油和发动机的设计都有苛刻的要求，容易铅中毒，汽车需要使用无铅汽油，同时，贵金属尾气净化器还会对环境造成二次污染，如产生氧化二氮（N_2O）等温室气体。因此，人们积极寻找一种使用范围广泛，价格低廉，净化效果优良的催化剂。对汽车尾气具有催化作用的金属可分为两类：一类是Pt，Rh，Pd 等贵金属，另一类是 Cu，Co，Ni，Mn 等过渡金属，虽然稀土氧化物本身在催化反应中无活性，但当它与过渡金属氧化物结合时，会使催化剂的活性明显增强，因此稀土复合钙钛矿催化剂的研究备受瞩目。20 世纪 70 年代初，国外学者研究了钙钛矿型稀土复合氧化物（ABO_3，A 代表稀土金属，B 代表过渡金属离子）在汽车尾气净化中的作用，研究发现将稀土金属和贵金属、过渡金属组合使用，可以改变汽车净化催化剂的电子结构和表面性质，提高催化性能、耐久性、抗高温热裂化及抗中毒能力等。随后，人们对贵金属稀土催化剂、贱金属稀土催化剂等稀土催化剂进行了大量的研究和开发。80 年代又进一步改进了稀土催化剂的制备技术，将稀土（主要是铈）加入催化剂，既降低了成本，又提高了活性，有力促进了稀土催化剂的发展。90 年代以来汽车尾气净化剂需求量迅速增加，稀土催化剂所需稀土量也随之增大，成为稀土用量最大的市场。1995年美国在汽车尾气净化催化剂方面的稀土用量（主要是 Ce 和 La 的氧化物）已经占全国稀土总用量的 44%，远高于稀土在石油裂化催化剂的用量。

我国对稀土尾气净化催化剂的研究起步较早，主要围绕用稀土部分或全部取代贵金属进行研究。20 世纪 70 年代末，北京有色金属研究总院研制了不含贵金属的稀土催化剂，性能较好，有实际使用价值。中国科技大学、北京工业大学、中国科学院生态中心、长春应用化学所、昆明贵金属研究所等都致力于燃油机动车尾气净化催化剂的研究与生产，其中以稀土催化剂居多。此阶段，上海、海南、北京等地生产的稀土催化剂已经进入市场，并在尾气治理中开始了实际应用。

9.4.2 稀土对净化催化剂的作用

通常稀土是以氧化物的形式加入催化剂中，稀土氧化物在汽车尾气催化剂中可作为促进剂、活化剂、分散剂、稳定剂以及催化剂组分。在保证催化剂活性不变的前提下，可以大幅度减少贵金属的用量，并改善催化剂的性能。稀土在汽车尾气净化催化剂的作用主要有如下几个方面。

（1）可以提高催化剂的储氧能力　　在汽车行驶过程中，促进剂具有调节空燃比和储氧作用。由于实际工况总是在"稀薄燃烧"或"浓缩燃烧"之间变动，因此很难将空燃比控制在理想范围内。"浓缩燃烧"时，氧气不足，使 CO，HC 转化下降；"稀薄燃烧"时，氧气过量，造成 NO_x 的还原困难，稀土氧化物 CeO_2 可在一定程度上解决这个问题。这是因为 CeO_2 中铈离子具有容易变价的特性，在不同的氧化还原环境下，$Ce^{4+} \rightleftharpoons Ce^{3+}$（$1.3\sim1.8V$）氧化还原对可很容易地进行相互转化，分别以 CeO_2 及 Ce_2O_3 状态存在。随着氧分压的降低以及温度的升高，CeO_2 可以很容易地释放出氧而形成 $CeO_{2-\delta}$，产生的氧缺陷通过部分 Ce^{4+} 还原为 Ce^{3+} 达到电荷补偿，由于很容易形成氧缺位，相当于体相氧具有相对高的活性，在可控的氧化还原条件下，CeO_2 可以作为一个氧气缓冲器，使其在三效催化剂（TWC）中具有重要的作用。值得注意的是，即使在晶格上失去相当数量的氧原子而形成 $CeO_{2-\delta}$（$0<\delta<0.5$）亚氧化物，生成大量的氧缺位，氧化物仍然保持萤石立方晶体结构，这些亚氧化物暴露在氧化环境下很容易再次形成 CeO_2。CeO_2 释放储存的氧，能促进水与 CO 气体发生水煤气变换反应，CO 与 H_2O 反应生成 CO_2 和 H_2，不仅可以在氧气不足时提高 CO 的净化率，还可利用生成的 H_2 还原 NO_x。因此，CeO_2 可以为氧浓度急剧变化提供缓冲，使空燃比基本稳定在化学计量平衡附近，改善催化剂工作环境，在短期内维持较高的净化能力。

但纯 CeO_2 用于 TWCs 时存在的主要缺点是热稳定性不高以及在高温下容易失去活性，导致储氧能力降低。另外，CeO_2 在作为催化剂时，低温下很难发生还原反应，限制它在低温场合下的应用，影响了在三效催化剂中的助催化作用。这是因为用作 TWCs 时，氧化还原过程主要发生在 CeO_2 表面。但在 $850℃$ 以上，CeO_2 就会容易发生烧结，颗粒长大，比表面积变小，甚至还会和 γ-Al_2O_3 相互作用形成 $CeAlO_3$，使储氧能力降低。所以高比表面积是 CeO_2 能够具有高储氧量的先决条件。由于纳米 CeO_2 的比表面积大，化学活性高，热稳定性好，具有极好的储氧和释氧能力，因此将 CeO_2 制备成纳米尺度可改善催化剂中活性组分在载体上的分散度，明显提高其催化性能。

实践表明，将 CeO_2 与许多其他阳离子形成混合物或者固溶体以后，不但 CeO_2 的优异的性能得到保持，许多方面的性能还都得到了很大的提高。将某种金属引入 CeO_2 晶格中，当两者形成固溶体时，一方面，由于两种金属离子的半径不同，会导致 CeO_2 晶格常数发生变化，形成更多缺陷和晶格应力，使得氧更易于在 CeO_2 表面和体相中移动，提高了催化剂的氧传输能力。另一方面，若引入的离子所带电荷低于铈离子，如当低价态的金属离子 M^{3+} 进入晶格中时，M^{3+} 离子取代 Ce^{4+} 会使晶格中氧空位的浓度增大，固溶体的化学活性等性能会得到提高。反应式如下：

$$2CeO_2 \xrightarrow{2MO_{1.5}} 2M'_{Ce} + V_O^{\cdot\cdot} + 3O_2^x$$

若引入离子的半径与 Ce^{4+} 存在差异，也会导致晶格发生畸变，从而改变其性能。同时，掺杂离子的化学性质也会影响到固溶体的性质。如在 CeO_2 中掺杂 Zr^{4+} 形成的铈锆氧化物固溶体 $(Ce_xZr_{1-x}O_2)$，改善了 CeO_2 的体相特性，具有高的贮氧能力和良好的热稳定性，在用作汽车尾气三效催化剂的载体方面受到了广泛关注。从 20 世纪 90 年代开始，铈锆固溶体在汽车尾气净化催化剂中的使用受到国内外的广泛关注。研究发现，在 CeO_2 中掺杂 Zr^{4+}、Ti^{3+} 和 Y^{3+} 等可提高 CeO_2 的高温热稳定性、降低 CeO_2 的还原温度，特别是 Zr^{4+} 的加入，改善了 CeO_2 的体相特性，并且 ZrO_2 是唯一同时具有表面酸性位和碱性位的过渡金属氧化物，同时还有优良的离子交换性能、氧化还原性能及表面富集的氧缺位。因而铈锆固溶体的获得为实现二者特殊性能的耦合提供了可能。研究发现当 x 为一个确定值时，$Ce_xZr_{1-x}O_2$ 用于 TWC 具有更高的储氧/释氧能力、热稳定性、抗老化性和催化活性。铈锆固溶体表现出良好的储氧性能、较高的热稳定性以及优异的低温催化性能，为解决尾气净化催化剂的工作窗口窄和起燃温度高等缺陷提供了可能性。

（2）可提高催化剂载体的稳定性　目前普遍使用的汽车尾气净化催化剂载体有合金和氧化铝等类型。其中合金在汽车尾气的高温（有时会超过 1000℃）下会变得酥脆。当在载体中加入稀土（La 或 Y）就可以具有很好的性能，如弹性和高温抗氧化性能等均会得到提高。氧化铝是一种优良的载体，但在高温下会逐渐失去活性，加入氧化铈或氧化镧或混合轻稀土氧化物后，就能提高热稳定性。另外，稀土氧化物还可提高催化剂的机械强度。La_2O_3 的作用主要是通过提高相变温度来改善载体 γ-Al_2O_3 的热稳定性，延缓烧结发生。

（3）可提高氧传感器的性能　汽车尾气净化催化剂使用的氧传感器使用稀土氧化物稳定的氧化锆固体电解质，其导电性能是依靠氧离子的移动来实现的，因此通过将氧离子移动时产生的电荷与电极界面上氧的变化联系起来，选择性地对氧进行检测，从而起到氧敏元件的作用。单一的氧化锆传感器，随着温度的升高，晶格体积会变大，材料结构被破坏，不能用于汽车尾气净化系统中。将稀土氧化物（如 Y_2O_3 等）添加到氧化锆中，形成氧化钇温度的氧化锆固溶体，使其在高温下也可保持温度的萤石立方结构，具有良好的抗热震性，满足汽车尾气净化的要求。

（4）提高催化剂的抗中毒能力　汽车尾气中常含有催化毒物，如硫、磷、铅的氧化物等。加入 CeO_2 后，能与硫化物反应生成稳定的 $Ce_2(SO_4)_3$，并在富油燃烧时转变为 H_2S，随尾气一起净化消除。

9.4.3　稀土尾气净化催化剂展望

稀土催化剂虽然具有以上诸多优点，但与贵金属相比，其总体性能还有一定的差距。如稀土催化剂的低温净化效果较差，对氮氧化物的净化效果不明显等。目前，稀土只是作为助催化剂或混合催化剂的次要成分，单独稀土催化剂的催化活性基本为零。需要进一步加强稀土催化材料的研究，发展稀土尾气净化催化剂的开发和应用。随着汽车尾气排放欧洲 3 号、欧洲 4 号标准的颁布与实施，中国新排放法规也已颁布并正在实施，尾气限制正向超低排放甚至零排放要求发展。但由于中国三元催化剂研究起步较晚，国产三元催化剂没有大规模的应用，国产净化催化剂产业前景十分广阔。加强冷起动排放、载体制备工艺、催化剂储氧能力、催化剂的抗中毒能力、催化剂寿命、稀薄燃烧催化剂的研究以及开发完全用稀土元素或者以稀土为主与少量贵金属相结合的高效汽车尾气净化催化剂将是今后汽车尾气净化催化剂的研究重点和发展方向。加强基础研究，提高催化剂的技术含量，开展稀土催化剂、高性能稀土复合载体以及稀土纳米催化材料的研究等。我国稀土资源丰富，开发含少量贵金属的稀土催化剂，降低贵金属用量，将资源优势转换为产业优势，将是一项带有战略意义的工作。

第10章 稀土玻璃与抛光粉

10.1 稀土在光学玻璃中的作用

玻璃的制造及使用已经具有几千年的历史，其中光学玻璃的生产发展了近二百年，但是稀土元素应用于玻璃制造却只是近百年的事情。光学玻璃是指对折射率、色散、透射比、光谱透射率和光吸收等光学特性有特定要求，且光学性质均匀的玻璃。主要用于制造光学仪器或机械系统的透镜、棱镜、反射镜、窗口等的玻璃材料，具有高度的透明性、化学及物理学（结构和性能）上的高度均匀性，具有特定和精确的光学常数。传统意义上，光学玻璃主要包括用于各种光学仪器的无色光学玻璃和用于滤光片的有色光学玻璃。按照无色光学玻璃的化学组成和光学常数特征，主要有冕类和火石类。一方面是根据光学玻璃中 PbO 的含量来进行划分：PbO 小于 3％ 的玻璃称为冕玻璃，PbO 含量大于 3％ 的玻璃称为火石玻璃；另一方面，也可以根据光学玻璃的折射率 n 和阿贝数 γ（色散倒数）来划分：折射率 n 低而阿贝数 γ 大于 55 的玻璃称为冕玻璃，折射率 n 低而阿贝数 γ 低于 50 的称为火石玻璃。有色光学玻璃是在玻璃种引入着色剂使玻璃着色。玻璃具有的选择吸收的性质取决于玻璃中着色剂的数量和性质。

稀土元素应用于玻璃产业中有近百年的历史。19 世纪末开始研究用氧化铈做玻璃脱色剂，1938 年美国柯达公司首次制造了具有高折射率、低色散特性的含镧光学玻璃。第二次世界大战后，随着光学和稀土工业的发展，稀土元素在玻璃工业中的应用日益扩大，各国相继把稀土氧化物引入玻璃，从而获得镧冕（LaK）、镧火石（LaF）和重镧火石（ZLaF）等一系列稀土光学玻璃。目前，稀土光学玻璃品种已经多达 300 种，广泛应用于航空摄影、照相机、摄像机、望远镜、潜照镜、显微镜等光学仪器中。添加稀土还可制得许多不同用途的其他特种玻璃，例如通过红外线的玻璃、可吸收紫外线的玻璃、耐 X 射线的玻璃、耐酸玻璃、耐热玻璃等。

10.1.1 稀土光学玻璃的组成及结构

根据玻璃生产规律，不同氧化物在玻璃结构中所起的作用可分为三类：第一类是玻璃生产体，它们能单独生产玻璃；第二类是网络外体，或称为网络修饰体，它们不能单独形成玻璃，但可以改变玻璃的性质；第三类是网络中间体，其作用介于玻璃生成体和网络外体之间。

基于稀土离子的电负性大小，可以得出稀土氧化物基本属于网络修饰体，氧化物中的稀土离子场强高、半径大、具有强烈的聚集作用。因此稀土二元系统玻璃形成范围小，能够形成玻璃的系统也不多。稀土三元系统主要有硼酸盐系统、硅酸盐系统、锗酸盐系统、碲酸盐系统及卤化物系统几类。其中硼酸盐系统中的稀土氧化物溶解能力大于硅酸盐系统，玻璃生产范围较宽，稀土光学玻璃大都是以硼酸盐系统为基质玻璃，引入各种稀土氧化物经过熔融、冷却后制得。氧化硼是这类玻璃的主要生成体。

关于无机玻璃结构的学说很多，目前普遍为人们所接受的是无规则网络学说和微晶子学说。无规则网络学说是指随氧化物玻璃是玻璃与晶体相似，由最小的结构单位，即氧多面体相连形成连续的三维空间网络，但其排列完全无规则，反映了玻璃内部结构近程有序、远程无序的特点。微晶子学说提出玻璃结构是高分散的微晶子以不规则形式排列的集合体。晶子为有序排列的结构，但它们分散在无定形的介质中，从晶子到无定形区的过渡是逐步完成的，着重强调了玻璃结构的有序性和不均匀性，提出玻璃中存在微不均结构，并能对某些性能的不连续性进行解释。

10.1.2 稀土在玻璃结构中的作用

玻璃结构理论认为，玻璃结构网络中阳离子的配位数与在晶体中的配位数应该相近，干福熹院士提出"在共价化合物中，只有那些阳离子配位数是 3 或者 4，阴离子配位数是 2 的化合物，能成为玻璃生成体"。根据稀土元素与氧的离子半径来确定稀土元素离子的氧配位数，得出稀土离子与氧离子的配位数主要为 8 或者 12，也有可能为 6（如 Sc^{3+}、Y^{3+} 等），因此稀土离子很难作为玻璃生成离子进入网络，比较大的可能是以高配位数（6 或 8 或 8 以上）处于结构网络空隙中起到网络修饰离子作用。

稀土元素虽然配位数高，但场强不很大，通常三价态场强低于 0.80，因此稀土元素氧化物在硅酸盐、锗酸盐熔体中有一定溶解度，但低于其在硼酸盐系统中的溶解度。这也是在稀土光学玻璃中，特别是重镧火石光学玻璃中，硼酸盐作为主要生成系统的原因之一。稀土元素虽填充于网络空隙，但积聚能力强，易导致分相或析晶，所以它们在硅酸盐或硼酸盐的引入量不宜过多，且性质变化规律较为复杂。

稀土元素间的本质特性相似，在玻璃中所起的结构作用基本一致，对玻璃性质的影响相似。由于 4f 电子不允许产生强的共价键，稀土元素的电离能低，所以玻璃形成能力差；稀土元素具有低的电离能和低的电负性，在于氧的结合键中离子性占优势，因此在玻璃结构中处于网络修饰元素位置，但与典型的网络修饰元素的差别在于具有高的原子折射度，即离子具有高的变形能力，高的极化率可以增大玻璃的流动度。稀土氧化物随原子序数增加而增大，从 La_2O_3 的 6.5g/cm^3 经 CeO_2 的 7.39g/cm^3 到 Yb_2O_3 的 9.17g/cm^3，将稀土氧化物引入到玻璃中，稀土离子填入网络空隙，并具有集聚作用，因此稀土氧化物可以增大玻璃密度。稀土元素对玻璃的影响是相似的，在对密度、折射率、密度、色散、电阻、热膨胀和化学稳定性等性质的影响相似，但对玻璃的着色的影响却有很大不同。这是因为稀土元素外层 4f 电子排布不同，其中 4f 电子属于全空、半充满和全充满或接近于全空、半充满和全充满的状态难于被可见光激发，而其他具有 f 电子的稀土元素可以被可见光激发而着色，显示出于其它着色元素不同的特征尖锐吸收带。当这些着色稀土元素引入玻璃中时，只处于网络空隙中，外电子壳层可以屏蔽周围离子的影响，使玻璃着色稳定，不易受基质玻璃和熔炼条件的影响。

在玻璃中，稀土元素通常以三价出现，而其他的价态是个别的和不稳定的，如 Pr 和 Tb 已知有四价，Sm、Eu 和 Yb 已知有二价形式，但它们都极易转变为三价。由于稀土元素之间的性质相似，在玻璃内部结构中，某一种稀土离子所占据的位置，可以部分地由性质类似的其他稀土离子占据，共同形成均匀的、单一相的结构，即镧系元素氧化物具有类质同象，因此具有高的化学稳定性。稀土元素与氧的结合键强很低，稀土氧化物和氢氧化物不溶或微溶于水，因此对玻璃的化学稳定性有改善作用。同时稀土元素氧化物还具有强碱性，离子的高变形能力以及相对较低的键强能够强烈促进玻璃的熔融能力（如 CeO_2 常作为玻璃的有效澄清剂）。

10.1.3　稀土在光学玻璃中的作用

稀土着色离子中，除了 Ce^{3+} 在 310nm 附近的强烈吸收峰属于 4f-5d 跃迁外，其余离子在可见区到近红外区的锐而弱的吸收峰是 4f 内层禁戒跃迁引起的，故在晶体、溶液和玻璃中，稀土离子的光谱极其相似。稀土氧化物的纯度是影响稀土光学玻璃光吸收的主要因素，其次是过渡金属离子（3d 轨道）的影响。基质玻璃成分对稀土玻璃中稀土离子着色的影响不大。

稀土元素 4f 轨道未满，并受到 $5s^2$、$5p^6$ 轨道的屏蔽作用而与原子核结合得较好。在 f-f 激发时受到外场的影响较小，使稀土对可见光的吸收峰尖锐，且几乎不受外界的作用。除 La、Y、Lu 的稀土化合物在紫外光、可见光及红外光（380～780nm）的光谱区内有明显吸收带。RE^{3+} 具有复杂的吸收光谱，使其颜色在不同的光线下具有多种变化。稀土加入到玻璃中，是作为着色剂改变透光率或调整折射率和色散指标。稀土离子着色的玻璃重现性好，不随熔炼气氛的变化而受影响。稀土制得的有色玻璃色调纯正、透光性好、光泽强。

La_2O_3 在玻璃中特别是硼酸盐中的溶解度有时可达到 60％以上。镧可提高玻璃的折射率，降低色散，即不同波长的光引起的折射率变化。这是由于镧离子化学结合（单键）的周围氧原子数增加，离子填充度提高，从而增大了玻璃的折射率。同时，镧离子属于惰性气体型大离子，镧玻璃的紫外吸收偏于波长短的一侧，难以色散光，故可制成低色散的玻璃，因此镧称为光学玻璃中不可缺少的重要成分之一。另一方面，镧还可以提高玻璃的化学稳定性，防止玻璃表面因水和酸而引起表面变质，增加化学活性弱的硼酸盐玻璃的寿命，增大玻璃硬度，提高软化温度等。为降低含 La_2O_3 的玻璃析晶度，可以采用一定量其他稀土元素代替，如可采用与 La_2O_3 有相似作用的 Y_2O_3 和 Gd_2O_3，从而使组成复杂化，提高玻璃的高温黏度。Y_2O_3 的含量通常为 5%~15%，Gd_2O_3 通常为 15%~25%。

CeO_2 具有强烈的脱氧能力，是一种很好的玻璃脱色剂。铁在玻璃中的着色效应在技术上有很重要的意义，因为玻璃在熔炼时所用的工具中含有许多铁，而 CeO_2 对铁有很强的氧化作用，可促使玻璃内所含有的大部分铁氧化为无色的 Fe^{3+}，还可产生一种附加色，将铁的颜色去掉。CeO_2 也是稀土抛光材料的重要组成部分，用稀土抛光剂抛光后的玻璃具有良好的光泽，工业上用 CeO_2 抛光精密光学器械零件，如眼镜片、照相机镜头用的透镜等，大大提高了玻璃抛光工艺的效率和质量。

Dy 可应用于滤色玻璃中，Er 用作眼镜片玻璃、结晶玻璃的脱色和着色。

10.1.4 稀土光学玻璃工艺特点

稀土光学玻璃的组成决定了其工艺特性。稀土光学玻璃属于氧化物玻璃体系，决定主要性质的氧化物一般为三至四种，还需要再加入一些尽量不使玻璃的主要性质有大的改变，又能赋予玻璃具有其他必要性质的氧化物。稀土光学玻璃要求具有较高的折射率和较低的色散，因此组成中必须含有一定量的 La_2O_3 和 Y_2O_3，同时还要引入一定量的重金属氧化物。光学玻璃要求具有高的透明度，因此对其原料的纯度也提出了高的要求，由于稀土元素常常共存，所以容易带进杂质，使玻璃着色，含镧的硼酸盐玻璃多呈现浅黄绿、浅蓝绿等颜色，很难制得无色玻璃料块。这种着色是由原料中的氧化铁以及引入 La_2O_3 时就很可能带入 CeO_2、Pr_6O_{11}、Nd_2O_3 等杂质所致。长春光机所曾给出稀土元素杂质的允许含量：$CeO_2 < 5 \times 10^{-4}\%$，$Pr_6O_{11} < 5 \times 10^{-3}\%$；$Nd_2O_3 < 5 \times 10^{-3}\%$；$Sm_2O_3 < 1 \times 10^{-2}\%$，过渡族元素杂质中主要控制铁，主要原料都有严控铁的要求。

玻璃熔体的黏度是玻璃的一个十分重要的性质，尤其是稀土光学玻璃的高温熔体具有较小的黏度，导致一系列与其他玻璃不同的特点，澄清相对容易，但较易形成条纹，高温黏度小，析晶上限温度高、析晶范围宽，所以要合理确定出炉温度很关键。为避免析晶，工艺上采取断电快速降温措施，在高于析晶上限就要断电，快速降温，甚至在高温出炉，采用稀黏度浇注，防止析晶。由于浇注时黏度较小，要求操作时避免玻璃对流而产生条纹。

稀土光学玻璃主要以硼酸盐为基，在高温熔融状态下黏度极低。若采用制备硅酸盐玻璃的黏土坩埚材质会被严重侵蚀，且熔融是成分的挥发速度也快，成形时晶化（失透）倾向的危险性增大。因此，稀土光学玻璃采用铂坩埚代替黏土坩埚，玻璃的均质性得到进一步提高，减少了气泡的产生，还可有效防止混入的铁等杂质的着色。另外，采用电炉进行加热熔融，使得温度控制和熔融操作更趋合理，优质玻璃率显著提高，目前，这种坩埚熔融方式正向连续池窑熔融方式过渡，并使之与连续成型方式相结合，即从一侧投入镧等原料，经过熔融槽和成型装置，从另一侧产出透镜或棱镜等成型产品的流水作业系统。

10.2　稀土光学功能玻璃

10.2.1　稀土光学眼镜玻璃

随着办公自动化和电视及电脑的普及，人们往往需要长时间近距离面对荧光屏，荧光屏彩色图像分别由黄、绿、红三种荧光粉发射出的单色合成，在合成的彩色图像中黄光很强，不仅增加了对人眼的刺激，而且使图像色彩对比度下降，使操作者眼睛更易疲劳，近视已经成为影响国民健康的重要问题。光学眼镜玻璃是用于制造矫正视力，保护眼睛的各种镜片的玻璃，属于初级光学玻璃。光学眼镜玻璃按照使用要求，大体上可分为矫正视力眼镜玻璃、遮阳眼镜玻璃和工业防护眼镜三类。矫正视力眼镜玻璃能良好地吸收紫外线和一定量的红外线，但在可见光波段有高的透过率。主要用于各种近视、远视和散光光度眼镜片，它还可细分为克罗克斯眼镜玻璃、克罗赛脱眼镜玻璃和无色眼镜玻璃三种。另外，现代眼镜还是一类美化人们的装饰品和艺术品，因此不仅要求良好的光谱特性，而且还要求一定色泽和式样，使佩戴者舒适美观。眼镜玻璃可采用各种着色剂来满足要求，而稀土着色剂是重要的一类。

无色眼镜玻璃俗称白托镜片玻璃，是最常用于矫正视力和护目的眼镜片。它要求全部吸收 320nm 以下的紫外波段，而且可见光透过率达到 90% 以上。为了使玻璃吸收紫外线而引入稀土氧化物 CeO_2，铈在玻璃中以 Ce^{3+} 和 Ce^{4+} 两种状态存在，与周围氧离子之间有电荷跃迁而产生荷移吸收，在紫外和近紫外区有强烈吸收。在硅酸盐玻璃中，Ce^{3+} 在 320nm 处有强烈吸收，而 Ce^{4+} 则在整个紫外区有强烈吸收。在中性及氧化气氛中熔炼玻璃时多以 Ce^{4+} 存在。Ce^{3+} 和 Ce^{4+} 在可见光区均无特征吸收带，透过较好。但铈的引入量不宜过多，否则紫外吸收带常进入可见光区，使玻璃产生淡黄色。

克罗克斯眼镜玻璃简称克斯眼镜玻璃，主要用于矫正视力，以钠钙硅酸盐或晃玻璃为基础玻璃。其光谱特征为全部吸收 345nm 以下的紫外线，在 580nm 处有一显著吸收峰，在近红外处有两个小的吸收峰。该玻璃有鲜明的双色效应，即在日光下呈淡紫蓝色，而在钨丝灯下呈淡紫红色，主要采用铈、镨、钕作为着色剂。钕在玻璃中以 Nd^{3+} 离子存在，4f 轨道的三个价电子接受光能激发时会产生一系列吸收峰。当富于紫蓝色的太阳光和荧光灯照射时，玻璃呈紫蓝色，而在短波光较少的白炽灯照射下，玻璃呈紫红色，这就是含钕玻璃的双色效应。镨在玻璃中以 Pr^{3+} 离子存在，当接受光能激发时，Pr^{3+} 的 4f 轨道的 3 个自由电子主要吸收 450～480nm 波长的光，使玻璃呈绿色。采用镨钕混合物着色，不仅降低成本，而且在 Pr^{3+} 和 Nd^{3+} 的共同作用下，使玻璃在 580nm 处的吸收带更锐，从而加强了双色效应。此外，引入铈可增加对紫外线的吸收，形成更加令人满意的色调效果。

克罗赛脱眼镜玻璃是一类用以制作矫正视力的含硒淡红色眼镜片玻璃。其光谱特征为全部吸收 $200\sim340$nm 波段的紫外线，而可见光的平均透光率约为 85%，着色剂为 CeO_2 和 Se（或 MnO_2），玻璃呈淡粉红色。锰是多变价元素，能形成 +2 价到 +7 价的多种氧化物，但它在玻璃中主要以 Mn^{2+} 和 Mn^{3+} 两种价态存在。Mn^{2+} 的着色能力很弱，Mn^{3+} 则强得多。为此，在玻璃中引入约 2.5% 的氧化剂 CeO_2，可保证 Mn 离子均以 Mn^{3+} 形式存在。

随着原子能和平利用的发展，对玻璃作为一种防辐射耐辐射材料，提出了愈来愈高的要求，其中包括能吸收高能电磁辐射且具目视清晰的防护眼镜。玻璃吸收 X 射线或 γ 射线的效率只取决于组成的质量吸收系数和密度，这些又是随着原子序数的增大而增加的。所以经常引入重元素氧化物 PbO，WO_3，Nb_2O_5 等，然而因物质在吸收中子的过程中常放出 α、β 和 γ 射线，所以吸收中子的玻璃通常与吸收 γ 射线的玻璃联合使用。一般常用 CeO_2 提高防护眼镜玻璃对射线的耐辐射稳定性，这是因为 Ce^{4+} 在受到辐射后俘获电子而生成无色的 Ce^{3+}，Ce^{3+} 和 Ce^{4+} 的吸收区均主要在紫外区域。CeO_2 的含量一般在 0.5%~1.5% 为宜，较多的 CeO_2 会使玻璃着色。

光谱中的黄光是造成人眼睛疲劳的主要原因，这是因为人眼对黄光的视感度最高，而阳光和人工光源中黄光很强，且会产生眩光，使得眼睛感到疲劳。在玻璃中引入 Nd_2O_3，利用 Nd^{3+} 离子在玻璃中有稳定的吸收峰，减少了黄光和增加蓝、绿、红三色的对比度，可以解决长时间面对荧光屏的操作者的眼睛疲劳问题。由于这种玻璃能几乎全部遮住黄色光，Pr^{3+} 的吸收峰在 470nm 附近，可使玻璃呈现出绿色，与 Nd^{3+} 离子同时使用可以制出蓝色系列的有色眼镜。Er^{3+} 离子在 520nm 处具有吸收峰，是使玻璃呈粉红色的为数不多的着色剂之一，可以用于有色眼镜。加入 CeO_2 和 Pr_6O_{11} 可以制作电焊用护目镜玻璃和太阳眼镜等，含有铈或镨的太阳镜，在阳光下会自动变暗，在遮阴的地方又恢复原来的颜色。

10.2.2　稀土有色光学玻璃

有色光学玻璃又称为滤光玻璃，是指对特定波长的光（可见、不可见），具有选择性吸收或透过性能的光学玻璃。有色光学玻璃是重要的色影显示材料，在照相机、电影、电视、光学仪器等领域中都有广泛应用。

稀土元素加入玻璃中，一般是作为改变透光率或调整折射或色散指标的着色剂和脱色剂。有色光学玻璃中着色离子的价电子在不同能级（基态和激发态）之间的跃迁引起选择性光吸收，从而呈现出不同的颜色。稀土离子中 La^{3+} 和 Lu^{3+} 分别具有 0 和 14 个 4f 电子，是无色离子；具有 7 个 4f 电子的 Gd^{3+} 离子性质稳定，难以激发，因此呈现为无色；具有 1 个和 13 个 4f 电子的 Ce^{3+} 和 Yb^{3+} 由于

接近 f^0 和 f^{14}，也为无色的，其他的稀土离子都是有色的。稀土离子的 4f 轨道收到 5s、5p 层的屏蔽，与原子核结合较好，因此 f-f 激发能受到的外场影响较小。它们对可见光的吸收峰形尖锐且几乎不受外界影响。采用稀土离子进行着色的玻璃重现性好，不随熔炼气氛的变化而改变，玻璃色调正，透光性好，光泽强，是其他普通离子和胶体着色剂所不能及的。

Ce^{3+} 和 Ce^{4+} 均为无色离子，含铈玻璃的着色是由形成其他金属的铈酸盐而造成的。例如，铈及钛的混合氧化物形成铈酸钛而使玻璃呈黄色；铈与锰和钛的氧化物使玻璃呈橙黄色；钾玻璃中含有少量的氧化铜和铈酸钛，使玻璃变为蓝宝石色。CeO_2 的含量为 1% 及以上时，玻璃可以呈现褐色，采用铈和钛的化合物制造滤光片，能使玻璃产生不怕热的黄色、橙色或棕色。用含有 2%～3% CeO_2、3%～4% TiO_2、0～0.3% CuO 及 0～0.45% V_2O_5 组分，可制得金黄色和绿色的玻璃。Ce^{3+} 的吸收峰在 310nm 附近，可利用其吸收特性制作隔断紫外线的照相卷盒和眼镜片等。

用紫红色纯的 Nd_2O_3 染成鲜红色的玻璃可用于航行仪表上，Nd_2O_3 与硒和氧化锰结合，使玻璃呈现明暗变化的丁香色。钕玻璃成分中加入氧化锰成紫色，加金属硒呈玫瑰色，用含 1%～3% 氧化钕、0～0.1% 氧化锰和 0～0.5% 硒的配方，可以制成红紫-玫瑰色、丁香色和丁香玫瑰色。Nd_2O_3 在玻璃中稳定，温度、介质、时间对玻璃颜色均无影响。

其他的稀土玻璃如氧化镨呈黑褐色，氧化铕呈橙红色，氧化铒呈粉红色等。

稀土离子具有复杂的吸收光谱，使它们的颜色在不同的灯光下变化多端，再加上玻璃制品的厚度不同和多变的外形，呈现出不同色彩，此独特的双色效应是稀土有色玻璃的重要特点。例如 Nd^{3+} 离子在 590nm 处有一个强的特征吸收带，使玻璃呈现出紫红色，该吸收带明显分为蓝色区域和红色区域，在可见光区其他一些谱带也具有一定的吸收，因此随着光照的不同，玻璃的颜色表现为双色性。这种特性可应用在晶质玻璃中，也可用以提高 CRT（显像管）的画面对比度。

在铅硅玻璃中引入二氧化铈并在氧化气氛中进行熔制，可制得无色吸收紫外线玻璃，这种玻璃可以完全吸收 360nm 以下的紫外线，而可见光可以全部透过，主要用于照相、电影、电视摄影、文物保护等方面。在钠钙硅玻璃组分中加入氧化铈、氧化钴和硒粉，制成略带粉红色的天文滤光片，可吸收紫外线及部分蓝色光和绿光，应用于彩色摄影中。

10.2.3 稀土红外光学玻璃

红外光学材料是在红外仪器和装置中用来制造透镜、棱镜、窗口、滤光片和整流罩等的重要材料之一，随着红外技术及其应用的发展，红外光学材料还广泛应用于超音速飞机、导弹、卫星以及各种跟踪、遥测和通讯等研究领域。红外光学材料最重要的物理性质是它在某特定红外波段内的透过率、折射率和色散、受热时自辐射性能、机械强度、硬度和化学稳定性。一般只有透过率大于 50% 的材料才可被用作透射材料。由于使用要求的多样性，也要求红外光学材料的折射率值有一定的范围，对用于制造窗口和整流罩的红外光学材料，为了避免反射损失，要求折射率尽可能低一些，而对于棱镜、透镜及高放大率、宽视角光学系统的其他零件则要求使用高折射率的材料，为了尽可能校正光学系统中的像差和制备浸没光学系统，优势还必须同时使用不同折射率的材料。为了避免辐射探测器中出现假信号，受热时红外光学材料在其透射波段内的自辐射应当尽量小。红外光学材料应该具有相当的机械强度以承受一定的负荷，要具有较高的表面硬度以便于加工、研磨和抛光，在用于各种飞行器外部窗口时不易被擦伤，还要具有较高的化学稳定性以承受各种潮湿和腐蚀性的气氛条件并阻挡化学试剂及化学溶剂的侵蚀。玻璃具有光学均匀性好，可以熔铸成满足光学设计要求的各种形状和尺寸的零件，具有机械强度较大，表面硬度高，易于加工、研磨、抛光和价格低廉等优点，因此，红外光学玻璃是目前最为常用的红外光学材料，可以在 $20\mu m$ 以内使用，而且可以采用微晶化、相分离等工艺措施来改进现有红外光学玻璃的机械性能和热性能。

稀土元素具有原子量较大、熔点高、化学稳定性好等优点，使含有稀土的光学玻璃具有较宽的红外透射范围，在红外光学玻璃中应用广泛。由于氧的化学键能引起强烈的吸收，通常稀土氧化玻璃透过波长小于 $7\mu m$。为了扩展红外透过波段，研究和发展了含稀土非氧化物玻璃系统，如硫系化合物玻璃、卤化物玻璃等，其中含稀土氟化物系统红外玻璃最受重视，如 ZrF_4-LaF_3-BaF_2、ZrF_4-ThF_4-LaF_3等系统已经得到发展并主要作为红外透过材料。

10.2.4 稀土光敏玻璃和光致变色玻璃

(1) 稀土着色感光玻璃 在无色透明的玻璃中引入金、银、铜等离子和少量的 CeO_2 增感剂，经紫外线照射后，在玻璃中进行氧化还原反应，金（银）离子还原成原子状态。经热处理，金（银）原子由于晶核形成和晶体生长而产生胶体着色。在反应体系中加入少量 SbO_3，可以保证 Ce^{4+} 还原成 Ce^{3+} 而不使金银还原。如将辐照过的玻璃加热致使电子和 Ag^+ 的迁移率很高，以至于它们之间相互结合的概率达到一定数值，就形成所谓潜像。这时金属银原子相互聚凝起来形成一种悬浮胶体，随着银浓度和吸收辐射剂量的不同，这些悬浮胶体可使玻璃呈黄、红或棕色。玻璃的色调、彩度和明度与显色处理的温度、时间有关。这类玻璃可用于摄影，其热处理过程就是一个显影过程。

(2) 光敏微晶玻璃 光敏微晶玻璃是向玻璃组成中引进晶核剂，通过热处理、光照射或化学处理等手段，在玻璃内均匀地析出大量微小晶体，形成致密的微晶相和玻璃相的多相复合体。通过控制析出微晶的种类、数量及尺寸等可以获得透明微晶玻璃、膨胀系数为零的微晶玻璃，或不同色彩的及可切削微晶玻璃等。其主要组成为 Li_2O-Al_2O_3-SiO_2 系统，以金、银、铜等金属氧化物为晶核剂，以 CeO_2 为敏化剂，光照后经过热处理显像时，金属胶体成为晶核，同时使

玻璃组成中的 $LiSiO_3$ 晶化，由于影像部分生成的微细晶体将光散射而呈乳白色，成为乳白感光玻璃。用 HF 侵蚀，感光部分完全溶解，未感光部分剩下，如此可利用化学方法对玻璃任意进行穿孔、切割、雕刻等机械加工，因此又可称为化学机械加工玻璃。此种玻璃经过光化学加工可制得图案复杂的制品，广泛用于印刷电路板、射流元件、电荷存贮管及光电倍增管的屏。

（3）光致变色玻璃　光致变色玻璃是指当受到蓝紫、紫外等段波长光或日光照射后，玻璃能够在可见光区产生光吸收而自动着色，着色深度会随光照的强弱而改变，光照停止又可逆地自动恢复到初始的透明状态。许多有机物及无机物都有光致变色性能，但光致变色玻璃的性能优于其他光致变色材料。如这种玻璃可以长时间反复变色而无疲劳老化现象，且机械强度好，化学稳定性好，制备简单，可以获得稳定的、形状复杂的制品。

掺入 $0.005\% \sim 1\% Ce_2O_3$ 和 $1\% MnO$ 的硅酸盐玻璃，在强还原气氛下可发生光色效应。在紫外线照射下，可激发该玻璃中 Ce^{3+}，Mn^{2+} 转变成 Mn^{3+} 而使玻璃变暗，其逆过程是使玻璃脱色。添加 CeO_2、Sb_2O_3 和 SnO_2 于 $RE_2O-B_2O_3-SiO_2$ 系统成光致变色玻璃，当 Sb_2O_3/CeO_2 约 1.5，SnO_2 添加量约 0.3%（库尔分数）时，光色性质好。相反，含铜-卤化银的硼酸镧系玻璃，在室温处于暗化（金属离子从卤化银中析出），用可见光照射变褪色，停照后又复暗化。在 $400℃$ 以下，温度愈高暗化程度愈大，可是在 $400 \sim 450℃$ 时，由于卤化银结晶熔解而出现褪色，降到 $350℃$ 以下，再重新变暗。光色玻璃可用来制作变色眼镜、窗玻璃、汽车顶窗和挡风玻璃、全息照相材料，也可用于作图像记录、贮存、光记忆、显示、光调制、可擦拭等元件。

10.2.5　稀土磁光玻璃

顺序磁光玻璃是具有磁光效应的一类玻璃，在磁场作用下，能够使通过玻璃的光的偏振面发生旋转或产生双折射现象。磁光玻璃要求具有高的费尔德常数（Verdet）。磁旋光玻璃是高新技术密集产品的核心材料，被广泛地应用于光学、电学、磁学科的高科技领域，如可用这种材料制作光纤通信中的光隔离器、磁光调制器、磁光衰减器、磁光开关、磁光传感器以及各种高精度旋光仪等。

磁光玻璃分为正旋（逆磁性）玻璃和反旋（顺磁性）玻璃两类。正旋玻璃中一般含大量 Pb^{2+}、Sb^{3+}、Sn^{2+}、Te^{4+}、As^{3+}、Bi^{3+} 等抗磁性粒子，常用的是重火石玻璃和硫化砷玻璃作基础系统。反旋玻璃含顺磁离子，主要为 Ce^{3+}、Pr^{3+}、Nd^{3+}、Eu^{3+}、Tb^{3+}、Dy^{3+}、Ho^{3+}、Er^{2+}、Yb^{3+} 等稀土离子。这些稀土离子的 4f 电子为未配对的电子，由于 5s 和 5p 电子层的屏蔽作用，化合物配位场对内层 4f 电子影响很小，在外加磁场的作用下，电子极易在 $4f^n$-$4f^{n-1}5d$ 间发生迁移，从而显示出很强的顺磁性。其中含 Eu^{2+} 玻璃情况特殊，Eu 呈三价时无不对称电子，但在强还原气氛下熔制时，玻璃中的 Eu 会变成 +2 价，具有一定的磁矩，有可能得到比其他离子大的费尔德常数。

顺磁费尔德常数与单位体积内顺磁离子数以及有效玻尔磁子数的平方成正比，前者取决于玻璃中稀土离子的含量，而后者与稀土离子的特性有关。Tb^{3+}、Dy^{3+}、Ho^{3+} 和 Er^{2+} 的有效玻尔磁子数较大，费尔德常数高，是制备顺磁性磁光玻璃常引入的离子。然而，作为磁光玻璃，除了需要具有高的费尔德常数外，还要有良好的光谱特性，即好的光透过性，然而，Dy^{3+}、Ho^{3+} 和 Er^{2+} 在可见光波段和近红外光波段的吸收峰较多，对于透明顺磁旋光玻璃的实际应用是不利的。一般认为 Tb^{3+} 是制备高费尔德常数顺磁性玻璃的较优选择。尽管 Ce^{3+} 和 Pr^{3+} 有较低的有效磁矩，但因其电子具有较大的有效迁移波长而使含有这两种离子的玻璃具有大的费尔德常数。含 Eu^{2+} 离子的玻璃由于必须在特殊熔炼条件下制造，实际应用较为困难。较实用的磁光玻璃集中于含 Pr^{3+}、Ce^{3+}、Tb^{3+} 的玻璃。

制备稀土顺磁玻璃时，熔制气氛一般选用还原气氛，使稀土离子以低价态存在（如 Eu^{2+}、Ce^{3+}），有利于费尔德常数的提高，因此，基础玻璃采用酸性介质，酸性愈强，还原性也愈强。

10.2.6 稀土防辐射及耐辐射玻璃

辐射射线可以分为三类：①由带电粒子组成的射线，如由电子组成的 β 射线和由氦原子核组成的 α 射线；②由电磁波组成的 γ 射线和 X 射线；③由中子组成的射线。为了防止辐射的损伤和辐射泄漏，需要防辐射材料和耐辐射材料，防辐射及耐辐射玻璃材料是重要的一类。

防辐射玻璃对射线有较大的吸收能力，是原子能反应堆窥视窗上的必需材料。这种玻璃要求能够吸收各种辐射线，防止射线穿透并使之降低到对人体无害的水平，也可用在核医学、同位素实验室等方面。其品质有防 γ 射线玻璃、防 X 射线玻璃和防中子玻璃等。防中子射线玻璃中含有能大量吸收慢中子和热中子的氧化物。吸收的过程一般为快中子慢化为慢中子和热中子后再被吸收。吸收慢中子的元素有 B、Cd、Gd、Eu、Dy、Sm 和 Pm 等。

耐辐射玻璃是在经 γ 射线或 X 射线照射后，可见光透过率下降较小的玻璃。随着原子能工业、核设施及核动力装置、高能物理机放射性实验的应用及发展，要求所使用的各种材料在放射性辐射作用下具有稳定的性能。在反应堆、热室及各种强放射性辐照的场合下用作观察检验用的光学仪器、摄像机、观察窗，如果采用普通光学玻璃，会很快使玻璃变成棕色甚至黑色，失去透光能力。为防止辐射着色，耐辐射玻璃最常用的添加剂是 CeO_2，辐射所产生的电子和空穴为玻璃网络缺陷和 Ce^{4+} 及 Ce^{3+} 所俘获。CeO_2 达到 $1.0\%\sim2.0\%$（质量）时，所有的电子和空穴都被 Ce^{3+} 和 Ce^{4+} 所俘获而不为网络缺陷所俘获。用于俘获空穴的 Ce^{3+} 及俘获电子的 Ce^{4+} 的吸收带处于紫外区，可见区不着色。

通常引入 $0.1\%\sim0.6\%CeO_2$ 能耐 10^5R（$1R=2.58\times10^{-4}C/kg$）γ 射线，引入 $0.6\%\sim1.2\%$ 能耐 10^6R 射线，引入 $1.2\%\sim1.6\%$ 能耐 10^7Rγ 射线的辐射。

玻璃经射线照射，会产生色心而着色，预先在玻璃中加入少量 CeO_2 制成耐辐射玻璃能够有效防止这种现象。这种效果在 Ce^{3+} 的状态下才能发挥，加入少量金属硅等还原剂效果更佳。在耐辐射玻璃中，CeO_2 的引入量一方面要考虑耐辐射能力与 CeO_2 含量成正比，另一方面还要考虑 CeO_2 的引入量愈高，玻璃愈容易着色为黄色，影响其透过率。CeO_2 会着色是由于其本身在紫外区有强烈的吸收峰，紫外吸收延伸到可见光使玻璃着色，同时，CeO_2 与玻璃成分中其他离子易形成缔合离子，从而使玻璃着色，另外又因 CeO_2 的引入会带入一些与铈共存的钕、镨等稀土元素，它们在可见光区有特征吸收峰，使玻璃着色，因此要综合考虑以上因素，慎重选取添加剂的含量。

10.2.7　稀土发光玻璃

发光玻璃是指由于外界的激励，使玻璃物质中电子由低能态跃迁至高能态，当电子回迁时，以光的形式产生辐射的发光过程的一类玻璃。稀土发光玻璃是在基质玻璃中以少量稀土元素作为激活剂（掺杂）的发光材料，大多数稀土以三价离子的形式形成发光中心。不同的稀土激活剂可以发出不同颜色的光。为了提高发光亮度，可以改进现有玻璃并探索新的对人眼比较灵敏的绿光材料，另一种方法为把发光效率高的玻璃发出的红光或红外线转换成高亮度的光。如双掺杂 Yb^{3+} 和 Er^{3+} 的玻璃属于前者，这两个稀土原子的激发态之间会发生能力传递过程，可吸收近红外线而发出绿光，Yb^{3+} 起光感作用，吸收红外线，并将能量传递给 Er^{3+} 离子，在两种离子的共同作用下吸收近红外线而发出绿光。具有类似效果的还有 $Ce^{3+}+Tb^{3+}$ 和 $Ce^{3+}+Tm^{3+}$ 双掺杂玻璃。干福熹等人认为 Ce^{3+} 离子向 Tb^{3+} 和 Tm^{3+} 离子的能量转移过程是一种无辐射过程，是一种能量间隔匹配的交叉弛豫的共振转移，且这种转移是单向的，玻璃中不存在 Tb^{3+} 和 Tm^{3+} 离子向 Ce^{3+} 离子的反向能量转移过程，其转移速度快，效率也较高。

含稀土的发光玻璃主要分为以下几种：①荧光玻璃，分为透明荧光玻璃和半透明荧光玻璃两种，应用于示波器荧光屏、荧光剂量标准等。②热致发光剂量玻璃，用作较灵敏地反映和记录辐射强度的剂量探测元件玻璃，是借玻璃加热后的释光量来反映射线照射量的探测元件。品种很多，常采用铈、锰、铜等激活的磷酸盐系统玻璃，测量范围为 $10^{-2}\sim10^4$ R。其特点是玻璃可以重复使用，但因有能量响应，在多种能量辐射场中，必须进行能量补偿。③中子剂量玻璃，用以测量及记录中子流的剂量探测元件。它的品种很多，通常采用银、钆、锂等激活的磷酸盐系统玻璃。④参考玻璃，也称标准玻璃，是一种用于校正光致发光荧光测试仪工作状态的"永久荧光体"玻璃。在紫外线激发下所发出的可见荧光相当于受一定量核辐射照射后的剂量玻璃。具有发光性能稳定，利用不同含量荧光剂制成参考系列，可用于估计未知剂量，是由基础玻璃添加适当的荧光剂制成，荧光剂有 Sm、Mn 等。⑤闪烁玻璃，是在闪烁计数器上用作闪烁体的玻璃，将核辐射能量转变成光子的能量，可探测各种射线的能谱和强度，所用的激活剂为

CeO_2，具有化学稳定性好、耐温度变化、耐潮湿等优点。主要用于热中子探测，用于石油上的中子-中子探井、农业土壤中水分测量等。⑥示踪玻璃，是利用示踪原子追踪物质迁移过程用的玻璃，可用于考察江河鱼海岸线流砂的迁移情况等。在基础玻璃中掺杂一定量的可活化示踪剂如 Sc_2O_3、ZnO、Cr_2O_3 等，根据需要的半衰期而制成示踪玻璃。用于考查流砂时，将玻璃先进行粉碎至颗粒粒度和密度与所追踪流砂一致后，将玻璃砂进行辐照，使示踪剂活化成放射性核素后，投入欲测江河的上游，因示踪原子有极高的显示灵敏度，通过带有射线探测器的船只可测出流砂迁移情况。

10.2.8　稀土激光玻璃

激光是由激光器发出的具有高亮度、单色性和相干性很好的光。激光玻璃是由基质玻璃和激活离子两部分组成。激光玻璃的物理性质和化学性质主要由基质玻璃决定，而光谱性质则主要由激活离子决定。由于玻璃的化学组成可以在较宽的范围内改变，可以制备出各种性质不同的激光玻璃，玻璃具有优良的光学均匀性、高透明度等特点，且制备简单，成形容易，在玻璃中掺入的激活离子的种类和数量限制小，国内外都在进行相关制备工艺及方法的研究。

激光玻璃中的激活离子需要具备以下几个特点：激活离子的发光机构必须有亚稳态，形成三能级或四能级机构，并要求亚稳态有较长的寿命，使离子数易于积累，达到反转。玻璃基质中最适于作激光激活离子的是稀土离子，这是因为稀土离子的电子云尺寸小，与周围基质离子的电子轨道不发生重叠，且由于外层电子的屏蔽作用，基质的局部电场不会使能级受到影响。人们系统研究了 Y^{3+}、Yb^{3+}、Ho^{3+}、Er^{3+}、Nd^{3+}、Gd^{3+}、Tm^{3+} 等稀土离子在无机玻璃中的光谱性质，研究表明，Nd^{3+} 为四能级机构，在光泵区域有较多和较强的吸收带，而在近红外区有较窄和较集中的荧光线，可以在室温下工作，Nd^{3+} 吸收带分布在可见到近红外区，振荡阈值低，因此是最佳的激活离子，掺钕玻璃是最先获得实际应用，且使用最广的激光玻璃。

掺钕玻璃的制造工艺初期熔炼沿用了光学玻璃所用的耐火黏土制单坩埚和铂坩埚法，但激光玻璃的质量要求更高，杂质要求更严。耐火黏土坩埚常使玻璃的某些光学性质变差，铂坩埚则会造成铂微粒的污染，使玻璃的耐激光损伤强度降低，因此，减少杂质含量，提高玻璃的光学质量，避免铂污染等都是技术关键。

10.3　稀土玻璃光纤

现代社会是信息化社会，信息化是推动社会经济发展的重要力量。进入了21世纪后，信息化对经济社会发展的影响更加深刻。信息资源日益成为重要的生产要素、无形资产及社会财富。通信技术的发展在现代信息社会发挥着尤为重要的作用，在光通信系统中发挥主要作用的是激光和光导纤维。光学纤维是指由透明材料（如玻璃）制成的能导光的纤维，可以单根使用（传输激光），也可由许多光学纤维集束构成各种光学纤维元件，用于传输光能、图像及信息等。光纤有氧化物和非氧化物玻璃光纤两类。光纤具有传光效率高、集光能力强、信息传递量大、速度快、分辨率高、抗干扰能力强、耐腐蚀、可弯曲、保密性好、资源丰富、成本低等诸多优点，因此发展迅速，应用范围广。

目前，国内外已经有多家公司开发了商品化的玻璃光纤及相应的玻璃光纤放大器，玻璃光纤主要包括掺杂铒碲酸盐玻璃光纤、掺铒磷酸盐光纤、掺铒铋酸盐光纤及掺铥、镨氟化物光纤等，稀土掺杂的玻璃光纤近年来发展十分迅速。稀土离子掺杂的玻璃基质种类繁多，通常可以分为氧化物玻璃、氟化物玻璃及硫系玻璃等，其中前两类最为常见。因稀土离子在不同玻璃基质中配位场强不同，导致荧光及激光参数（包括荧光寿命、量子效率、荧光及激光峰的有效线宽、上转换效率等）会有明显差异，因此选择基质材料很关键。作为光纤放大器用增益材料一般应遵循以下诸原则：材料的化学稳定性好，成纤性能好，稀土离子在其中的溶解度高，受激发射截面大，荧光寿命长，增益带宽宽等。

10.3.1　稀土氧化物玻璃光纤

在中、长距离光通信中，人们重点研究的是传输损失小的石英系光导纤维，波长 $1.55\mu m$ 谱带的传播，实现了衰减率为 0.15dB/km（光在纤维中传播 20km，光的强度衰减一半），几乎达到了最低极限的衰减率。在石英系光导纤维的芯线里掺杂稀土 Er、Tm、Pr、Dy、Nd、Ho，作为激光振荡或激光放大的介质。随着光通信技术的发展，将稀土掺入光纤中，形成一种能实现激光激发和放大的新型启动材料，1985 年英国研制成掺钕石英光纤，成为特种光纤的一个重要品种。

（1）稀土对光纤性能的影响　Er、Tm、Pr、Dy、Nd、Ho 等稀土元素具有特定的能级结构，用一定波长的泵浦光激发时，能级的跃迁会产生新的波长的激光。在光纤中的光沿着波导路径进行传播。使用常规单模光纤工艺拉制的掺杂稀土光纤，其物理参数（如芯径、纤径、折射率分布剖面、数值孔径、截止波长等）及稀土光纤的导波特性、偏振特性、色散特性等均与普通单模光维相同。稀土掺入光纤后，对光纤性能的影响主要表现在损耗特性、非线性光导特性和对外场的敏感特性等方面。

① 损耗特性　光纤中掺入稀土元素后，会使各波长的光纤损耗普遍增加。这是因为稀土元素作为一种杂质引入，增加了光纤中离子的吸收峰，在光纤内引起增强的光吸收和散射效应。光纤损耗的表示式为：

$$损耗 = (10/L)(\lg I_0/I) \tag{10-1}$$

损耗的单位表示为 dB/km，L 表示以 km 为单位的光纤长度，强度为 I_0 的光经过 1km 的光纤后衰减到强度为 I 时，将其比值 I_0/I 对数值的 10 倍称为损耗。

稀土光纤损耗特性实际上是由掺入的稀土离子的能级分布所决定。光纤中稀土离子的吸收带内，光纤损耗很大，而在光纤的受激辐射带内，光纤损耗小，因此这种光纤具有高损耗和低损耗两种窗口，高损耗成为激光的泵浦波段，后者则成为激光工作波段。

② 非线性光学特性　常规光纤中受激 Raman 散射、Brillouin 散射、四波混频等非线性过程的产生是在强泵浦光功率密度下，泵浦光子与光纤材料二氧化硅所固有的三阶极化率互相作用而产生。根据非线性耦合波理论，该过程的阈值功率要求较高，而通过掺杂稀土离子，可以降低该过程的阈值功率。

③ 对外场敏感特性　掺杂稀土光纤比常规光纤具有较高的温度敏感特性，如光纤中掺入低浓度 Nd^{3+} 后，其吸收光谱随温度变化会更加灵敏，在 600nm 处损耗值与温度在 $-321℃～-71℃$ 间成线性关系。掺杂 Ho^{3+}、Tb^{3+} 等的稀土光纤，因稀土离子会使玻璃磁光常数（Verdet）增大的效应，可用于改进光纤磁量计、电流计等的灵敏度。

（2）稀土石英光纤的制造及应用　随着稀土石英光纤制造工艺的发展，目前已经能够在光纤中掺入钕、钬、镨、镝、铒、镱等多种稀土离子，浓度为 $(1～4300)×10^{-6}$，已经制得单膜、多膜、保偏等各种光纤。

稀土石英光纤的制备一般分两步进行。第一步是制成石英玻璃预制棒，第二步将预制棒拉成纤维。制备石英光纤预制棒的典型方法是改良化学气相沉积法（MOCVD），另外还有管外沉积法（OVPO）和轴向沉积法（VAD）等。气相沉积法是将 SiO_2、Al_2O_3、GeO_2 和 Er_2O_3 等氧化物的前驱体 $SiCl_4$、$AlCl_3$、$GeCl_4$ 和 $ErCl_3$ 等与载流气体 O_2 混合，使之在高温下发生气相反应，生成的氧化物微粒沉积在石英玻璃管壁，将沉积微粒进行干燥和固结，形成纤维预制棒。将制得的透明预制棒在近 2000℃ 高温的石墨拉丝炉中加热软化，可拉制成玻璃纤维。其他两种方法与 MCVD 法在基本原理上无大的差异，不同之处只是在于工艺方面。光纤制造过程中重要的是不要混入过渡族金属杂质，并从工艺上保证制成的光纤不析晶、无气泡和除水，以降低吸收损耗。

在长距离光通信中，为了使衰减的光放大，需要用到放大器。目前的技术是把光变成电信号再进行放大。但为了提高可靠性和效率，实现无中继长距离通信，保持光的原样进行放大是很必要的，光放大器则具有这一功能。铒掺杂光纤（erbium doped fiber，EDF）可用于光通信技术中的放大器。EDF 放大器有的可显示出 40dB（放大因数子为 1 万倍）的高增益，可满足光直接放大器所必要的全部条件，目前部分产品已经得到了开发和推广应用。如 1490nm 半导体激光器泵浦的光放大器已经生产，980nm 泵浦的放大器则正在开发中。

掺杂稀土光纤制成的激光器具有以下优点：由于光纤熔接技术已经成熟，易于与线路连接，因此用于各种光纤系统系统作光源时易于耦合；稀土光纤激光器阈值功率低，泵源一般用半导体激光器即可，工作时不会产生大量的热，因此无需冷却；稀土光纤激光器一般在连续泵浦下工作。使用光导纤维的光放大器、激光振荡器，不仅可用于原来的相干光通信，也使得作为超高速通讯手段的光孤立子通信成为可能。

10.3.2　稀土氟化物玻璃光纤

20 世纪 70 年代后期，通信用石英光纤制造技术的发展使光纤的损耗接近其理论极限。为了寻找本征损耗更低的光纤材料，人们开始研究工作波长更长的氟化物玻璃光纤。与氧化物玻璃相比，卤化物玻璃紫外电子跃迁的带隙长，多声子吸收也在红外更长的波段，其透光范围可从紫外一直延伸到中红外或中远红外波段。

研究最为广泛和最深入的是以氟锆酸盐玻璃为代表的重金属氟化物玻璃光纤。日本三田地等首先将氟化锆系玻璃拉制成了玻璃纤维。20 世纪 80 年代后期，氟化物玻璃纤维的损耗已经降低到 0.7dB/km。

10.3.2.1　稀土氟化物玻璃光纤的化学组成

在卤化物玻璃中，目前只有氟化物玻璃适用于光纤，主要包括：以 BeF_2 为主组分的氟铍玻璃酸盐玻璃；以 ZrF_4 或 HfF_4 为基的氟锆（或铪）酸盐玻璃；以 AlF_3 为基的氟铝酸盐玻璃以及以 ThF_4 和 REF_3 为主成分的玻璃等。

用于光纤拉制的最基本的系统是 ZrF_4-BaF_2-LaF_3 三元系统。在此系统中，ZrF_4 是玻璃网络形成体，BaF_2 是玻璃网络修饰体，而 LaF_3 则起到降低玻璃失透倾向的网络中间体的作用。在此系统基础上，又引入 AlF_3、YF_3、HfF_4 及碱金属氟化物 NaF 或 LiF 等，得到了使玻璃性能更好的材料。光学和热学性能可在较大范围内连续可调，更适宜于光纤拉制的 ZrF_4（HfF_4）-BaF_4-LaF_3（YF_3）-AlF_3-NaF(LiF)。氟锆酸盐玻璃的弱点是经受不了液态水的侵蚀，机械强度低，引入的碱金属氟化物可以使其化学稳定性进一步降低，这些都有待改进。以 RF_2-AlF_3-YF_3（R 为 Mg、Ca、Sr 和 Ba 的混合物）为代表的氟铝酸盐玻璃具有与氟锆酸盐玻璃相近的极宽的透光范围，且化学稳定性较氟锆酸盐好很多，弹性模量较高，折射率和色散较低，易于获得数值孔径大与较高力学强度和化学稳定性好的光纤。但氟铝酸盐玻璃较高的失透倾向给低损耗光纤的制备带来很大难度。

以 ThF_4 和 REF_3 为基础的是一种新型的重金属氟化物玻璃，其特点是透红外性能更好，可达 $8 \sim 9\mu m$，化学稳定性好，甚至优于氟铝酸盐玻璃。典型的系统有 BaF_2-ZnF_2-YbF_3-ThF_4 和 BaF_2-ZnF_2-YbF_3-InF_3-ThF_4 等。但这类玻璃存在较高的失透倾向和钍的放射性等问题制约其发展和应用。BeF_2 是唯一本身能够形成玻璃的氟化物，极容易通过熔体冷却等方法获得性质均匀的无失透玻璃。但存在的问题是铍化合物的剧毒及玻璃的化学稳定性较差，限制了氟铍酸盐玻璃光纤的研制及应用。

10.3.2.2　稀土氟化物玻璃光纤的性质

（1）光纤的损耗　非氧化物玻璃中，如 F^-、Cl^- 或 S^{2-}、Se^{2+} 等的原子量

都比氧化物玻璃中 O^{2-} 的原子量大，导致了玻璃网络中正负离子间键力常数小，因此非氧化物玻璃光纤的透红外性能更好。这类光纤的最低损耗波长较氧化物玻璃的长，理论损耗也较小。典型的氟锆酸盐玻璃光纤的光损耗包括材料的本征损耗、杂质吸收损耗和由于光纤中存在的缺陷而引起的散射损耗等。目前，氟化物玻璃光纤的理论光损耗已降到 $0.002dB/km$ 以下，即为超低损耗，但要求杂质含量低于 1×10^{-9}。由于受原料纯度以及玻璃中微小杂质等因素的影响，氟化物玻璃光纤的光损耗目前尚未达到理论值。氟化物玻璃光纤中杂质吸收主要来自于 3d 过渡金属、稀土和 OH^- 基团等。这些杂质是从原料、操作工具、耐火材料及炉内气氛中带入的。多数氟化物玻璃的成品玻璃性能差，氟化物在高温下容易与水汽反应形成难溶的氧化物或氧氟化物，使氟化物玻璃光纤中非本征散射损耗比石英光纤大很多，已成为阻碍氟化物玻璃光纤损耗进一步下降的主要原因。

（2）光纤的折射率和色散　氟化物玻璃是折射率最低、色散最小的玻璃。其折射率介于 $1.3 \sim 1.6$ 之间，阿贝指数为 $10.6 \sim 60$，并可视玻璃的化学组成进行调整。可通过合理选择光纤芯、皮料的折射率和光纤芯径，使光纤的零色散波长接近其最低损耗波长。另外，还可采用氯化物或溴化物部分取代芯料玻璃中的氟化物，使材料色散移向长波段，实现在最低损耗波长零色散传输。

10.3.2.3　稀土氟化物玻璃的制备

稀土氟化物玻璃光纤通常采用预制棒法在高于玻璃软化温度下拉制而成，制备过程包括光纤预制棒的制备和光纤拉制两个步骤。

氟化物玻璃光纤预制棒主要采取熔制-浇注法制备，采用无水高纯氟化物作原料，按照一定配比放置在能耐氟化物熔体侵蚀的铂、金或玻璃态碳坩埚中加热熔化，逐步加热至 $800 \sim 1000℃$，保温一段时间使其完全熔化，达到澄清和均化状态，然后将熔体冷却到适当温度浇注成型。为减少玻璃中的含氧杂质及由此产生的散射损耗，配料中应引入适量的 NH_4HF_2 等氟化剂，整个熔制过程应尽可能在干燥的气氛或含有 Cl_2、CCl_4 和 NF_3 等反应气体的气氛中进行。

玻璃包皮的氟化物玻璃光纤预制棒早期采取二次浇注法制备。首先将皮料玻璃浇入预热的模子中，待玻璃部分凝固后倒出中心尚未凝结的玻璃液，再注入芯料玻璃，退火后就可制得所需的光纤预制棒。这种工艺目前常用的方法有离心浇注法、连续浇注法及热压法等。

上述方法制得的光纤预制棒，可采用通常的办法拉制成光纤，但应采取必要的措施防止预制棒和光纤表面与大气中的水汽发生反应，也要避免玻璃在再加热过程中出现析晶等新的散射源。

浇注法的局限性是无法制出折射率渐变的光纤预制棒，并在制备过程中有可能会带入新的杂质。通过采用可挥发的金属有机化合物为原料的化学气相沉积工艺（MOCVD）可以避免上述局限性。除氟铍酸盐玻璃外，现在可以用这种工艺制得 ZrF_4-BaF_2-LaF_3-AlF_3 四元玻璃薄膜。为进一步提高光纤性能，采用化学预处理的工艺，能够有效地控制杂质和消除析晶以降低损耗和散射，采取复合截面折射率分布的光纤结构设计，使玻璃的色散和吸收损耗达到最低值。利用改良化学气相沉积法（MOCVD）、等离子化学气相沉积（PCVD）、外沉积（OVD）、气相轴向沉积（VAD）和溶胶-凝胶等新技术，可以进一步调高光纤的性能。在操作工艺方面将重点研究降低羟基引起的杂质损耗、使用掺氟包层和提高长期稳定性等。

10.3.3　稀土氟化物玻璃光纤的应用

光纤是一种可传导光、传像的玻璃纤维，目前已有可见光、红外线、紫外线等导光、传像等制品问世，并广泛应用于通信、计算机、交通、电力、广播电视、微光夜视及光电子技术等领域。

（1）超低损耗光纤通讯　与石英光纤相比，氟化物玻璃光纤的理论损耗值低 1～2 个数量级，材料的色散小，通过合理选择光纤结构，可使波导色散与材料色散相抵消，实现在最低损耗波长处零色散传输，因此，这种材料被认为是实现超长距离无中继通讯最有希望的光纤。目前，超低损耗氟化物玻璃光纤的研究致力于从工艺上继续消除由亚微观散射中心和杂质吸收引起的损耗和超长光纤的制造技术。从 20 世纪 80 年代初开始，美国、法国、日本、英国等国家都投入了大量的人力、物力从事超低损氟化物玻璃光纤的研究。研究表明，要从工艺上完全消除光纤中亚微观散射中心，将有害杂质离子降低至 1×10^{-9} 以下，使光纤损耗达到或接近于 0.01dB/km，实现超长距离、大容量、无中继通信还需解决许多工艺和技术上的问题。

（2）高功率激光传输　非氧化物玻璃光纤在许多高功率激光器的输出波段有较低的损耗，且挠曲性也很好，因此非氧化物玻璃光纤成为传输中红外波段高能激光的理想介质。氟化物玻璃低的非线性折射使其具有较高的激光损伤阈值。目前这些光纤和相应的激光器已经制成多种样机用于显微外科、内科诊断和工业材料加工等方面。

（3）纤维激光器　氟化物玻璃基质声子频率低，发光中心在氟化物玻璃中发光量子效率高，氟化物玻璃从紫外到中红外极宽的透光范围为掺杂离子的发光和多掺杂敏华发光创造了极好条件，特别是对于激发波长或发光波长在近紫外或中红外的掺杂离子。掺杂 Nd^{3+}、Er^{3+}、Tm^{3+}、Ho^{3+} 等稀土离子的氟锆酸盐玻璃光纤均获得激光输出，波长为 $0.82 \sim 2.8 \mu m$，在许多波段还实现了可调谐激光输出。目前又在掺杂 Tm^{3+} 和 Ho^{3+} 的氟锆酸盐玻璃光纤中通过双光子吸收分别在 455nm 和 489nm 及 550nm 和 750nm 获得了激光输出，并实现了转换。氟化物玻璃中发光离子的激发态吸收小，许多在石英光纤中不易获得的激光跃迁，如 Nd^{3+} 的 $1.35 \mu m$ 处激光跃迁等，在氟化物玻璃光纤中仍可得到高效率的输出。激光二极管光泵的氟化物玻璃光纤激光器和光放大器是一种廉价、耐用和波长精确的新光源。

（4）光纤传感器　光纤传感器是以光子作为信息载体，除了可以取代原有的传感器外，还具有集化成小体积、远距离遥测与光纤网络配合实现多参数测量、信息处理、集中监控等技术优势，因此在高技术领域中具有广泛的应用前景。如应用于工业废气的检测、红外成像、光学陀螺、程序监控及导弹光纤制导等方面。许多工业废气（如 CO、CO_2、N_xO_y、SO_2 及 CH_4 等）及有机液体在中红外波段均有较强的吸收带，利用非氧化玻璃光纤的傅里叶转换红外光谱仪，可对这些气体和液体的浓度进行远距离的检测。用氟化物玻璃光纤和硫系玻璃光纤制成的温度传感器已用于室温至数百度的高精度测量。

将数百万乃至上千万根直径约几微米的光导纤维彼此紧密排列融合，可制得光学纤维面板，这种材料可不失真地传输图像（光学零厚度），还可用于制作增强器，将微弱的通讯信号增强几万至几十万倍，是激光夜视仪的关键元件之一。光纤面板可广泛用于传真记录、数字和图像显示、雷达、摄像器、探测器等方面。

10.4　稀土抛光材料

抛光材料通常是指用于玻璃抛光的结晶状粉末物质。通常由氧化铈、氧化铝、二氧化锡、氧化硅、氧化铁、氧化锆、氧化铬、金刚石及碳酸盐、白垩、陶土、硅藻土等组分组成，还包括金属抛光材料及塑料抛光材料等。不同的材料的硬度不同，氧化铝和氧化铬的莫氏硬度为 9，氧化铈和氧化锆为 7，氧化铁更低，通常将抛光材料与水等物质配合成悬乳液后进行抛光，抛光粉在水中的化学性质也不同，因此使用场合各不相同，在工业领域中有广泛应用。最早用于玻璃抛光粉的是氧化铁，也称铁丹，从 19 世纪末开始大约 40 年间，氧化铁一直被用作研磨平板玻璃和光学玻璃的抛光粉，但它的抛光速度慢，而且铁锈色的污染也无法消除。20 世纪 30 年代，首先在欧洲出现了用稀土氧化物作抛光粉来抛光玻璃。由于稀土抛光粉具有抛光效率高、质量好、污染小等优点，激起了美国等国家的群起研究。这样，稀土抛光粉就以取代传统抛光粉的趋势迅速发展起来。一些典型抛光材料的抛光能力比较如表 10-1 所示。

表 10-1　各种抛光材料的抛光能力比较

抛光粉种类	磨削量/mg	抛光能力/%	抛光剂种类	磨削量/mg	抛光能力/%
氧化铁	20.2	25	氧化锆	54.3	65
氧化钛	44.5	53	氧化铈(45%)	83.7	100

由表可见，与其他抛光粉相比，稀土抛光粉的磨削量和抛光能力都是最强的，在应用中具有抛光速度快、粗糙度低、使用寿命长以及不污染环境、易于用水洗掉等诸多优点，故比其他抛光粉（如 Fe_2O_3 红粉）的使用效果佳，而被人们称为"抛光粉之王"。在世界范围内得到重视并广泛用于平板玻璃、光学玻璃、

显像管、平板玻璃（液晶显示器、电子计算机、笔记本电脑等显示面板）以及某些宝石等生产中。

10.4.1 稀土抛光粉的抛光机理和抛光工艺

稀土抛光粉是由 $RE_2(CO_3)_3$、$RECO_3F$、$RE_2(C_2O_4)_3$、$RE_2(SO_4)_3$ 与 $RE(OH)_3$ 等中间体化合物经高温焙烧后形成的具有一定物理性质的稀土氧化物抛光粉。玻璃抛光实验证明：氧化铈具有与玻璃类似的硬度（5.5～6.5），在抛光过程中起主要作用。由于焙烧温度对抛光粉的抛光能力有很大影响，因此氧化铈的硬度可以根据需要在焙烧温度（800～1000℃）范围内进行微调。

最适宜作抛光材料的 CeO_2 晶体是直径为 45nm 等轴晶系球状体，可通过调整焙烧前的化合物制得。混合稀土中，与 CeO_2 共存的 La_2O_3、Nd_2O_3 混合稀土同属六方晶系，但几乎无抛光性能；而通式为 $CeO_2 \cdot La(Nd)_2O_3 \cdot SO_3$ 或 $CeO_2 \cdot La(Nd) \cdot OF$ 的混合稀土抛光粉却接近 CeO_2 抛光能力。

稀土抛光粉对玻璃材料抛光机理，目前尚无统一明确的说法，一般认为，稀土抛光粉是一种非常有效的抛光化合物，当抛光粉作用于玻璃表面时，既有化学溶解作用又有机械研磨的抛光作用，是物理性研磨与化学性研磨的共同作用。物理研磨主要是指抛光粉对玻璃表面的机械磨削，化学研磨是指抛光粉对玻璃表面凸出部分进行微研磨的同时，稀土抛光浆使玻璃表面形成水合软化层，导致玻璃表面具有某种程度的可塑性，这种作用有可能一方面使软化层填补低洼处后形成光滑表面，另一方面水合软化层很容易被稀土抛光粉机械磨削掉。氧化铈之所以是优良的抛光材料，就是因为它能用化学分解和机械摩擦两种形式同时抛光玻璃。抛光过程中，首先是 CeO_2 去除表面凹凸层的过程，使玻璃呈现出新的抛光面，这时机械作用起主要作用。同时，由于抛光混合物中有水，在抛光过程中形成 H_3O^+ 离子，在玻璃表面 H_3O^+ 离子与 Na^+ 离子相互交换而与玻璃形成水解化合物；同时由于 CeO_2 抛光剂具有容易变价的性质，Ce(Ⅲ)/Ce(Ⅳ) 的氧化还原反应会破坏硅酸盐晶格，通过化学吸附作用使玻璃表面与抛光剂接触的物质（包括玻璃及水解化合物）被氧化或形成（…Ce-O-Si…）配合物而被除去。目前，化学研磨学说占主导地位，但物理研磨与化学研磨共同作用的结果更有说服力，有关理论还需要进一步研究论证。

稀土抛光粉的抛光工艺由四部分组成：①被抛光的玻璃部件；②抛光浆（抛光粉与水的混合液）；③保持抛光浆与玻璃直接接触的抛光平台；④使抛光平台相对于玻璃表面运动的抛光剂。在这一系统中发生相应的化学和机械作用，使被抛光部件抛光。表 10-2 列出了各种玻璃的抛光工艺及所用的研磨材料。

表 10-2　各种玻璃的抛光工艺及所用的研磨材料

工　艺	光 学 玻 璃	阴极射线等玻璃	平 板 玻 璃	普 通 玻 璃
球面磨削	钻石,磨石		必要时(人造刚玉细粒)	
粗磨喷砂	钻石,磨石 钻石,磨石	人造刚玉、磨粒浮石、火山灰、磨粒		硅砂(中) 硅砂(细)
加工抛光	稀土抛光粉 (聚氨酯块)、 沥青的研磨盘	稀土抛光粉 (聚氨酯块)	稀土抛光粉 (中细)(聚氨酯块)	稀土抛光 粉(钻石)

由上表可见,稀土抛光粉主要用于各种玻璃材料的精抛光过程中,精抛光是指把抛光粉分散液注加到贴在旋转磨床上面的平面或曲面的玻璃片上,抛光液循环使用。抛光热片的转速对抛光效率很重要,一般透镜抛光转速为 $1000\sim 3000r/min$,研磨液晶玻璃转速为 $100r/min$。

10.4.2　稀土抛光粉的种类和制备方法

稀土抛光粉中 CeO_2 的含量及抛光粉的粒度和粒度分布对抛光粉性能起着决定性的作用,可分别以稀土抛光粉中的 CeO_2 含量及粒度来进行抛光粉的分类。主要有铈组混合稀土抛光粉和高铈稀土抛光粉,纳米级 $(1\sim 100nm)$、亚微米级 $(100nm\sim 1\mu m)$ 和微米级 $(1\sim 100\mu m)$ 稀土抛光粉等。

10.4.2.1　以稀土抛光粉中 CeO_2 量来划分

稀土抛光粉据其 CeO_2 量的高低可将铈抛光粉分为两大类:一类是 CeO_2 含量高的高铈抛光粉,一般 CeO_2 含量 $\geqslant 80\%$;另一类是 CeO_2 含量低的铈组混合稀土抛光粉,其铈含量在 50% 左右,或者低于 50%,其余由 La_2O_3,Nd_2O_3,Pr_6O_{11} 组成。氧化铈抛光粉一般随着氧化铈的含量由低到高,其切削力和使用寿命也由低到高。

(1)铈组混合稀土抛光粉　铈组混合稀土抛光粉,即低铈抛光粉,是一类最常用的稀土抛光粉。抛光粉一般含有 50% 左右的 CeO_2,其余 50% 为 $La(Nd)_2O_3 \cdot SO_3$、$Pr_6O_{11} \cdot SO_3$ 等碱性无水硫酸盐或 $La(Nd, Pr) \cdot OF$ 等碱性氟化物。此类抛光粉的特点是成本低,初始抛光能力与高铈抛光粉比几乎没有两样,因而广泛用于平板玻璃、显像管玻璃、眼镜片等方面的玻璃抛光,但使用寿命要比高铈抛光粉低。铈组混合稀土抛光粉的制备工艺可分为"氯化稀土"系列及"氟碳铈矿"系列两类。氯化稀土系列为衔接我国稀土矿物提取工艺而以硫酸复盐为中间体,制备工艺如图 10-1 所示。

由图 10-1 可见,此种抛光粉是以硫酸复盐为中间体,以衔接我国矿石处理工艺。另外,也可以用草酸盐、稀土氢氧化物、碳酸盐为中间体,或采用高品位稀土精矿,经过灼烧制成混合稀土抛光粉。铈组混合稀土抛光粉的化学成分与性质如表 10-3 所列。

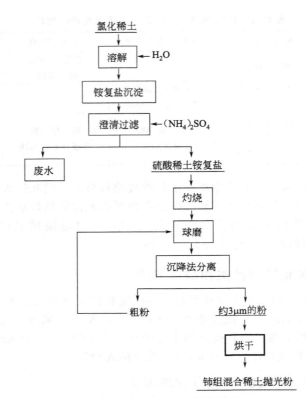

图 10-1 氯化稀土系列的低铈抛光粉制备工艺

表 10-3 铈组混合稀土抛光粉的化学成分与性质

质量分数/%				密度/(g/cm³)	平均粒度/μm	晶型
RE$_2$O$_3$	CeO$_2$	Ca	SO$_3$	6~6.3	约3	面心立方
>90	48~50	约2	8			

（2）高铈抛光粉 高铈抛光粉中的 CeO$_2$ 含量高，一般 CeO$_2$ 含量≥80％。高铈抛光粉中 CeO$_2$ 的品位越高，则抛光能力越大，使用寿命也增加，特别是对硬质玻璃进行长时间循环抛光时（石英、光学镜头等），以使用高品位的铈抛光粉为宜。

高铈抛光粉的制备方法也分为两类，一类是由氯化稀土分离出来的 Ce(OH)$_3$ 制成的抛光粉；另一类是以氟碳铈矿的中间产物，即铈富集物为初始原料，含夹杂物较多的抛光粉。烧制成品的破碎、分级方法有干法和湿法两种，对粒度分布要求高时一般采用湿法。采用氟碳铈矿直接焙烧制得的高铈稀土抛光粉工艺简单，成本低，但抛光性能与质量低。采用氯化稀土或分离后的铈富集物为原料制备的高铈稀土抛光粉的抛光性能与质量好，但工序多，成本高。

图 10-2 是高铈稀土抛光粉的制备工艺方法与原则流程。

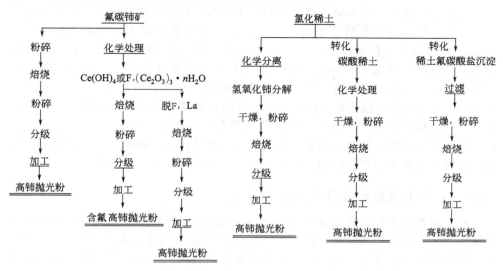

图 10-2 制备高铈稀土抛光粉的几种工艺方法（原则流程）

　　高铈抛光粉也可以富铈氯化稀土为原料，将其转化为稀土氟碳铈盐中间体，再经过灼烧即可制得。这种高铈抛光粉的化学活性好，粒度细且较为均匀，抛光性能由于纯氧化铈抛光粉。适用于王冕玻璃、火石玻璃的中等精度、中小球面的光学零件的高速抛光，合格率和功效均得到显著提高，使用量及成本都有所降低，因此广泛应用于各种透镜等光学玻璃加工。这种方法制得的抛光粉的化学成分和物理性质见表 10-4。

表 10-4　高铈稀土抛光粉的化学成分和物理性质

晶 型	密度 /(g/cm³)	粒度/μm	质量分数/%					
			RE$_2$O$_3$	CeO$_2$ /RE$_2$O$_3$	Fe	Si	Ca	F
面心立方	6.2 6.5	约 1	90～93.5	80～85	0.34	0.89～2.2	0.003	5.6～7.5

10.4.2.2　以稀土抛光粉的大小及粒度划分

　　稀土抛光粉性能的优化和改善，主要通过制备过程中选择合适的中间体及合理的工艺条件来实现。稀土抛光粉的粒度及粒度分布对抛光粉性能有重要影响。对于一定组分和加工工艺的抛光粉，平均颗粒尺寸越大，则玻璃磨削速度和表面粗糙度越大。大多数情况下颗粒尺寸约为 4μm 的抛光粉磨削速度最大；而如果抛光粉颗粒平均粒度较小，则磨削量减少，磨削速度降低，玻璃表面平整度提高。标准抛光粉一般有较窄的粒度分布，太细和太粗的颗粒很少，无大颗粒的抛光粉能抛光出高质量的表面，细颗粒少的抛光粉能提高磨削速度。稀土抛光粉属于超细粉体，其生产技术属于微粉工程技术，按照粉体粒度的大小，稀土抛光粉可以分为：纳米级稀土抛光粉（$1 \sim 100nm$）、亚微米级稀土抛光粉（$100nm \sim 1\mu m$）、微米级稀土抛光粉（$1 \sim 100\mu m$）3类，通常使用的稀土抛光粉一般为微米级，其粒度分布在$1 \sim 10\mu m$之间。稀土抛光粉根据其物理化学性质一般使用在玻璃抛光的最后工序，进行精磨，因此其粒度分布一般不大于$10\mu m$，粒度大于$10\mu m$的抛光粉（包括稀土抛光粉）大多用在玻璃加工初期的粗磨。小于$1\mu m$的亚微米级稀土抛光粉，由于在液晶显示器与电脑光盘领域的应用逐渐受到重视，产量逐年提高。目前，纳米级稀土抛光粉也已问世，随着现代科学技术的发展，其应用前景将会更加广阔，但目前属于研发阶段，其市场份额还很小。

10.4.3　稀土抛光粉的性能与生产状况

稀土抛光粉不但具有优良的抛光能力，提高玻璃材料的抛光质量，用过的稀土材料还可以多次使用。稀土抛光粉一般使用在玻璃抛光的最后工序——精磨。选用稀土抛光粉要考虑多种因素，包括被抛光的玻璃、抛光设备、抛光浆、抛光平台的类型及抛光粉的成本、产量及表面质量等。

（1）抛光粉的性能评价指标

① 颗粒大小　决定抛光粉的抛光精度和速度，一般用目数和平均颗粒大小来表征。过筛目数反映了最大颗粒的大小，平均粒度决定了抛光粉颗粒大小的整体水平。

② 硬度　硬度大的颗粒具有较快的切削率，加入助磨剂也可以提高切削率。

③ 悬浮性　高速抛光要求抛光粉具有较好的悬浮性，颗粒形状和大小对悬浮性有较大影响，片状的抛光粉以及小颗粒的抛光粉的悬浮性较好。悬浮性的提高也可以通过加入悬浮剂来实现。

④ 颗粒结构　颗粒结构是团聚体颗粒还是单晶颗粒决定了抛光粉的耐磨性和流动性。团聚体颗粒在抛光过程中会破碎，从而导致耐磨性下降，单晶颗粒具有好的耐磨性和流动性。

⑤ 颜色　抛光粉的颜色与原料中的镨含量和温度有关，镨含量越高，抛光粉越显棕红色。低铈抛光粉中含有大量的镨，因而显棕红色。对纯氧化铈抛光粉，焙烧温度高，抛光粉的颜色偏白红；温度低，颜色偏浅黄。

高铈抛光粉（白粉）的抛光能力最强，是混合稀土氧化物抛光粉（黄粉）的1.6倍，氧化铁抛光粉（红粉）的2.8倍。为了增加氧化铈的抛光速度，通常在氧化铈抛光粉中加入氟以增加磨削率。改善稀土抛光粉的质量，最主要的途径不是增加氧化铈的品位，而主要是在制备过程中选用合适的中间体及合理的工艺流程来实现。在一定温度下，抛光粉的抛光能力大小与其物理化学性能有关，如包括颗粒性质、粒度大小及均匀程度、硬度、晶格结构、化学活性、杂质含量等。这些性质与烧结温度有很大程度的关系。焙烧温度要根据抛光玻璃的物理力学性能决定。如对于一般的平板玻璃，抛光粉最适宜的焙烧温度为1190℃，若抛光粉中含有氧化钙，会降低其抛光能力，因此氧化钙的含量不能大于百分之一。

(2) 稀土抛光粉的生产状况　目前，国外的稀土抛光粉生产厂家主要有15家（年生产能力为200t以上者）。其中法国罗地亚公司年生产能力为2200多吨，是目前世界上最大的稀土抛光粉生产厂家。美国的抛光粉年产量达1500t以上。日本生产稀土抛光粉的原料采用氟碳铈矿、粗氯化铈和氯化稀土三种，工艺上各不相同，稀土抛光粉的生产在烧结设备和技术上均具特色。自抛光粉被发现以来，世界各地对抛光粉的需求逐年增长。据统计，2000年全球用于抛光粉的稀土氧化物总量达到11500t，其中日本是抛光粉最大的消费者，其消费的氧化铈50%都应用于抛光粉。日本每年自产4000t稀土抛光粉，还从法国、美国和中国进口部分抛光粉。日本最初稀土抛光粉消费的主要市场是彩色电视机阴极射线管，20世纪90年代中期以来，日本的阴极射线管生产转向海外，但平面显示产品产量迅速增加，因此对稀土抛光粉的需求量仍然迅速增长。全球的稀土抛光粉生产厂家主要有四种类型：光学辅料公司、磨料磨具公司、稀土冶金公司、化工材料公司。其中，光学辅料公司的生产量最小，在2000t以下，磨料磨具行业最大，在7000t左右，稀土行业和化工行业各生产5000t。

我国稀土抛光粉产业在众多稀土材料应用领域中，跨越了从普通玻璃制造行业向光电子显示行业的转换和推进，由传统应用到光电子高技术提升的过程，稀土抛光粉以其独特、灵活的使用特性，已经成为当今世界光电子传输显示和发展创新必不可少的保障。尤其是近十年来，该产业在稀土功能材料领域的稳步提升，更是推动了以镧铈为代表的北方稀土矿的应用壮大。追溯历史，我国从1958年开始研究氧化铈基类抛光粉并取得了一定的成果。到了20世纪70年代相继开发了添加氟、硅等元素的产品。其中较有代表性的上海稀土抛光粉在1973年前后问世，主要提供给周边地区的玻璃加工企业抛光用。此后甘肃稀土公司和北京有色金属研究总院开发了针对阴极射线管和光学玻璃抛光使用的稀土抛光粉，先后命名为739、797、877等型号，除了甘肃外，我国其他省份如广东、江苏、河南、四川、山东等省的稀土抛光粉生产企业也随之不断兴起和壮大，围绕服务阴极射线管抛光生产的相关类型的抛光粉，在20世纪80～90年代，成为了我国当时稀土抛光粉产品主要消费领域和市场组成部分，同时，眼镜玻璃抛光、平板玻璃抛光等其他稀土抛光粉应用领域也随之逐年增量。随着21世纪的到来，新兴平板显示器抛光粉成为了新兴领域，稀土抛光粉消费市场发生了根本的变化。

目前我国国内已有24个稀土抛光粉生产厂家（年生产能力达200t以上者）。但由于稀土抛光粉的产品质量不稳定，未能达到标准化、系列化，与国外相比仍有较大差距。随着稀土抛光粉应用领域的扩大，国内又相继出现了一些较大规模的稀土抛光粉企业，生产能力和产品质量都有提高。2010年包头天骄精美稀土抛光粉有限公司年产2500t抛光粉工程正式投产，成为国内最大的稀土抛光粉生产企业。其他稀土抛光粉生产厂家主要分布在内蒙古、甘肃、四川、河南、上海、江苏、山东、广东等地，全国稀土抛光粉总产量将超过 25000 吨/年。然而，国内稀土抛光粉生产用铈类原料从 2009 年起，出现大幅上涨，涨幅超过 100%，因此对下游抛光粉生产企业也造成很大影响。

作为抛光领域经典用途的稀土抛光，伴随着我国信息产业化快速发展和光电子行业的不断壮大而日渐完善提高的今天，作为全世界的稀土大国，我国同样也是抛光粉生产和使用的集中地，2010 在我国上海举办的世贸博览会上，世界光电子信息产业多层面、多角度的集中体现并昭示了未来世界光电子发展的美好前景和绚丽蓝图。如何紧跟世界节拍，合理使用稀土资源，在不断提高我国稀土抛光粉产业的世界地位的同时，综合利用和再回收稀土抛光粉废料资源，进而实现稀土抛光粉环保应用和可持续发展，这将是需要人们解决的重要问题。

第11章　稀土超导材料

11.1　超导材料概述

11.1.1　超导材料发展概况

超导是指当材料被冷却到特定温度 T_c 以下时，其电阻消失的现象。通常称 T_c 为超导体的临界转变温度，电阻为零的状态叫做超导态，相应的这类材料称为超导体或超导体材料，超导体在电阻消失以前的状态称为常导状态，电阻消失以后的状态称为超导状态。超导体呈现两个基本特征，即零电阻特性和抗磁特性。当温度高于临界转变温度时，超导体进入正常态，表现为正常状态下的相应特性。一般情况下，超导材料不是良导体，例如 Pb、Sn、Nb_3Sn、NbTi、MgB_2、$YBa_2Cu_3O_y$ 等不良导体军事超导材料，而通常的 Au、Ag、Cu 等良导体材料却不是超导体。

人类最初发现超导现象是在 1911 年，当时荷兰低温物理学家 K. Onnes 在研究低温条件下汞的电阻时，发现当温度降至 4.2K 的超低温以下时，汞的电阻突然消失，呈现超导状态。后来又陆续发现 Nb、Tc、Pb、La、V、Ta 等十多种金属均有此现象。虽然超导现象发现至今已超百年，且于 20 世纪 30 年代和 50 年代相继建立了超导理论基础和超导微观理论，但超导材料的实际应用时间却并不长。最初的超导材料主要是 Nb-Zr、Nb-Ti、Nb_3-Sn 等合金和化合物，其临界磁场强度 H_c 可达 4～8T，但超导临界温度 T_c 仍停留在 4.2K 的水平，因此只能在接近液氦的超低温下使用。1961 年首次将 Nb_3Sn 做成实用螺管，60～70 年代，Nb_3Sn 材料得到进一步发展，此外 V_3Ga、Nb_3Al 等化合物也得到了发展，其 T_c 超过 23K，H_c 达 10～20T。但即使 1973 年发现的 Nb_3Ge 合金，其超导临界温度也仅为 23.2K。要获得和保持如此低的温度，在技术上还是相当困难的，因此过去往往将超导技术与低温技术联系在一起，称之为"低温超导"。

为了使超导技术进一步得到实用化发展，寻找临界温度较高以便能在液氮温度（77K）下甚至室温下工作的"高温超导"材料，成为材料工作者关注和研究的重要课题，人们发现稀土元素在此领域中具有重要应用。20 世纪 80 年代中后期以来，超导技术得到突破性发展。1986 年，瑞士、美国、中国相继发现了 T_c

为 30K、36K、40K、48.6K 的超导体。其中瑞士苏黎世研究所的 K. A. 米勒和联邦德国的 J. G. 贝德尔茨，率先于 1986 年在氧化物材料，特别是以稀土镧为组分的氧化物超导材料（$LaBa_2CuO_4$）中取得重大突破，并因在超导材料方面的成就于 1987 年 10 月获得诺贝尔物理学奖。随后超导技术发展迅速，临界温度记录不断刷新，1987 年，中国、日本及美国几乎同时发现了由稀土钇所构成的 Y-Ba-Cu-O 系（YBa_2CuO_4）超导材料，其超导转变温度 T_c 达到 92K，是一种具有实用价值的高温超导材料。接着人们相继发现，镧系稀土元素除铈、铽、镨外，均能形成通式为 $REBa_2Cu_3O_y$ 的高温超导陶瓷，其超导转变温度介于约 92（RE＝Y）～95K（RE＝Nd）之间，形成的一系列高 T_c 稀土超导材料（简称 RE-BaCuO 或 REBCO），有很大应用潜力。

由于稀土超导材料是一种高温超导材料，可使所需的环境工作温度由低温超导材料的液氦区（$T_c＝4.2K$）提高到液氮区（$T_c＝77K$）以上，不但给实用操作带来了方便，因液氦的价格约为液氮价格的 60 倍，因此其成本费用也降低很多。随着一些相关应用技术前沿问题的初步解决，稀土超导陶瓷在高温超导领域中的应用开发将展现出更为广阔的前景。

11.1.2 超导材料的基本物理性质

衡量一种材料是否是超导体，必须看其是否同时具备零电阻性和完全抗磁性，这是两个相互独立的特性，前者也叫完全导电性，后者又称为迈斯纳效应。

（1）完全导电性 实际晶体即使温度降到零时，其电阻率也不为零，仍保留一定的剩余电阻率，金属纯度愈低，剩余电阻率愈大。而超导体的零电阻现象和常导体的零电阻实质上截然不同。当温度 T 降至 T_c 或者以下时，超导体的电阻突然变为零，这就是超导体的零电阻现象。

（2）完全抗磁性 完全抗磁性又称麦斯纳效应，即超导体内无磁场，此时磁化率 $\chi＝-1$，或者说磁化强度与磁场强度相等但方向相反，两者相互抵消。超导材料的完全抗磁性分为两种情况。

① 零场冷去（ZFC） 将处于正常态的超导体在无外加磁场情况下冷却至 T_c 以下，然后放置在外加磁场中，此时超导体内的磁场仍为零。

② 场冷却（FC） 将处在正常态的超导体首先放置在外磁场中，磁场将穿透超导体。由于磁导率 μ 接近真空磁导率 μ_0，因此体内体外磁场几乎相等。如果此时在磁场下将超导体冷却到 T_c 以下，磁场将从超导体内被驱逐出去。尽管零场冷却和场冷却的结果是一样的，但两个过程是不同的。因为在场冷却情况下，如果材料中存在较强的钉扎中心，涡旋难以移出样品，此时样品中仍有部分磁通存在，但还表现为抗磁性。迈斯纳效应说明超导态是一个热力学平衡态，与怎样进入超导态的途径无关。

（3）约瑟夫森效应 当在两块超导体之间存在一块极薄的绝缘层时，超导电子（对）能通过极薄的绝缘层，这种现象称为约瑟夫森（Josephson）效应，相应的装置称为约瑟夫森器件。当通以低于临界电流值 I_0 时，在绝缘薄层上的电压为零，但当电流 $I > I_0$ 时，会从超导态转变为正常态，出现电压降，呈现有阻态，这种器件具有显著的非线性电阻特性，可制成高灵敏度的磁敏感器件，应用在超高速计算机等场合。

（4）同位素效应　超导体的临界温度 T_c 与其同位素质量 M 有关。M 越大，T_c 越低，这称为同位素效应。例如，相对原子质量为 199.55 的汞同位素，它的 T_c 是 4.18K，而相对原子质量为 203.4 的汞同位素，T_c 为 4.146K。M 与 T_c 有近似关系：

$$T_c M^{\frac{1}{2}} = 常数 \tag{11-1}$$

通常将完全排斥外加磁通的超导体叫做第Ⅰ类超导体，当退磁因子为零，在临界磁场强度 H_c 以下显示超导电性，并伴有完全抗磁性，在 H_c 以上不显示超导电性的超导体。第Ⅰ类超导体包括除了铌（Nb）、钒（V）、锝（Tc）外的一般元素超导体，其特点是超导正常的界面能是正的，第Ⅰ类超导体的电流仅在表面附近的穿透深度（λ）内流动，当表面上产生的磁场达到 H_c 时的电流值就是临界电流 I_c。另一类超导体称为第Ⅱ类超导体，虽然也是完全导体，但其磁性质较为复杂：当外加磁场较低时，这类超导体能够完全排斥外加磁通，而当外加磁场较高时，只能部分地排斥外加磁通，此时超导体进入混合态。具体来说，第Ⅱ类超导体存在三个临界场：下临界场 H_{c1}，上临界场 H_{c2} 和热力学临界场 H_c。当退磁因子为零时，磁场强度在 H_{c1} 以下时处于迈斯纳态（抗磁态），在 H_{c1} 和 H_{c2} 之间时处于混合态，在 H_{c2} 以上时处于正常态。混合态又称为涡旋态，此时超导体不再是完全排斥磁通的，但进入体内的磁通是量子化的，磁通量子 $\Phi_0 = 2.07 \times 10^{-15}$ Wb。每个磁通量子形成磁通线或涡旋线，涡旋线排成规则点阵。电流流过处于混合态的样品时，磁通线受一个电磁力（即洛伦兹力）的作用。在无缺陷的理想的第Ⅱ类超导体中，只需要很小的电流密度，磁通线就在洛伦兹力的推动下运动，在超导体内产生电场，消耗能量。因此理想的第Ⅱ类超导体的临界电流密度 J_c（无阻负载的最大电流密度）很低。实验证明，第Ⅱ类超导体的性能对位错、脱溶相及晶粒边界等各种晶体缺陷很敏感，缺陷的磁通钉扎作用使其处于混合态时可以无阻地传输巨大的直流电流。只有具有大量缺陷的非理性的第Ⅱ类超导体才具有高的临界电流密度。一般来说，第Ⅱ类超导体的临界温度 T_c 高于第Ⅰ类超导体，而且临界磁场 H_c 要比第Ⅰ类超导体高得多。另外，非理想的第Ⅱ类超导体，可以承受较大的电流密度而不会破坏其超导电性。

图 11-1 显示了超导态对温度、磁场和电流密度的依赖关系。图中由临界温度（T_c）、临界磁场（H_c）和临界电流密度（J_c）组成的曲面叫超导体的临界表面。在临界表面之内，超导体处于超导态，在临界表面之外，超导体回复为正常态。图 11-2 为典型第Ⅱ类超导体的磁相图。图 11-3 为第Ⅱ类超导体的可逆磁化曲线。超导体在交变磁场中会有交流损耗，处于抗磁态时，在频率小于 10^{10} Hz 时不会有显著的交流损耗。处于混合态时的交流损耗包括：①磁滞损耗，源

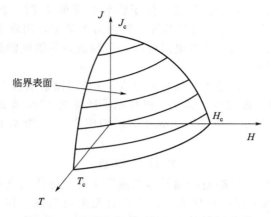

图 11-1　超导体的三个临界参数及其关系

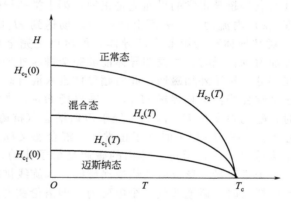

图 11-2　典型第 Ⅱ 类超导体的磁相图

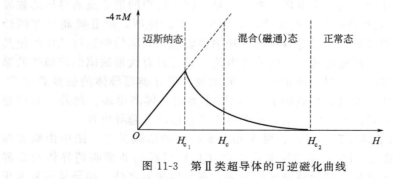

图 11-3　第 Ⅱ 类超导体的可逆磁化曲线

于晶体缺陷对磁通线的钉扎；②黏滞损耗，是磁通线芯中正常电子运动时产生的，频率小于 10^5 Hz 时，主要是磁滞损耗，大于 10^5 Hz 时主要为黏滞损耗。

11.2　低温超导材料

自从 1911 年发现汞的超导性以来，人们发现了大量的元素、合金和化合物超导材料，由于转变温度较低（小于 25K），习惯上称之为传统超导材料或低温超导材料。在低温超导材料中，最具有代表性的应该是 20 世纪 50 年代发现的 A15 型化合物 Nb_3Sn 和 V_3Si，它们具有高的临界电流密度和高的临界磁场，因此在超导电力工业和微弱信号检测方面显示出巨大的优越性。寻找实用超导材料的工作始终围绕着提高临界温度、临界电流和临界磁场展开，但 T_c 的提高进展缓慢，直到 1973 年才发现了转变温度为 23.2K 的 Nb_3Ge。

11.2.1　金属元素超导体

在元素周期表中，具有超导性的元素已经超过 50 种，如图 11-4 所示。其中近 30 种元素本身具有超导电性，而另一部分元素需在高压、电磁辐照、离子注入情况下或制备成薄膜时显示出超导电性。在元素超导体中，Nb 的 T_c 最高，为 9.2K。虽然元素超导电性与晶体结构之间未发现明确的依赖关系，但大部分超导元素具有高对称性的晶体结构，如面心立方、体心立方和密排六方结构。元素超导电性与原子的价电子数目有一定关系，在过渡族元素中，价电子数为奇数时，超导转变温度较高，而平均价电子数为 4 和 6 时，超导转变温度最低。对非过渡族元素，转变温度随价电子数增大而单调增加。

Li FILM PRES	Be 0.03	元素符号 T_c 状态：FILM薄膜，PRES高压，IRRA辐照										B PRES			
										Al 1.2			Si FILM PRES	P PRES	
	Sc 0.01	Ti 0.4	V 5.4	Cr FILM					Zn 0.9	Ga FILM PRES 1.1		Ge FILM PRES	As PRES	Se PRES	
	Y PRES	Zr 0.6	Nb 9.3	Mo 0.9	Tc 7.8	Ru 0.5	Pd IRRA	Cd 0.5	In 3.4	Sn 3.7	Sb PRES	Te PRES			
Cs FILM PRES	Ba PRES	Lu 6.3	Hf 0.1	Ta 4.4	W 0.02	Re 1.7	Os 0.7	Ir 0.1	Hg 4.2	Tl 2.4	Pb 7.2	Bi FILM PRES			

Ce PRES		Eu FILM					Lu 0.1
Th 1.4	Pa 1.4	U PRES	Am 1.0				

图 11-4　周期表中的元素超导体及其状态

11.2.2　合金超导体

合金是指组成原子在晶格中随机分布的固溶体，而金属件化合物的原子比是一定的，且原子在晶格中的分布是有序的。某些合金在一些特定原子比时形成化合物，合金和化合物都可以成为超导体。在二元无规则合金中，两种过渡元素能以任何比例混合。这种合金的转变温度 T_c 可以比两组元的 T_c 都高，或者介于两组元 T_c 之间，也可以比两组元的 T_c 都低。这主要与价电子数有关，当价电子数接近 4.7 或 6.5 时，T_c 有两个极大值。合金的电子比热系数 γ 也有类似的规律。大多数的超导合金至少有一个组分是元素超导体，有时两个组分都是元素超导体，如 $NbTc_3$ 和 VRu。

超导合金材料具有机械强度高、应力应变小，易于生产及成本低等优点，较早就被开发应用。由铌和钛组成的合金超导材料，具有良好的加工性能，是应用最广的实用合金超导材料（工作磁场低于 8T，温度低于 5K），典型的 NbTi 合金超导材料有 Nb50%Ti（质量分数）和 Nb46.5%Ti（质量分数）等。

11.2.3　化合物超导体

人们习惯用 A 代表元素、B 代表 AB 型化合物、C 代表 AB_2 型化合物、D 代表 A_mB_n 二元化合物。这些结构涵盖了大量的超导体。总的来说，化合物超导体倾向于理想的原子配比，即组成元素之比是整数。通常 T_c 对原子比很敏感，如 Nb_3Ge，当成分逐渐接近理想原子配比时，T_c 从 6K 达到 17K，最终达到其最高值 23.2K。其他材料也有同样规律，如 Nb_3Ga 的 T_c 从 14.9K 到 20.3K，V_3Sn 的 T_c 从 3.8K 到 17.9K 不等。

（1）B1 型化合物超导体　B1 型化合物超导体由金属原子 A 和非金属原子 B 各自的面心立方各自穿插构成，如图 11-5 所示，与 NaCl 结构完全相同，一种原子处于另一种原子构成的八面体间隙中。目前已发现有 26 种 B1 化合物是超导的。其中碳化物 AC 和氮化物 AN 具有较高的转变温度，如 NbN 的转变温度达到 17K。1932 年到 1953 年间，从发现 T_c 为 11K 的 NbC 到发现 T_c 为 17.8K 的 $NbN_{0.7}C_{0.3}$，具有 NaCl 结构或 B1 结构的化合物超导体成为第一代高 T_c 的超导材料。MoC 具有碳化物中最高的 T_c（14.3K），但添加任一元素都会使 T_c 下降。NbN 具有二元氮化物中最高的 T_c（17.3K）。具有 B1 结构化合物的最高 T_c 出现在合金氮化物（Nb-Ti）N 和合金碳氮化合物（Nb-Ti）（CN），它们的 T_c 都是 18K。具有实际应用的化合物是 NbN 和 $NbN_{0.7}C_{0.3}$。

（2）A15 型化合物　A15 是指具有 Cr_3Si（A_3B）立方结构的一系列化合物。在传统的低温超导体中，A15 型金属化合物 A_3B 具有最高的转变温度。这些化合物的晶体结构为简单立方，空间群为 $Pm3n$。如图 11-6 所示，两个 B 原子分别处在单胞的体心（1/2，1/2，1/2）和顶角（0，0，0）位置，而六个 A 原子成对地处在（0，1/2，1/4）、（0，1/2，3/4）、（1/2，1/4，0）、（1/2，3/4，0）、（1/4，0，1/2）和（3/4，0，1/2）六个面心位置。A 原子是除了 Hf 以外的任何过渡元素，B 原子既可以是过渡族元素，也可以是元素周期表中的第ⅢA 族元素（Al，Ga，In，Tl）、第ⅣA 族元素（Si，Ge，Sn，Pb）、第ⅥA 族元素

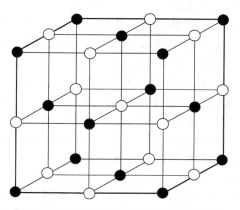

图 11-5 B1 型化合物超导体结构示意图
● A；○ B

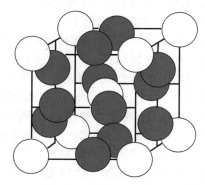

图 11-6 A15 型化合物 A_3B 单胞的示意图
● A；○ B

(Te)。当 B 原子是金属 Al、Ga、Sn 或者非金属 Si、Ge，但不是过渡族金属的情况下，A15 型化合物会获得高的转变温度。在 1953~1973 年间，相继发现了 V_3Si(T_c=17K)、Nb_3Sn(T_c=18K)，Nb_3Ge(T_c=23.2K)。这些 A15 型化合物是第二代高 T_c 超导体。已经实用的超导体有 Nb_3Sn 和 V_3Ga，V_3Ga 在高磁场区有较高的临界电流密度，常被用来制造磁场超过 15T 的超导磁体。

11.2.4 其他超导体

至今还发现许多其他超导体，化合物超导体还包括如拉夫斯（Laves）相中有几十种是超导的；谢弗尔（Chevrel）相也有许多是超导的，Chevrel 相 $A_xMo_6X_8$ 是由 Mo_6X_8 型离子团和金属离子 A 组成的化合物超导体，大都是三元过渡金属硫族化物，A 几乎可以是任一元素，而 X 是 S、Se 或 Te，典型的是 $PbMo_6X_8$ 等。另外，还有重电子系统、电荷转移有机物（charge transfer organics）、硫族化物和氧化物（如 $SrTiO_3$、$Li_xTi_{3-x}O_4$、$LiTi_2O_4$、$CuRh_2Se_4$、CuV_2S_4、$CuRh_2S_4$）、钡铅铋氧化物钙钛矿、钡钾铋立方钙钛矿氧化物、巴基特氟隆 C_{60} 和硼碳化物等。

11.3 高温超导材料

高温超导材料是以氧化物为典型代表。氧化物超导材料的研究经历了漫长的探索过程。1933 年首先发现了 NbO 在 1.2K 转变成超导态，1964 年发现了超导转变温度分布为 0.28K 和 0.3K 的 $SrTiO_3$ 和 Na_xWO_3；1973 年发现转变温度为 13.7K 的尖晶石结构的 $LiTi_2O_4$；1975 年发现钙钛矿结构的 $BaPb_{0.7}Bi_{0.3}O_3$，超导转变温度为 13K；直到 1986 年发现了转变温度高于 30K 的 K_2NiFe_4 型结构

的 $La_{2-x}Ba_xCuO_4$ 超导材料，掀起了氧化物高温超导材料的研究热潮。

在第一批高温超导材料的报道就指出，氧化物超导体是金属性的、氧缺位的类钙钛矿混合价的 Cu 化合物。在氧化物超导材料中，Cu^{2+} 取代了钙钛矿结构中的 Ti^{4+}。大多数情况下，TiO_2 钙钛矿层将成为 CuO_2 层，且每个 Cu 原子周围有两个 O 原子，这种结构特征在高温超导体中普遍存在。表 11-1 列出了主要高温超导材料的结构特征，由于 CuO_2 层的存在，高温超导材料的晶体结构中 a、b 平面内的点阵参数很接近，所以表中只列出晶格参数中的 a、c 值。由于不能形成 Cu^{4+} 离子，因此 $BaCuO_3$ 化合物并不存在，这种化合价的限制可以通过三价离子如 La^{3+} 或 Y^{3+} 替代 Ba^{2+} 离子和氧含量的减少来加以克服。其结果是在每两个 CuO_3 层之间形成了一系列原子层，层上由阳离子和氧组成，且每个阳离子对应一个氧，或根本不需要氧。每种高温超导体都有一个特定的原子层分布顺序。目前已发现的高温氧化物超导体的种类主要有 Y 系、Bi 系、Tl 系等类钙钛矿型结构的高温超导材料，都有 Cu-O 离子层，结构中的二维铜原子面与高温超导电性直接有关。每个系列始自一个绝缘体母相，而且多数是一个反铁磁的绝缘相。通过置换组成元素或破坏化学比，绝缘体变成载流子浓度不高的导体，材料变成超导材料。多数材料证明，T_c 是载流子浓度的函数，当载流子浓度更高时，T_c 下降，直到成为非超导体。这些材料的超导转变温度都超过了液氮温度，$HgBa_2Ca_2Cu_3O_{8+\delta}$ 的转变温度最高，达到了 135K，在 30GPa 压力下，可以升高至 164K。

表 11-1 氧化物超导材料的晶体学特征

化合物	符号	结构	扩展性	a/nm	c/nm	T_c/K
La_2CuO_4	0201	四方	1	0.381	1.318	35
$YBa_2Cu_3O_7$	0213	正交	1	0.3855	1.168	92
$Bi_2Sr_2CaCu_2O_8$	2212	四方	$5\sqrt{2}$	$0.381\sqrt{2}$	3.06	84
$Bi_2Sr_2Ca_2Cu_3O_{10}$	2223	正交	$5\sqrt{2}$	$0.383\sqrt{2}$	3.7	110
$Tl_2Ba_2CuO_6$	2201	四方	1	0.383	2.324	90
$Tl_2Ba_2CaCu_2O_8$	2212	四方	1	0.385	2.94	110
$Tl_2Ba_2Ca_2Cu_3O_{10}$	2223	四方	1	0.385	3.588	125
$HgBa_2CuO_4$	1201	四方	1	0.386	0.95	95
$HgBa_2CaCu_2O_6$	1212	四方	1	0.386	1.26	122
$HgBa_2Ca_2Cu_3O_8$	1223	四方	1	0.386	1.77	133

11.3.1　$YBa_2Cu_3O_{7-\delta}$ 系

化合物 $YBa_2Cu_3O_{7-\delta}$ 通常简称为 YBCO 或 Y-123 化合物，是第 Ⅱ 类超导体，属于正交晶系，空间群为 $Pmmm$，每个单胞含一个化合式单位，其超导转变温度约 92K，首次突破了液氮温区，是第一个液氮温度超导体，因此是物理学和材料学的重大发现。Y-123 氧化物超导体主要包括 12 种 $RE_1Ba_2Cu_3O_{7-\delta}$ 氧化物超导体（也可以简写为 REBaCuO、REBCO 或 RE123），其中 RE 为镧系 La、Nd、Sm、Eu、Gd、Dy、Ho、Er、Tm、Yb 和 Lu 等 11 种元素。这些 Y-123 氧化物超导体具有图 11-7 所示 YBCO 相同的原子比和晶体结构。YBCO 具有畸变、缺氧的钙钛矿结构，其中包含两个二维 CuO_2 面和一个一维的 CuO 链，YBCO 的氧个数随合成条件而从 7～6 变化，是典型的氧缺位化合物，氧离子分别占据四种晶位，其中三种晶位的占有率等于 1，O (1) 的占有率小于 1。当 YBCO 氧含量减少时，其 T_c 随之下降，直至失去超导性，失超时晶体结构从正交相（超导）变为四方相（不超导）。高 T_c 氧化物超导体 YBCO 是一种铜氧化物，导电类型是空穴型。由于 YBCO 是层状结构，因此呈现高度的各向异性，Cu_2O 面为超导电层，其他各层构成绝缘的载流子库层，为超导层提供载流子。与传统低温超导体相比，具有三个特点：①具有很高的超导转变温度 T_c，均在 90K 左右；②很短的相干长度 ξ，为 0.15～2.5nm；③高度的各向异性，$\xi_{ab}(0)/\xi_c(0)=5\sim8$。其中高度的各向异性来源于高温超导体的层转晶体结构。YBCO 的下临界磁场 μ_0H_{c1} 为 0.1～500mT，上临界磁场 H_{c2} 分别为 55～290T(4.2K) 和 9～56T(77K)。

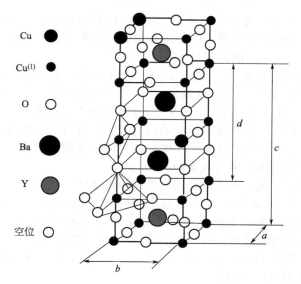

图 11-7　YBCO 的原子比和晶体结构

　　稀土超导材料的最大特点是磁性和超导性共存于一体，这是一般导电金属或半导体所不具有的特性。含有磁性离子的超导材料是研究磁性与超导性相互作用共存可能性的对象。早期对元素、合金和化合物的研究都认为磁性与超导性不可能在同一种材料中共存，因为磁性离子与导电电子自旋的交换作用会破坏超导态。在发现了含磁性稀土离子的超导三元化合物以后，研究才得以进展。在Chevral 相（RE）Mo_6S_8、（RE）$MoSe_8$ 及三元铑的硼化物（RE）Rh_4B_4 的晶体结构中，贡献超导电子的部分被局限于一定的原子簇内，与贡献磁性的稀土 4f 电子能明显分开，其间虽然仍有一定的交互作用，但已极弱，使磁性与超导性能在一定范围内共存。

随着 YBCO 层状氧化物超导体的发现，超导科学家随即开展了用镧系元素替代 Y 原子的研究。以原子比为 1：2：3 的 $RE_1Ba_2Cu_3O_{7-\delta}$ 氧化物超导体相继被发现，其超导转变温度均在 90K 左右，因此稀土离子对 REBaCuO 的 T_c 影响很小。镧系元素中的 Pm、Ce、Pr 和 Tb 不能替代 Y 而形成氧化物层状超导体，这是由于 Pm 为人工放射性同位素，无法作替代元素；Ce、Pr 和 Tb 为四价离子，替代后 $PrBa_2Cu_3O_{7-\delta}$ 为半导体，低温下无超导性；Ce 和 Tb 在固态化学合成条件下不能形成 $RE_1Ba_2Cu_3O_{7-\delta}$ 化合物。与 Y-123 相相关的氧化物超导体还有：Y-124 相超导体（$YBa_2Cu_4O_8$，T_c 为 80K）；Y-247 相超导体（$Y_2Ba_4Cu_7O_{15}$，T_c 为 40～50K）。RE-123 氧化物超导体将在未来的许多方面获得应用，如超导轴承、超导飞轮储能、搬运系统、永久磁体、超导电机定子、磁滞电机转子、故障限流器、电流引线、弱场下的磁屏蔽等。

11.3.2 BiSrCaCuO 和 TlBaCaCuO 化合物

1988 年，超导转变温度明显高于 YBaCuO 超导体的两个新的材料体系被发现，就是铋系和铊系超导材料。这些化合物的点阵参数 a 和 b 与钇系和镧系化合物相同，但是沿 c 轴方向的单胞尺寸更大。

铋系（BSCCO）是由 Bi、Sr、Ca、Cu 四种或以上元素与氧组成的化合物超导体，主要有三个不同 T_c 的超导相：$Bi_2Sr_2CuO_6$（2201）、$Bi_2Sr_2CaCu_2O_8$（2212）、$Bi_2Sr_2Ca_2Cu_3O_{10}$（2223），其 T_c 分别为 10K、85K 和 110K。Bi 系超导体往往同时含有上述三类超导相，纯的高 T_c 2223 相的制备尚有困难。用 Pb 部分取代 Bi 可以增加 2223 相的含量并改善晶粒间的连接。在高 T_c 氧化物超导体中，Bi 系是结构调制现象最为显著的。

Tl 系（TBCCO）是一种含铊的铜基氧化物超导体。$Tl_2Ba_2CuO_6$ 的 T_c 约 90K，$Tl_2BaCaCu_2O_8$ 的 T_c 约 105K，$Tl_2Ba_2Ca_2Cu_3O_{10}$ 的 T_c 约 125K，$Tl_2Ba_2Ca_3Cu_4O_{12}$ 的 T_c 约 113K。这些超导相的晶体结构与所对应的 Bi 系超导体相似，但结构比较密集，Tl-O 双层的层间距离也比较短。Tl 系还有另一类超导体，目前已发现 5 种，其化学式可写为 $TlBa_2Ca_{n-1}Cu_nO_{2n+3}$（$n=1$，2，3，4，5），这类 Tl 系超导体只含有 Tl-O 单层而不是 Tl-O 双层。

11.4 超导材料的制备及应用

11.4.1 超导材料的制备

控制和操纵有序结晶需要充分了解原子尺度的超导相性能。有序、高质量晶体的超导转变温度较高,晶体质量往往强烈依赖于合成技术和条件。目前,常用作制备超导材料的技术主要有以下几种。

(1) 单晶生长技术 新超导化合物单晶样品有多种生长方法。溶液生长和气相传输生长法是制备从金属间氧化物到有机物各类超导体的强有力工具。溶液生长的优点就是其多功能性和生长速度,可制备出高纯净度和镶嵌式样品,但是并不能生产出固定中子散射实验所需的立方厘米大小的样品。浮动熔区法常用来制备大尺寸的样品,但局限于已知的材料。这种技术是近几年出现的一些超导氧化物单晶生长的主要技术。这种技术使 $La_{2-x}Sr_xCuO_4$ 晶体生长得到改善,允许对从未掺杂到高度掺杂各种情况下的细微结构和磁性性能进行细致研究,有可能削弱无序的影响从而提高临界转变温度。最近汞基化合物在晶体生长尺寸上取得的进展,使晶体尺寸较先前的纪录高出了几个数量级。但应该指出,即使是高 T_c 的化合物,利用溶液生长技术也可制备出高纯度的 YBCO 等单晶。

(2) 高质量薄膜技术 目前,薄膜超导体技术包括活性分子束外延(MBE)、溅射、化学气相沉积和脉冲激光沉积等。MBE 能制造出足以与单个晶体性能相媲美的外延超导薄膜。在晶格匹配的单晶衬底上生长的外延高温超导薄膜,已经被广泛应用于这些材料物理性质的基础研究中。在许多实验中薄膜的几何性质拥有它的优势,如可用光刻技术在薄膜上刻画细微的特征;具备合成定制的多层结构或超晶格的潜能。在过去的 20 年里,多种高温超导薄膜生长技术快速发展。有些技术已经适用于其他超导体的制备。目前所使用主要方法有溅射和激光烧蚀(脉冲激光沉积)。类似分子束外延这种先进薄膜生长技术也已经发展得很好。臭氧或氧原子用来实现超高真空条件下的充分氧化,这使得生长的单晶薄膜的性能已接近乃至超过块状晶体。

(3) 超导材料制备的新探索 发现新型超导体最直接的方法是研究相空间,同时实施一系列系统探索来发现新的化合物,可通过鉴别成分空间中有希望的区域和快速检测该区域尽可能多的化合物的方法来实现。通过这样的研究,在 20 世纪 50~60 年代产出了很多金属间超导体,这些超导体还需要在三相或更高相空间中再继续研究。此外,继续寻找异常形态的超导材料也是很重要的。

① 极端条件下的合成技术 经验上讲,超导性常常表现得和结构上的相转变联系紧密。事实上,有许多超导体是亚稳态,需要在高温高压下合成。此外,合成新化合物所需的许多元素具有非常高的挥发性活性和难熔性,如 Li、B、C、Mg、P、S、Se、Te,而且要在非常特殊的环境下才能成功合成。大尺寸单晶生长技术,特别是用于固定中子散射实验的关键材料的合成技术应进一步发展。

② 合成与表征组合技术 对新型超导化合物的系统性组合探索可基于薄膜沉积技术。一种方法是利用薄膜技术制备微小均质区域。利用连续相涂覆法 (continousphase spread method) 以及使用多种源或靶材在衬底上形成不同的薄膜成分。磁场调制光谱 MFMS (magnetic field modulated spectroscopy),是一种非常敏感而快速的超导检测技术,可用于高产量的表

征方法。合成与表征组合技术需要进一步完善，以在更大范围内应用来寻求具有理想性能的新型超导体。

③ 原子层工程、人造超晶格技术　薄膜沉积技术的迅速发展为化学和材料科学突破体相平衡的限制提供了机遇。拓展相界、获得新亚稳态和微结构、创造多层结构、施加大的面内应力以及获得不同排列体系间的平滑界面都因此成为可能。单晶多层结构使材料具有不同的界面性能，不会受到污染物的干扰。在界面处各种电荷移动和自旋态的相互影响会产生新电子结构。与界面原子层工程一样，改变相邻绝缘体的组成和结构，为利用外延应力和稳定性来调整界面结构的超导性提供了多种可能。

④ 场效应掺杂和光掺杂技术　化学掺杂是在铜酸盐等化合物超导体中实现金属和超导态所必需的，但它的缺点是会同时产生无序状态。这种无序状态不仅使人难以区分内在和外在特性，而且实际上还削弱了超导性能。此外，在多数情况下化学掺杂量是不可调的，每种组成都需要一个单独的样品。场效应掺杂和光掺杂通过外加强电场或强光照射引入电荷载体，从而避免了这些弊端。使用这两种掺杂，可连续地调节单个样品的掺杂量而不会诱发化学无序状态。这一方法在从配合物中寻找新的超导体方面有很大的潜力。

（4）纳米尺度超导材料　新型超导体的设计和研究面临挑战是难以控制的化学合成工艺参数。最有希望发展的就是可控制的纳米新型高温超导材料。开发新的纳米尺度的高温超导体，可增进机械稳定性、耐化学腐蚀性等。虽然这些性能已单独得到证明，但把它们全部合成至单一的材料器件或系统中仍是一个巨大的挑战。在高温超导材料中，很多基本长度尺寸是处于纳米量级的（如单晶畴）大小、相干长度等，因此关于纳米尺寸结构的实验性研究对帮助人们了解微观机制具有相当的重要性。

（5）超导材料制备相关问题　块体样品、单晶方面的关键性公开问题包括：提高各种有机超导、重费密子超导等非常规超导体样品的纯度；了解和消除样品的依赖性；了解和控制缺陷、杂质及无序对样品的影响；改进各类材料的 J_c、H_{c2} 和 T_c 以及大尺寸单晶生长问题。要处理好这些问题，要改进现有的晶体生长技术并创造新的技术。新的助熔剂、输运剂以及新的温度、温度梯度、成核控制方法将提高人们对样品的大小、品质和可重复性的控制能力。对于各类超导薄膜，最基本的问题是衬底表面的制备以及对薄膜生长的影响，对这些问题的深入了解将使薄膜沉积条件具有更好的可重复性，对薄膜的合成控制更加优良。随着越来越多的超导化合物被引入薄膜材料的范畴，人们需要进一步改进薄膜的合成和表征技术。在薄膜的成核、生长和界面方面，应实现原子级的控制，最终目标是在如绝缘-超导这种多层异质结构中制造出洁净的界面。

11.4.2　超导材料主要应用领域

超导体的零电阻特性，可以实现电能的无损耗传输。利用超导材料制成的交、直流电缆及高场磁体等，可以实现大容量、低电压、低损耗、小型化和低成本的电力输送。利用超导体的抗磁性，可以制造超导磁悬浮轴承、储能飞轮、磁悬浮搬运系统、超导电机或发电机、永磁体等。超导体的特殊性质，使其在弱电领域，如微波电路、微弱磁场（梯度）测量、测量标准、高速超导开关及超高速超导计算机及强电领域，如电力传输、高场磁体、磁控核聚变、发电机、电动机、磁选矿、地质探测、医学磁成像、磁悬浮列车、磁悬浮轴承、超导储能系统等方面都具有令人瞩目的应用潜力。具体应用可分为如下几类。

（1）强电应用

① 超导输电电缆　我国电力资源和负荷分布不均，因此长距离、低损耗的输电技术显得十分迫切。超导材料由于其零电阻特性以及比常规导体高得多的载流能力，可以输送极大的电流和功率而没有电功率损耗。超导输电可以达到单回路输送 GVA 级巨大容量的电力，在短距离、大容量、重负载的传输时，超导输电具有更大的优势。低温超导材料应用时需要液氦作为冷却剂，液氦的价格很高，这就使低温超导电缆丧失了工业化应用的可行性。若使用高温超导材料作为导电线芯制造成超导电缆，就可以在液氮的冷却下无电阻地传送电能。高温超导电缆的出现使超导技术在电力电缆方面的工业应用成为可能。目前，市场上可以得到并可用来制造高温超导电缆的材料主要是银包套铋系多芯高温超导带材，其临界工程电流密度大于 $10kA/cm^2$。高温超导电缆以其尺寸较小、损耗低、传输容量大的优势，可用于地下电缆工程改造，以高温超导电缆取代现有的常导电缆，可增加传输容量。高温超导电缆另一重要应用场合是可在比常导电缆较低的运行电压下将巨大的电能传输进入城市负荷中心。由于交流损耗的缘故，利用高温超导材料制备直流电缆比制备交流电缆更具优势。利用超导技术，通过设计实用的直流传输电缆和有效的匹配系统，从而实现高效节能低压大容量直流电力输运系统。

美国是最早发展高温超导电缆技术的国家。1999 年底，美国 Outhwire 公司、橡树岭国家试验室、美国能源部和 IGC 公司联合开发研制了长度为 30m、三相、12.5kV/1.26kA 的冷绝缘高温超导电缆，并于 2000 年在电网试运行，向高温超导技术实用化迈出了坚实的一步。目前，世界上报道的能制备百米量级长度的超导电缆仅有日本和美国。在欧洲如法国、瑞典的电力公司有十米量级的超导电缆计划。

② 超导变压器　超导变压器一般都采用与常规变压器一样的铁芯结构，仅高、低压绕组采用超导绕组。超导绕组置于非金属低温容器中，以减少涡流损耗。变压器铁芯一般仍处在室温条件下。超导变压器具有损耗低、体积小、效率高（可达 99％以上）、极限单机容量大、长时过载能力强（可达到额定功率的 2 倍左右）等优点。同时由于采用高阻值的基底材料，因此具有一定的限制故障电流作用。一般而言，超导变压器的重量（铁芯和导线）仅为常规变压器的 40％甚至更小，特别是当变压器的容量超过 300MVA 时，这种优越性将更为明显。

③ **超导储能** 利用超导体，可制成高效储能设备。由于超导体可以达到非常高的能量密度，可以无损耗贮存巨大的电能。这种装置把输电网络中用电低峰时多余的电力储存起来，在用电高峰时释放出来，解决用电不平衡的矛盾。美国已设计出一种大型超导储能系统，可储存 5000MW·h 的巨大电能，充放电功率为 1000MW，转换时间为几分之一秒，效率达 98%，它可直接与电力网相连接，根据电力供应和用电负荷情况从线圈内输出，不必经过能量转换过程。

④ **超导电机** 在大型发电机或电动机中，一旦由超导体取代铜材则可望实现电阻损耗极小的大功率传输。在高强度磁场下，超导体的电流密度超过铜的电流密度，这表明超导电机单机输出功率可以大大增加。在同样的电机输出功率下，电机重量可以大大下降。美国率先制成 3000 马力的超导电机，我国科学家在 20 世纪 80 年代末已经制成了超导发电机的模型实验机。

⑤ **超导故障限流器** 超导故障电流限制器（简称 SFCL）主要是利用超导体在一定条件下发生的超导态/正常态转变，快速而有效地限制电力系统中短路故障电流的一种电力设备。该设想是在 20 世纪 70 年代提出的，到 1983 年法国阿尔斯通公司研制出交流金属系超导线后，各研究机构才开始着手开发 SFCL 产品。现已有中压级样品挂网运行，国外乐观估计可望在 10 年或更长的时间内开始投入市场。用超导材料制成的限流器有许多优点：它的动作时间快，大约几十微秒；可将故障电流限制在系统额定电流两倍左右，比常规断路器开断电流小一个数量级；低的额定损耗；可靠性高，是一类"永久的超保险丝"；结构简单，价格低廉。

（2）弱电应用

① **无损检测** 无损检测是一种应用范围很广的探测技术。其工作方式有：超声探测、X 光探测及涡流检测技术等。SQUID 无损检测技术在此基础上发展起来。SQUID 磁强计的磁场灵敏度已优于 100ft，完全可以用于无损检测。由于 SQUID 能在大的均匀场中探测到场的微小变化，增加了探测的深度，提高了分辨率，能对多层合金导体材料的内部缺陷和腐蚀进行探测和确定，这是其他探测手段所无法办到的。工业上用于探测导体材料的缺陷、内部的腐蚀等，军事上可能于水雷和水下潜艇等的探测。

② **超导微波器件在移动通信中的应用** 移动通信业蓬勃发展的同时，也带来了严重的信号干扰、频率资源紧张、系统容量不足、数据传输速率受限制等诸多难题。高温超导移动通信子系统在这一背景下应运而生，它由高温超导滤波器、低噪声前置放大器以及微型制冷机组成。高温超导子系统给移动通信系统带来的好处可以归纳为以下几个方面：提高了基站接收机的抗干扰的能力；可以充分利用频率资源，扩大基站能量；减少了输入信号的损耗，提高了基站系统的灵敏度，从而扩大了基站的覆盖面积；改善通话质量，提高数据传输速度；超导基站子系统带来了绿色的通信网络。

③ **超导探测器** 用超导体检测红外辐射，已设计制造了各种样式的高 T_c 超

导红外探测器。与传统的半导体探测比较，高 T_c 超导探测器在大于 $20\mu m$ 的长波探测中将为优良的接收器件，填充了电磁波谱中远红外至毫米波段的空白。此外，它还具高集成密度、低功率、高成品率、低价格等优点。这一技术将在天文探测、光谱研究、远红外激光接收和军事光学等领域有广泛应用。

④ 超导计算机   超导器件在计算机中运用，将具有许多明显的优点：器件的开关速度快；低功率；输出电压在毫伏数量级，而输出电流大于控制线内的电流，信号检测方便。同时体积更小，成本更低；信号准确无畸变。

（3）超导磁体   由于能无电损耗地提供大体积的稳定强磁场，超导磁体成为低温超导应用的主要方向，经过四十年的持续努力，按照实际需求设计、研制、建造 15 万高斯以内，不同磁场形态与各种体积的低温超导磁体技术已经成熟，有关导线与磁体的产业已经形成。低温超导磁体应用的一个重大障碍在于要创造与维持液氦温度（118～412K）的工作环境，需要有相应的低温制冷装备与运行维护工作。高临界温度超导体的出现使人们看到了提高运行温度的可能性，从而激发了发展高临界温度超导磁体的积极性。发展高临界温度超导磁体的主要问题在于，迄今已能生产的铋系实用导线的强磁场下的性能在高运行温度下还难于与低温超导线相比及。

① 超导悬浮列车   由于超导体具有完全抗磁性，在车厢底部装备的超导线圈，路轨上沿途安放金属环，就构成悬浮列车。当列车启动时，由于金属环切割磁力线，将产生与超导磁场方向相反的感生磁场。根据同性相斥原理，列车受到向上推力而悬浮。超导悬浮列车具有许多的优点：由于它是悬浮于轨道上行驶，导轨与机车间不存在任何实际接触，没有摩擦，时速可达几百公里；磁悬浮列车可靠性大，维修简便，成本低，能源消耗仅是汽车的一半、飞机的四分之一；噪声小，时速达 300km/h，噪声只有 65dB；以电为动力，沿线不排放废气，无污染，是一种绿色环保的交通工具。

② 磁悬浮轴承   高速转动的部位，由于摩擦的限制，转速无法进一步提高。利用超导体的完全抗磁性可制成悬浮轴承，磁悬浮轴承是采用磁场力将转轴悬浮。由于无接触，因而避免了机械磨损，降低了能耗，减小了噪声，具有免维护、高转速、高精度和动力学特性好的优点。磁悬浮轴承可适用于高速离心机、飞轮储能、航空陀螺仪等高速旋转系统。

③ 电子束磁透镜   在通常的电子显微镜中，磁透镜的线圈是用铜导线制成的，场强不大，磁场梯度也不高，且时间稳定性较差，使得分辨率难以进一步提高。运用超导磁透镜后，以上缺点得到了克服。目前超导电子显微镜可以直接观察晶格结构和遗传物质的结构，已成为科学和生产部门强有力的工具。

11.4.3 展望

自从超导材料制备技术不断成熟并逐步产业化生产以来，近十年来高临界温度超导应用得到了良好的发展，在超导电缆、超导限流器与超导变压器等电力应用方面，研制成功多台样机，人类在 21 世纪前期将迅速进入超导应用的新时代。从超导材料的发展历程来看，新的更高转变温度材料的发现及室温超导的实现都有可能。单晶生长及薄膜制造工艺技术也会取得重大突破，但超导材料的基础研究还面临一些挑战。目前超导材料正从研究阶段向产业化发展阶段。随着高温超导材料的开发成功，超导材料将越来越多地应用于尖端技术中，因此超导材料技术有着重大的应用发展潜力，可解决未来能源、交通、医疗和国防事业中的重要问题。

[1] 郑子樵，李红英．稀土功能材料．北京：化学工业出版社，2003.

[2] http：//www. cre. net/.

[3] http：//hy. stock. cnfol. com/111205/124，1329，11277256，00. shtml.

[4] http：//finance. ce. cn/rolling/201112/06/t20111206 _ 16683219. shtml.

[5] 严密，彭晓领．磁学基础与磁性材料．杭州：浙江大学出版社，2006.

[6] 周寿增，董清飞．超强永磁体——稀土铁系永磁材料．北京：冶金工业出版社，2010.

[7] 刘光华．稀土材料学．北京：化学工业出版社，2007.

[8] http：//www. people. com. cn/GB/paper53/3115/413684. html.

[9] 刘蓉生．稀土基本知识（十二）稀土磁致冷材料及应用．稀土知识，2007，3：31-32.

[10] 孙光飞，强文江．磁功能材料．北京：化学工业出版社，2007.

[11] 潘树明．稀土永磁合金高温相变及其应用．北京：化学工业出版社，2005.

[12] 张深根．稀土永磁材料现状及研发方向思考．透视，2011，10：48-51.

[13] 石富．稀土永磁材料制备技术．北京：冶金工业出版社，2007.

[14] 田民波．磁性材料．北京：清华大学出版社，2001.

[15] 宣振兴，邹义杰，王慧忠，张雷．超磁致伸缩材料发展动态与工程应用研究现状．轻工机械，2011，29（1）：116-119.

[16] 王博文，曹淑瑛，黄文美．磁致伸缩材料与期间．北京：冶金工业出版社，2008.

[17] 刘敬华，张天丽，王敬民，蒋成保．巨磁致伸缩材料及应用研究进展．中国材料进展，2012，31（4）：1-25.

[18] 刘楚辉．超磁致伸缩材料的工程应用研究现状．机械制造，2005，43（492）：25-27.

[19] 李扩社，徐静，杨红川，袁永强，徐建林，于敦波，张深根．稀土超磁致伸缩材料发展概况．稀土，2004，25（4）：51-56.

[20] 徐光宪主编．稀土（下册）．第2版．北京：冶金工业出版社，1995.

[21] 刘光华主编．稀土材料学．北京：化学工业出版社，2007.

[22] 郑子樵，李红英主编．稀土功能材料．北京：化学工业出版社，2003.

[23] Pecharsky V K, Gschneidner Jr K A. Magnetocaloric effect and magnetic refrigeration. Journal of Magnetism and Magnetic Materials, 1999, 44.

[24] 陈远富、滕保华，陈云贵等．磁制冷发展现状及趋势．低温工程，2001（1）：51.

[25] Gschneidner Jr K A, Pecharsky V K. Rare earths：science technology and applications Ⅲ. The Minerals. Metals and Materials Society, 1997.

[26] Steyert W A. Stirling-cycle rotating magnetic refrigerators and heat engines for use near room temperature. Journal of Applied Physics, 1978，(3).

[27] 马建波，湛永钟，周卫平等．磁热效应和室温稀土磁制冷材料研究现状．材料导报，2008，11（22）：34-37.

[28] 鲍雨梅，张康达．磁制冷技术．北京：化学工业出版社，2004.

[29] 吴卫，冯再，郭立君. 关于室温磁制冷材料的评价. 中国稀土学报，2005，23(1)：48.

[30] 吴忠旺，徐来自，黄焦宏等. 磁热效应及磁制冷材料的选择依据. 稀土，2007，28(4)：90.

[31] Han Z D，Hua Z H，Wang D H，et al. Magnetic properties and magnetocaloric effect in Dy（Co$_{1-x}$ Fe$_x$)$_2$ alloys. J Magn Magn Mater，2006，302：109.

[32] Xiong D K，Li D，Liu W，et al. Magnetocaloric effect of Gd（Fe$_x$Al$_{1-x}$)$_2$ compounds. Physica B：Condensed Matter，2005，369：273.

[33] Chen H Y，Zhang Y，Han J Z，et al. Magnetocaloric effect in R$_2$Fe$_{17}$（R＝Sm，Gd，Tb，Dy，Er）. J Magn Magn Mater，2008，320：1382.

[34] 王宝珠，温鸣. 稀土过渡族磁制冷功能材料的研究. 金属功能材料，2000，7(4)：24.

[35] 吴忠旺，徐来自，黄焦宏等. Nd$_{2-x}$Ce$_x$Fe$_{17}$（$x＝0.5$，0.8，1.0）合金磁热效应的研究. 包头钢铁学院学报，2005，24(2)：151.

[36] 张锦，曾德长，钟喜春等. Er$_{2-x}$Ce$_x$Fe$_{17}$化合物的结构与磁熵变. 稀有金属材料与工程，2005，34(7)：1069.

[37] 钟正义，刘正义，曾德长等. Er$_{2-x}$Pr$_x$Fe$_{17}$磁致冷合金在室温区的磁熵变. 稀有金属材料与工程，2005，34(7)：1065.

[38] Zhou X Z，Jiang W J，Kunkel H，et al. Entropy changes accompanying the magnetic phase transitions in low Si doped Ce$_2$Fe$_{17-x}$Si$_x$ Alloy. J Magn Magn Mater，2008，320：930.

[39] 陈涛，许业文. 钙钛矿锰氧化物磁制冷材料的研究. 材料导报，2003，17(3)：72.

[40] Tegus O，Brück E，Buschow K H J，et al. Transition metal based magnetic refrigerants for room temperature applications. Nature，2002，415：150.

[41] 徐光宪主编. 稀土（下册）. 第2版. 北京：冶金工业出版社，1995.

[42] 刘光华主编. 稀土材料学. 北京：化学工业出版社，2007.

[43] 郑子樵，李红英主编. 稀土功能材料. 北京：化学工业出版社，2003.

[44] 刘湘林等. 磁光材料和磁光器件. 北京：北京科学技术出版社，1990.

[45] 刘湘林. 稀土磁光材料及其应用. 稀土，1990，2：29-34.

[46] 黄敏，张守业，赵渭忠，吴慧娴. 稀土铁石榴石磁光材料及其应用. 材料科学与工程，1996，14(4)：17-21.

[47] 张怀武. 稀土磁光材料在信息存储中的应用. 中国稀土学报，2002，20（增刊）：86-89.

[48] 刘湘林. 稀土磁光材料的研究及其应用. 稀土，1987，3：49-52.

[49] 刘公强，刘湘林. 磁光调制和法拉第旋转测量. 光学学报，1984，4(7)：588-591.

[50] 刘公强，刘湘林. 克尔磁光效应的经典理论分析. 光学学报，1990，10(1)：67-73.

[51] 徐光宪主编. 稀土（下册）. 第2版. 北京：冶金工业出版社，1995.

[52] 刘光华主编. 稀土材料学. 北京：化学工业出版社，2007.

[53] 郑子樵，李红英主编. 稀土功能材料. 北京：化学工业出版社，2003.

[54]《磁泡》编写组编著. 磁泡. 北京：科学出版社，1986.

[55] BOBECK A H. Magnetic bubbles. Bell Syst Tech J. 1967，46：1901.

[56] THIELE A A. Theory of the static stability of cylindrical domains in uniaxial platelets. J Appl Phys，1969，41：1139-1145.

[57] Tabor W J，Bobeck A H，Vella-Caleiro G P. A New Type Cylindrical Magnetic Domain（Bubble Isomers）. Bell. Syst. Tech. J.，1972，51：1427-1429.

[58] ZKonish S. A new ultra-high-density solid state memory：Bloch line memory. IEEE Trans. Magn，1983，MAG-19：1 838.

[59] Nie X F，Tang G D，Niu X D，et al. Classification of hard domains in garnet bubble films. J. Magn. Magn. Mater，1991，95：231-236.

[60] 刘大均，华瑛. 磁性材料展望. 上海金属，1996，4(18)：41-44.

[61] 杨素娟. 磁泡技术的发展及现状. 承德民族职业技术学院学报，2005，2：74-75.

[62] 韩宝善，聂向富，唐贵德等. 一次脉冲偏场作用下硬磁泡的形成. 物理学报，1985，34：1396.

[63] 聂向富，唐贵德，凌吉武等. 系列脉冲偏场作用下硬磁泡的形成. 物理学报，1986，35：338.

[64] 毛廷德，李靖元，樊世勇等. 垂直布洛赫线在畴段畴壁中的形成和消失. 物理学报，1983，32：176-181.

[65] 郭革新，徐建萍，何文辰. 石榴石磁泡膜中 3 类硬磁畴的形成方法. 物理实验，2004，5(24)：13-15.

[66] 李建宇. 稀土发光材料及其应用. 北京：化学工业出版社，2003.

[67] 张思远. 稀土离子的光谱学—光谱性质和光谱理论. 北京：科学出版社，2008.

[68] 孙家跃，杜海燕. 固体发光材料. 北京：化学工业出版社，2003.

[69] 曹铁平. 稀土发光材料的特点及应用介绍. 白城师范学院学报，2006，20(4)：42-44.

[70] 谢国亚，张友. 稀土发光材料的发光机理及其应用. 压电与声光，2012，34(1)：110-113.

[71] 全国稀土荧光粉、灯协作网. 我国稀土发光材料行业未来发展前景. 新材料产业，2010，8：58-63.

[72] 刘荣辉，黄小卫，何华强，庄卫东等. 稀土发光材料技术和市场现状及展望. 中国稀土学报，2012，30(3)：265-272.

[73] 蒲勇，朱达川，韩涛. 蓝光激发白光 LED 用深红色荧光粉 $Ca_{1-x-y}WO_4: xPr^{3+}, yLi^+$ 的制备与表征. 发光学报，2012，33(1)：12-16.

[74] 曲艳东，李晓杰，陈涛，李瑞勇. 铝酸盐系长余辉发光材料的研究新进展. 稀有金属，2006，30(1)：100-106.

[75] 从秀华. 白光 LED 用红色荧光粉的制备及其性能研究. 硕士学位论文 [D]. 2011.

[76] 高乐乐，沈雷军，李波，王忠志，周永勃，赵增祺. PDP 荧光粉的研究进展. 稀土，2012，33(2)：77-81.

[77] 卢永林. 等离子（PDP）显示器的基本原理. 家电检修技术（资料版），2012，4：8-10.

[78] 大角太章著. 水素吸藏金属. 吴永宽，苗艳秋译. 北京：化学工业出版社，1990.

[79] 曹茂盛主编. 功能材料概论. 黑龙江：哈尔滨工业大学出版社，1999.

[80] 许剑轶，张胤，阎汝煦等. Ni/MH 电池用 AB5 型贮氢合金电极研究进展. 稀土. 2009(6)：78-82.

[81] 张大为，袁华堂，张允什. 贮氢合金的表面处理. 化学通讯，1998，2：19-24.

[82] Masao Matsuoka, Tatsuoki Kohno and Chiaki Iwakura. Electrochemical properties of hydrogen storage alloys modified with foreign metals. J. Electrochimica Acta, 1993, 38(6)：787-791.

[83] Matsuoka M, Asai K, et al. Electrochemical characterization of surface-modified negative electrodes consisting of hydrogen storage alloys. J. Alloys. Comp, 1993, 192：149.

[84] 范祥清，肖士民，葛华才等. 贮氢合金粉体表面处理的研究. 电池，1993，23(3)：113-115.

[85] 南俊民，杨勇，林祖赓. 铜包覆 AB5 型金属氢化物电极的电化学性能研究. Chinese Journal of Power Sources, 1998, 22(5)：188.

[86] 孙俊才等. 表面包覆贮氢合金电极的电化学特性. 稀土，1994，15(5)：5.

[87] Mao-Sung Wu, Hong-Rong Wu, et al. Surface treatment for hydrogen storage alloy of nickel/metal hydride battery. J. Alloy and Comp., 2000, 302：248-257.

[88] Masao Matsuoka, Tatsuoki Kohno and Chiaki Iwakura. Electrochemical properties of hydrogen storage alloys modified with foreign metals. J. Electrochimica Acta, 1993, 38(6)：787-791.

[89] Chartouni D., Meli F., Zuettel A., et al. The influence of cobalt on the electrochemical cycling stability of $LaNi_5$-based hydride forming alloys. J. Alloys Compounds 1996, 241：160.

[90] Bala S H, Branko N P, Ralph E W. Studies on electroless cobalt coating for microencapsulation of hydrogen storage alloys. J Electrochem Soc, 1998, 145(9)：3000-3007.

[91] J. L. Luo, N. Cui. Effects of microencapsulation on the electrode behavior of Mg2Ni-based hydrogen storage alloy in alkaline solution. J. Alloys Comp., 1998, 264：299-305.

[92] 姜晓霞，沈伟. 化学镀理论及实践. 北京：国防工业出版社，2001.

[93] 曾鹏，郑国桢等. 化学镀合金镀层的非晶结构条件及性能研究. 材料保护，1999，32(12)：5.

[94] 姜晓霞，沈伟. 化学镀理论及实践. 北京：国防工业出版社，2001.

[95] 康龙，田晓光，罗永春等. La-Mg-Ni 系 A_2B_7 型贮氢合金表面包覆铜及其电化学性能. 兰州理工大学学报，2008，4：1-5.

[96] Iwakura C.，Matsuo M，Kohno T，et al. Mixing Effect of Metal Oxides on Negative Electrode Reacttions in the Nickle-hydride Battery. J. Electrochem. Soc. 1994，141 (9)：2 306.

[97] Kuriyama N.，Sakai T，Miyamura H.，et al. Electrochemical activity enhancement of a $LaNi_{4.7}Al_{0.3}$ electrode treated with an alkaline solution containing H_2O_2. Journal of Power Sources. 1997，65(1-2)：9-13.

[98] D. Y. Yan，S. Suda. ELECTROCHEMICAL CHARACTERISTICS OF $LaNi_{4.7}Al_{0.3}$ ALLOY ACTIVATED BY ALKALINE-SOLUTION CONTAINING HYDRAZINE. Journal of alloys and compounds，1995，223(1)：28-31.

[99] Dong-Myung Kim，Kuk-Jin Jang，Jai-Young Lee. A review on the development of AB 2-type Zr-based Laves phase hydrogen storage alloys for Ni－MH rechargeable batteries in the Korea Advanced Institute of Science and Technology. Journal of Alloys and Compounds，1999，293：583-592.

[100] 左丽华. 我国催化裂化技术发展现状及前景. 石油化工技术经济，2000，16(1)：16-21.

[101] 程极源，苏宝连，郭慎独. 稀土氧化物对甲烷蒸汽转化反应 $NiO/\alpha-Al_2O_3$ 催化剂的影响. 中国稀土学院，1992，10(2)：138-141.

[102] 刘良坦，罗来涛，李凤仪. 正庚烷在铂铥催化剂上的转化. 稀土，1981，3：4-7.

[103] 刘良坦，罗来涛. 铥对铂催化剂反应性能的影响. 江西大学学报（自然科学版），1989，13(3)：45-48.

[104] 刘良坦，李康，李凤仪. 铕和钇对铂重整催化剂反应性能和表面性质的影响. 石油学报（石油加工），1992，8(1)：26-32.

[105] 胡大成，高加俭，贾春苗等. 甲烷化催化剂及反应机理的研究进展. 过程工程学报，2011，11(5)：880-893.

[106] 朱光中，李国平，李凤仪. 稀土、硫和制备方法对铂铼重整催化剂性能的影响. 江西大学学报（自然科学版），1988，12(2)：19-21.

[107] 吴兴亚. 稀土-镍系制氢催化剂抗积碳性能研究. 化学工业与工程，1987，2：61-67.

[108] 郭海卿，王国良，邓先梁. 催化裂化金属钝化剂. 炼油设计. 2000，30(8)：60-62.

[109] 吕红梅. 稀土异戊橡胶研究进展. 弹性体，2009，19(1)：61-64.

[110] 陈文启，王佛松. 稀土络合催化合成橡胶. 中国科学 B 辑：化学，2009，39(10)：1006-1027.

[111] 石玉光，杨亚平，褚航. 汽车尾气净化催化剂的研究与发展. 江苏冶金，2007，35(2)：13-16.

[112] 吴韶亮，刘欣梅，阎子峰. 汽车尾气净化用铈锆固溶体合成方法. 工业催化，2007，15(4)：57-60.

[113] 王帅帅，冯长根. 铈锆固溶体制备方法的研究进展. 化工进展，2004，23(5)：476-479.

[114] 丁华，$Ce_{0.5}Zr_{0.5}O_2$ 固溶体的制备与其催化甲苯燃烧的性能. 辽宁化工，2006，35(3)：145-147.

[115] Barbier J.，Oliviero L.，Renard B.，Duprez D. Catalytic wet air oxidation of ammonia over M/CeO_2 catalysts in the treatment of nitrogen-containing pollutants. Catal. Today，2002，75(1-4)：29-34.

[116] Vidal H.，Bernal S.，Kaspar J.，Influence of high temperature treatments under net oxidizing and reducing conditions on the oxygen storage and buffering properties of a $Ce_{0.68}Zr_{0.32}O_2$ mixed oxide. Catal. Today，1999，54(1)：93-100.

[117] Fornasiero P.，Balducci G.，Di Monte R.，Kaspar J.，Sergo V.，Gubitosa G.，Ferrero A.，Graziani M.. Modification of the Redox Behaviour of CeO_2 Induced by Structural Doping with ZrO_2. J. Catal.，1996，164(1)：173-183.

[118] Larese C., Galisteo F. C., Granados M. L., Mariscal R., Fierro J. L. G., Lambrou P. S., Efstathiou A. M.. Effects of the CePO$_4$ on the Oxygen Storage and Release Properties of CeO$_2$ and Ce$_{0.8}$Zr$_{0.2}$O$_2$ Solid Solution. J. Catal., 2004, 226(2): 443 - 456.

[119] Kaspar J., Fornasiero P. Nanostructured Materials for Advanced Automotive De-Pollution Catalysts. J. Solid State Chem., 2003, 171(1-2): 19-29.

[120] Gu Y. F., Li G., Meng G. Y., Peng D. K.. Sintering and Electrical Properties of Coprecipitation Prepared Ce$_{0.8}$Y$_{0.2}$O$_{1.9}$ Ceramics. Mater. Res. Bull., 2000, 35(2): 297 - 304.

[121] Kang M., Song M. W., Lee C. H.. Catalytic Carbon Monoxide Oxidation Over CoO$_x$/CeO$_2$ Composite Catalysts. Appl. Catal., A 2003, 251(1): 143-156.

[122] 汪文栋, 林焙琰, 孟明, 胡天斗, 谢亚宁, 刘涛. 用 Pr 修饰的 (Ce-Zr) O$_2$固溶体在三效催化剂中的作用. 中国稀土学报, 2002, 20(3): 265-249.

[123] Dutta G., Waghmare U. V., Hegde M. S. et al. Origin of Enhanced Reducibility/Oxygen Storage Capacity of Ce$_{1-x}$Ti$_x$O$_2$ Compared to CeO$_2$ or TiO$_2$. Chem. Mater., 2006, 18(14): 3249-3256.

[124] 邱关明, 黄良钊, 张希艳. 稀土光学玻璃. 北京: 兵器工业出版社, 1989.

[125] 黄良钊. 含稀土的光学眼镜玻璃. 稀土, 1994, 15(2): 67-69.

[126] 邱关明, 孙彦彬, 肖林久等. 稀土玻璃陶瓷进展与前沿. 中国近现代科学技术回顾与展望国际学术研讨会论文集, 北京. 2002.

[127] 吴晓, 施其祥. 稀土金属氧化物在玻璃生产中的应用. 玻璃, 2005, 2: 41-43.

[128] 姜中宏, 刘粤惠, 戴世勋. 新型光功能玻璃. 北京: 化学工业出版社, 2008.

[129] 武秀兰, 任强. 稀土在玻璃陶瓷工业中的应用. 山西建材, 1998, 3: 29-30.

[130] 王耀祥. 光学玻璃的发展及其应用. 应用光学, 2005, 26(5): 61-66.

[131] 李婧, 欧阳雪琼, 卢安贤. 磁光玻璃的研究进展. 材料导报, 2008, 22: 219-222.

[132] 窦宁. 我国稀土抛光粉产业现状浅析 (上). 稀土信息, 2011, 11: 20-22.

[133] 窦宁. 我国稀土抛光粉产业现状浅析 (下). 稀土信息, 2011, 12: 18-20.

[134] 林河成. 我国稀土抛光材料的生产及应用. 有色金属, 2002, 7: 11-12.

[135] 田永君, 曹茂盛, 曹传宝. 先进材料导论. 黑龙江: 哈尔滨工业大学出版社, 2005.

[136] 周耀辉, 谈国强. 超导材料的发展状况. 佛山陶瓷, 2005, 15(5): 28-30.

[137] 杨遇春. 稀土在高温超导材料中的应用. 稀有金属材料与工程, 2000, 29(2): 78-81.

[138] 黄良钊. 稀土超导陶瓷. 稀土, 1999, 20(2): 76-78.